乡村兽医临床技术培训教材

中国动物疫病预防控制中心
新疆维吾尔自治区兽医局　组编

行庆华　主编

中国农业出版社

编 写 人 员

主　　编　行庆华

副主编　王小民　黄　炯　袁蕾磊　陈秀峰
　　　　　陈世军

编　　者　马卫为　郭庆勇　张　婕　刘福元
　　　　　龚新辉　苏占强　李爱巧　杨会国
　　　　　韩　涛　夏　俊　薛　晶　陈发喜
　　　　　马　健　王　杰　喻昌盛　赵　慧
　　　　　刘庭玉　沈辰峰　张赵杰　成文栋
　　　　　海里且木　祖丽菲亚　李建红　樊　华
　　　　　金映红　伊力哈木　古丽扎提　参都哈什
　　　　　艾沙江

审　　稿　王进成　王光雷　张壮志　王治才
　　　　　成　进　钟　旗　石保新　吐尔洪

序

　　乡村兽医作为基层动物防疫体系的重要组成部分，是动物疫病防治工作的重要力量。近年来，在各级党委、政府的领导和畜牧兽医部门的指导下，乡村兽医切实履行义务，在动物诊疗服务、传授防治技术、落实防控措施等方面做了大量工作，发挥了重要作用。

　　"人才是第一资源。"做好动物疫病防控工作，队伍建设至关重要。为了加强乡村兽医队伍建设，农业部先后出台了《乡村兽医管理办法》和《农业部关于加强乡村兽医管理工作的通知》等重要文件，对乡村兽医管理和培训等提出明确的要求；各地也结合实际，研究制定了相应的政策措施。这标志着乡村兽医队伍建设走上了制度化、规范化的轨道。

　　加强乡村兽医队伍建设，关键是抓教育培训。乡村兽医作为动物疫病防治工作的重要力量，需要通过有组织、有计划的培训，不断提高知识水平和职业技能。乡村兽医工作在基层，服务于农民，需要通过培训不断提高法律意识和道德水准，不隐瞒疫情、不开大处方、不卖假药和违禁药，树立良好形象。乡村兽医来源多元化，知识和年龄结构多样化，能力素质参差不齐，需要按照"缺什么、补什么"的原则，开展有针对性的培训，不断提高培训的科学化水平。

　　为了做好乡村兽医培训工作，落实农业部为基层和农民办实事的要求，提高乡村兽医业务素质和职业道德水平，农业部兽医局委托中国动物疫病预防控制中心和新疆维吾尔自治区兽医局组织有关专家编写了《乡村兽医临床技术培训教材》。这本教材包括临床兽医基础知识、兽医临床基本操作和畜禽常见病的诊疗、重大动物疫病的临床诊断与处置方法等临床诊疗技术，通俗易懂，实践性强。

　　我们相信，这本教材在乡村兽医培训和日常工作中能够发挥一定作用。同时，我们也希望，从事乡村兽医培训工作的老师和广大乡村兽医多提宝贵意见，以便将来修订时补充完善。

目　　录

第一章 临床兽医基础知识

第一节 畜禽的生理基础知识

一、血液生理

（一）血液的生理作用

血液在动物体内起着运输的作用。血液将营养物质从消化道运至各组织器官，再将代谢终产物从各细胞运至排泄器官。将氧从肺运至各组织，将二氧化碳从各组织运至肺，还运送内分泌腺的激素。血液也有助于调节体温，维持细胞内水和电解质的恒定浓度，调节体内的氢离子浓度，以及抵抗病原的侵入。

（二）血细胞、血浆和血清

血液里共有3种血细胞：红细胞（红血球）、白细胞（白血球）和血小板。这些细胞悬浮在血浆里。血浆（含凝血因子等成分）呈淡黄色。血清是指血液自然凝固后，从血凝块中挤出的透明液体。

（三）红细胞

除个别动物外，循环血液中的红细胞是无核的。它们呈两面凹的圆饼状，其直径和厚度因动物的种别和营养状况而异。各种成年动物的红细胞含有62%～72%的水分，约35%的干物质，干物质中95%左右是血红蛋白。

（四）血红蛋白

血红蛋白（红细胞的色素）是一种复杂的含铁蛋白。血红蛋白主要是向各组织运输氧，而较小程度地从各组织将二氧化碳运至肺部。

（五）白细胞

循环血液中的白细胞可分为粒性白细胞和无粒白细胞。粒性白细胞的特点是细胞浆内有特异的颗粒。根据染色反应分为中性粒细胞、嗜酸性粒细胞和嗜碱性粒细胞。无粒白细胞有淋巴细胞和单核细胞。以每微升的真实数目来表示各种白细胞的数值称为白细胞分类计数，常常以百分比表示（表1-1）。

（六）碱储

血液结合二氧化碳的能力是碱储。接近95%的二氧化碳在血浆内以重碳酸盐形式存在。其余部分与血浆蛋白结合及进行物理性溶解。为了维持体内的正常酸碱平衡，也就是碱储，动物必需食入适量的电解质（盐类）。

表 1-1　常见动物的白细胞总数和白细胞分类计数

种　别		白细胞总数（个/μL）	白细胞分类计数（%）				
			中性粒细胞	淋巴细胞	单核细胞	嗜酸性粒细胞	嗜碱性粒细胞
猪	1 日龄	10 000～12 000	70	20	5～6	2～5	<1
	1 周龄	10 000～12 000	50	40	5～6	2～5	<1
	2 周龄	10 000～12 000	40	50	5～6	2～5	<1
	6 周龄至成年	15 000～22 000	30～35	55～60	5～6	2～5	<1
马		8 000～11 000	50～60	30～40	5～6	2～5	<1
牛		7 000～10 000	25～30	60～65	5	2～5	<1
绵羊		7 000～10 000	25～30	60～65	5	2～5	<1
山羊		8 000～12 000	35～40	50～55	5	2～5	<1
犬		9 000～13 000	65～70	20～25	5	2～5	<1
猫		10 000～15 000	55～60	30～35	5	2～5	<1
鸡		20 000～30 000	25～30	55～60	10	3～8	1～4

二、呼吸生理

呼吸指动物机体与其周围环境进行气体交换的全部化学和物理学过程。主要是氧（O_2）和二氧化碳（CO_2）之间的交换。氧是从大气中摄取的，为身体组织的氧化代谢所必需；二氧化碳是代谢的终产物，必须从体内排出体外。

哺乳动物的呼吸系统由呼吸器官和与肺相连的呼吸道、胸、胸膜腔、膈、胸部肌肉以及连接这些结构的传入和传出神经组成。

呼吸道包括鼻腔、咽、喉、气管和支气管。所有这些器官构成一个通到肺的连续气体管道。呼吸道黏膜是湿润的，含有丰富的血管和许多腺体，以增加吸入气的温度和湿度。咽是呼吸和消化管的共同通道。喉是肌肉软骨的瓣膜状结构，为发声的主要器官，在某些情况下，它是一个进出肺气量的调节器。气管借助于管壁上的不完全软骨环而保持开放状态。气管壁有许多黏液腺，上皮有纤毛。腺体的分泌物和纤毛的运动有助于防止灰尘和其他异物进入肺内。支气管的结构和机能与气管相似。肺有许多肺泡，这些肺泡是来自肺泡囊的许多半球形膨出小泡。肺泡壁上覆盖着致密毛细血管网，血液之间的气体交换主要在此进行。

胸腔包含心脏、肺和纵隔器官。它和外界不通，并借助隔肌和腹腔完全分开。呼吸肌的活动使胸腔大小发生节律性变化，肺也随之发生节律性变化。

胸膜是两层密闭的浆膜，在每侧形成一个胸膜腔。胸膜"间隙"实际上仅是胸膜的壁层和脏层之间一个潜在的间隙，其中有一薄层液体，起湿润和润滑两层胸膜的作用。胸膜腔内的压力低于大气压，当通过胸壁或肺使胸膜腔开放时，就有空气进入，肺因而平瘪。

三、消化、吸收和代谢生理

消化生理的主要特征是在胃内进行食物消化。

反刍动物的胃由瘤胃、网胃、瓣胃和皱胃（真胃）组成。容易消化的淀粉和糖类在瘤胃内迅速消失，仅有少量到达小肠。食物的蛋白质大部分被细菌分解，少量到达皱胃和小肠。纤维素消化是一个比较缓慢的过程，在瘤胃内不能完全被消化，到达皱胃和小肠的食物残渣仍含有相当数量可被消化的纤维素。它们在大肠内继续发酵。

禽类的消化器官除嗉囊和肌胃外，其余与哺乳动物相似。嗉囊相当于食管的膨大，是一个贮藏器官，相当于哺乳动物的简单的腺胃。肌胃是一个高度专门化的碾磨器官，它的肌肉发达程度视禽类所食饲料类型而有变化。

绝大多数哺乳动物为完成代谢活动、生长、组织修补、分泌、吸收、排泄和机械功所需绝大部分能量，都来自糖类等碳水化合物。它们主要从饲料中消化吸收。饲料中的糖类大多数以多糖的形式存在，消化后变成单糖。血液葡萄糖水平叫血糖，是机体能量的直接供应者。

食入的脂类在肠道吸收。大部分血脂是以脂蛋白形式存在的。不同种动物，同种不同个体以及同个体在不同时期，其血脂的成分都有很大的差异。

蛋白质是所有细胞的必需有机组成成分，约占体重的18%。食物蛋白质经过水解酶类的作用而被消化，这些酶分裂肽键而放出游离的氨基酸。游离氨基酸几乎全部都由肠绒毛细胞进行吸收，并且大部分进入肝门静脉。它们被转运到肝脏，且一部分由肝脏进入大循环系统以供给其他组织和器官。

第二节　畜禽的营养需要

一、羊的营养需要

（一）蛋白质

蛋白质是一种含氮化合物，其单体单位是氨基酸。氨基酸由肽键联结在一起形成蛋白质的一级结构。氨基酸的种类很多，但组成蛋白质的仅有20多种。蛋白质是构成羊体组织、细胞的主要成分，是维持生命正常代谢、生长、繁殖和生产各种产品所必需的营养物质。由于羊是反刍动物，它能利用瘤胃中的微生物制造氨基酸合成高品质的菌体蛋白质，因此对饲料蛋白质的品质要求不是很严格。瘤胃微生物能利用非蛋白质含氮化合物（如尿素、铵盐），将之转化为羊体所需要的蛋白质，根据这一特点，可在羊的日粮中添加适量尿素作为饲料蛋白质的代用品。例如山羊日粮中蛋白质含量在6%～10%时，添加尿素的效果最好。

（二）碳水化合物

碳水化合物的主要功用是为机体提供能量，参与黏多糖、糖蛋白等合成，是维持正常体温和生命活动的必需物质。饲料中的碳水化合物主要是淀粉和纤维性物质，它们主要经羊的瘤胃微生物作用而被消化、吸收。山羊对粗纤维的消化率可达50%～90%，为提高山羊对粗纤维的消化率，一是日粮中的粗蛋白水平应达到10%～14%；二是饲料中粗纤维的含量不能过高，一般应控制在16%～18%；三是在日粮中添加适量盐可提高粗纤维的消化率；四是将粗饲料适当切短后饲喂，但如切得过短或粉碎，反而会降低消化率，一般切成3～4cm为好。

（三）脂肪

脂肪是构成畜体组织的重要成分，如神经、肌肉、血液等的组成中均含有脂肪。脂肪也可以转化为能量，脂肪还是某些维生素（如维生素A、维生素D、维生素E和维生素K等）的溶剂。种羊一般不直接补饲脂肪，但杂交羊在育肥阶段可采用高能日粮。

（四）维生素

维生素包括脂溶性维生素（维生素A、维生素D、维生素E、维生素K）和水溶性维生素（B族维生素、维生素C）两大类。它在机体新陈代谢、能量转换和神经调节上起重要作用。维生素缺乏时，会影响机体的健康、生长和繁殖力，严重时会造成死亡。羊可以通过瘤胃中的微生物合成B族维生素，可以通过肠道微生物合成维生素K。因此，羊的饲料中一般只需补充脂溶性维生素A、维生素D、维生素E。特别是在冬春枯草季节和舍饲期、母羊怀孕期和种公羊配种高峰期，要在饲料中补充适量胡萝卜、青干草或大麦芽等，也可直接按产品说明书在精料中拌入多种维生素。

（五）矿物质

许多矿物质是机体新陈代谢和生命活动必需的物质。羊的营养中重要矿物质主要有钙、磷、镁、钾、钠、氯、硫、铁、铜、锌、钴、碘、硒等，其中最主要的是钙、磷和食盐。植物性饲料中所含钠和氯不能满足山羊需要，必须在饲料中补充氯化钠（食盐）。同时，补盐还能刺激羊的食欲。一般将盐和其他需补充的矿物质制成砖，任羊舔食。在放牧条件较好的季节，可不必补充钙和磷，但妊娠母羊、哺乳母羊、种公羊和生长发育羊，以及舍饲期的羊，需补充一定量的钙和磷。钙、磷丰富的矿物饲料主要有骨粉、磷酸钙等，一般种公羊每日需补骨粉10g左右，其他羊和杂交羊每日需补5g左右。

（六）水

水是动物必需的最重要的营养物质之一，也是最经济的饲料成分。体内各种代谢和生命活动都需要水的存在和参与。机体失水10%，代谢就会紊乱；失水

20%，动物就会死亡。

二、牛的营养需要

（一）牛对蛋白质的需要

牛对蛋白质的需要可概括为 4 部分：维持需要、增重需要、繁殖需要及泌乳需要。由于牛所消化的蛋白质并不能全部被利用，因而在确定饲料蛋白质的供给量时，必须考虑饲料蛋白质的纯利用率。

1. 牛维持状态对蛋白质的需要 牛处在维持状态下，氮的消耗包括内源尿氮（绝食时的尿氮），代谢粪氮（采食无氮饲粮时粪中排出的氮）和成年动物毛发、蹄角、皮肤的增长需求。在维持状态下，动物用于更新毛发、蹄爪等表皮组织需要的蛋白质很少，一般略去不计，所以，牛在维持状态下对蛋白质的需要量就可用内源尿氮和代谢粪氮的总和来估算。

2. 牛生长对蛋白质的需要 生长乳牛对蛋白质的需要量，随年龄的增长而逐渐减少，究其原因，一是生长乳牛所消耗的饲料总量中，用于体组织生长部分的饲料所占比例随年龄增长而逐步降低；二是生长牛所增长的新组织中的脂肪比例随年龄增长而逐步增高。

3. 牛繁殖对蛋白质的需要

（1）母牛对蛋白质的需要 乳牛繁殖所需蛋白质主要是用于形成妊娠产物（胎儿、胎膜，胎水和子宫增长等）。根据实测，体重 500kg 母牛妊娠最后两个月每日平均沉积 88g 蛋白质。妊娠蛋白质的沉积量亦与代谢体重呈正比。母牛妊娠期最后两个月对蛋白质的需要量要比维持需要量高出 70～80 倍。我国乳牛饲养标准中规定，应从母牛妊娠第七个月即开始增加蛋白质的供给量，以确保妊娠母牛对蛋白质的需求。

（2）种公牛对蛋白质的需要量 饲养标准中是按每千克代谢体重给予 4g 可消化粗蛋白质计算。

4. 牛泌乳对蛋白质的需要 牛泌乳时对蛋白质的需要，主要取决于乳中蛋白质含量和饲料蛋白质的利用效率。在实际饲养中，日粮干物质含有 16% 粗蛋白质即可满足一般泌乳母牛的需要。高产母牛在泌乳前期从饲料摄取的能量往往不能满足泌乳的需要，因而要分解部分体脂以弥补泌乳能量的不足。通常高产母牛在泌乳前期，日粮干物中粗蛋白质应占到 20%，泌乳后期泌乳量逐渐减少，故日粮中粗蛋白水平可逐步降低。

（二）牛对必需氨基酸的需要

瘤胃微生物可合成各种必需氨基酸供应宿主需要，因而一般牛日粮中只要蛋白质含量适宜就不致缺乏必需氨基酸。然而，幼龄犊牛和高产母牛由于营养生理上的特殊性，所以必须由饲料中摄取一定数量的必需氨基酸，以满足正常代谢的需要。

（三）牛对矿物质的需要

由于动物种类不同，乳中各种矿物质含量亦有所不同。泌乳动物尤其是泌乳母牛从乳中排出的矿物质数量颇大。例如：日泌乳 30kg 的乳牛，每天可从乳中排出钙 35.7g、磷 25.2g、钠 21.6g、氯 41.1g。因此，为保证母畜正常泌乳，每天必须提供适量矿物质，以供泌乳需要。在一般植物性饲料中含量较少，不能满足泌乳母畜需要的矿物质主要是钙、磷、钠和氯。

三、猪的营养需要

一头体重为 100kg 的瘦肉型猪的身体约含蛋白质 14kg、脂肪 28kg、灰分 3kg、水分 50kg，屠宰率为 73%（头、蹄在内）。从营养上讲，这些成分由饲料中的营养物质转化而来。因此营养水平的不同，直接影响着猪的生长速度、饲料利用率和产品的数量及质量，但猪对营养物质的支配顺序是繁殖＞维持＞生长＞育肥。研究猪营养需要的目的，不仅是为了把猪养活、养大，更主要的是探讨最高增重速度与最好饲料利用效率及胴体品质三者之间的关系，以制定出获得最大生产效益和低成本的饲养制度和日粮配方。

（一）猪的能量需要

1. 猪的维持能量需要　猪的维持需要是猪在既不生长又不损失体内能量贮存状态下的需要，它与其体重大小有关，体重越轻，需要的维持能量相对越多。

2. 妊娠母猪的能量需要量　以确保妊娠母猪健康和胎儿正常发育的营养需要即可，不需太高。这样即能节省饲料，又不影响胎儿的发育，还能保持泌乳期的自然食欲。

3. 哺乳母猪的能量需要　哺乳母猪所采食的能量主要用于产乳，和牛相比，在同样的采食能量下猪的泌乳量多，乳汁浓，乳的含能量高，因此，哺乳母猪需要较高的能量水平，特别是泌乳期最初的 23d 内，泌乳量较高，从日粮中不能摄取足够的产乳所需要的能量，所以母猪就自行调节，挪用体内贮备的能源——体脂肪及体蛋白供作产乳，于是母猪出现减重现象。

4. 生长及肥育猪的能量需要量　生长猪的能量利用的特点是生长强度大，能量代谢旺盛，需要营养丰富而完善的日粮，以保证其正常的生长发育。

5. 种公猪的能量需要量　公猪的配种能力决定于它的体质、年龄、精液品质和饲养管理条件，其中饲养条件是主要的。营养对公猪的性欲和精液品质都有密切的影响，特别是提高蛋白质的品质，对增加射精量及提高精液品质是一有效措施。种公猪的能量需要，在非配种期可按在其维持需要的基础上（幼龄公猪再加生长需要）提高 20% 计算，配种期或均衡配种期的，可在非配种期的基础上再提高 25%。

（二）猪的蛋白质需要量

蛋白质在猪体内经消化后，分解为最简单的基本结构氨基酸，经肠壁吸收进入血液被猪体利用。一般饲料中蛋白质的消化率为 $75\%\sim90\%$。

1. 猪的维持蛋白质需要量　猪在维持状态下蛋白质的需要包括内源尿氮、代谢粪氮以及被毛生长（后者消耗量甚微，可不计）的消耗。

2. 妊娠母猪的蛋白质需要量　妊娠前期的蛋白质需要量可按母猪的增重加维持计算，妊娠后期则在前期的基础上加上胎儿生长的需要。

3. 哺乳母猪的蛋白质需要量　泌乳母猪 1d 泌乳 $3\sim5kg$，多则 $5\sim7kg$，相当于一头低产牛的泌乳量，同时猪乳含蛋白质比牛乳高 54%，所以保证泌乳母猪日粮中的蛋白质供应，是提高母猪泌乳力的重要基础。

4. 生长育肥猪的蛋白质需要量　生长猪蛋白质的需要量可根据增重中蛋白质的含量（按粗蛋白质的消化率 80%、利用率 50% 折成可消化蛋白质）加上维持需要计算。

（三）猪的氨基酸需要

猪能合成精氨酸，速度足以满足性成熟后生长与妊娠的需要，而在生长早期合成不足，所以生长猪饲粮必须有精氨酸的来源。胱氨酸至少能满足 50% 总含硫氨基酸（蛋氨酸＋胱氨酸）的需要。胱氨酸能由蛋氨酸合成，蛋氨酸却不能由胱氨酸合成。所以，蛋氨酸能满足胱氨酸缺乏时对含硫氨基酸的总需要量。苯丙氨酸能满足苯丙氨酸和酪氨酸的总需要量，因为它能转化为酪氨酸。酪氨酸至少能满足这两种氨基酸总需要量的 50%。这是由于酪氨酸不能转化为苯丙氨酸。生长猪的氨基酸需要量，按饲粮浓度表示，随饲粮能量浓度的增加而增加。

（四）猪的矿物质需要

猪至少需要 14 种无机元素，包括钙、氯、铜、碘、铁、镁、锰、磷、钾、硒、钠、硫、锌和钴。猪还需要其他微量元素，如砷、溴、硼、镉、铬、氟、铅、锂、钼、镍、硅、锡和钒，已证明这些元素对猪有一定生理作用。

各种无机元素的功能非常多，从某些组织的结构功能，到另一些组织的调节功能，集约养猪得不到土壤和粗饲的补充，其趋势是提高对矿物质添加剂的需要。矿物质中，钙、磷为骨骼的主要成分，钠、钾、氯、镁等作为体液中电解质，具有重要的作用。其他矿物质作为各种酶和生理活性物质的构成成分，起着多种多样的生理作用。矿物质之间也存在着相互作用，在满足其需要量的同时，也必须同时考虑其间的相互平衡和比例。

四、鸡的营养需要

鸡和其他动物一样，都有生长、生产和繁殖等生命活动，产肉和产蛋都需要一定的营养物质。从化学成分上可分为以下几种。

（一）水

水是动物体内最重要的无机化合物之一，是维持机体正常功能所必需，它是血液、细胞间和细胞内液的基本物质，在养分、代谢物和废物的运输中起着重要作用。水参与体内 pH、渗透压和电解质平衡的调节作用。鸡不饮水比不吃料存活的时间短。

（二）蛋白质

蛋白质是构成鸡体组织和产蛋所必需的营养物质，是肌肉、结缔组织、胶原蛋白、皮肤、羽毛、爪及喙中的角蛋白的主要结构部分。鸡饲料中的蛋白质含量多用粗蛋白（%）表示，在实际应用时，不仅要注意蛋白质的数量，而且要考虑其质量，即所含的氨基酸的种类和数量。例如，鱼粉和酵母的营养价值高，主要是因为它的蛋白质含量高而且氨基酸比较完善。若日粮中略微缺乏蛋白质，则会出现轻微的生长降低；若严重缺乏蛋白质，即使是仅缺乏某一种氨基酸，也会导致生长和生产立即停止。若蛋白质过量，即使所有氨基酸都处于平衡状态，生长也会轻微降低，体脂肪沉积量减少，血液中尿酸水平增高。过多的蛋白质会造成禽痛风。

（三）能量

维持鸡的体温、产蛋和生长都需要一定的能量。目前，养鸡业中多用代谢能表示饲料的能量价值，单位为焦（J）。一般在寒冷或适中的环境条件下，能量的低限为每千克日粮 10 885.68kJ；在温暖环境条件下约为 10 048.32kJ。生长鸡日粮的能量浓度若低于这一水平，就会导致生长降低并且胴体中沉积脂肪量减少，但只要日粮的能量能满足维持需要，就不会发生其他缺乏症状。当能量水平低于维持需要时，动物体重减轻，各种功能衰退，直至最后死亡。当能量过多时，脂肪沉积量增加，生长速度略有降低，但不引起可察觉的症状。当能量严重过剩时，鸡的采食量减少，以至严重缺乏蛋白质、维生素和矿物质，生长可能完全停止，鸡会很肥，但同时表现蛋白质和维生素的缺乏症状。

（四）矿物质

鸡体生长新的组织、产蛋都需要矿物质。矿物质种类很多，常量矿物质有钙、磷、钠等，一般用百分数表示。微量矿物质有钾、镁、铜、铁、锌、锰等，以每千克饲料中所含的质量（mg/kg）表示。每种矿物质都有其特定的作用，缺乏或过量都会对机体产生不利的影响。日粮中缺少钙、磷或钙磷比例失调均会引起佝偻病、生长阻滞，产蛋鸡蛋壳变薄等症状。

（五）维生素

要维持鸡体正常代谢、生长、产蛋和提高饲料利用率，维生素是必需的。目前，鸡饲料中补充的维生素有 13 种，即脂溶性的维生素 A、维生素 D、维生素 E、维生素 K 和水溶性的 B 族维生素和维生素 C。各种维生素都有其特定的作用，缺乏和过量都对鸡的生产和生活不利。以上各种营养物质在鸡饲料中都不是孤立存在的，而是相互影响的。蛋白质和能量要维持一定的蛋能比；矿物质之间、维生素之间、矿物质和维生素之间也都存在着协同和颉颃作用，在配合日粮时必须全面考虑。

五、犬的营养需要

犬虽属肉食动物，但又可有效地利用多种不同的食物。这种能力使犬能够从各种食物中满足它对营养的需要。犬是肉食类动物，具有简单而短小的消化系统，容易吸收肉类营养，故其需要以肉类为本的营养饲粮。犬粮的质比量更为重要。犬要靠人类给它们提供饮食，饮食既要有营养，又要搭配均衡，并要根据犬的年龄、体重、健康状况及运动量等加以变化。

（一）蛋白质
一般蛋类、奶制品和肉类都是优质蛋白质的来源。

（二）碳水化合物
主要是淀粉和纤维素，它们是犬的主要能量来源，存在于谷物、薯和蔬菜中。纤维素对犬来说是一种不易消化的物质，但少量有促进胃肠蠕动帮助消化的作用。

（三）脂肪
是犬能量的主要来源，可在犬身体中储藏。食物中脂肪不足时，易使其他营养物质缺乏。

（四）维生素和矿物质
犬至少需要 13 种维生素，其中任何一种维生素缺乏都可以使犬出现相应的疾病或生理障碍。犬需要的矿物质包括钙、磷、钾、钠、钴、锌、铜等，它们是组成犬骨骼、牙齿及维持生理活动等必不可少的物质。犬对矿物质的需要量及其比例是一定的。缺乏会引起机体生理功能的严重失调，但过量也会引起中毒，甚至死亡。由于肝脏中磷含量是钙的几十倍，所以长期喂肝的幼犬骨骼发育不良。

（五）成品的犬粮
近些年来，我国宠物市场上比较常见的犬粮都是十分科学的营养配餐，可加以选择。

第三节　畜禽的养殖方式

一、放　　牧

放牧是因地制宜发展养殖业的途径之一。它既节省草料经费，又可加强牛羊的体质锻炼，因此，只要按不同的牛羊品种、季节、草质及地势，科学地放牧，就能使牛羊在配种、发情、妊娠、泌乳、产毛等方面得到保证。

（一）掌握好"三勤"、"四稳"的放牧原则

"三勤"就是腿勤、手勤、嘴勤。"四稳"就是出入圈稳、饮水稳、走路稳、放牧稳，其中尤以放牧稳最为重要，如果放得不稳，体力消耗大，膘情就差；放得稳，少走路，多吃草，能量消耗少，膘情就好。

（二）四季放牧要领

春季放牧要保膘保仔；夏季放牧要防暑抓膘；秋季放牧要繁殖抓膘；冬季放牧要防寒抓膘。

（三）放牧时应注意的事项

放牧前应先检查畜群，发现病畜后要留圈观察治疗。放牧人员应随身配带一些应急的药物器械。出牧、归牧时不要走得太快，放牧路途要适中，不要远距离奔波。放牧时严禁用石块掷打，防止惊群，注意防止野兽侵袭。不要让羊群吃冰冻草、露水草、发霉草，不要饮污水，防止暴食暴饮。

二、舍　　饲

一般饲养数量少，以积肥和解决自食为目的。饲料以青粗饲料（野草、农副产品等）为主，精饲料喂量少，畜舍简陋，一般缺乏必要的保温或降温设施，受自然条件影响较大，生产水平低。哺乳幼仔存活率低，死亡率高，且生长缓慢，育肥期长。

但农区养羊应以舍饲为主，也可配合季节性放牧。羊场和专业户饲养的羊群都有专用的羊舍和运动场，并设有饲槽和水槽。饲养时要注意以下几点：

1. 定时、定量、定质、定人。要按时喂羊，使羊形成条件反射，以利于消化吸收。要根据不同羊只，确定喂草量、料量。要既能吃饱，又不浪费。要保证饲料质量和花色品种。有条件的要按饲养标准制定配合日粮。饲养人员也要相对固定。

2. 饲草、饲料、饮水要清洁，不喂霉变草料，饲草不能带水，冬天最好饮用温水。

3. 保持羊舍清洁、干燥，做到冬暖夏凉，粪便要经常打扫。

4. 要搞好春秋两次防疫和经常性的驱虫。

5. 搞好羊场平时的卫生、消毒工作，羊粪要堆积发酵处理后使用。

6. 增加羊只运动，保持羊体卫生。

三、规模化养殖

（一）规模化养殖的概念及意义

规模化养殖是指生产单位或专业户在一定的环境条件下，以商品生产为基本

特征，通过对资金、技术、管理等生产力诸多要素的增加，质量的提高和结构的调整，在稳定和提高生产效率的基础上，取得规模经济效益的养殖生产经营方式。规模化养殖是现代养殖生产方式的一种，要求以良种畜禽为饲养对象，以良种畜禽的饲养标准为依据，实行标准化饲养；按生产工艺流程来组织生产，实行科学的管理；根据畜禽的不同生理和生长阶段的要求，为之提供良好的环境条件；最终达到生产出高质量的产品和获得良好经济效益的目的。

规模化养殖对养殖生产的发展具有如下重大意义：①有利于养殖科技成果的转化，促进生产力水平的提高；②有利于稳定畜禽肉的市场供应；③有利于降低成本，提高经济效益；④有利于副产物和废物的综合利用，可获得良好的经济和生态效益。

（二）规模化养殖的基本特点

每个国家依据其工农业和科学技术的发展水平以及市场条件，对规模化养殖的形式、内容、任务等有不同要求。规模化养殖的基本特点：

1. 按照生产工艺流程专业化的要求，将畜禽划分为若干生产工艺群，主要有繁殖群、保育群和生长肥育群。

2. 应用现代科学技术理论将各生产工艺群，按"全进全出"流水式生产工艺过程要求组织生产。首先是按一定繁殖间隔期组建一定数量的分娩哺乳母畜群，通过母畜（包括后备母畜）配种、妊娠、分娩、哺育等工作，以保证生产工艺过程中各个环节对畜禽数量的需要。

3. 拥有能适应各类畜禽生理和生产要求的，又便于组织与"全进全出"各工艺流程畜禽数量相适应的专用畜禽舍。

4. 拥有优良遗传素质、高生产性能的畜禽种群和完善的繁育体系，拥有严密的兽医卫生制度、合理的免疫程序和符合要求的污物、粪便处理系统。

5. 能均衡地供应各类畜禽所需的各种全价饲料，按饲养标准配制各类畜禽所需的饲粮，实行标准化饲养。拥有一支较高文化素质、技术水平和管理能力的职工队伍。全年有节律地、均衡地生产出既定数量和规范化的优质产品。

（三）规模化养殖具备的物质技术条件

1. 经营方向正确

2. 经营者及成员素质高 经营者及成员文化、科技及经营管理素质的高低，是规模化养殖场能否成功的关键。

3. 具有雄厚的资金

4. 有一支强大的技术队伍 繁育体系的建立、饲料配方的筛选、生产工艺流程的实施、疫病防治程序的制定与执行、副产品及废物的开发利用等生产环节，并非简单劳动就可完成，它需要熟悉动物遗传育种、饲料营养、防病治病、环境控制、现代化管理和市场营销的理论知识、具备实践经验丰富的专业科技队伍和文化素质较高的技术工队伍。

5. 市场条件优越　交通方便、经济发达、市场前景好、社会化服务体系健全是发展规模化养殖的重要外部条件。

6. 技术关键　要想成功地办好一个现代化养殖企业，必须采取以下5项关键措施，即饲养的品种应是良种、平衡饲料与科学饲养管理、控制群发病、畜舍及设备设施要完善、科学的经营管理。

第四节　畜禽的常见致病因素

疾病的发生原因包括内因和外因两个方面。外因是指存在于外界环境的各种致病因素（包括生物性、化学性、物理性、机械性和营养性等因素），内因则是指动物机体的某些内在因素（如机体对疾病的易感性和抵抗能力等）。外因与疾病的发生之间存在着一定的因果关系。而在同一条件下，并非全部动物都发生疾病，它还要以动物的抵抗力的强弱来决定，这就是内因。所以现代病因学认为：一切疾病都是由于外因和内因综合作用的结果。除了外因和内因之外，影响疾病发生的还有其他一些辅助因素。它们虽然不直接引起疾病的发生，但却能降低动物的机能活动性与防御适应性，或者加强外因的作用，这些因素，我们称之为疾病的诱因。

一、外界环境的致病因素

（一）生物性致病因素

指致病的微生物和寄生虫等，包括各种病原菌、病毒、寄生虫、某些致病性真菌及其毒素。侵入机体的微生物，主要是通过产生有害的毒性物质如外毒素、内毒素、溶血素、杀白细胞素、溶纤维蛋白素和蛋白分解酶等而造成病理性损伤。寄生虫则可通过机械性阻塞，产生毒素，破坏组织，掠夺营养以及引起过敏反应而危害机体。生物性致病因素对机体的作用有一定的选择性，引起的疾病有一定的特异性；能够作用于整个疾病过程，并可通过排泄物、分泌物和渗出物传染。生物性致病因素主要有以下特点：

1. 其致病作用常有一定选择性，表现为具有比较严格的传染路径、侵入门户和作用部位。

2. 致病作用不仅决定于其产生的内、外毒素和各种特殊的毒性物质，而且也决定于机体的抵抗力及感染性。

3. 引起的疾病有一定的特异性，如相对恒定的潜伏期，比较规律的病程，特殊的病理变化和临床症状，以及特异的免疫现象等。

4. 生物性致病因素侵入机体后，作用于整个疾病过程，并且其数量和毒力不断发生变化。有些病原体并随排泄物、分泌物、渗出物排出体外，因而具有感染性。生物性致病因素是传染病与寄生虫病等群发病的主要原因，是当前影响畜牧业发展的重要问题之一。

（二）化学性致病因素

化学因素种类很多，包括自然环境中的工业污染，农药污染（如有机氯、有机汞、有机磷等），药物或饲料添加剂使用不当，饲料被有毒物质污染或变质，在新近喷洒过化学药物的牧场放牧，食入有毒矿物质、有毒植物、有毒昆虫，被毒蛇及其他有毒动物蜇刺、咬伤，强酸、强碱、重金属盐类等。化学性致病因素也可来自体内，如各种病理性有毒代谢产物等。化学性致病因素具有发病快、毒害作用对机体的组织、器官有一定的选择性和在整个疾病过程中都起作用等特点。

（三）物理性致病因素

属于物理性的致病因素有各种机械力、高温、低温、电流和电离辐射（如 X 射线、α 射线、β 射线、γ 射线、核污染等）、强光、噪声、大气压力改变等。这些因素达到一定强度或作用的时间较长时，都可使机体发生物理性损伤。

（四）机械性致病因素

主要有来自外界的机械力和一些内源性的机械力，包括锐器或钝器的损伤等，引起性质不同的外伤（如挫伤、创伤、扭伤、骨折和脱臼等），体内的肿瘤、异物、寄生虫、结石、脓肿、肠道秘结的坚硬粪块和难产不能娩出的胎畜等，可对机体组织造成种种压迫和损伤，引起腔室或管道阻塞，以至发生坏死与穿孔。机械性因素对组织的作用没有选择性，引起的疾病无潜伏期及前驱期，其危害的大小取决于机械力的强度、性质、作用部位和范围等。

（五）营养性致病因素

畜禽饲养管理不当时，特别是饲料中各种营养物质，如蛋白质、脂肪、糖、维生素、微量元素供应不平衡（过剩或不足），畜禽的营养不能得到合理的补充和调剂时，也常可引起动物疾病的发生，带来极为不良的后果。

（六）其他因素

各种不同性质的刺激因素（如感染、中毒、创伤、饥饿、寒冷、温热、过劳、捕捉、追赶、更换圈舍、密集饲养、长途运输等）引起的应激状态，也可导致畜禽发病。

二、内在致病因素

内因就是机体本身的生理状态，一般可分为两个方面：一方面是机体受到致病因素作用能引起损伤，即机体的感受性；另一方面机体也具有防御致病因素的能力，即所谓抵抗力。机体对致病因素的易感性和防御能力既与机体器官的结构、机能和代谢特点，以及防御机构的机能状态有关，也与机体一般性即家畜的种属、品种和个体反应有关。

（一）机体的反应性

许多外界环境的致病因素是通过改变机体的反应性而发挥作用的。不同种属、品种或品系、年龄、性别以及免疫状态的个体，对各种致病因素的反应存在差异。

1. 种属反应性 不同种属的家畜，对某些疾病具有不同的先天抵抗力，如猪不感染牛瘟，牛也不会感染猪瘟，鸡不感染炭疽等。马、牛、羊、猪和禽类都易患各自的一些特有的疾病，特别是传染性疾病和寄生虫病。

2. 品种反应性 在兽医临床实践的中可以看到，同类动物由于品种不同，对致病刺激物的反应也有差别，如有些品种猪对猪气喘病感受性就高些，病情也较严重。

3. 个体反应性 不同的个体，对各种疾病也有不同的抵抗力。个体抵抗力的强弱，与年龄、性别、营养状况有重要关系。

4. 年龄反应性 一般地说，幼年家畜的抵抗力是较弱的，这与中枢神经系统发育尚未完善和全身防御机能较低有关。成年家畜的抵抗力较强，是由于中枢神经系统已发育完全，全身防御机能也较完善。老年家畜的抵抗力较弱，是由于中枢神经系统机能和全身防御机能降低的缘故。

5. 性别反应性 不同性别对某些疾病有不同的感受性。例如，猪患布鲁氏菌病时，怀孕母猪感染患病后，往往出现明显临床症状——流产，而公猪由于对该病感受性弱，常无明显症状。

（二）遗传因素

畜禽种类、品种、性别、年龄、神经、内分泌状况、免疫防御机能、营养状况、机体反应性等，都受遗传因素的制约并起主导作用。现已知许多疾病包括细菌和病毒引起的传染病，对畜禽来说有遗传易感性，如牛白血病、鸡马立克氏病等。遗传因素决定的个体差异性，也是产生某些疾病的基础，如不同动物个体由于血型不符而产生的输血性休克。

第五节　畜禽的抵抗力

一、抵　抗　力

机体免疫系统的主要功能是防御外界病原微生物的侵入，避免或减少各种疾病发生的概率。实际上，畜禽机体的这种防御能力就是抵抗力。

畜禽机体存在特有的免疫器官，包括胸腺、脾脏及淋巴结等。它们的功能各有不同，分为体液免疫系统（B细胞系统）、细胞免疫系统（T细胞系统）、吞噬系统及补体系统，并通过以下方式实现畜禽机体的免疫防御功能。

体液免疫系统：功能主要是通过免疫球蛋白（Ig）来完成。Ig 为血液中具有抗体活性的蛋白质，共有 IgM、IgG、IgA、IgD（人类特有）及 IgE 5 类，其中以 IgG 最为重要，占 Ig 总量的 75%。IgG 具有中和细菌毒素及病毒粒子的作用，还能抑制病原微生物的繁殖，从而减少造成感染的可能性。

细胞免疫系统：由不同类型的 T 淋巴细胞组成。T 淋巴细胞在入侵病原微生物的刺激下可转化为致敏 T 淋巴细胞，分泌淋巴因子，参与对病原微生物，特别是病毒的战斗。此外，T 细胞中的杀伤性 T 细胞还可与 NK 细胞及 K 细胞一起共同承担消灭病毒感染细胞的作用。

吞噬系统：由不同类型的吞噬细胞组成。当病原微生物进入畜禽机体时，巨噬细胞首先出击，识别入侵之敌，同时向其他免疫伙伴发出信息。中性粒细胞接到信息后，立即向细菌入侵的部位移动，随后伸出伪足将细菌吞入并将其杀灭。

补体系统：补体为蛋白质，存在于新鲜血液中，这种物质不但具有直接溶解某种细菌的作用，还可促进中性粒细胞对细菌的吞噬及杀菌过程。补体在血液中的含量虽然极少，却起着加强、补充及协助抗体免疫的作用。

畜禽机体免疫系统的四大成员在抗御病原微生物的过程中，责任分明，既可独立作战又紧密配合，从而使畜禽机体能适应复杂而多变的外界环境。

二、如何增强畜禽的抵抗力

（一）减少应激

应激会严重影响机体的抵抗力，应尽量减少应激的发生或降低应激的强度。如保持饲料卫生和营养全面平衡，合理饲喂；保持饮水和饮水用具的清洁卫生；维持工作程序和光照程序稳定等。为减少应激，在免疫接种、转群移舍、环境变化等应激发生的前后 3d 内，应适当增加日粮中多种维生素的含量，如每 100kg 日粮中添加多种维生素 15～20g。秋季在日粮中添加维生素 C、维生素 A 和维生素 E 有利于增加机体的抵抗力，减少疾病发生。

（二）消灭媒介昆虫

秋天仍是蚊、蝇、蠓等吸血昆虫繁殖的旺季，媒介昆虫的滋生繁殖会传播许多疫病，必须注意消灭媒介昆虫。除用药物驱杀外，在窗户等开露部分上安装纱网，也可防止或减少蚊、蝇、蠓的叮咬，从而减少疫病传播。

（三）加强免疫接种

根据各畜禽养殖场的具体情况，定时按免疫程序进行疫苗接种。也可增强畜禽机体的抗病能力，减少传染性疾病的发生。

（四）增加营养

在饲料中增加糖类、高品质蛋白质、多种维生素及矿物质等，即使在食量下降的情况下，仍能满足机体的营养和能量需要，提高抗病力。防止饲料霉变，注意加入脱霉剂。

（五）使用免疫激活剂

在饲料中增加具有免疫激活作用的物质，可激活畜禽自身的免疫力。

（六）新生仔畜应尽快喂给初乳

初乳中含有丰富的免疫球蛋白，可以使仔畜获得很强的自身免疫力。3d后的常乳中，免疫球蛋白已消失，所以要喂足初乳。

（七）搞好清洁卫生，做好消毒工作

畜禽舍要勤消毒，消毒剂可选用高效消毒剂，常规消毒药每周消毒1次，视动物疫病情况可适当调整。饲槽用具洗涤消毒每3d1次。大门、人畜通道出入口应设消毒池或垫消毒地毯，并定时更换。外来人员出入、车辆进出必须采取严格的消毒措施。

第六节　兽医药物学基础知识

一、兽医临床常用药物分类

药物的来源有二，一是来自自然界的天然药物，包括中药和一部分西药；二是来自人工制备的化学药物，包括大部分西药。人们通常根据药物的作用和化学结构对药物进行分类。表1-2是按照这种分类法列出的兽医临床常用的药物名录。

表1-2　兽医临床常用药物名录

药物类别				药物名称
抗感染药物	抗生素类	β-内酰胺环类	青霉素类	青霉素（苄青霉素、青霉素G）、普鲁卡因青霉素（油西林）
				耐酶青霉素类：苯唑西林（苯唑青霉素、新青霉素Ⅱ）、氯唑西林（邻氯青霉素）
				氨基青霉素：氨苄青霉素（氨苄西林、安比西林）、阿莫西林（羟氨苄青霉素、阿莫仙）
				广谱青霉素类：哌拉西林（哌氨苄青霉素、氧哌嗪青霉素）、替卡西林（羧噻吩青霉素）、美洛西林（美洛林）
			头孢类	一代头孢：头孢氨苄（先锋Ⅳ） 二代头孢：头孢呋辛、头孢克洛 三代头孢：头孢噻呋（速解灵）、头孢克肟
			β-内酰胺酶抑制剂	克拉维酸钾、舒巴坦、他唑巴坦
			其他	磷霉素、氨曲南

（续）

药物类别			药物名称
抗感染药物	抗生素类	氨基糖苷类	链霉素、卡那霉素、庆大霉素（艮他霉素、正泰霉素）、庆大-小诺霉素（小诺米星、沙加霉素）、新霉素（弗氏霉素、新霉素 B）、阿米卡星（丁胺卡那霉素）、壮观霉素（大观霉素、奇霉素）、核糖霉素、阿普拉霉素（阿布拉霉素、安普霉素）
		四环素类	土霉素（地霉素、氧四环素）、四环素、金霉素（氯四环素）、多西环素（脱氧土霉素、强力霉素）
		酰胺醇类	甲砜霉素（硫霉素）、氟苯尼考（氟甲砜霉素）
		大环内酯类	红霉素、泰乐菌素、替米考星、吉他霉素（北里霉素、柱晶白霉素）、螺旋霉素、交沙霉素
		林克胺类	林可霉素（洁霉素、林肯霉素）
		多肽类	杆菌肽（杆菌肽锌）、黏菌素（多黏菌素 E、抗敌素、黏杆菌素）、恩拉霉素（安来霉素）
		安沙类	利福平、利福喷丁
		糖肽类	替考拉宁
		其他	黄霉素（斑贝霉素、富乐旺）、赛地卡霉素（克痢霉素）、泰妙菌素（泰妙灵、支原净）
	化学合成抗菌药	喹诺酮类	诺氟沙星（氟哌酸）、环丙沙星（环丙氟哌酸）、恩诺沙星（乙基环丙沙星、百病消）、沙拉沙星、达氟沙星（单诺沙星、达诺沙星）、二氟沙星（帝氟沙星）、氧氟沙星（氟嗪酸）、培氟沙星（甲氟哌酸）、洛美沙星
		磺胺类	磺胺噻唑（ST）、磺胺嘧啶（SD）、复方磺胺嘧啶钠（双嘧啶）、磺胺二甲嘧啶（磺胺二甲基嘧啶、SM₂）、磺胺甲噁唑（磺胺甲基异噁唑、新诺明、SMZ）、磺胺异噁唑（菌得清、净尿磺、SIZ）、磺胺间甲氧嘧啶（制菌磺、磺胺-6-甲氧嘧啶、SMM、泰灭净）、磺胺对甲氧嘧啶（消炎磺、磺胺-5-甲氧嘧啶、SMD）、复方磺胺对甲氧嘧啶（复嘧啶）、磺胺甲氧嗪（磺胺甲氧哒嗪、SMP）、磺胺邻二甲氧嘧啶（周效磺胺、SDM'）、磺胺脒（磺胺胍、SG）、酞磺胺噻唑（酞磺胺唑、PST）、磺胺嘧啶银（烧伤宁、SD-Ag）、磺胺米隆（甲磺灭脓、SML）
		甲氧苄啶类	甲氧苄啶（甲氧苄氨嘧啶、三甲氧苄氨嘧啶、TMP）、二甲氧嘧啶（二甲氧苄氨嘧啶、敌菌净、DVD）
		硝基咪唑类	甲硝唑（甲硝咪唑、灭滴灵）、地美硝唑（二甲硝咪唑、二甲硝唑）、替硝唑、奥硝唑（氯丙硝唑、氯醇硝唑）
		喹噁啉类	乙酰甲喹（痢菌净）、喹乙醇（快育灵、倍育诺）
		其他	乌洛托品、次水杨酸铋
	抗菌中草药		小檗碱、鱼腥草素钠、穿心莲、板蓝根、大蒜素、金荞麦、苦参等
	抗真菌药		制霉菌素（庐山霉素、制霉素）、酮康唑、氟康唑（大扶康）、伊曲康唑、克霉唑（三甲苯咪唑、抗真菌Ⅰ号）、灰黄霉素、特比萘芬
	抗病毒药		黄芪多糖注射液（抗病毒Ⅰ号注射液）

（续）

药物类别			药物名称
抗感染药物	抗寄生虫药	抗蠕虫药 — 驱线虫药	左旋咪唑（左噻咪唑、左咪唑）、阿苯达唑（丙硫咪唑、丙硫苯咪唑、抗蠕敏、肠虫清）、芬苯达唑（硫苯咪唑、苯硫苯咪唑）、奥芬达唑（磺苯咪唑、亚砜苯咪唑、硫氧苯咪唑）、氟苯达唑（氟苯咪唑）、甲苯达唑（甲苯咪唑）、哌嗪（驱蛔灵）、吩噻嗪（硫化二苯胺）、阿维菌素（阿福丁、虫克星、阿力佳）、伊维菌素（害获灭、杀虫丁、伊福丁、伊力佳）、双羟萘酸噻嘧啶（抗蠕灵、抗虫灵）、越霉素 A（得利肥素）、潮霉素 B（效高素）、枸橼酸乙胺嗪（海群生）
		抗蠕虫药 — 驱绦虫药	硫双二氯酚（别丁、硫氯酚）、丁萘脒、吡喹酮、氯硝柳胺（灭绦灵、育米生）、槟榔
		抗蠕虫药 — 抗吸虫药	双酰胺氧醚（地芬尼泰）、硝碘酚腈（氰碘硝基苯酚）、三氯苯咪唑（三氯苯达唑、肝蛭净）、硝氯酚（拜尔 9015）、溴酚磷（蛭得净）、碘醚柳胺（氯碘醚苯胺）
		抗原虫药 — 抗球虫药	磺胺喹噁啉（磺胺喹沙啉、SQ）、磺胺氯吡嗪钠（三字球虫粉、ESB₃）、氯羟吡啶（克球粉、可爱丹）、盐酸氨丙啉（安普罗铵、安保乐）、盐酸氯丙啉·乙氧酰胺苯甲酯（加强安保乐）、盐酸氯苯胍（罗本尼丁）、二硝托胺（球痢灵、二硝苯甲酰胺）、尼卡巴嗪（力更生）、托曲珠利（甲基三嗪酮、百球清）、地克珠利（杀球灵、球必清、球佳、二氯嗪苯乙腈）、莫能菌素钠（牧宁菌素、莫能星、瘤胃素）、马杜霉素铵（加福）、盐霉素钠（沙里诺霉素、优素精）、甲基盐霉素（那拉菌素）、拉沙洛西钠（拉沙洛菌素、球安）、氢溴酸常山酮（卤夫酮、速丹）
		抗原虫药 — 抗血孢子虫（梨形虫）药	三氮脒（贝尼尔、血虫净）、硫酸喹啉脲（阿卡普林、抗焦虫素）、双脒苯脲（咪唑苯脲）、青蒿素
		抗原虫药 — 抗锥虫药	萘磺苯酰脲（苏拉明、那加诺、拜尔 205）、喹嘧胺（安锥赛）、氯化氮氨菲啶（锥灭定、沙莫林）
		抗原虫药 — 抗组织滴虫药	甲硝唑（灭滴灵）、地美硝唑、替硝唑、奥硝唑
		杀虫药	敌百虫、敌敌畏、蝇毒磷、倍硫磷（百治屠）、二嗪农（地亚农、敌匹硫磷）、甲基吡啶磷（蝇必净）、双甲脒（特敌克、阿米曲士）、溴氰菊酯（敌杀死、倍特）、氯氰菊酯（灭百可）、氰戊菊酯（速灭杀丁、速灭菊酯）、环丙氨嗪、西维因（胺甲萘）、升华硫黄
消毒防腐药	酚类		苯酚（石炭酸）、甲酚皂溶液（来苏儿、煤酚皂溶液）、复合酚（菌毒敌、农乐）、松馏油、鱼石脂
	醇类		乙醇（酒精）、苯氧乙醇
	醛类		甲醛溶液（福尔马林、蚁醛）、聚甲醛（固体甲醛）、戊二醛、乌洛托品（六甲烯胺）
	酸类		硼酸、水杨酸、十一烯酸、苯甲酸、醋酸（乙酸）
	碱类		氢氧化钠（苛性钠、烧碱）、氧化钙（生石灰）

（续）

药物类别			药物名称
消毒防腐药	碘制剂		碘甘油、碘酊、聚维酮碘（吡咯烷酮碘、聚乙烯吡酮碘）、碘伏（碘附、敌菌碘）
	氯制剂		含氯石灰（漂白粉）、二氧化氯、二氯异氰脲酸钠（优氯净、消毒灵）、三氯异氰脲酸、氯胺-T（氯亚明）、次氯酸钠
	氧化剂		过氧乙酸（过醋酸）、过氧化氢溶液（双氧水）、高锰酸钾
	染料类		乳酸依沙吖啶（雷佛奴耳、利凡诺）、甲紫溶液（龙胆紫、紫药水）
	重金属盐类		红汞、硫柳汞
	表面活性剂		苯扎溴铵（新洁尔灭、溴苄烷铵）、醋酸氯己定（洗必泰、双氯苯双胍烷）、癸甲溴铵（百毒杀）、度米芬（杜灭芬、消毒宁）
作用于中枢神经系统的药物	中枢兴奋药		安钠咖（苯甲酸钠咖啡因）、回苏灵（二甲弗林）、尼可刹米（可拉明）、士的宁（番木鳖碱）、回苏灵、多普兰
	镇静药及抗惊厥药		氯丙嗪（氯普马嗪、冬眠灵）、乙酰丙嗪（乙酰普马嗪）、巴比妥（佛罗拿）、苯巴比妥（鲁米那）、地西泮（安定）、硫酸镁（苦盐、泻盐）、水合氯醛（水化氯醛、含水氯醛）、溴化钙、溴化钠
	麻醉药与化学保定药	麻醉药	全身麻醉药	氯胺酮（开他敏）、戊巴比妥钠、异戊巴比妥钠、硫喷妥钠（戊硫巴比妥钠、潘托撒）、二甲苯胺噻唑、二甲苯胺噻嗪、氟烷、麻醉乙醚
			局部麻醉药	盐酸普鲁卡因（奴佛卡因）、盐酸利多卡因（赛罗卡因）、盐酸丁卡因（地卡因、潘托卡因）
		化学保定药		赛拉嗪（二甲苯胺噻嗪、隆朋）、赛拉唑（二甲苯胺噻唑、静松灵）、氯化琥珀胆碱（司可林）
	镇痛药		吗啡、哌替啶（度冷丁）、速眠新
	解热镇痛消炎药		阿司匹林（乙酰水杨酸）、复方阿司匹林（APC、解热止痛片）、安乃近（诺瓦经、安纳尔经）、氨基比林、对乙酰氨基酚（醋氨酚、扑热息痛）、消炎痛（吲哚美辛）、萘普生（萘洛芬、消痛灵）、保泰松（布他酮）、布洛芬（异丁洛芬）、柴胡
作用于植物神经系统的药物	拟胆碱药		氯化氨甲酰甲胆碱（乌拉胆碱）、甲硫酸新斯的明（甲基硫酸新斯的明）、毒扁豆碱、毛果芸香碱、加兰他敏
	抗胆碱药		阿托品、氢溴酸东莨菪碱、氢溴酸山莨菪碱、颠茄、丙胺太林、箭毒、琥珀胆碱
	拟肾上腺素药		肾上腺素（副肾素）、去甲肾上腺素（正肾上腺素）、多巴胺、重酒石酸异丙肾上腺素（喘息定、治喘灵）、盐酸麻黄碱（麻黄碱）
作用于消化系统的药物	健胃药与助消化药	健胃药		大黄酊、龙胆酊、马钱子酊（番木鳖酊）、姜酊、辣椒酊、复方龙胆酊（苦味酊）、氯化钠（食盐）、人工盐（人工矿泉盐）、桂皮
		助消化药		稀盐酸、胃蛋白酶、乳酶生（表飞鸣）、干酵母（食母生）、胰酶、药曲、麦芽、山楂

（续）

药物类别			药物名称
作用于消化系统的药物	瘤胃兴奋及促进胃肠蠕动的药物		浓氯化钠注射液（高渗氯化钠注射液）、甲硫酸新斯的明（甲基硫酸新斯的明）、氯化氨甲酰胆碱、毛果芸香碱、毒扁豆碱、酒石酸锑钾
	制酵药与消沫药	制酵药	鱼石脂、甲醛溶液（福尔马林、蚁醛）、大蒜酊
		消沫药	二甲硅油（二甲基硅油）、松节油、消胀片、植物油
	泻药与止泻药	泻药	液状石蜡（石蜡油）、动物油、硫酸钠（芒硝、元明粉）、硫酸镁（苦盐、泻盐）、碳酸氢钠、大黄与番泻叶、双醋酚丁、蓖麻油
		止泻药	碱式碳酸铋（次碳酸铋）、次硝酸铋、鞣酸蛋白、药用炭（活性炭）、白陶土、硅炭银、腐植酸钠、地芬诺酯（苯乙哌啶、止泻宁）、洛哌丁胺（苯丁哌胺）、颠茄酊
作用于呼吸系统的药物	祛痰药		氯化铵（氯化钲、卤沙）、碘化钾、愈创木酚甘油醚、桔梗、乙酰半胱氨酸（痰易净、易咳净）、溴己新（必消痰）
	镇咳药		可待因（甲基吗啡）、咳必清（维静宁、托可拉斯）、枸橼酸喷托维林、磷酸苯丙哌林、复方樟脑酊、甘草
	平喘药		氨茶碱（乙二胺茶碱）、盐酸麻黄碱（麻黄素）、异丙肾上腺素、异丙嗪、糖皮质激素
作用于血液循环系统的药物	强心苷		洋地黄毒苷（狄吉妥辛）、毒毛花苷K（毒毛旋花子苷K、毒毛苷）、地高辛（狄戈辛）
	止血药与抗凝血药	止血药	亚硫酸氢钠甲萘醌（维生素K_3）、维生素K_1（凝血维生素、抗出血因子）、酚磺乙胺（止血敏）、肾上腺素色腙（安络血）、硫酸鱼精蛋白（精蛋白）、三氯化铁、吸收性明胶海绵（明胶海绵）凝血酸、仙鹤草、云南白药保险子
		抗凝血药	肝素钠（肝素）、枸橼酸钠（柠檬酸钠）、草酸钠、依地酸钠
	抗贫血药		硫酸亚铁（硫酸低铁）、枸橼酸铁铵（柠檬酸铁铵）、右旋糖酐铁注射液（葡聚糖铁注射液）、葡聚糖铁钴注射液、富血力、牲血素、维生素B_{12}、叶酸
利尿药和脱水药	利尿药		氢氯噻嗪（双氢克尿噻、双氢氯噻嗪）、呋塞米（利尿磺胺、呋喃苯胺酸、速尿）、螺内酯（安体舒通）
	脱水药		甘露醇、山梨醇、50%葡萄糖
营养及体液平衡药			氯化钠注射液（生理盐水）、葡糖糖（右旋糖）、葡糖糖氯化钠注射液、氯化钾、右旋糖酐40（葡糖糖40）、右旋糖酐70（葡聚糖70）、碳酸氢钠（小苏打、重碳酸钠）、乳酸钠
作用于生殖系统的药物	子宫收缩药		缩宫素（催产素）、垂体后叶素、马来酸麦角新碱、益母草
	性激素		苯甲酸雌二醇（苯甲酸求偶二醇）、己烯雌酚（乙烯雌酚）、黄体酮（孕酮、助孕素）、氯前列烯醇（氯前列醇）、丙酸睾酮（丙酸睾丸素、丙酸睾丸酮）、苯丙酸诺龙（苯丙酸去甲睾酮）
抗过敏药物	H_1受体阻断药		苯海拉明（可他敏、苯那君）、异丙嗪（非那根、抗胺荨）、马来酸氯苯那敏（氯苯吡胺、氯屈米通、扑尔敏）、克敏嗪（克喘嗪、去氯羟嗪）
	H_2受体阻断药		雷尼替丁（甲硝呋呱、呋喃硝胺）

（续）

药物类别		药物名称
肾上腺皮质激素类药物		醋酸可的松（皮质素、醋酸考的松）、氢化可的松（皮质醇）、醋酸泼尼松（醋酸强的松、去氢可的松）、醋酸氟轻松（醋酸肤轻松）、地塞米松磷酸钠（氟美松）、醋酸地塞米松（醋酸氟美松）、倍他米松、曲安缩松（曲安奈德、去炎松）、布地奈德、氟替卡松
维生素类药物	脂溶性维生素	维生素 A（视黄醇、抗干眼醇）、维生素 AD、维生素 D_3（胆钙化醇、抗佝偻病维生素）、维生素 E（生育酚）、亚硒酸钠维生素 E、维生素 K_1（凝血维生素、抗出血因子）
	水溶性维生素	维生素 B_1（硫胺、硫胺素）、维生素 B_2（核黄素）、维生素 B_6（吡哆醇、吡哆胺、吡哆醛）、维生素 B_{12}（氰钴胺素）、烟酰胺（维生素 PP、维生素 B_5）、烟酸、泛酸钙（遍多酸、维生素 B_3）、叶酸（维生素 B_{11}、维生素 Bc、维生素 M）、生物素（维生素 B_7、维生素 H）、维生素 C（抗坏血酸）、胆碱（维生素 B_4）、复合维生素 B
矿物质与微量元素	矿物质	氯化钙、氯化钙葡萄糖注射液、葡萄糖酸钙、磷酸氢钙、碳酸钙
	微量元素	亚硒酸钠、碘化钾、硫酸铜、硫酸锌、硫酸锰、硫酸亚铁、氯化钴
特效解毒药	有机磷酸酯类中毒	阿托品、碘解磷定（解磷定、碘磷定）、氯解磷定（氯磷定、氯化派姆）、双复磷、双解磷
	金属和类金属中毒	二巯基丙醇（BAL、巴尔）、二巯丙磺钠（二巯基丙磺酸钠、解砷灵）、二巯基丁二酸钠、依地酸钙钠（乙二胺四乙酸二钠钙、解铅乐）、去铁胺（去铁敏）
	亚硝酸盐中毒	亚甲蓝（美蓝、甲烯蓝）、维生素 C
	氰化物中毒	亚硝酸钠、亚硝酸异戊酯、硫代硫酸钠（大苏打、次亚硫酸钠）
	有机氟中毒	乙酰胺（解氟灵）
	磷化锌中毒	高锰酸钾、硫酸铜、碳酸氢钠
	食盐中毒	甘汞、双氢克尿噻
	敌鼠钠中毒	维生素 K_1、维生素 K_3（亚硫酸氢钠甲萘醌）

二、兽医临床常用药物表解

作为一名临床兽医，在使用药物时，不仅要熟知所用药物的功效、剂量和用法，还应了解药物的剂型、规格及其使用的注意事项等基本知识。表 1-3 列出了兽医临床常用药物的剂型与规格、作用与用途、用法与剂量以及注意事项等。

表 1-3　兽医临床常用药物表解

名　称	别　名	剂型与规格	作用及用途	用法及剂量	注意事项
青霉素钠	氨苄青霉素、青霉素 G	粉针：80 万 U、160 万 U	窄谱繁殖期杀菌剂，对革兰氏阳性菌、革兰氏阴性球菌、螺旋体、放线菌有效。为马腺疫、炭疽、破伤风、猪丹毒、乳腺炎、恶性水肿、气肿疽及钩端螺旋体病的首选药	im 或 iv：马、牛 1 万～2 万/kg，羊、猪、驹、犊 2 万～4 万 U/kg，犬、猫 3 万～4 万 U/kg，禽 2 万～5 万 U/kg，bid	①内服无效 ②金色葡萄球菌易产生耐药性 ③治疗梭菌病（如破伤风）和炭疽时宜与相应抗毒素联用
青霉素钾	注意：1. 肌内注射刺激性较强，静脉注射不可过快；2. 高钾血症患畜禁用；其他同青霉素钠				
普鲁卡因青霉素		注射液：10mL：300 万 U	粉针或油溶液肌内注射后吸收缓慢，适用于一些敏感菌所致的慢性感染	im：马、牛 1 万～2 万 U/kg，羊、猪、驹、犊 2 万～3 万 U，犬、猫 3 万～4 万 U，qd	①只供肌内注射，禁止静注给药 ②不宜单独用于严重感染
氨苄西林	氨苄青霉素、安比西林	粉针：0.5g、1g 粉散剂：5%、58.3%	对革兰氏阳性菌的作用与青霉素相似，对青霉素耐药的革兰氏阴性菌作用较强。适用于敏感菌引起的肺部、肠道和尿道感染	im 或 iv：畜禽 5～10mg/kg，bid 或 tid。高剂量用于急性感染 乳管内注入：每一乳室，奶牛 200mg，qd	①青霉素过敏动物禁用 ②家兔、豚鼠、成年反刍动物慎用 ③严重感染可与其他抗生素联用
阿莫西林	羟氨苄青霉素	粉针（钠盐）：0.5g、1g 分散剂：5%、10%	作用应用同氨苄西林，对肠球菌和沙门氏菌作用强于氨苄西林。主要用于肺部、尿道敏感菌感染	po、im：家畜 10～15mg/kg，禽 20～30mg/kg，bid 乳管内注入：同氨苄西林	同氨苄西林
头孢噻呋钠	速解灵	粉针：0.5g、1g	畜禽专用的第三代头孢菌素，对各种革兰氏阳性菌、阴性菌有效	im 或 sc：牛、马 1～4mg/kg；猪 3～5mg/kg，qd；犬、猫 2mg/kg，qd	本药肾毒性较强，慎与氨基糖苷类、利尿药等合用
红霉素	高力米先（常用其乳糖酸盐或硫氰酸盐）	粉针：0.3g；可溶性粉：5% 或 5.5%	抗菌谱与青霉素相似。用于治疗青霉素耐药金黄色葡萄球菌、溶血性链球菌所致感染及支原体、巴氏杆菌引起的畜禽呼吸道感染	iv、im：家畜 3～5mg/kg，犬、猫 5～10mg/kg，bid；静脉滴注用 5% 葡萄糖稀释，浓度不超过 0.1% 饮水：鸡每升水 125mg	①本品不可用生理盐水等含盐溶液溶解 ②宜缓慢静滴或深部肌注 ③成年反刍动物内服无效；马属动物慎用

（续）

名 称	别 名	剂型与规格	作用及用途	用法及剂量	注意事项
酒石酸泰乐菌素		注射液：50mL：2.5g、10g 可溶性粉：5g、50g、100g	对革兰氏阳性菌作用较红霉素弱，对革兰氏阴性菌作用差，对支原体作用较强。用于防治畜禽支原体病；易与铁、铜、铝等离子络合而降效	im：猪 5～13mg（效价）/kg，bid，连用 7d po：饮水，鸡每升水 500mg，连用3～5d	①与其他大环内酯类药物交叉耐药 ②刺激大，宜深层肌注 ③动物肌内注射休药期 14d，鸡口服休药期 5d，产蛋鸡禁用
磷酸替米考星		预混剂：2%、10%或22%	作用同泰乐菌素。主要用于防治鸡慢性呼吸道病、猪弧菌性痢疾和支原体肺炎	混饲：每吨饲料猪10～100g（效价），鸡4～50g（效价）	①猪、禽休药期为 5d ②其他注意事项参考泰乐菌素
链霉素		粉针：0.75g、1g、2g	对多数革兰氏阴性杆菌有效。多数革兰氏阳性菌、病毒、真菌等耐药。内服难吸收。肌内注射用于治疗全身和尿道感染。与青霉素联用可产生协同作用	im：马、牛、猪、羊 10～15mg，bid。家禽，0.1～0.2g（雏鸡、仔鸡2～25mg/羽）/羽，bid	①具有耳毒和肾毒性 ②剂量过大或静脉注射过快的急性中毒可用新斯的明、葡萄糖酸钙解救 ③治疗尿路感染须同服碳酸氢钠碱化尿液以提高效力
卡那霉素		注射液：10mL：1g	抗菌谱类似链霉素，但抗菌活性更强，对结核菌和耐青霉素金色葡萄球菌也有效	im：马、牛、猪、羊 5～15mg/kg，犬猫 5.5mg/kg，家禽 10～15mg/kg，bid	①钙离子可减弱本品的抗菌活性，不宜与钙制剂配伍 ②其他注意事项同链霉素
庆大霉素	艮他霉素、正泰霉素	注射液：2mL：8 万 U、5mL：20 万 U、10mL：20 万 U或40 万 U	对多数革兰氏阴性菌和阳性菌、绿脓杆菌有效。用于治疗败血症、乳腺炎、及肠道、泌尿道、呼吸道等感染。与青霉素类产生协同效应	注射液：马、牛、羊、猪 1 000～1 500 U/kg，家禽 3 000 U/kg，犬猫 3 000～5 000U/kg，qd或 bid	①毒性反应较卡那霉素稍轻。但用量过大或疗程延长，仍可发生耳、肾损害 ②其他注意事项同链霉素
新霉素	弗氏霉素、新霉素 B	粉散剂：3.25%、32.5% 滴眼液：8mL：20mg	抗菌谱同庆大霉素。多内服治疗胃肠道感染，局部应用于皮肤创伤、眼、牙感染及子宫内膜炎的治疗	po：家畜 10～15mg/kg，犬猫10～20mg/kg 混饮：每升水禽50～75mg	①毒性大，不能注射给药 ②与庆大霉素、卡那霉素交叉耐药

（续）

名　称	别　名	剂型与规格	作用及用途	用法及剂量	注意事项
阿米卡星	丁胺卡那霉素	注射液：2mL：0.2g	抗菌谱同庆大霉素，但对庆大霉素、卡那霉素耐药的病菌仍有效	im：马、牛、羊、猪、犬、猫、家禽 5～10mg/kg，bid	同卡那霉素
土霉素	氧四环素	片剂：0.125g、0.25g 注射液：0.2g、1g	对革兰氏阳性菌和阴性菌均有效，对衣原体、支原体、立克次氏体、螺旋体等也有效	po：猪、驹、犊羔 10～25mg/kg；犬 15～50mg/kg；禽 25～50mg/kg，tid iv：家畜 5～10mg，bid	①成年反刍动物、马属动物及兔慎用 ②内服给药应避免与乳制品和含钙、镁、铁的药物同用
长效土霉素		注射液：1mL含土霉素200mg	作用应用同土霉素，但维持药效时间长达 2～3d，适用于敏感菌的非急性感染	im：家畜 0.1～0.2ml/kg，qd	①产乳奶牛不宜 ②肌内注射每点不应超过 20mL ③马慎用
四环素		粉针：0.5g、1g 片剂：0.25g	作用及应用与土霉素相似，但对革兰氏阴性菌的作用更好	iv：家畜 5～10mg/kg，bid 内服剂量同土霉素	四环素过期变质生成有毒性的差向四环素，其他同土霉素
多西环素	强力霉素、脱氧土霉素	片剂：0.05g、0.1g	抗菌谱与四环素相似，但抗菌作用比四环素强 10 倍，对耐四环素的细菌仍有效	po：猪、驹、犊羔 3～5mg/kg，犬猫 5～10mg/kg，禽 20mg/kg，qd	①肝肾功能严重障碍者慎用 ②其他注意事项见土霉素
氟苯尼考	氟甲砜霉素	注射液：2mL：0.6g 预混剂：5%	用于畜禽伤寒、肠炎、呼吸道感染等	im：猪、鸡 20mg/kg，qod，连用 2 次 po：猪、鸡 20～30mg，bid	①不宜与氟喹诺酮类联用，以免减弱后者疗效 ②食品动物休药期为 28d
林可霉素	洁霉素、林肯霉素	片剂：0.25g、0.5g 注射液：2mL：0.1g、10mL：3g	对革兰氏阳性菌作用明显，对厌氧菌有效。用于敏感菌引起的呼吸道感染、骨髓炎、关节炎、软组织感染、胆管感染、败血症及化脓性感染	po：牛 20～40mg/kg，猪、羊、犬 30～60mg/kg，bid im 或 iv：猪、犬 10mg/kg，qd 或 bid	①马属动物及其他草食动物禁用或慎用 ②本类药物与红霉素联用产生颉颃作用 ③产蛋期母鸡禁用

（续）

名　称	别　名	剂型与规格	作用及用途	用法及剂量	注意事项
磺胺嘧啶/磺胺嘧啶钠	SD/SD-Na	片剂：0.5g 注射液（钠盐）：2mL：0.4g、5mL：1g	内服吸收少，可内服治疗肠道感染及弓形虫感染。易进入脑脊液中，是治疗脑部感染的首选药之一。为减少肾损害，可与碳酸氢钠同服	po：0.07～0.1g/kg，首次量加倍，bid 混饲：家禽，0.4%～0.5% iv：家畜，0.05～0.1g/kg，bid	①肾功能损害或脱水、酸中毒时慎用 ②同时补充B族维生素 ③不宜用5%葡萄糖稀释，易产生沉淀
磺胺-6-甲氧嘧啶	制菌磺、磺胺间甲氧嘧啶、SMM、泰灭净	片剂：0.5g 注射液：10mL1g、20mL：2g、50mL：5g	为磺胺类抗菌活性最强的药物。用于呼吸道、肠道和泌尿道感染。对球虫病、鸡白细胞虫病、弓形虫病作用也较强，常作紧急治疗药物	po或iv：家畜25～50mg/kg，首次加倍，bid 混饲：禽，治疗量为每千克饲料50～200mg，预防量减半	①连续用药不宜超过10d ②其他注意事项见SD
磺胺脒	磺胺胍、SG	片剂：0.5g	内服吸收较少，在肠道内浓度较高。临床用于肠道抗菌治疗	po：家禽0.1～0.2g/kg，bid	用量过大、肠阻塞或严重脱水病畜，吸收量增加，可致结晶尿
环丙沙星	环丙氟哌酸	粉剂：2% 注射液（盐酸盐）：10mL：200mg	抗菌活性是目前应用的氟喹诺酮类中最强的。抗菌谱广，对需氧菌、及支原体均有效	po：猪、犬5～15mg/kg，bid im：家畜②5mg/kg，家禽5mg/kg，bid 混饮：禽50～75mg/L水	①因其损害关节软骨，禁用于幼年动物和孕畜 ②与酰胺醇类、利福平等产生拮抗作用
氧氟沙星	氟嗪酸	片剂：5mg 注射液：1%、2%	对多种革兰氏阳性菌和阴性菌有效。对绿脓杆菌、结核杆菌有效。用于畜禽细菌和支原体感染	po：鸡10mg/kg，bid im：畜禽3～5mg/kg，bid 混饮：鸡50～100mg/L水	同环丙沙星
乙酰甲喹	痢菌净	片剂：0.1g、0.5g 注射液：10mL：50mg	广谱抗菌药，为治疗猪密螺旋体痢疾的首选药。对仔猪黄、白痢、犊牛副伤寒、鸡白痢等有效	po：猪、犊牛、鸡2.5～5mg/kg，bid；im：猪、牛2.5～5mg/kg，bid	本品毒性较大，需慎重控制剂量和疗程

（续）

名　称	别　名	剂型与规格	作用及用途	用法及剂量	注意事项
甲硝唑	甲硝咪唑、灭滴灵	片剂：0.2g、0.25g 注射液：0.5%	对滴虫、阿米巴原虫、大多数厌氧菌有强效。用于治疗猪阿米巴痢疾、滴虫病、贾第鞭毛虫病、小袋纤毛虫病等，防治全身或局部厌氧菌感染	po：牛 60mg/kg，犬、猫 25～50mg/kg，bid iv：牛 10mg/kg，qd 混饮：禽 500mg/L 饮水	①剂量过大可引起震颤、共济失调、惊厥等神经症状 ②蛋鸡禁用，猪宰前应停药 4d ③所有食品动物禁作促生长用
制霉菌素	庐山霉素	片剂：50 万 U	广谱抗真菌药。对多数真菌有抑制作用。内服几乎不吸收，主要用于治疗胃肠道真菌感染；外用治疗皮肤、黏膜真菌感染	po：家畜 1 万 U/kg，tid 家禽鹅口疮：混饲，50 万～100 万 U/kg 饲料；雏鸡曲霉菌病每 100 羽 50 万 U，bid	①本品内服不吸收，为局部抗真菌药 ②本品毒性大，不宜用于全身感染
黄芪多糖注射液	抗病毒 I 号注射液	注射液：100mL：0.1g	本品能提高机体免疫力。兽医临床用于动物病毒性疾病的防治	sc、im：鸡 2m/kg，qd	本品仅调节免疫功能，应同抗菌、抗病毒药联合使用
甲酚皂溶液	来苏儿、煤酚皂溶液	溶液剂：50%	本品的杀菌作用较苯酚强 3 倍，但对芽孢无效，对病毒作用不可靠。用于器械、厩舍、排泄物等的消毒	常规消毒（如厩舍、笼具、排泄物等的消毒）：配成5%～10%溶液	①本品有臭味，不宜用于食品加工厂和有色织物的消毒 ②对皮肤有刺激性
复合酚	菌毒敌、农乐	溶液剂：含酚41%～49%	可杀灭细菌、霉菌和病毒，也可杀灭动物寄生虫卵。主用于厩舍、器具、排泄物和车辆的消毒	喷洒：配成0.3%～1%的溶液用于常规消毒	①本品不宜与其他碱性消毒药配伍使用 ②高浓度对皮肤、黏膜刺激大，应予以注意
二氯异氰尿酸钠	优氯净、消毒灵	粉剂：含有效氯60%	在水中能持久释放活性氧，发挥长时间的杀菌作用。因无残留常用于鱼塘、饮水、食品、牛奶加工厂、车辆、厩舍、蚕室、用具的消毒	消毒浓度（以有效氯计）：鱼塘 0.3mg/L，饮水 0.5mg/L，喷洒消毒 50～100mg/L	本品有腐蚀和漂白作用
碘酊		酊剂：含碘2%～5%	作用类似于碘甘油。主要用于术前和注射前皮肤消毒	直接涂于手术前和注射前皮肤部位	碘酊消毒后应及时用酒精脱碘，以免对局部刺激

（续）

名　称	别　名	剂型与规格	作用及用途	用法及剂量	注意事项
甲醛溶液	福尔马林、蚁醛	福尔马林溶液：40%	广谱杀菌，主要用于畜舍、房屋、仓库、羊毛、衣物及器械的熏蒸消毒和标本、尸体的防腐，也用于胃肠道制酵	内服制酵：一次量，牛 8～25mL，羊1～3mL 标本、尸体防腐：5%～10%溶液浸泡 熏蒸消毒：15mL/m³	①消毒时注意人员及牲畜的防护 ②熏蒸消毒时室温不能低于15℃，相对湿度为60%～80%
苯扎溴铵	新洁尔灭、溴苄烷铵	溶液剂：5%、10%、50%	本品对多种细菌和真菌有杀灭作用。对病毒、芽孢作用弱，对结核杆菌、霉菌无效。临床用于皮肤、黏膜、器械及深部感染创口的消毒	创面、皮肤、手术器械消毒：0.1%溶液 黏膜及深部感染创口消毒：0.01%～0.05%溶液清洗	①禁与肥皂及盐类消毒剂同用 ②不宜用于眼科器械和合成橡胶制品的消毒
癸甲溴铵	百毒杀	溶液剂：10%（鱼博士）、5%（百毒杀）	高浓度对病毒、霉菌亦有杀灭作用。用于畜禽厩舍、器皿、饮水、种蛋、孵化室、乳制品机械的消毒	畜禽栏舍、器具：0.015%～0.05% 饮水消毒：0.0025%～0.005%	癸甲溴铵溶液规格不一，应用时应以有效成分计算用量
过氧化氢溶液	双氧水	溶液剂：3%、0.3%～1%	消毒防腐作用时间短，穿透力弱。能冲出创伤中的脓块和坏死组织，常用于消毒创面、脓腔和口腔等	清洁化脓创面、溃疡和烧伤：1%～3% 洗涤口腔及阴道黏膜：0.3%～1%	①3%以上的高浓度溶液对组织刺激大； ②不适宜环境及体表消毒
高锰酸钾		粉剂	具有氧化和收敛作用。用于皮肤创伤及腔道炎症，也用于有机物中毒	腔道冲洗及洗胃：0.05%～0.1%溶液 化脓创口、溃疡面冲洗：0.1%～2%溶液	①高浓度对组织有刺激性、腐蚀性 ②现用现配 ③与易氧化物混合易爆，慎重
氢氧化钠	苛性钠、烧碱		杀菌能力强，能杀死细菌繁殖体、芽孢和病毒；用于病毒和细菌污染厩舍、饲槽、运输车船的消毒	病毒、细菌污染物消毒：用0.2%热水溶液喷洒 炭疽芽孢污染地面的消毒：5%热水溶液喷洒	①对组织有刺激性，能损坏织物和铝制品 ②消毒6～12h后，用水冲洗干净方可让家畜回来

（续）

名　称	别　名	剂型与规格	作用及用途	用法及剂量	注意事项
乳酸依沙吖啶	雷佛奴耳、利凡诺	粉剂	对革兰氏阳性菌和少数革兰氏阴性菌有较强的抑菌作用，作用缓慢而持久，穿透力较强。主要用于创面及黏膜消毒	外用：配成0.1%～0.2%溶液	①溶液应置避光、阴凉处保存 ②长期使用可延缓伤口愈合
乙醇	酒精	溶液剂：70%～75%	其杀菌机理是使菌体蛋白凝固和脱水。常用于皮肤、黏膜消毒，也可作溶媒	直接涂擦或浸泡消毒体温计、注射针头等30min	高浓度因迅速凝固菌体表面蛋白，使药物不易渗入菌体而降效
乌洛托品	六甲烯胺	注射液：5mL：2g、10mL：4g	以原形从尿中排除，遇酸性尿分解产生甲醛而起尿路消毒作用	iv：马、牛15～30g/次，羊、猪5～10g/次	宜加服氯化铵，使尿液呈酸性
精制敌百虫		片剂：0.3g、0.5g	外用为杀虫药，可用于杀灭蝇、蛆、螨、蜱、蚤、虱等	外用：配成1%～2%溶液，局部涂擦或喷雾	①本品遇碱可生成敌敌畏 ②中毒时可用阿托品和解磷啶解救
左旋咪唑	左噻咪唑、左咪唑	片剂：25mg、50mg 注射液：5mL：0.25g 涂擦剂：10%	广谱、高效、低毒驱线虫药。主用于驱除畜禽胃肠道、肺和肾脏的线虫。另外，本品低剂量可明显提高畜禽免疫力	po、sc或im：牛、羊、猪7.5mg/kg，犬猫10mg/kg，禽25mg/kg 耳根部涂敷：猪每10kg体重1mL	①除治疗肺线虫病外，一般内服给药 ②马慎用，骆驼及泌乳期动物禁用。口服休药期：牛2d，羊3d，猪3d ③中毒时试用阿托品解毒
阿苯哒唑	丙硫苯咪唑、抗蠕敏	片剂：25mg、50mg、200mg或500mg	苯骈咪唑驱虫药。广谱、高效、低毒。对寄生于动物体内的多种线虫有良效，对畜禽肝片吸虫、绦虫及绦虫蚴（包虫）有效	po：马、猪5～10mg/kg，牛、羊10～15mg/kg，禽10～30mg/kg，犬猫25～50mg/kg	①马较敏感，忌大量连续应用 ②牛、羊妊娠45d内禁用 ③产奶期禁用
阿维菌素	阿福丁、虫克星、阿力佳	注射液：1% 片剂：2mg、5mg 透皮剂：1mL：5mg	大环内酯类驱虫药。对畜禽的消化道线虫（猪毛首线虫除外）、呼吸道线虫、猪肾虫及动物体表寄生虫有很强的驱杀作用	sc或po：羊0.2mg/kg，猪0.3mg/kg 浇注或涂擦：（透皮剂）家畜0.1mL/kg	①超剂量给药会中毒 ②肌内注射局部反应较重 ③牧羊犬（柯利犬）对本品超敏，慎用

（续）

名　称	别　名	剂型与规格	作用及用途	用法及剂量	注意事项
吡喹酮		片剂：0.1g、0.2g	驱吸虫和抗血吸虫药。用于人、畜血吸虫病、绦虫病、绦虫蚴病及囊尾蚴病的防治	po：牛、羊、猪10～35mg/kg，犬猫2.5～5mg/kg，家禽10～20mg/kg	sc或im刺激大，对心、肝、肾及神经系统毒性大，切忌长期大剂量使用
硝氯酚	拜耳9015	片剂：0.1g	牛羊驱肝片吸虫药。具有高效、低毒、用量小等特点。临床用于牛羊肝片吸虫病	po：黄牛、牦牛3～7mg/kg，水牛1～3mg/kg，羊3～4mg/kg	牛治疗后5～8d内牛奶不能饮用
盐酸氯苯胍	罗本尼丁	片剂：10mg/片 预混剂：10%	具有广谱、高效、低毒、适口性好的优点，对畜禽的多种球虫和弓形虫有良效。主要防治禽、兔球虫病	po：禽、兔10～15mg/kg，牛40mg/kg，qd	①蛋鸡产蛋期间禁用 ②休药期：鸡5d，兔7d
地克珠利	杀球灵、球必清、球佳	预混剂：0.2%、0.5% 溶液剂：0.5%	本品对鸡的多种球虫感染有效，对鸭球虫和兔肠、肝球虫亦有效	混饲：鸡、鸭、兔1mg/kg饲料 混饮：鸡0.5～1mg/L水	①由于用药浓度极低，必须充分拌匀 ②长期应用易产生耐药性
安钠咖	苯甲酸钠咖啡因	注射液：1mL：0.25g、2mL：0.5g、10mL：1g	大脑兴奋药。主用于中枢性呼吸及循环抑制：如麻醉药与镇静催眠药过量；严重传染病和过度劳役；中暑及中毒等	iv、sc或im：马、牛2～5g/次，猪羊0.5～2g/次，犬0.1～0.3g/次，猫0.03～0.1g/次	剂量过大易引起中毒。中毒时可用溴化物、水合氯醛等解毒。禁用麻黄碱或肾上腺素等强心药
硫酸镁	苦盐、泻盐	注射液：10mL：1g、10mL：2.5g	镁离子有中枢抑制作用，还能引起神经肌肉传导阻滞，使骨骼肌松弛。用于破伤风及其他痉挛性疾病	iv或im：（抗惊厥）马、牛10～25g，羊、猪2.5～7.5g，犬、猫1～2g	①宜缓慢静脉注射，否则易导致呼吸抑制 ②过量中毒时，可静注钙剂解救
盐酸普鲁卡因	奴佛卡因	注射液：5mL：0.15g、10mL：0.3g	不适于表面麻醉。可用于浸润麻醉、传导麻醉和硬膜外麻醉。用于封闭疗法，即本品注射于患部周围或神经通路，减轻疼痛以改善该部营养	0.25%～0.5%溶液用于浸润麻醉、封闭疗法。2%～5%溶液用于传导麻醉（每点注射，大动物10～20mL，小动物2～5mL）和硬膜外麻醉（马、牛20～30mL）	浸润麻醉时常在药液中加入少量肾上腺素，通常为每100mL药液0.2mL肾上腺素，可延长作用时间

（续）

名　称	别　名	剂型与规格	作用及用途	用法及剂量	注意事项
盐酸利多卡因	赛罗卡因	注射液:5mL:0.1g、10mL:0.2g	局麻作用比普鲁卡因强,维持时间长。可用于表面麻醉、浸润麻醉、传导麻醉和硬膜外麻醉。本品还有抗心律失常作用	浸润麻醉:0.25%溶液 2%溶液用于表面麻醉、传导麻醉(每个注射点,马、牛8～12mL,羊3～4mL)和硬膜外麻醉(马、牛8～12mL)	①本品毒性大,局麻时剂量较普鲁卡因小1/3～1/2 ②浸润麻醉应同肾上腺素配合应用 ③肝肾功能不全及充血性心衰动物慎用
速眠新		注射液:1.5mL	高效镇痛药盐酸二氢埃托菲和安定、镇静、肌肉松弛药氟哌啶醇及赛拉唑的复方制剂。对多种动物,特别对犬、熊和一些实验动物的保定安全有效	im:杂种犬、羊、猴 0.1～0.15mL/kg、纯种犬 0.04～0.08mL/kg,猫、兔 0.2～0.3mL/kg	本品对动物心血管和呼吸功能有轻度抑制,必要时可预先给予阿托品或东莨菪碱
安乃近	诺瓦经	片剂:0.125g 或 0.5g 注射液:5mL:1.5g、10mL:3g	解热镇痛作用强而迅速,有一定的消炎、抗风湿作用。常用于肌肉痛、急性风湿性关节炎及发热性疾病等,也用于缓解肠痉挛性腹痛	po:马、牛 4～12g,猪、羊2～5g,犬 0.5～1g im:马、牛 3～10g,猪、羊 1～3g,犬 0.3～0.6g	①老、幼及高热患畜酌情减量,以免虚脱 ②长期应用可致粒细胞减少症
复方氨基比林		注射液:5mL、10mL、20mL	用于发热性疾患、肌肉痛、关节炎及急性风湿,作用强而持久	im 或 sc:马、牛 20～50mL,猪、羊 5～10mL	长期连续使用可致粒细胞减少症
氯化氨甲酰甲胆碱	乌拉胆碱	注射液:5mL:12.5mg、10mL:25mg	拟胆碱药。本品能兴奋胃肠道及膀胱平滑肌,对心血管系统影响极小。用于胃肠弛缓、膀胱积尿、胎衣不下和子宫蓄脓等	sc:马、牛0.05～0.1mg/kg,犬、猫0.25～0.5mg/kg	①本品最好 sc。过量可用阿托品解救 ②肠道完全阻塞、创伤性网胃炎及孕畜禁用
甲硫酸新斯的明	甲硫酸新斯的明	注射液:1mL:1mg、10mL:10mg	拟胆碱酯酶药。对胃肠道、膀胱、子宫平滑肌及骨骼肌有较强的兴奋作用。用于胃肠迟缓、重症肌无力和胎衣不下等	sc 或 im:马 4～10mg,牛 4～20mg,猪、羊 2～5mg,犬 0.25～1mg	①对瘤胃积食等病症,用药前半小时灌服小量的盐水 ②其他同乌拉胆碱

（续）

名　称	别　名	剂型与规格	作用及用途	用法及剂量	注意事项
硫酸阿托品		注射液:1mL：0.5mg、2mL：1mg、5mL：25mg	本品具有解除胃肠平滑肌痉挛、抑制腺体分泌、散大瞳孔及解除迷走神经对心脏的抑制而使心率加快等作用。可用于胃肠道平滑肌痉挛、唾液分泌过多及有机磷农药中毒等	im，sc 或 iv：麻醉前给药马、牛、羊、猪、犬、猫0.02～0.05mg/kg；解除有机磷中毒，马、牛、羊、猪0.5～1mg/kg，犬猫0.1～0.15mg/kg	①较大剂量易致胃肠膨胀 ②出现阿托品过量时可用新斯的明颉颃 ③严重有机磷中毒时，宜并用胆碱酯酶复活剂（如解磷定等）
氢溴酸东莨菪碱		注射液:1mL：0.3mg、1mL：0.5mg	药理作用同阿托品，但对平滑肌抑制作用弱，对大脑皮层抑制作用明显。主要用于动物兴奋不安、腺体分泌过盛等	sc：牛 1～3mg，羊、猪 0.2～0.5mg，犬0.05～0.3mg	马属动物常出现中枢兴奋，慎用
氢溴酸山莨菪碱		注射液:1mL：10mg、1mL：20mg	同阿托品，但平滑肌解痉作用较强，抑制腺体分泌作用弱，能改善微循环。用于感染的中毒性休克、有机磷农药解毒及平滑肌解痉等	im 或 iv：用量为硫酸阿托品的5～10倍	参见阿托品
肾上腺素	副肾素	注射液:1mL：1mg、5mL：5mg	临床用于心脏骤停的急救，缓解过敏性疾病的症状。也常与局麻药并用，以延长其麻醉时间	sc：马、牛 2～5mL，羊、猪 0.2～1mL，犬0.1～0.5mL。iv：马、牛 1～3mL，羊、猪 0.2～0.6mL，犬 0.1～0.3mL。用生理盐水稀释10倍静注	①本品如变色不得使用 ②用量要适当，静脉注射速度宜缓慢，否则易引起血压骤升，心律失常 ③禁用于器质性心脏病患畜、孕畜及洋地黄中毒等
人工盐	人工矿泉盐	粉剂：500g	内服小剂量能促进胃肠蠕动和分泌，中和胃酸，加强消化功能。用于消化不良、胃肠弛缓。大剂量能引起缓泻，用于初期便秘。用于胆囊炎，可促进胆汁排出	po：健胃，马50～100g，牛 50～150g；猪、羊 10～30g。缓泻，马、牛200～400g，猪、羊 50～100g，兔 6～10g（幼兔减半）	①用于便秘，必须给予大量饮水或灌服一定量水才能产生药效 ②本品水溶液呈弱碱性，忌与酸性药物配伍

（续）

名　称	别　名	剂型与规格	作用及用途	用法及剂量	注意事项
鱼石脂	拔脓膏	软膏：10%	内服可防腐、制酵和促进胃肠蠕动。用于瘤胃膨胀、前胃弛缓和急性胃扩张。外用消炎	po：马、牛 10～30g，羊、猪 1～5g；10%软膏外用消炎	用时先加倍量乙醇溶解，再加水稀释成3%～5%溶液
液状石蜡	石蜡油	油剂	大量内服能润滑肠壁、软化粪便而缓泻。适用于反刍兽前胃积食，马属动物、猪便秘，鸡嗉囊积食等	po：马、牛 0.5～1.5L，驹、犊 60～120mL，猪 50～100mL，羊100～300mL	①久用会影响脂溶性维生素和钙、磷的吸收 ②不能用于排除毒物
硫酸钠	芒硝	粉剂	盐泻药。用于大肠便秘。也可用于排出肠内毒物、腐败分解产物或辅助驱虫药排除虫体	po：健胃，马、牛 10～15g，猪、羊3～10g；导泻，马200～500g，牛400～800g，猪、羊 10～25g；外用，10%～20%溶液用于化脓创及瘘管冲洗或引流	①禁用于小肠便秘，以免发生继发性胃扩张 ②用作导泻药时，宜配成 4%～6%溶液灌服，10%以上浓度导泻作用差
氯化铵	氯化钸、卤砂	片剂：0.3g	通过刺激胃黏膜反射性地促使气管、支气管腺体分泌，使痰变稀。另有酸化体液和尿液作用	po：马 8～15g，牛 10～25g，猪 1～2g，羊 2～5g，犬 0.2～1g，bid 或 tid	①忌与碱性、重金属药配伍。也忌与磺胺药物配伍 ②片剂溶解后再服，可减少刺激
氨茶碱	乙二胺茶碱	片剂：0.05g、0.1g 注射液：5mL：1.25g	具有强心、利尿、松弛支气管平滑肌和兴奋中枢神经系统等作用。用于缓解气喘症状	po、iv 或 im：马、牛 1～2g，猪、羊 0.2～0.5g，犬 0.05～0.1g，tid	①用葡萄糖液稀释至2.5%以下缓慢静注，不宜与维生素C、盐酸四环素等配伍 ②禁止皮下注射
亚硫酸氢钠甲萘醌	维生素 K₃	注射液：1mL：4mg、10mL：40mg	用于维生素 K 缺乏所致的出血，如长期服用广谱抗菌药物及动物摄食含双香豆素的霉烂变质草木所致的维生素 K 缺乏及低凝血酶原症等	混饲：每千克饲料幼雏（1～8 周龄）0.4mg，产蛋鸡、种鸡 2mg im：马、牛 10～40mg，猪、羊 4～12mg，犬 1～8mg，bid	①巴比妥类药物能加速维生素 K 的代谢，不宜合用 ②避光保存

（续）

名　称	别　名	剂型与规格	作用及用途	用法及剂量	注意事项
酚磺乙胺	止血敏	注射液：1mL：0.25g、2mL：0.5g	能缩短凝血时间，还可增强毛细血管抵抗力。用于内出血、鼻出血及手术出血的预防和止血	im 或 iv：马、牛1.25~2.5g，羊、猪0.25~0.5g	①预防外科手术出血，应在术前15~30min 用药 ②遮光、密闭凉暗处保存
肾上腺素色腙	安络血、卡巴克洛	注射液：含本品 0.5%、水杨酸钠 12.5%	适用于毛细血管损伤或通透性增高引起的出血，如鼻衄、血尿，产后、胃肠道及手术出血	im：一次量，马、牛 5 ~ 20mL，猪羊 2 ~ 4mL，bid 或 tid	①本品对大出血、动脉出血疗效差 ②禁与垂体后叶素、青霉素 G、盐酸氯丙嗪等混合
呋塞米	利尿磺胺、呋喃苯胺酸、速尿	片剂：20mg、50mg 注射液：2mL：20mg	利尿作用快而强，但维持时间短。适用于治疗各种原因引起的全身水肿、肺水肿、脑水肿及胸水、腹水等，以及药物中毒时加速毒物排泄	po：马、牛、羊2mg/kg，犬猫2.5~5mg/kg；im 或 iv：马、牛、羊、猪 0.5~1mg/kg，犬、猫 1 ~ 5mg/kg。qd 或 qod。严重病例每 6~12h 1 次	①长期大量使用应补钾或与保钾利尿药（如安体舒通、氨苯喋啶）配伍 ②禁用于无尿的肾功能衰竭 ③不宜与氨基苷类抗生素配伍
甘露醇		注射液：100mL：20g、250mL：50g、500mL：100g	内服不吸收。临床首选于治疗因脑炎、脑外伤、脑组织缺氧和食盐中毒等所致的脑水肿、肺水肿。也用于肾功能衰竭引起的少尿症	iv：一次量，马、牛 1 000~2 000mL，猪、羊 100~250mL	①用量不宜过大，静注宜缓慢，且不可漏出血管 ②心功能不全及脱水者慎用
氯化钾		注射液：10mL：1g	钾补充药。用于防治各种原因引起的低血钾症及强心苷中毒等	iv：马、牛 2~5g，猪、羊 0.5~1g（用前须以 5%葡萄糖注射液稀释至 0.3%以下）	①高浓度溶液或快速静注会导致心跳骤停，一旦发生，可用葡萄糖加胰岛素、钙盐、乳酸钠等注射急救 ②无尿禁用
碳酸氢钠		片剂：0.3g、0.5g 5%注射液：10mL、250mL、500mL	酸碱平衡药。内服或静脉注射本品能直接增加机体内的碱储备，迅速纠正代谢性酸中毒，碱化尿液。用于防治酸中毒，也用于肠卡他，中和胃酸，健胃等	po：马 60g，牛30~ 100g，羊 5~10g，猪 2~5g，犬0.5~2g iv：马、牛 300~500mL，猪、羊50~100mL，犬 2~20mL。用时稀释	①静脉注射时药液勿漏出血管。避免与酸性药物混合输注 ②有充血性心力衰竭、肾功能不全、水肿、缺钾等病畜慎用

（续）

名 称	别 名	剂型与规格	作用及用途	用法及剂量	注意事项
缩宫素	催产素	注射液：1mL：10U、5mL：50U	小剂量能增加妊娠末期子宫的节律性收缩力和收缩频率，适用于催产。大剂量可使子宫强直性收缩，产生止血作用，适用于产后子宫出血及胎衣不下等	im 或 sc：子宫收缩用量，马、牛30～100IU，猪、羊 10～50IU，猫 5～10IU	①子宫颈尚未开放、骨盆过狭以及产道阻塞时忌用 ②避光、阴冷处保存
黄体酮	孕酮、助孕素	注射液：1mL：10mg、1mL：50mg	孕激素类。主要用于治疗和预防流产，还可用于母畜同期发情	im：一次量马、牛 50～100mg，猪、羊 15～25mg，犬、猫 2～5mg。必要时，间隔 5～10d 重复注射	①遇冷析出结晶可置热水中溶解后使用 ②孕畜使用能延长妊娠期 ③泌乳奶牛不用。动物宰前应停药21d
马来酸氯苯那敏	氯苯吡胺、扑尔敏	片剂：4mg 注射液：1mL：10mg、2mL：20mg	抗过敏药。适用于过敏性疾病、荨麻疹、血管神经性水肿及饲料过敏引起的蹄叶炎等	po、sc 或 im：马、牛 80～100mg，猪、羊 10～20mg，犬 2～4mg，猫1～2mg，bid	①对严重的急性过敏性休克，应先给予肾上腺素 ②全身治疗一般持续 3d
地塞米松磷酸钠	氟美松	注射液：1mL：2mg、1mL：5mg	抗炎作用强，而水钠潴留的副作用基本消失。用于炎症性、过敏性疾病及牛酮血病和羊妊娠毒血症	im 或 iv：一日量，马 2.5～5mg，牛5～20mg，猪、羊 4～12mg。犬、猫 0.5～2mg	①易引起孕畜早产 ②胃肠道溃疡患畜慎用
维生素C	抗坏血酸	片剂：100mg 注射液：2mL：0.5g、10mL：1g	临床上除用于治疗坏血病外，也常用于辅助治疗家畜各种传染病和高热、外伤或烧伤及慢性消耗性疾病，以及其他化学药品的中毒	im 或 iv：马 1～3g，牛 2～4g，猪、羊 0.2～0.5g，犬 0.02～0.1g，水貂 0.01～0.02g，猫 0.1g	①不宜与碱性药物配伍，以免失效 ②妊娠期服用过量有致畸的可能性

（续）

名　称	别　名	剂型与规格	作用及用途	用法及剂量	注意事项
葡萄糖酸钙		注射液：10mL：1g、50mL：5g、100mL：10g	钙剂。能维持神经和肌肉的正常兴奋性及降低毛细血管的通透性。主要用于产后子痫等低钙血症，也可解除镁离子引起的中枢抑制	iv：马、牛20～60g，羊、猪5～15g，犬0.5～2g	①缓慢注射，勿漏出血管 ②应用强心苷期间禁用
碘解磷定	解磷定、碘磷定	粉剂：0.4g、1g、2g 注射液：20mL：0.5g	胆碱酯酶复活剂。本品对形成不久的磷酰化胆碱酯酶有作用，故应用此类药物治疗有机磷中毒时，中毒早期用药效果好，对慢性中毒无效	iv：各种家畜15～30mg/kg。症状缓解前，每2h1次	①静注时药液勿漏入皮下 ②与阿托品联用疗效更佳 ③忌与碱性药物配伍。

注：im为肌内注射，iv为静脉注射，po为口服或灌服，sc为皮下注射，qd为1次/d，qod为2d1次，bid为2次/d，tid为3次/d等（参见附录六 临床兽医常用符号与缩写）。

三、兽医临床常用复方制剂

当前，临床兽医所用兽药多为复方制剂，有效成分单一的兽药制剂越来越少，因此，从事临床工作的兽医要熟悉常用的兽药复方制剂。表1-4收集了临床兽医常用，也是本书列举病例处置中常用的部分兽药复方制剂，供参考。

表1-4 兽医临床常用兽药复方制剂表解

江苏南农高科动物有限公司产品

品　名	规格及主要成分	药理作用	用　法
		注　射　剂	
奥克舒	粉针，3g：阿莫西林、克拉维酸钾	用于猪、禽的细菌感染性疾病	im或iv：马、牛、羊、猪每50～100kg体重用1支，禽每35kg用1支，q（12～24）h×（2～3）d。饮水：每瓶（3g）加水10～15kg，1～2h内饮完，q12h×（3～5）d
速可宁	40%头孢噻呋、60%免疫球蛋白	用于各种病毒与细菌的混合感染或继发细菌感染	溶于20mL注射用水，im：0.065～0.1mL/kg，qd×2～3次

（续）

品　名	规格及主要成分	药理作用	用　法
注　射　剂			
高热蓝链灭	10mL：林可霉素、庆大霉素、葡甲胺、免疫增强剂等	用于链球菌病、呼吸道感染、病毒性疾病继发或并发细菌感染的高热病症	im：猪、犬、猫 0.1mL/kg，q12～24h×3～5d
长效土霉素	盐酸土霉素、缓释溶媒、芬布芬	适用于猪气喘病、猪肺疫、附红细胞体病、子宫炎及乳腺炎	im：猪 0.2mL/kg，1 次即可，重症 36h 后再注射 1 次
附得健	100mL/瓶：20％长效土霉素	四环素类抗生素，对附红细胞体病等血液原虫病有特效	im：猪 0.05 ～ 0.1mL/kg，qd，(2～3) d
呼喘宁	100mL：2.5％盐酸多西环素	四环素类抗生素，用于猪细菌性呼吸系统感染、附红细胞体病、弓形虫病，并对病毒继发呼吸道感染或混合感染有良效	im：0.2mL/kg，qd，(3～5) d
泰能	10mL：泰乐菌素、克咳敏、扑尔敏、双氯芬酸钠	抗菌、止咳、祛痰、平喘。主治猪气喘病、胸膜肺炎、肺疫及其他呼吸道感染	im：牛 0.05mL/kg，羊、猪 0.1mL/kg，q (12 ～ 24) h × (2～3) d
百病金方	10mL：盐酸沙拉沙星、高分子溶酶、牛胆酸碱	广谱杀菌、抗菌消炎、退烧止痢	im：马、牛 0.1mL/kg，qd，(3～5) d
毙痢封	10mL：恩诺沙星、安普霉素、地芬诺酯、控释因子	主治猪细菌性胃肠道感染性疾病	im：牛、羊、猪 0.05mL/kg，qd×(2～3) d
通达	10mL：恩诺沙星、抗炎因子	畜禽呼吸道、消化道、泌尿道细菌感染	im：牛、羊、猪 0.1mL/kg，犬、猫、兔、禽 0.1 ～ 0.2mL/kg，q (12～24) h× (2～3) d
强力水肿消	10mL：呋塞米、恩诺沙星、细菌内毒素清理因子（一种中药提取物）	利尿、抗菌、排毒。主治因细菌内毒素引起的猪、马、牛、羊恶性水肿病及其他原因引起的全身水肿	im：马、牛、羊、猪 0.05 ～ 0.1mL/kg，犬、猫 0.1 ～ 0.5mL/kg
附特-120	10mL：10％磺胺间甲氧嘧啶、5％氟苯尼考、三甲氧普林、抗炎退热因子	用于防治家畜细菌性呼吸道及消化道感染，附红体、弓形虫及其他混合感染	iv 或 im：猪 0.1～0.2mL/kg，仔猪 0.2～0.3mL/kg，qod，重症者，qd
高效附弓净	10mL：磺胺间甲氧嘧啶钠、恩诺沙星、咪唑苯脲、吡罗昔康、TMP	防治家畜弓形虫、附红细胞体、链球菌及其他敏感菌感染性疾病	im：马、牛 0.05 ～ 0.1mL/kg，羊、猪 0.1 ～ 0.2mL/kg，qd×2～3d，重症首次加倍

（续）

品　名	规格及主要成分	药理作用	用　法
注 射 剂			
弓可清	100mL：30％磺胺间甲氧嘧啶钠	磺胺类抗菌药物，本品为弓形虫特效药。对弓形虫及合并链球菌、附红细胞体感染有特效	im：0.1mL/kg，qd×（2～3）d； iv：0.1～0.2mL/kg，qd×（2～3）d。 重症病例及首次使用可加倍
弓红链菌清	100g：磺胺间甲氧嘧啶、甲氧苄啶、抗血虫药	治疗家畜附红细胞体病、弓形虫病、梨形虫病以及敏感菌感染性疾病	混饲：1 000g拌料1 000kg，饲喂，连用5～7d
联磺经典	10mL：磺胺间甲氧嘧啶钠、增效剂、吡罗昔康、TMP、高分子物质	主治附红细胞体病、链球菌、弓形虫混合感染	im：马、牛 0.05～0.1mL，羊、猪 0.1～0.2mL/kg，qd，重症首次加倍
立可停	10mL：穿心莲提取物	适用于猪各种病毒病引起的拒食、呕吐、腹泻、细菌性红黄白痢及血痢，卡他性肠炎及断奶、换料、天气突变等应激因素引起的腹泻	肌内注射：0.1mL/kg，连用3d 口服：0.2mL/kg，连用3d
驱虫金针	5mL：阿维菌素、缓释增效剂、稳定剂	防治畜禽体内外寄生虫	sc：马、牛、羊、猪、鹿 0.02～0.03mL/kg，一次即可，也可在7～10d内重复一次
冷冰冰	10mL：柴胡提取物（挥发油、柴胡醇、柴胡皂苷等）、双氯酚酸钠、联苯丁酮、消炎增效剂	解热、镇痛、抗风湿药，主治细菌、病毒、支原体混合感染所致的高热性疾病	im 或 iv：马、牛 0.1mL/kg，羊、猪 0.15mL/kg，qd
口 服 剂			
必奇	100g：10g 阿莫西林	广谱抗菌药	饮水：预防，100g 兑水 400kg；治疗，100g 兑水 200kg，连用 3～5d
卵肠康	阿莫西林、左旋氧氟沙星、舒巴坦钠、生育酚、抗炎因子	治疗蛋鸡输卵管炎、卵黄性腹膜炎	预防：100g 兑水 300kg 治疗：100g 兑水 150kg，集中饮水效果更佳，连用 3～5d
菌痢先锋	头孢噻呋、乙酰甲喹、肠道清理剂、肠黏膜保护因子	主治大肠杆菌及沙门氏菌等引起的肠炎	预防：100g 兑 400kg 水 治疗：100g 兑 200kg 水，集中饮水更好，连用 3～5d
高利高	100g：盐酸林可霉素、硫酸大观霉素	主要用于猪呼吸道及消化道的细菌感染性疾病	混饲：每 1 000g 拌料1 000kg，连用 5～7d，重症酌情加量
杆净	硫酸安普霉素、维生素、肠黏膜修复剂、增效剂、功能赋形剂	生殖道广谱抗菌	预防：100g 兑水 400kg；治疗：100g 兑水 200kg，集中饮水效果更佳，连用 3～5d

（续）

品　　名	规格及主要成分	药理作用	用　　法
口　服　剂			
肠炎灵	硫酸新霉素、乙酰甲喹、二甲硝咪唑、SQ、酚磺乙胺、肠道保护剂	主治细菌与小肠球虫混合感染	预防：100g 兑水 200kg；治疗：100g 兑水 100kg，连用 3～5d
呼毒圆蓝康	500g：泰乐菌素、强力霉素、黄芪、板蓝根、淫羊藿、蟾酥、冰片、青蒿、甘草	适用于猪无名高热综合征、圆环病毒病、蓝耳病、呼吸道综合征及其混合感染	预防：每 500g 拌料 600kg 治疗：每 500g 拌料 300kg 自由采食，连用 5～7d
博瑞可利	100g：20％包被替米考星、氨溴索	泰乐菌素换代产品，对革兰氏阳性菌、某些革兰氏阴性菌、支原体有效，用于防治畜禽呼吸道感染；微囊双层包被技术防止药物在胃内失活及胃肠刺激	预防：100g 拌料 300kg，连喂 5～7d 治疗：100g 拌料 100kg，连喂 3～5d
普乐奇	酒石酸泰乐菌素、伟霸霉素、咳喘敏、强力痰灵、免疫增强剂	防治鸡、鸭等家禽感染性呼吸道疾病	预防：100g 兑水 400kg 治疗：100g 兑水 200kg，连用 3～5d，集中饮水效果更佳
氟奇米先	硫氰酸红霉素、SD、TMP、氯苯那敏、盐酸溴己新、微囊控释因子	主治各种敏感菌引起的呼吸道疾病	预防：100g 兑水 400kg 治疗：100g 兑水 200kg，集中于 2～3h 内饮完，连用 3～5d
毒感舒	盐酸多西环素、泰妙菌素、增效剂、免疫增强剂	防治畜禽细菌性呼吸道感染	预防：100g 兑 400kg 水 治疗：用量加倍，集中饮水效果更佳，连用 3～5d
安痢	包被氟苯尼考、盐酸多西环素、肠道清理剂、肠黏膜保护剂	消化道广谱抗菌	预防：100g 兑水 400kg 治疗：100g 兑水 200kg，集中饮水效果更佳，连用 3～5d
肠福	100g：利福平、地美硝唑、缓泻因子等	用于治疗猪细菌性顽固肠炎及其他原因引起的腹泻、便血等	预防：100g 拌料 200kg，连用 5～7d 治疗：100g 拌料 100kg，连用 3～5d
病毒绝杀	100g：板蓝根、黄芪、淫羊藿、穿心莲、辣蓼、大青叶、葫芦茶、蟾蜍、黄精、脱氧葡萄糖等	又名四味穿心莲散，清热解毒、扶正固本、增强机体免疫力。用于治疗家禽常见病毒病	混饲：100g 拌料 100kg 混饮：100g 兑水 200kg，集中饮用，连用 3～5d，预防减半
毒威康	黄芪、金银花、黄芩、黄连、连翘、柴胡等多种中药材	预防禽的病毒性疾病	预防：500mL 兑水 1 500kg 治疗：500mL 兑水 750kg，集中饮水更好，连用 3～5d
金威	荞草酸、黄芪多糖、黄连、栀子、水牛草、地黄、忍冬藤、黄芩、连翘等中草药提取物，卡氏菌多糖、平喘因子、清热消炎因子	防治禽的病毒性疾病	混饲：100g 拌料 100kg，连用 3～5d 混饮：100g 兑水 200kg，连用 3～5d

（续）

品　　名	规格及主要成分	药理作用	用　　法
		口 服 剂	
肽能	虫草多糖、核糖核酸、复合氨基酸、天然维生素等	防治家禽病毒性疾病	混饮：治疗，每100mL兑水200kg，连用3d。预防、抗应激，每100mL兑水400kg，连用5d
炎毒净	黄连、黄芩、黄柏、黄芪多糖、地壳聚糖、三磷酸腺苷	预防和辅助治疗畜禽病毒性疾病	预防：500g拌料500kg 治疗：500g拌料300kg；自由采食，连用5～7d
聚芪	黄芪多糖、灵芝多糖、荆芥、防风、独活、柴胡、前胡、茯苓、三磷酸腺苷	又名荆防败毒散，防治家禽、家畜的病毒性疾病	预防：1 000g拌料1 000kg 治疗：1 000g拌料500kg，连用5～7d
抗毒Ⅱ号	10mL：黄芪多糖、绿原酸、激活素	主治畜禽病毒性疾病，诱导机体产生干扰素，增强免疫力	im：牛、羊、猪 0.1mL/kg，qd×2～4d
败毒强壮素	100g：黄芪多糖、壳低聚糖、绿原酸、稳定维生素C、维生素E及异丙肌苷等	用于家畜病毒性疾病及继发感染，提高机体抵抗力	混饲：每100g拌料200kg，混饮每100g兑水400kg。重症酌情加量
康复宝	100g：黄芪多糖、板蓝根、白细胞促进剂、黄酮、牛磺酸镁、虫草多糖	主要用于病毒病的预防与治疗	预防：每100g拌料100kg或兑水200kg 治疗：每100g拌料50kg或兑水100kg，均连用3～5d
痢定	1 000g：雄黄、藿香、滑石	排毒抗菌，止泻促长。主要用于猪消化道疾病	预防：1kg拌料2 000kg，连喂5～7d 治疗：1kg拌料1 000kg，连喂3～5d
霉失霉克	1kg：抑霉菌素、纳米蒙脱石、五味子、泽泻、甘草等植物提取物	抑制霉菌生长，吸附和降解机体中的霉菌毒素，增强动物免疫机能，预防母猪繁殖疾病，提高泌乳性能	混饲：预防，0.5kg拌料1 000kg；高温潮湿季节或饲料轻度霉菌污染时，1kg拌料1 000kg，严重时加倍
克虫净	100g：伊维菌素、阿苯达唑、功能增效剂、赋形剂	防治畜禽体内外各种寄生虫	混饲：猪全场驱虫每吨饲料加入1 000～1 500g；牛、羊、蛋鸡每吨料中添500～1 000g，7d后重复一次
通扬血球净	磺胺氯吡嗪钠、二甲氧苄啶、二甲硝唑、速效止血素、肠黏膜修复因子	有效控制球虫病引起的血便和死亡，对鸡白冠病亦有良效	预防：100g兑水200kg 治疗：100g兑水100kg，重症加倍，晚上集中饮水效果更佳，连用3～5d

（续）

品　　名	规格及主要成分	药理作用	用　　法
		口 服 剂	
百球煞	妥曲珠利、地美硝唑	主治畜禽各型球虫病	预防：100mL 兑水 200kg 治疗：用量加倍，晚上集中饮水效果更佳，连用 3～5d
通扬球精	地克珠利、酚磺乙胺、甲硝唑、止血因子	防治禽、兔球虫病	预防：50mL 兑 500kg 水 治疗：用量加倍，集中饮水效果更佳，连用 3～5d
球必妥	100mL：5%妥曲珠利、肠黏膜保护剂、肠黏膜修复剂等，喷剂，喷一次约 1mL	杀灭各型球虫，保护和修复肠黏膜。采用新工艺，疗效提高 5～10 倍	预防：仔猪出生后 4 日龄口喷 1 次 治疗：患猪口喷 2 次，qd×3～5d
肾康	茵陈、连翘、桔梗、传川木通、苍术、柴胡、尿酸盐生成抑制剂、尿酸盐促排剂	主治肾脏肿大、痛风、尿酸盐沉积	预防：100g 兑水 400kg 治疗：100g 兑水 200kg，集中饮水效果更佳，连用 3～5d
优蛋宝	氨基酸螯合钙、维生素 AD$_3$、维生素 E 等	蛋禽的增蛋，延长产蛋高峰期	预防：每 400g 饲喂 1 000 羽蛋禽或种禽，先连用 3d，以后 q5～7d
仔多福	100g：虫草素、虫草酸、虫草多糖、黄芪多糖、王不留行皂苷、蛋白质、氨基酸、微量元素、天然维生素等	增强母猪机体免疫力，主要用于防治母猪产后不食、便秘、无乳、子宫炎及断奶后不发情、返情等	母猪产后混饲：每千克拌料 1 000kg；如出现少乳，哺乳仔猪腹泻，3kg 拌料 1 000kg
优素	1 000g：虫草素、虫草酸、虫草多糖、黄芪多糖、五味子素、蛋白质、氨基酸、微量元素、天然维生素等	本品主要用于增强育肥猪抵抗力，提高采食量，增加饲料消化率，降低料肉比，改善毛色和酮体瘦肉率	混饲：1kg 拌料 1 000kg
亚泰克	100g：复合核苷酸、白细胞促进剂、小肽、黄酮、牛磺酸、益生元	提高仔猪免疫力，促进采食和加速生长。增强母猪繁殖功能，预防屡配不孕等繁殖障碍疾病	预防保健：每 100g 拌料 100kg，连用 5～7d
热能克	100g：高能量合剂、氟尼辛葡甲胺、吲哚美辛、大青叶、板蓝根、大黄等	适用于猪的高热不退，两耳发红发紫，背部及腹下有出血点等症状	混饲：100g 拌料 50kg，连用 5～7d 混饮：100g 兑水 100kg，连用 5～7d
蹄感康	300mL：金银花、黄芩、玄参等	主治由细菌、病毒及外伤引起的猪和牛的口、蹄及皮肤水疱、溃烂、化脓、坏死等症	患部外用喷雾或药液浸泡，q12～24h×3d

（续）

品　名	规格及主要成分	药理作用	用　法
口　服　剂			
百毒清	500mL：月苄三甲氯胺	新型消毒剂，高效杀灭病毒或细菌等病原	畜禽舍内喷洒消毒 1：300～600；动物体表、舍内净化空气喷雾消毒 1：1 000～1 500；饲养设备喷雾或擦洗消毒 1：1 000～1 500

广西北斗星动物保健品有限公司产品

品名	规格及主要成分	药理作用	用　法
弗莱卡	5mL：SMM 0.5g、SMZ 0.5g、TMP 0.2g	抗革兰氏阳性及阴性细菌、附红体及弓形虫	im：马、牛 0.05～0.1mL/kg；猪、羊、犊、驹 0.1～0.2mL/kg；仔猪、貉、狐、犬、兔 0.3mL/kg，qod，重症连用 2～3 次
长峰	20mL：1g 盐酸头孢噻呋	头孢噻呋为头孢类杀菌剂，对大多数革兰氏阳性菌和阴性菌有强效，尤其适用于防治多种病菌引起的呼吸道混合感染。本品具有良好的缓释效果，吸收快（达峰时间约为 2h），消除缓慢（半衰期长达 27.5h）	im： 治疗，猪 0.1～0.15mL/kg；牛 0.05～0.1mL/kg；犬 0.1mL/kg，重症的第 4 天重复一次 母猪日常保健，产前 3d 内或产后 8h 内，母猪每头注射 10mL 仔猪三针保健，3、7、21 日龄每头注射 0.2mL、0.3mL、0.5mL 仔猪两针保健，7～10 日龄、断奶当天分别注射 0.3mL、0.5mL 保育统一预防，断奶后 2～3 周，每头注射 1mL
补血莱	10mL：1.5g（Fe）右旋糖酐与铁的络合物	抗贫血药。纠正缺铁症状，如贫血、生长迟缓、体力不足、黏膜组织变化以及蹄甲病变	深部肌内注射：仔猪出生 2～3d 内，1mL/头；出生 15d，1～2mL/头；僵猪 3mL/头；中大猪 3～5mL/次。犊牛出生 3d 以内，3mL/头。羔羊出生 3d 内，2mL/头

山东鲁诺动物药业有限公司产品

品　名	规格及主要成分	药理作用	用　法
重症特症	10mL：1g＋0.2g 磺胺嘧啶钠＋增效剂等	本品为复方制剂，具有抑菌抗毒、退烧消炎、恢复食欲、增强体质、长效广谱的功效及作用特点。用药后 5～10min 见效，有效血药浓度可维持 40h	im 或 iv：0.1～0.2mL/kg，q 2～3d，病情严重者 qd

（续）

品　名	规格及主要成分	药理作用	用　法
宫乳炎清	10mL：1.5g 盐酸林可霉素	本品对金黄色葡萄球菌（包括耐青霉素菌株）、链球菌、肺炎球菌、败血性支原体、大肠杆菌、沙门氏菌、变形杆菌、嗜血杆菌、密螺旋体、厌氧菌、绿脓杆菌等有效，肌注后1.5～2h在呼吸道及肺部、生殖道、乳房、肠道及胸腹水达有效血药浓度，对全身性重危恶性疾病有特殊效果	im：马、牛 0.05mL/kg；羊、猪 0.1mL/kg；犬、猫 0.2mL/kg，重症48h后再注射一次 治疗乳房炎或子宫内膜炎：im同时可用本品1支配生理盐水50mL进行乳房或子宫内灌注（一支可供2～4个乳头使用）

乌鲁木齐市金蟾兽药有限公司产品

品名	规格及主要成分	药理作用	用　法
金蟾速补钙	500mL：葡萄糖酸钙 8.5g，葡萄糖酸锌65～135mg、组合助吸收辅料	补钙及微量元素锌。与常规补钙剂相比，在使用效果、作用方法上有重大突破。适用于奶牛、羊、猪、鸡、鸭等禽类钙缺乏症及低钙血症。经常使用能明显提高产奶量、产蛋率，促进生长，提高抗病力和抗应激。本品能解除镁中毒	灌服或兑水饮服：奶牛生产瘫痪，1mL/kg，bid；一般病症，0.3～0.5mL/kg，bid。羊、猪等产后体虚，1mL/kg，连用3d；一般预防减量。禽类，1 L水兑本品2mL，连用3～5d；严重者加量，预防减量

四、影响药物作用的因素

药物的剂量、制剂、给药途径、联合应用、患病动物的生理因素、病理状态等，都可影响药物的作用，不仅影响药物作用的强度，有时还可改变药物的作用性质。因此，兽医临床使用药物时，不仅要了解药物的作用和用途，还应了解影响药物作用的一些因素，以便更好地掌握药物的使用规律，充分发挥药物的治疗作用，避免引起不良反应。

（一）剂量

药物剂量的不同产生的作用是不同的。一般地说，在一定范围内，剂量越大，药物在体内的作用就越强。临床上应用的既可获得良好疗效而又较安全的剂量称为治疗量或常用量。对于一些作用强烈、毒性较大的药物则规定了它的极量，即达到最大的治疗作用但尚未引起毒性反应的剂量。一般用药应在这个范围内，不应超过极量。

有些药物在不同剂量下可产生不同性质的作用。例如，阿托品在逐渐增加剂量时，可依次产生心跳加快、散瞳、腹胀、兴奋躁动、神经紊乱等效应。

（二）制剂及给药途径

同一种药物的不同制剂和不同给药途径，会引起不同的药物效应。一般来讲，注射药物比口服吸收快，作用也较显著。注射剂中，水溶性制剂比油溶液或混悬液吸收快；口服制剂中，溶液剂比片剂、胶囊容易吸收。此外，制剂的生产工艺或生产厂家不同，对其吸收也有较大的影响。

有些药物给药途径不同，可出现不同的作用。如硫酸镁内服为泻药，肌内注射或静脉滴注则有解痉、镇静及减低颅内压的作用。

（三）联合用药

有些药物和其他药物同时或先后使用即为联合用药。联合用药的药物间可能产生一定的相互影响，如使药效加强或减弱，使毒副作用减少或出现新的毒副作用，则称为药物的相互作用。联合用药的结果若使药物效应加强，则为协同作用，如磺胺类与甲氧苄啶类合用；若使药物各自的效应减弱或抵消，则为颉颃作用，如甲氧氯普胺和阿托品合用。

两种或两种以上药物配伍在一起，引起药理上或物理化学上的变化，影响治疗效果甚至影响动物用药安全，这种情况称为配伍禁忌。

无论药物相互作用或配伍禁忌，都会影响药物的疗效及安全性，临床兽医必须重视。

（四）患病动物的因素

1. 年龄　年龄是影响药物作用的一个重要因素。幼龄动物的肝肾功能、中枢神经系统、内分泌系统发育不完善，应用一些肝内代谢（如酰胺醇类、硝基咪唑类等）或经肾排泄的药物（如氨苄西林、氨基糖苷类、部分主要经肾排泄的头孢菌素类等）时易引起中毒，应适当减少剂量。

老年动物生理功能和代偿能力逐渐衰退，对药物的代谢和排泄功能降低，对药物的耐受力也较差，因此应用药物时要注意控制剂量和给药时间间隔。

2. 性别　妊娠母畜使用泻药或强刺激药物会引起流产或早产；使用全身麻醉药会致胎儿呼吸抑制；使用利巴韦林、阿苯达唑、雌激素、孕激素、糖皮质激素类、抗肿瘤药物等可致胎儿畸形；酰胺醇类、磺胺类、硝基呋喃类等可致蛋鸡产蛋率下降。此外，酰胺醇类、四环素类、新霉素、链霉素、灰黄霉素、金刚烷胺、奎宁、氯喹、咖啡因、可待因、对乙酰氨基酚、水杨酸盐类、氯丙嗪、地西泮、苯妥英钠、利多卡因、阿托品、东莨菪碱、利血平、肝素、氨茶碱、碳酸氢钠、麦角、缩宫素、硫酸镁、氢氯噻嗪、苯海拉明、大剂量的维生素 A、维生素 D 等均可造成胎儿损害或流产，孕畜用药时应予以充分注意。

3. 动物应激　治疗过程中，动物应激、环境恶劣（如过冷、过热或噪声大，陌生人打搅等），均会影响用药效果。

4. 感应性　不同动物个体对同一种药物的感应性是不同的。有些个体对某种药物过度敏感，表现为"高敏性"；有些患畜则对某种药物特别耐受，需要加大剂量才能产生应有的药物作用，表现为"耐受性"。

有些药物会通过免疫反应异常而导致少数动物特殊反应，称为变态反应或过敏反应，如青霉素类、头孢菌素类、维生素 B_{12}、复合维生素 B 等药物及疫苗、血清等生物制剂引起的动物过敏性休克。

5. 饲养管理水平　动物的营养状况也会影响药物的作用。一般来讲，营养不良的患畜对药物敏感，对药物毒性反应的耐受性也较差。食物能延迟胃排空，因而能延缓口服药物的吸收，推迟药效的出现，并可影响药物作用的强度和持续时间。食物可增加某些药物的吸收，如螺内酯、氢氯噻嗪等，宜饲喂后口服给药；食物也可显著降低某些药物的生物利用度，如利福平、氨苄西林、大环内酯类、四环素类等，宜饲喂前口服给药；灰黄霉素与高脂食物同服与牛奶同服均可提高生物利用度。

6. 患畜的病理状态　如溃疡性胃肠道疾患的病畜口服磺胺脒，会因为本不该吸收的磺胺脒大量吸收而中毒；肝脏受损时，正常剂量的酰胺醇类抗菌药物会引起中毒；肾功能不全时，常量的氨基糖苷类抗生素亦可引起严重后果。

7. 动物品种的差异　动物品种不同，会影响药物的使用效果。如复胃动物（牛、羊等反刍动物）口服抗菌药物，因为生物利用度低，效果差，而且，因为其有益的微生物群受到破坏，反而会导致消化功能的紊乱，需要特别注意。

（五）其他因素

如细菌的耐药性、当地兽医诊疗条件亦可对药物的作用产生一定影响，应予以重视。

五、药物的不良反应

药物的不良反应是指与治疗目的无关的药物作用，给患畜带来痛楚不适的反应。包括副作用、变态反应、毒性反应、药物的"三致"（致畸、致癌、致突变）、菌群失调、药物依赖性等，均属药物的不良反应，分 A、B 两种类型。

A 型不良反应：是由药物固有作用的增强和继续发展的结果，具有可预测的特点，亦即一种药物在通常剂量下已知药理效应的表现。A 型反应与剂量有关，发生率高，但病死率低，而且时间关系明确。

B 型不良反应：这是与药物固有的药理作用完全无关的异常反应，而与动物机体的特质有关。常为免疫学或遗传学的反应，与剂量无关，且难预测，发生率低而病死率高，如过敏性休克等。

临床兽医处方用药，既要考虑治疗效果，又要注意保证患病动物用药的安全，杜绝不合理用药。

新药的上市及上市后的管理问题值得注意。临床兽医在使用新药时必须充分掌握有关资料，十分谨慎地用药，并应密切观察患畜用药以后的情况，尽量避免引起不良后果。对于宣传、推广新药，也必须持慎重的态度。

（一）系统的不良反应

1. 消化系统反应 药物毒副反应中比较多见的是胃肠道反应。一些对胃肠道黏膜或迷走神经感受器有刺激作用的药物都可引起恶心、呕吐甚至腹泻，如硫酸亚铁、吡喹酮、林可霉素（洁霉素）、大环内酯类（如红霉素等）、氨茶碱等，吡喹酮还可引起口腔溃疡、便血等。

抗肿瘤药氮芥等、氟尿嘧啶可引起消化道黏膜损害，出现消化不良、腹痛、便血、恶心、呕吐等症。口服大剂量的四环素类亦可引起类似反应。

阿司匹林、水杨酸钠、保泰松、吲哚美辛、乙醇、咖啡因、呋塞米（速尿）、利血平、吡喹酮、维生素 D 及长期服用糖皮质激素类药物可引起消化性溃疡，导致胃肠道出血，甚至穿孔。

氯丙嗪类、抗组胺药（如苯海拉明、氯苯那敏等）、阿托品、东莨菪碱、山莨菪碱等均可导致患畜肠蠕动减慢、肠麻痹，甚至肠坏死。

利血平、新斯的明可引起患畜腹泻，林可霉素可引起类似急性溃疡性结肠炎的严重腹泻。

2. 肝脏毒性反应 主要表现为黄疸症状，及碱性磷酸酶和氨基转移酶升高。致肝毒性反应的主要药物有：氯丙嗪、奋乃静、地西泮、苯妥英钠、氟烷、大剂量的保泰松、水杨酸类、对乙酰氨基酚（扑热息痛）、乙醇、烟酸（长期大剂量使用）、同化激素类（如甲睾酮、去氧甲睾酮、苯丙酸诺龙等）、四环素类、林可霉素、利福平、各种磺胺药、锑剂（酒石酸锑钾等）、六氯对二甲苯（血防846）、及多数抗肿瘤药物（如甲氨喋呤、氮芥类、放线霉素 D）等。此外，长期大剂量使用糖皮质激素类药物可引起患畜肝细胞脂肪浸润。

3. 泌尿系统反应 造成肾损害，引起管型尿、蛋白尿、血尿、血液尿素氮增高、肾功能减退的药物主要有卡那霉素、新霉素、杆菌肽、多黏菌素 B 等。长期大剂量使用庆大霉素、链霉素、某些头孢类等亦可引起肾脏损害。

部分磺胺药，如磺胺甲噻啶、磺胺甲基异噁唑、复方新诺明等可因其乙酰化结晶引起血尿、疼痛、尿闭等症。

非那西丁、保泰松及大剂量的对乙酰氨基酸偶可引起血尿、蛋白尿、肾小管坏死。

有机汞剂、酒石酸锑钾、大剂量使用铋制剂、巴比妥类等可引起肾小管损害或急性肾衰竭。

去甲肾上腺素、甲氧明等血管收缩药可因产生肾血管痉挛而致急性肾功能衰竭、少尿或无尿。

利福平可引起急性尿路过敏症状（肾绞痛、尿闭等）。

糖皮质激素、促皮质素、甲睾酮、苯丙酸诺龙、丙酸睾酮、黄体酮、炔诺酮等药物因引起钠、水潴留而产生水肿（浮肿）。

4. 神经系统反应 氯丙嗪及其衍生物、利血平、甲氧氯普安（胃复安）等可引起椎体外系反应，动物表现为肢体震颤、抽搐。

异烟肼、巴比妥类等可诱发惊厥。

糖皮质激素、萘啶酸、吡喹酮等可诱发癫痫或使动物癫痫症状加重。

乙醇、巴比妥类、地西泮、氯丙嗪、奋乃静、苯妥英钠、氟尿嘧啶等均可引起动物共济失调和视觉障碍。

哌嗪（驱蛔灵）、青霉胺等可致动物肌无力。

咖啡因、氨茶碱、麻黄碱等过多，糖皮质激素等可引起动物兴奋不安。

异烟肼、呋喃妥因、链霉素、卡那霉素、他唑巴坦、甲硝唑、吲哚美辛、长春新碱等可诱发动物外周神经炎。异烟肼等亦可引起动物视神经炎。

引起听神经障碍的耳毒性药物主要有水杨酸类、双氢链霉素、新霉素、卡那霉素、妥布霉素、链霉素、庆大霉素及呋塞米等。

5. 造血系统反应 抗肿瘤药物（如甲氨喋呤、阿糖胞苷、环磷酰胺等）、有机胂剂等均可引起再生障碍性贫血，氯丙嗪、苯妥英钠、卡马西平、阿司匹林、保泰松、吲哚美辛、海群生等偶可引起。

长期服用阿司匹林可引起缺铁性贫血。

氯丙嗪、奎尼丁、保泰松、吲哚美辛、维生素 K、青霉素、链霉素、头孢噻吩、异烟肼、利福平、磺胺类、硝基呋喃类、萘啶酸、血防－846 等可致溶血性贫血。

氯霉素、锑剂、磺胺类、氨基比林、安乃近、复方阿司匹林、吲哚美辛、异烟肼、氯丙嗪、对氨基水杨酸、苯海拉明、苯妥英钠、阿司匹林、氢氯噻嗪、奎尼丁、乙胺嘧啶等可致动物粒细胞减少症。

抗肿瘤药物（如阿糖胞苷、环磷酰胺、甲氨喋呤、长春新碱等）可抑制骨髓功能而导致血小板减少，氢氯噻嗪和长期应用雌激素亦可引起。偶尔引起血小板减少的药物尚有：奎尼丁、乙胺嘧啶、磺胺类、氨苄西林、头孢菌素类、红霉素、对氨基水杨酸、利福平、水杨酸钠、阿司匹林、保泰松、吲哚美辛、氨基比林、安乃近、呋塞米、螺内酯、巴比妥类、氯苯那敏、双嘧达莫（潘生丁）等。

洋地黄、肾上腺素、樟脑、非那西丁等可引起白细胞增多，主要是中性粒细胞增多。

6. 循环系统反应 导致动物心律失常，严重时可致死的药物有：强心苷类过量、普鲁卡因胺静脉注射、钾、肾上腺素、高浓度的去甲肾上腺素静脉滴注、异丙肾上腺素、麻黄碱、苯丙胺、多巴胺、酚妥拉明、乙胺嗪、黄连素静滴、大剂量钙制剂静脉注射、阿霉素等。

奎尼丁和苯妥英钠均可致心力衰竭；新斯的明可使心率减慢，血压下降，乃至休克；长期使用利血平可致心力衰竭；快速静脉注射氨茶碱可使血压下降，心脏骤停而死。

7. 其他毒副反应 吗啡、可待因、哌替啶（度冷丁）、巴比妥类、地西泮、萘啶酸、多黏菌素 B（静脉滴注）等可产生呼吸抑制。

新霉素、卡那霉素、庆大霉素、多黏菌素 E、链霉素可使呼吸肌麻痹。

青霉素、对氨基水杨酸、氯丙嗪、磺胺类、呋喃妥因、氢氯噻嗪等可引起过敏性肺炎。

磺胺类、抗生素、解热镇痛药、维生素 K 等在引起过敏反应时常伴发哮喘；右旋糖酐、阿司匹林、复方甘草合剂可诱发哮喘。

新霉素、甲醛等可引起接触性皮炎；磺胺类、氢氯噻嗪、呋塞米、氯丙嗪类、四环素、灰黄霉素、水杨酸类等可引起光敏性皮炎。

（二）过敏反应

能引起动物过敏反应甚至过敏性休克的药物有：青霉素、链霉素、庆大霉素、卡那霉素、四环素类、磺胺类、吡哌酸、苯巴比妥、氯丙嗪、安乃近、复方阿司匹林、复方氨基比林、水杨酸钠、保泰松、吗啡、哌替啶、樟脑磺酸钠、尼可刹米、普鲁卡因、丁卡因、阿托品、氨茶碱、枸橼酸喷托维林（咳必清）、复方氢氧化铝片、卡巴克洛（安络血）、酚磺乙胺（止血敏）、右旋糖酐、酒石酸锑钾、可的松、促皮质素、黄体酮、缩宫素。维生素 B_1、维生素 B_2、维生素 B_6、维生素 B_{12}、维生素 C、维生素 K、维丁胶性钙注射液、肝素、阳性血清、抗毒血清、干扰素、胸腺肽、卵黄抗体、单克隆抗体、类毒素、疫苗等生物制剂、硫代硫酸钠、小檗碱等。

（三）耐受性、耐药性及依赖性

1. 耐受性（tolerance） 是指动物机体对药物反应性降低的一种状态。易产生耐受性的药物有麻黄碱、亚硝酸酯类（如硝酸甘油）、巴比妥类等。

2. 耐药性（resistance，又称抗药性） 一般指病原体（主指病原菌或寄生虫等）对药物反应性降低的一种状态，这是由于长期应用抗菌药，用量不足时，病原体通过产生使药物失活的酶、改变膜通透性阻滞药物进入病原体、主动外排机制将药物排出病原体、改变靶结构或改变原有的代谢途径、或形成生物被膜而产生的。

3. 药物依赖性（dependence） 其中产生躯体依赖性（成瘾性）的药物均为中枢神经抑制药物，如吗啡、哌替啶等。

（四）致畸

凡应用于妊娠母畜可致胎儿畸形的药物均应慎用，这类药物有：沙利度安、己烯雌酚、孕酮、雄激素、甲氨蝶呤、环磷酰胺、阿司匹林、地西泮、苯巴比妥、苯妥英钠、四环素类、酰胺醇类、链霉素、奎宁、乙胺嘧啶、甲苯磺丁脲、糖皮质激素类、酒精、氯丙嗪、苯海拉明等。

怀孕动物应用乙醇、吸入麻醉药、局部麻醉药（分娩时用大剂量）、雌激素类、碘化物、甲萘醌、有机汞剂、噻嗪类（大量）、黄体内分泌类、奎宁、水杨酸盐类、四环素类、维生素 A、维生素 D（大量）等时，尚可使胎儿产生其他不良后果。

（五）致癌

致癌药物主要有抗肿瘤药物中的烷化剂和抗代谢剂可诱发某些肿瘤、砷制剂可引起皮肤癌。还有一些药物其致癌性不确定，主要有保泰松、苯丙胺、苯妥英钠、利血平、黄体酮、煤焦油软膏等。

一些药物可能致癌，如灰黄霉素、异烟肼、土霉素、某些鞣质等。

（六）药物的残留

对于食品动物，残留在动物组织中的药物会影响人类公共卫生安全，因此，国家对有关药物规定了相应的休药期。临床兽医应充分注意。

六、药物的滥用

（一）抗生素的滥用

抗生素的滥用现象，目前仍比较普遍而严重。滥用抗生素会引起过敏反应、其他不良反应、耐药性等一系列问题。

（二）解热镇痛药的滥用

由于解热镇痛药用量较大，引起的问题较多，如造成动物肾乳头坏死、间质性肾炎；可引起溶血和溶血性贫血；对造血系统有不良影响，可引起粒细胞缺乏症；严重的过敏反应；服药后有时还因出汗过多、体温下降过快而引起虚脱；引起消化道溃疡，出血加重或止血困难等，对兽医临床治疗不利，应引起充分注意。

（三）中药的滥用

人们以为使用中药比西药安全。这话不完全对。中药相对地说比西药的毒副作用要小些，但中药内也有剧毒药，如服用不当，一样会引起不良反应。毒性较大的中药包括：巴豆、苍耳子、雷公藤、甜瓜蒂、木通、牵牛、苦楝子、朱砂（汞化合物）、蟾酥等。

（四）营养药的滥用

动物营养药主要是指维生素和微量元素等。动物对于这些药物的需要大都有一定限度。滥用维生素，不仅造成药物的浪费，而且还可能引起维生素之间的不平衡，影响机体的正常机能，甚至造成中毒。如维生素 A 用量过大，可能引起急性或慢性维生素 A 中毒。滥用维生素 D，同样也可以引起中毒。

微量元素也不可滥用，尤其是硒、铜、钼等容易中毒。

（五）激素及其他药物的滥用

激素方面也存在滥用现象。大剂量或长期使用糖皮质激素，可引起与皮质功能亢进症相类似的不良反应，如高血压、脱钙、溃疡、糖尿、免疫抑制等。

大量服用钙剂，可使血钙量增加，导致肌肉及关节痛、共济失调、多尿、尿石等毒性反应；静脉注射钙剂还能引起心跳过缓、心室颤动，注射过快可引起心脏停搏，因此滥用钙剂是很危险的。

氯化钾静脉注射用量及使用浓度都需注意，滥用可引起严重后果。

（六）药物联合应用上的滥用

药物的联合应用在某些情况下（例如为了取得协同作用，抵消副作用，延续耐药性的产生等）是必要的。但药物种类繁多、性质各异，药物联用后往往并不是各起作用互不影响，而是在药理或理化方面产生相互作用，以致可能引起种种不良反应，严重时甚至导致死亡。联合的药物愈多，产生不良反应的可能性愈大。应尽量避免不必要的联合用药，临床兽医一定要注意避免"开大处方"、"放乱箭"的处方用药。

在药物的联合应用中，抗生素的联合应用是比较滥的。实际上，联用抗生素常常不如单用安全。

滥用药物的后果是极为严重的，必须尽力加以克服，关键在于广大临床兽医技术人员要以对农牧民和动物健康认真负责的精神，努力精通业务，通晓药理及有关知识（例如药物动力学等），全面掌握药物的治疗作用和不良反应以及药物之间的相互作用等，慎重、准确地使用药物，提高用药水平，尽量避免药物不良反应的产生，确保用药的安全和有效并避免药物残留事件的发生。

七、抗菌药物的合理应用

药物都具有两重性：治疗作用与不良反应。在抗感染药物中，不良反应突出的有毒性反应、过敏反应、二重感染、细菌产生耐药性等。如何使抗菌药物发挥最大的治疗作用，同时发生最小的不良反应，是研究其合理使用的最终目的。合理使用抗菌药物系指在明确指征下选用适宜的药物，并采用适宜的剂量和疗程以达到杀灭致病微生物和（或）控制感染的目的；同时采用各种相应措施以增强患病动物的免疫力和防止各种不良反应的发生。

（一）治疗使用抗菌药物的原则

1. 诊断为细菌性感染的，方有指征应用抗菌药物 根据患病动物的临床症状、体征及实验室检查结果，初步诊断为细菌性感染的以及经病原检查确诊为细菌性感染的，方有指征应用抗菌药物。由真菌、支原体、衣原体、螺旋体、立克次氏体及部分原虫等病原微生物所致感染亦有指征应用抗菌药物。缺乏细菌及上述病原微生物感染证据，诊断不能成立的及病毒性感染的，均无指征应用抗菌药物。

2. 尽早查明感染病原，根据病原种类及细菌药物敏感试验结果选用抗菌药物 有条件的诊疗机构，应该在抗菌治疗前，先采取相应的样本，进行细菌培养，以尽早确定病原菌和药敏结果。危重病例在获知病原菌和药敏结果前，可根据患病动物的发病情况、发病场所、原发病灶、症状、病理解剖等推断可能的病原菌，并结合当地细菌耐药状况先给予抗菌药物经验治疗，在获知细菌培养和药敏结果后，对治疗效果不佳的病例及时调整给药方案。

3. 按照药物的抗菌作用特点及其体内过程特点选择用药 各种抗菌药物的药效学（抗菌谱和抗菌活性）和药物代谢动力学（吸收、分布、代谢和排泄过程）特点不同，因此各有不同的临床适应证。

大多数抗菌药物在血供丰富的组织及尿、浆膜腔中的浓度可以达到有效水平，故这些部位的细菌感染易于控制。但在血供差的组织或有生理屏障的部位，药物浓度较低，如骨、脑脊液等。临床兽医应当注意哪些抗菌药物在这些部位可以达到有效血药浓度，在治疗中可以选用。如林可霉素、环丙沙星、依诺沙星等在骨组织中浓度较高；磺胺药（磺胺嘧啶、磺胺甲基异噁唑、三甲氧苄胺嘧啶）、甲硝唑、培氟沙星、氧氟沙星、氟康唑、利福平等较易透过血脑屏障，多数青霉素类及头孢菌素类药物、环丙沙星、氨曲南、阿米卡星等也能透过血脑屏障。临床兽医可利用这些知识，根据致病菌的种类，从中选用组织浓度高且抗菌作用强的品种。

4. 抗菌药物治疗方案应综合患病动物病情、病原菌种类及抗菌药物特点制订 根据病原菌、感染部位、感染严重程度和患畜的生理、病理情况制订抗菌药物治疗方案，包括抗菌药物的选用品种、剂量、给药次数、给药途径、疗程及联合用药等。在制订治疗方案时应遵循以下原则：

（1）品种选择 根据病原菌种类及药敏结果选用抗菌药物。

表 1-5 抗菌药物的选择应用

微生物和疾病	首选药物	备用药物
革兰氏阳性球菌		
金黄色葡萄球菌		
不产酶株	青霉素	一代头孢菌素类、林可胺类
产酶株	耐酶青霉素	一代头孢菌素类、林可胺类
耐甲氧西林株	庆大霉素	利福平、环丙沙星
骨髓炎	克林霉素	环丙沙星
化脓性链球菌	青霉素、氨苄青霉素	大环内酯类、一代头孢菌素类、林可胺类
猪链球菌	青霉素、氨苄青霉素	头孢噻呋、林可胺类
绿色链球菌	青霉素＋庆大霉素	一代头孢菌素类、林可胺类
粪链球菌		
心内膜炎等严重感染	氨苄青霉素＋庆大霉素、青霉素＋庆大霉素	林可胺类
单纯性泌尿道感染	氨苄青霉素、阿莫西林	庆大霉素

（续）

微生物和疾病	首选药物	备用药物
革兰氏阳性球菌		
厌氧性链球菌（消化链球菌）	青霉素	林可胺类、一代头孢菌素类、大环内酯类
肺炎链球菌（肺炎球菌）	青霉素	大环内酯类、一代头孢菌素类
肺炎链球菌（耐青霉素株）	头孢噻呋	
肠球菌		
尿路感染	阿莫西林	呋喃坦啶、氟喹诺酮
败血症	氨苄青霉素、青霉素＋氨基苷类	庆大霉素
革兰氏阴性球菌		
卡他球菌	增效磺胺	大环内酯类、四环素类、头孢菌素类、氨苄青霉素＋舒巴坦
脑膜炎球菌（脑膜炎奈瑟菌）	青霉素＋磺胺嘧啶	氟苯尼考、头孢呋辛、
革兰氏阳性杆菌		
炭疽杆菌	青霉素、多西环素	环丙沙星
产气荚膜杆菌（魏氏梭菌）	青霉素	林可胺类、甲硝唑、四环素类
破伤风杆菌	青霉素＋TAT（破伤风抗毒素）	四环素类＋TAT、甲硝唑＋TAT
难辨梭状芽孢杆菌		甲硝唑
棒状杆菌	大环内酯类	青霉素
肉毒梭菌	青霉素、四环素类	一代头孢菌素类
腐败梭菌	青霉素	链霉素、土霉素、磺胺类
坏死杆菌	磺胺类	土霉素、金霉素、螺旋霉素
李氏杆菌	氨苄青霉素、氨苄青霉素＋庆大霉素	四环素类、大环内酯类、增效磺胺
丹毒丝菌	青霉素类	大环内酯类、林可胺类、一代头孢菌素类
革兰氏阴性杆菌		
大肠杆菌	庆大霉素	环丙沙星、阿米卡星、哌拉西林、二代头孢菌素类、氨苄青霉素＋舒巴坦
克雷伯杆菌（肺炎杆菌）	庆大霉素、四环素类	阿米卡星、哌拉西林、氧氟沙星、氨苄青霉素＋舒巴坦
沙雷菌	庆大霉素、增效磺胺	阿米卡星、哌拉西林＋他唑巴坦、头孢噻呋
拟杆菌		
口咽部杆菌	青霉素	甲硝唑、林可按类
消化道菌株	甲硝唑、林可胺类	哌拉西林、氨苄青霉素＋舒巴坦

（续）

微生物和疾病	首选药物	备用药物
革兰氏阳性球菌		
螺旋杆菌	大环内酯类	四环素类、庆大霉素、诺氟沙星、小檗碱
嗜血杆菌	氨苄青霉素、阿莫西林、氨苄青霉素＋氟苯尼考	增效磺胺、四环素类、二代头孢菌素类或头孢噻呋、氨基糖苷类、氟喹诺酮类
布鲁氏菌	四环素类、四环素类＋庆大霉素	增效磺胺＋庆大霉素、利福平＋庆大霉素
铜绿假单胞菌（绿脓杆菌）	环丙沙星、庆大霉素、羧苄青霉素＋庆大霉素、环丙沙星	增效磺胺＋庆大霉素、利福平＋庆大霉素、阿米卡星、哌拉西林＋庆大霉素（或阿米卡星）、三代头孢菌素类、多黏菌素类
尿道感染	环丙沙星、庆大霉素	增效磺胺＋庆大霉素、利福平＋庆大霉素
其他感染	羧苄青霉素＋庆大（或妥布）霉素、环丙沙星	阿米卡星、哌拉西林＋庆大霉素（或阿米卡星）、头孢噻呋、多黏菌素类
其他假单胞菌 马鼻疽病（鼻疽伯氏菌） 类鼻疽病	链霉素＋四环素类 增效磺胺	链霉素＋氟苯尼考 四环素类＋氟苯尼考、氟苯尼考＋卡那（或庆大）霉素
土拉伦菌（土拉杆菌）	链霉素、庆大霉素	四环素类、阿米卡星、氟苯尼考
梭杆菌	青霉素	硝基咪唑类、林可胺类、氟苯尼考
多杀性巴氏杆菌	氨基糖苷类、喹乙醇	四环素类、一代头孢菌素类、氟喹诺酮类、增效磺胺、氟苯尼考
军团菌	大环内酯类	大环内酯类＋利福平
嗜麦芽窄食单胞菌	哌拉西林＋他唑巴坦	环丙沙星
耶尔森菌 鼠疫耶尔森菌 肠道耶尔森菌	链霉素 增效磺胺、庆大霉素	四环素类、氟苯尼考、庆大霉素 阿米卡星、四环素类、头孢噻呋
结核杆菌	异烟肼＋链霉素、异烟肼＋利福平	乙胺丁醇、吡嗪酰胺、乙硫异烟胺
放线菌 以色列放线菌（放线菌病） 奴卡菌（诺卡菌）	青霉素 增效磺胺、米诺环素	四环素类 磺胺类＋米诺环素、磺胺类＋大环内酯类、磺胺类＋氨苄青霉素、阿米卡星、环丝氨酸

（续）

微生物和疾病	首选药物	备用药物
革兰氏阳性球菌		
衣原体		
沙眼衣原体	四环素类（局部）	磺胺类（局部）、大环内酯类
鹦鹉衣原体	四环素类	氟苯尼考
支原体		
肺炎支原体	大环内酯类、四环素类	
立克次次体（Q热、附红体）	四环素类	氟苯尼考
螺旋体		
回归热螺旋体	四环素类	青霉素
钩端螺旋体	青霉素	四环素类、红霉素
弯曲菌病	链霉素、四环素类	
噬皮菌	青霉素、链霉素	土霉素、螺旋霉素
真　菌		
曲霉菌	制霉菌素、克霉唑	酮康唑、伊曲康唑、特比萘芬
白色念珠菌	制霉菌素	克霉唑
小孢子菌	酮康唑、特比萘芬	伊曲康唑、咪康唑
马拉色菌	酮康唑、特比萘芬	伊曲康唑、咪康唑

（2）给药剂量　严格按各种抗菌药物的治疗剂量范围给药。治疗重症感染（如败血症、感染性心内膜炎等）和抗菌药物不易达到的部位（如中枢神经系统）感染时，抗菌药物剂量宜较大（治疗剂量范围高限）；而治疗单纯性下尿路感染时，因多数药物尿药浓度远高于血药浓度，则应选用较小剂量（治疗剂量范围底限）。

（3）给药途径　对于全身性感染，口服不吸收的药物要注射给药（肌内注射、皮下注射或静脉注射）。重症感染患畜初始治疗应予以静脉给药，以确保疗效，病情好转时可及早转为口服给药。大群动物给药应尽量选择口服吸收好的药物，实施饮水或拌料给药。如新霉素或庆大霉素等氨基糖苷类在体外对大肠杆菌或沙门氏菌作用较强，但内服不吸收，主要停留在肠道，故口服给药（混饲或混饮）治疗由大肠杆菌引起的腹膜炎或由沙门氏菌引起的败血症，疗效不佳。

抗菌药物局部给药应尽量避免，少数情况可以选用。但全身给药在感染局部不能达到治疗浓度时，可以加用局部给药作辅助治疗，如治疗中枢神经系统感染时可以同时鞘内给药；脓肿腔内注入抗菌药物；子宫内膜炎时子宫灌注抗菌药物；乳腺炎时乳孔灌入抗菌药物；眼科感染的局部用药。局部用药宜采用刺激性小、不易吸收、不易导致耐药性和不易致过敏反应的杀菌剂。

（4）给药次数　为保证药物在体内能最大地发挥药效，杀灭感染灶病原菌，应根据药动学和药效学相结合的原则给药。青霉素类、头孢菌素类等时间依赖性抗菌药物要保证维持其有效血药浓度，半衰期短者，应一日多次给药。氟喹诺酮类、氨基糖苷类等浓度依赖性抗菌药物可一日给药1次。

（5）疗程　抗菌药物疗程因感染不同而异，一般宜用至体温正常、症状消退后2～3d。败血症、感染性心内膜炎、化脓性脑膜炎、伤寒、布病、骨髓炎、溶血性链球菌咽喉炎、结核病、真菌病等需要较长的疗程方能彻底治愈，并防止复发。

（6）抗菌药物的联合应用要有明确指征　一般的感染治疗无需联合用药，但下列情况可联合用药：病原菌未查清的严重感染；单一抗菌药物不能控制的需氧菌及厌氧菌混合感染；两种或两种以上病原菌感染；单一抗菌药物不能控制的败血症等重症感染；需要长期治疗，但病原菌易对某些抗菌药物产生耐药性的感染；由于药物协同抗菌作用，联合用药时可以降低毒性大的抗菌药物的剂量时。

根据作用机制，抗菌药可分为以下4类。

①繁殖期杀菌剂：如β-内酰胺环类、糖肽类等。

②静止期杀菌剂：如氨基糖苷类、多肽类等。

③快效抑菌剂：如四环素类、大环内酯类、酰胺醇类和林可胺类等。

④慢效抑菌剂：如磺胺类和甲氧苄啶类。

第一类和第二类联合常可获协同作用；第一类和第三类联合有发生颉颃作用的可能，临床上必须合用时，可间隔给药，使两药的峰值浓度先后出现以减少颉颃的可能；第三、四类合用常获相加作用；第二、三类合用常获相加或协同作用；第一、四类合用呈无关作用。

（7）注意患畜的用药安全　临床上对新生幼畜/雏、老年动物及哺乳动物，可选用较为安全的β-内酰胺环类；妊娠动物可选用较为安全的β-内酰胺环类、大环内酯类（除酯化物）等；一般肝功能不全患畜宜选用大多数β-内酰胺环类、氨基糖苷类、糖肽类及多肽类，其次可选用环丙沙星和氧氟沙星等，可按常规剂量给药；肾功能不全的患畜应尽量选用主要经肝胆系统排泄，或在体内代谢率高，或经肾、肝双重途径排泄，对肾脏无毒性的药物。

（二）预防用抗菌药物的基本原则

预防用药必须充分权衡感染发生的可能性大小、预防效果、不良反应、耐药性的产生及用药成本等因素。总的原则是大量临床实践证实预防用药确实能降低细菌感染发生率的适应证，不应随意扩大适应证。预防性使用抗菌药物是保护易感动物的措施之一，但还应重视预防感染的其他措施，包括预防接种菌苗、加强饲养管理等提高动物抵抗力的措施，定期或应急消毒圈舍、运动场及被污染的用具器械等，隔离患畜，正确处理病死动物等控制感染源的措施。

1. 某些病毒感染可能继发细菌感染时，需要预防性使用抗菌药物　如犬瘟热、细小病毒病、鸡传染性法氏囊病等畜禽呼吸道、消化道或造成机体免疫功能抑制的病毒感染等。

2. 针对性的预防给药　新生仔畜或雏鸟和应激动物（如长途运输、转舍等）预防某些细菌感染时，可针对一种或多种病原菌进行一段时间的预防给药，而长期的或防止任何细菌入侵的给药往往是无效的。预防用药应尽量少用或不用，如普通感冒、昏迷、休克、中毒、心力衰竭、肿瘤、变态反应等患病动物不宜进行预防给药。

3. 外、产科手术的预防给药　预防手术部位感染的措施很多，如术前认真准备、治疗已经存在的感染、控制血糖、缩短手术时间、严格的无菌操作、保持体温、适当吸氧、增强抵抗力等，预防性使用抗菌药物只是措施之一。

给药方法：在术前 0.5～2h 给药，或麻醉开始时给药。如果手术时间超过3h，或手术中失血量大，可在手术中重复使用一次。一般情况，预防给药连续2～3d 即可。

（三）抗菌药物使用中存在的问题

1. 盲目选用对感染病原无效或疗效不强的药物，导致耐药菌株大量增加和抗感染治疗更加复杂化。

2. 不熟悉细菌对抗菌药物的固有耐药性和获得耐药性的动向，不能根据细菌对抗生素敏感度变迁来选择抗生素。

3. 不了解抗菌药物发展动态。不能很好掌握新、老各类抗菌药物作用特点和同类抗菌药物中不同品种之间的差别，因而选择抗菌药物进行抗感染治疗时往往针对性不强，这是当前兽医临床上使用抗菌药物中普遍存在的问题。

4. 未根据致病原、机体与抗菌药物三者相互关系制定合理的个体化治疗方案。临床上遇到的感染性疾病不仅致病菌的种属与耐药程度各异、感染部位不同，而且发病过程、感染程度、病程长短、并发症也各不相同，需要具体情况具体对待。例如，对病程久、病变部位深的感染，抗菌药物不仅用量要足，而且还应注意其临床药理特点，选用血药峰浓度与组织浓度较高、血药浓度维持时间长的抗菌药物，使感染部位能达到有效抗菌浓度。

5. 某些常规处理方法存在问题。不论何种感染先用便宜的常用药，感染不能及时控制致使病情加重后再逐渐升级治疗的做法是有问题的。凡能用价格较低的常用药物治疗时，不去盲目追求贵重药物的做法是正确的，是应该提倡的，但不问病情轻重和致病菌是否耐药，常规先使用便宜药物，不及时选用针对性较强的药物也是不恰当的。

6. 抗感染用药剂量不足或过大、给药途径不当、用于无细菌并发症的病毒感染，病原体产生耐药性后不及时换药，过早停药或感染已经控制多日而不及时停药，这些做法都是不妥当的。

例如：严重的肺部感染使用 β-内酰胺环类（青霉素类和头孢类）治疗时应当静脉滴注给药，由于这类药物属于时间依赖性抗菌药物，而且其大多数品种半衰期较短，因此，要想维持其有效血药浓度，必须每日给药 2～3 次，又因其刺激性较小，静脉滴注时溶解药物的液体量不宜太大，药物浓度不宜过低。如果选用氨基糖苷类抗菌药物治疗，因其为浓度依赖性抗菌药物，可以将一天的剂量一次给予。

7. 重视抗感染的全身给药治疗，而忽视感染局部病灶的及时处理与清除。

8. 无指征或依据不明确的预防用药。

(四) 合理使用抗菌药物的方法

1. 分析可能致病菌并根据其药物敏感性选药 对致病原的种、属及其对抗菌药物敏感度应有一个客观的估计，特别在目前兽医临床微生物诊断和细菌敏感试验结果存在较多问题的情况下，临床兽医对各种致病菌的多发部位、临床表现、细菌对抗菌药物的敏感度及其耐药性发展情况应有所了解，以便在未能获得准确的检验结果时也能作出基本正确的判断与处理。

2. 分析感染性疾病的发展规律及其与并发症或基础病的关系选药 注意分析当时感染是处于原有治疗无效，感染正在急剧恶化，还是有效而未能完全控制，病情有所加重，对于决定是否改变治疗方向甚为重要。如为前一种情况，则应及时换药，而后一种情况则应保留起主要作用的药物，改换其中个别药物以进一步加强疗效。

3. 熟悉抗菌药物的抗菌作用与药理特点 要合理选择抗菌药物，必须熟悉被选择的对象，对抗菌药物应了解其分类、各类抗菌药物抗菌作用、抗菌谱、作用机制、细菌耐药性、临床药理特点、适应证、禁忌证、不良反应以及制剂、剂量、给药途径和方法等。

合理使用抗菌药物并不是单纯提高认识和加强管理的问题，必须认真创造条件，组织培训，重视学习，使广大临床兽医掌握必要的抗菌药物知识和合理使用抗菌药物的原则和方法，才有可能逐步达到这个目的。

第二章　兽医临床基本操作

第一节　动物的保定技术

一、保定畜禽的注意事项

1. 根据畜禽种类、习性和临床诊治的需要，应确定简单可靠的保定方法，使用牢固结实的保定器械。

2. 保定时应打活结，要求易结、易解，又不易松脱。一旦发生意外，便于解脱。

3. 对大畜的保定不应在狭小的室内进行。家畜发生骚动时，应有让保定人员退让的空间。

4. 对牛、马的侧卧保定，应防止病畜突然摔倒而发生骨折、肠破裂等。若倒地必须在松软或有草垫的地面上进行，以免造成神经麻痹（特别是桡神经麻痹）。对有心力衰竭、胃肠臌气（特别是牛）、呼吸困难的病畜是否采取侧卧保定要特别谨慎。

5. 术者应站立于适当的位置固定大家畜四肢。

6. 保定后的牲畜应由畜主或熟练的助手固定其头部。

二、动物保定技术

（一）牛的保定

1. 徒手保定法　面对牛头于一侧站立，一手提拉牛的鼻绳、鼻环或提住鼻中隔，另一手轻拍眼部。如有骚动，抓住鼻绳上举，不断抖动，分散牛注意力。此法适用于一般检查、灌肠、肌内及静脉注射。

2. 鼻钳保定法　夹紧牛鼻中隔用手持握或用绳系紧钳柄上体。此法适用同徒手保定法。

3. 角根保定法　找一根支柱，将牛角弯部卡紧在支柱上，再用绳子将牛角紧绑在支柱上。此法适用于头部各器官的检查及豁鼻修补术。

4. 下颌上撬保定法　取一条绳子，绕成适当大小的圈，套入牛门、臼齿间的间隙，然后将木棍插入绳圈内捻转，使收紧绳圈，并把牛头抬起。为防引起牛下颌骨骨折要注意绳圈扭转不能过紧，特别是牛骚动时不可加强扭转来保定。

5. 两后肢保定法　用绳子的一端扣住牛一后肢跗关节上方腱部,另一端则转向对侧肢相应部位 8 字形缠绕,最后收绳由一人牵住,准备随时松开。此法适用于牛的直肠,乳腺及后肢的检查。

6. 二柱栏保定法　两根相隔一定距离的柱子,上方绑一根横梁即成二柱栏。将病畜牵至柱栏内,鼻绳系于头前柱子上,然后在肩关节水平位置缠绕围绳,在肘后、膝前上好吊挂胸、腹绳带即可。

7. 三柱栏保定法　不具备条件时,可用一棵大树和两根长约 3m、粗约 15cm 的木棍固定。将牛牵入两木棍间,牛头置于树的一侧,然后迅速将木棍夹住并在牛后方用绳拉紧。本法不能用于脾气暴躁的牛。

8. 四柱保定法　先安好前柱横杆,然后牵牛由后方进入柱栏内,头绳系于横栏前部的铁环上,最后装上后柱间的横杆并挂好胸、腹绳。

(二) 马的保定

1. 鼻捻子保定法　保定者将鼻捻子绳套套于左手上并夹于指间,右手抓住马的笼头,用持绳套的手从鼻背向下抚摸至上唇,然后迅速抓住马的上唇。此时右手离开笼头,将绳套套于马唇上,并向一个方向迅速捻紧把柄。

2. 耳夹子保定法　保定者一只手迅速将马耳抓住,另一手迅速将耳夹子放于马耳根部并用力将耳夹子夹紧。

3. 前肢提举保定法　保定者从马的前侧面接近,面对马后方;用内侧手扶住马的鬐甲部,外侧手沿马肢体抚摸,抚摸到达马的系部时握紧,同时保定者肩部将马向对侧推,使马的重心移向对侧肢;随即提起马的前肢,使马腕关节屈曲低于保定者膝部。也可在徒手提举的基础上,以绳索捆缚提举保定。

4. 后肢提举保定法　术者面向马,站在提举肢的侧方,一手扶马的髋关节,并抓住马尾巴,随即弯腰,另一手自马的股部向下抚摸到马的系部握紧,并向上方扳,提起该肢,放于保定者膝部,并用两手固定。也可用绳索提举保定。

5. 两后肢防踢法　在马两后肢系部各缚一条绳子,将其游离端平行地通过马两前肢间,在马胸前左右分开,并向上转到马的鬐甲部打一活结;或转到马背部上方打一活结。

6. 马独柱保定法　将马颈缚于柱子上,可进行任何检查、挂马掌等。

7. 马的二柱栏、四柱栏保定法　方法同牛的保定。

8. 六柱栏保定法　先将马的前带装好,由后方牵马进入栏内,装上尾带并把缰绳拴在门柱上。也可分别在马的鬐甲上部和腹下用扁绳在横梁上做背带和腹带以防止马跳起或卧下。

(三) 猪的保定

1. 站立保定法　先用一根筷子粗的纱绳,在一端打一个活结。保定时,一人抓住猪的两耳往上提,在猪嚎叫时迅速将活结套入猪的上颌并抽紧,然后把绳头扣在木桩上,即完成保定。此法适用于一般检查和肌内注射。

2. 提举保定法　抓住猪两耳，迅速提起，使猪前肢腾空；同时用膝部夹住猪胸部或腰腹部，使猪的腹部朝前即可。此法适用于灌药或肌内注射。

3. 网架保定法　网架保定常用于一般检查及猪的耳静脉注射。

4. 保定架保定法　可用于一般检查、静脉注射及腹部手术等。

5. 倒立保定法　保定者用两手握住猪两后肢飞结提起，让猪头部朝下，术者用膝部夹住猪的背部即可。对于体格较大的猪或保定时间较长时，可用绳拴住猪两后肢飞结，倒吊于一横梁上即可。

6. 双绳倒卧保定法　此法适用于性情较温顺的猪。用 2 条 3m 长的绳索，一条绳系于猪右前肢掌部，另一条系于右后肢跖部；两绳端越过猪腹下到左侧，分别向两绳端相反方向牵拉，猪即失去平衡向右侧倒卧。由两助手按压住猪的头部和臀部，根据要求将猪前、后肢捆缚固定。

7. 徒手倒卧固定法　适用于性情凶猛易伤人的猪。首先由一人在猪右方抓住猪的左后肢并提离地面；随即另一人上前抓住猪的两耳，并将其头部向右上方扭转下压；与此同时，抓左后肢的人用右脚突然向左拨动猪右后肢，猪随即倒地。另一人立即在猪的颈部放一木棍，两端由后两人压住，将猪的左后肢向后拉直并捆缚保定。或用一根绳嵌入猪的口角，在上颌处打一活结并抽紧，绳的游离端向后绕于猪的跗关节上方，即可达到保定目的。

（四）羊的保定

1. 站立保定法　保定者可骑跨在羊背上，将羊颈部夹在两腿之间，用手抓住羊的头部并固定。此法适用于一般检查、注射、灌药。

2. 坐式保定法　此法适用于羔羊。保定者坐着抱住羔羊，使羊背朝向保定者，两手紧握羊的前后肢使羊的头向上、臀部向上即可。

3. 倒立式保定法　保定者骑跨在羊颈部，面向羊后躯，两腿夹紧羊体，弯腰提起羊两后肢。此法可适用阉割、后躯检查等。

4. 横卧保定法　保定大羊时，术者站于羊体一侧，两手分别握住羊同侧前后肢，使羊呈侧卧姿势。为了保定牢靠，可用麻绳将羊的四肢捆绑在一起。

（五）犬的保定

1. 徒手保定法　助手用右手握住犬的嘴部，左手固定犬的头部，可防止犬左右摆动或回头伤人。此法适用于训练有素的犬或温顺的犬。

2. 口笼套保定法　用皮条或金属丝制成大、中、小型号的口笼套，或专用皮质、塑料口笼套。选择合适的戴于犬的嘴上，并将其附带结于颈部固定。保定人员抓住脖圈，根据需要令犬站立或卧倒，保定以防伤人。

3. 绷带保定法　用绷带或布条在其中间打一活结圈套，将圈套从犬鼻端套至鼻梁中部拉紧；捆住犬嘴，并将绷带的两端从犬下颌处向后引至颈部打结固定。

4. 颈钳保定法　颈钳柄由 90～100cm 铁杆制成，钳端是 2 个 20～25cm 半圆形钳嘴，大小恰能套入犬的颈部，合拢钳嘴后，即可将犬固定。适用于凶狠的犬只。

5. 倒卧保定法 先保定好犬嘴，再将犬置于手术台上，分别捆缚犬的前后肢，使犬成倒卧姿势固定在手术台上。此法多用于腹部、阴部等手术。

（六）猫的保定

1. 猫袋保定法 用人造革或粗厚布制长度分别为65、45、和35cm，宽度分别为25、20和15cm的3种不同型号的猫袋，袋的一端缝制成既能抽紧又能放松的袋口，袋的另一端缝制拉锁。根据需要可使猫头部在外，身体其他部位都装入袋内（也可使臀在外），保定人员隔着布袋抓持猫的四肢或头部进行保定。

2. 猫站立保定法 保定者右手从猫头后紧握其颈部和下颌固定头部（勿用力过大造成窒息），左手从猫左后肋下抓住后腹并稍向上托举，使猫后肢离地、前肢着地负重，此时不能抓挠，保定完成。

3. 猫倒卧保定法 此法基本同犬倒卧保定法。如要进行阉割手术，可采取仰卧保定。

（七）兔的保定

1. 徒手保定法 保定者抓住兔子的颈部背侧皮肤，将其放在检查台上；两手将兔头抱住，拇指、食指固定在兔子耳根部，其余三指压住兔前肢，即可。

2. 包布保定法 一块长约1m的正方形或三角形包布，其中一角缝2条30cm左右的带子，铺平包布，将兔子放在包布上；折起包布，盖于兔的背部；再将两侧包布向上折，包裹兔体；然后用前面的布绕兔颈包起，用带子绕兔胸打结，即保定完毕。

（八）禽类的保定

1. 保定者从鸡身后抓住其腿上部，逆时针方向交扭鸡翅；然后使鸡侧卧于手术固定板上，分别用绳子把鸡的双腿和胶扭的双翅做一牢固的捆绑。

2. 保定杆保定法，将鸡的双翅在其根部做一交扭，然后使两翅向后伸直，用保定杆上的绳子把鸡两腿困在保定杆上。使保定杆的另一端置于鸡的胸下，将鸡左侧卧在桌子上。

（九）鸽的保定

保定者先张开手掌，把鸽子两翅向后合拢夹紧，两脚往后放，并在中指和食指之间夹住鸽的双脚，手掌捏住鸽身，用大拇指、无名指和小指由下往上压住羽翼。

第二节 兽医临床基本诊断方法

一、问 诊

问诊即兽医人员向畜主、饲养员、使役人员、放牧人员等了解畜群生活史和病畜疾病史的一种方法。问诊一般在其他检查方法之前，也可穿插于其他检查方法中进行。

（一）疾病史

（1）病畜（禽）什么时间开始发病？

（2）病畜（禽）有何主要表现？如饮水、采食、出汗、排粪、排尿、姿势、步样、咳嗽的声音及其他行为表现等。

（3）过去此病畜或地区畜禽是否患过同样疾病？或驻地附近及友邻牧场、单位、村寨有无类似疾病发生？有无引进新的畜禽？畜禽发病的数量、时间？如有其他畜禽发病，平均年龄？

（4）是否已经治疗？用过何种药物？治疗时间？

（二）生活史

（1）饲养管理状况　如日粮配合组成，饲料的种类及质量，放牧还是舍饲，饲料中补充矿物质的数量，是否突然改变饲料和饲喂方法，饲料调制情况，饮水清洁度，饲料的来源，饲料霉变及添加剂的生产厂家等。

（2）防疫卫生制度　例如卫生消毒情况，粪便处理方式，预防接种情况，发病率和病死率，驱虫制度，死亡畜禽处理方法等。

（3）病畜使役情况　有无过度使役，烈日下作业，病畜的生产情况等。

（4）繁育方式及配种制度　繁育方式包括人工授精还是实行本交。

（5）周围环境　如植被状况，土壤类型，工厂、矿场情况，水源、气候和气象条件等。

二、视　　诊

视诊就是兽医人员利用视觉观察病畜的表现。

（一）体态检查

1. 精神状态

（1）正常状态　正常时，健康畜禽表现为静止时较为安静，头耳灵活，眼光明亮，对外界刺激反应迅速，行动敏捷，毛、羽平顺并富有光泽。幼畜则显得好动。

（2）异常状态　当中枢神经机能发生障碍时，兴奋与抑制过程的平衡遭到破坏，临床上表现兴奋过度或抑制。

精神兴奋：症状轻者，则左顾右盼、惊恐不安、竖耳撞地；重则不顾障碍地前冲、后退，狂躁不驯或挣扎脱缰。此外牛可哞叫或摇头乱跑；猪则有时伴有痉挛与癫痫样动作。猪症状严重时可见攀登食槽、跳跃障碍，甚至攻击人畜。

此种现象一般多见于脑病或中毒。如见有啃咬自身或物体，甚至有攻击行为和恐水时，应考虑狂犬病。

精神沉郁：一般表现为头低耷耳，双眼半闭，行动迟缓或离群呆立，对周围事物反应迟钝警惕性降低；重则可见嗜睡，少动甚至昏迷。鸡一般表现为羽毛蓬松、垂头缩颈，闭眼呆立。

此种现象主要见于各种热性病及消耗性、衰竭性疾病等。

2. 发育检查

（1）正常状态　健康动物发育良好，体躯发育生理发育与年龄相称，肌肉结实，体格健壮。

（2）异常状态　发育不良的病畜，多表现为身材矮小，骨骼发育异常、发育程度与年龄不相称；在幼畜多呈发育迟缓或停滞。

3. 营养检查

（1）正常状态　健康动物营养状态良好，可见肌肉丰满，骨骼棱角不暴露，无畸形，被毛光顺。仔猪可与同窝猪相比较；鸡除了根据羽毛状态外，还应触诊鸡胸肌肉来判定。营养程度标志着机体物质代谢的总趋势。临床上一般可将营养程度划分为三级或以膘成来表示：营养良好（八九成膘）、营养中等（六七成膘）、营养不良（五成膘以下）。

（2）异常状态　营养不良的病畜消瘦，骨骼表露明显或生长异常，被毛粗乱无光，皮肤缺乏弹性或干皱。动物的营养状态与动物机体的代谢机能和饲养、管理条件有密切关系。一般营养不良可见于动物机体的代谢及代谢紊乱性疾病、长期的消化障碍及慢性消耗性疾病等。

4. 躯体结构检查

（1）正常状态　健康动物躯体结构紧凑匀称，躯体各部位比例适当。

（2）异常状态　①单侧的耳、眼睑、鼻、唇松弛、下垂而致头面歪斜，是面神经麻痹的特征。②在体格矮小的同时头大颈短、胸廓扁平、腰背部骨骼凹凸、四肢弯曲、关节粗大，多为骨软症或幼畜佝偻病的特征。③腹围极度膨大，胁部胀满，则提示反刍兽的瘤胃臌气或马骡的肠臌气。左右胸廓不对称，宜考虑单侧气胸或胸膜与肺的严重疾病。④马因鼻唇部浮肿而引起的类似河马头样病变形态，常为出血性紫癜（血斑病）的特征。若猪的鼻及面部歪曲、变形，应提示传染性萎缩性鼻炎等。

5. 姿势与步态检查

（1）正常姿势　健康动物姿态自然。马多站立，常轮流休息其后蹄，偶尔卧下，听到吆喝声便站起；牛常低头站立，进食后常集四肢于腹下而卧，起立时缓慢地先起后肢，再起前肢；羊、猪进食后常躺卧，若生人接近则迅速起立、逃避。

（2）异常姿势　常见的典型异常姿势有以下几种。

全身僵直：表现为头颈挺伸，肢体僵硬不能屈曲，尾根挺起，呈典型木马姿势。

强迫站立：马长时间两前肢交叉站立不改换，提示脑室积水；鸡两脚前后叉开，常为马立克氏病的特征；牛在站立时如经常保持前高后低的姿势，常提示前胃及创伤性心包炎。若头颈呈歪斜姿态，则提示中枢有偏位的局灶性或占位性病变。

站立不稳：①畜禽倚墙壁站立，躯体歪斜或四肢叉开，常为共济失调与躯体失去平衡的表现，可见于脑病或中毒。②鸡扭头曲颈，甚至躯体滚转，应注意新城疫、复合维生素 B 缺乏症或呋喃类药物中毒等疾病。

骚动不安：马骡可表现为前肢刨地、后肢踢腹、回视腹部、伸腰摇摆、时起时卧、起卧滚转、呈犬坐姿势或仰腹朝天等，牛羊可见后肢踢腹等，皆为腹痛病的特有表现。

强迫躺卧：病畜躺卧而不能起立，常见于多肢的瘫痪或疼痛性疾病以及重度骨软症；也可见于某些代谢紊乱性疾病；如伴有痉挛与昏迷，常提示为脑及脑膜的重度疾病或中毒后期。

6. 运动与行为检查

（1）正常状态　健康动物运步时，肢体动作协调，灵活自然。

（2）异常状态　当神经调节或四肢的功能发生障碍时，就会出现运动异常。

共济失调：表现四肢在运动中配合不协调，呈酒醉样，走路摇晃或肢蹄高抬后用力着地，呈涉水样步态。

盲目运动：表现为漫无目的地徘徊，或直向前冲或后退不让，或绕桩打转，或呈圆圈运动，有时以一肢作轴呈钟摆样运动，可提示为脑，脑膜充血或出血、炎症或中毒。

腹痛不安：表现为前肢刨地，后肢蹴腹、伸腰、摆尾、回视腹部、碎步急行、时起时卧，起卧滚转、仰腹朝天，或时呈犬坐姿势，屡呈排便动作，这是马骡腹痛症的独特现象。

跛行：跛行多因四肢的骨骼、关节、肌腱、蹄部或外周神经的疾患而引起，应着重检查跛行特点，以确定患肢、患部及病灶。跛行根据其特点，分为支跛、悬跛、混合跛。（支跛：在患肢落地负重的瞬间，出现支柱机能障碍，称为支跛。悬跛：肢的提举和伸展出现机能障碍。混合跛：患肢提举、伸展及着地负重时都出现机能障碍。）

7. 被毛和皮肤的检查　通过被毛和皮肤的检查，可以指示出内脏器官的机能状态；发现早期诊断传染病的依据；判断疾病的性质。对不同种属的动物，除注意其全身各部位被毛及皮肤的病变外，还应仔细检查特定部位，如牛的鼻镜，猪的鼻盘，鸡的肉冠、肉髯及耳垂等。

（1）鼻盘、鼻镜及鸡冠的检查

正常状态：健康牛、猪的鼻镜或鼻盘均湿润，并附有少许水珠，触之有凉感。鸡冠和肉髯呈鲜红色。

异常状态：牛鼻镜干燥，多为热性病或前胃迟缓、瓣胃阻塞的表现，严重者可出现龟裂，提示牛恶心卡他热等；猪鼻盘干燥、发热一般为病态，多见于热性病。观察白猪的鼻盘还需注意颜色。鼻盘发绀则应注意血液循环障碍、缺氧或亚硝酸盐中毒。鸡的鸡冠、肉髯呈蓝紫色，应注意缺氧、中毒及新城疫等疾病；鸡冠、肉髯颜色变淡，多为营养不良和贫血的表现；鸡冠、肉髯出现疱疹，常提示鸡痘。

（2）被毛的检查

正常状态：健康动物的被毛平顺而光泽，每年春秋两季脱换新毛。

异常状态：被毛蓬乱、无光泽或羽毛逆立、易脱落或换毛季节推迟，多是营养不良和慢性消耗性疾病及长期的消化紊乱等。局部被毛脱落，多见于湿疹或毛癣、疥癣等皮肤病。检查被毛时还要注意被毛的污染情况。

（3）皮肤的检查　皮肤的检查包括皮肤的颜色、温度、湿度、弹性、肿胀〔包括炎性肿胀、皮下浮肿、皮下气肿、脓肿及淋巴外渗及疝（赫尔尼亚）等〕、气味、发疹、荨麻疹和溃疡等。

（二）可视黏膜的检查

可视黏膜包括眼结膜、口腔黏膜、阴道黏膜、鼻黏膜。在一般检查时，只作眼结膜检查，其他器官的可视黏膜分别在各种系统进行检查。

1. 检查方法　首先观察眼睑有无肿胀、有无外伤及眼分泌物的数量、性状，然后再打开眼睑进行检查。

（1）检查马的眼结膜时，通常检查者立于马一侧，一手持缰，另一手食指第一指节置于马上眼睑中央的边缘处，拇指放于马下眼睑，其余三指屈曲并放于马眼眶上面，作为支点，食指向马眼窝略加压力，拇指同时拨开马下眼睑，即可露出结膜。

（2）检查牛时，主要观察其巩膜的颜色及其血管情况。检查时，可一手握牛角，另一手握住牛鼻中隔，并用力扭转牛头部，即可露出巩膜；也可用两手握牛角并向一侧扭转。检查牛结膜时，可用拇指将下眼睑拨开观察。

（3）检查羊、猪等小动物时，可用两手拇指分别打开其上、下眼睑。

2. 正常状态　健康猪、马的眼结膜呈淡粉（红）色；水牛的眼结膜呈鲜红色，黄牛、乳牛的颜色较淡。

3. 异常状态　结膜颜色的变化可表现为：

（1）潮红　潮红是结膜下毛细血管充血的征兆。单眼的潮红，可能是局部的结膜炎症所致；双眼均潮红，多标志全身的循环状态。弥漫性潮红常见于热性病、肺炎等；树枝状充血，多见于伴有血液循环或心机能障碍的一些疾病，如创伤性心包炎等。

（2）苍白　结膜色淡苍白疑贫血。可见于各种类型的贫血；血孢子虫病、锥虫病等寄生虫病；大失血及内出血；牛的血红蛋白尿病等。

（3）黄染 主要是胆色素代谢障碍使血液中胆红素浓度增高引起的一种表现结果。可见于肝脏病、胆管堵塞及溶血性疾病。

（4）发绀 结膜呈不同程度的蓝紫色，可见于缺氧、循环障碍及某些中毒等。

（5）出血 结合膜上出现出血点或出血斑，是出血性素质的特征。在马多见于传染性贫血、梨形虫病；在猪多见于猪瘟等疾病。

（三）呼吸动作的观察

呼吸动作的观察，包括呼吸次数、呼吸节律、呼吸均匀性、呼吸方式和呼吸困难。

1. 呼吸次数 呼吸次数可以反映畜禽的全身状态。检查呼吸次数时，必须在动物处于安静状态下进行。

检查方法：一是站于动物胸部的侧前方或腹部的后侧方，观察不负重的后肢那一侧的胸腹部起伏运动，胸壁的一起一伏即为一次呼吸；二是将手背放在动物鼻孔前方的适当位置，感知呼出的气流，呼出一次气流，为一次呼吸；也可观察动物鼻翼的扇动，计算呼吸次数；还可通过听取肺泡呼吸音来计算呼吸次数。家禽可通过观看肛门周围的羽毛缩动来计算呼吸的次数。病理情况下呼吸次数可能增加或减少。呼吸次数计算以 1min 为准。

2. 呼吸节律 一次呼吸之后稍为休歇，再开始第二次呼吸，每次呼吸之间间隔时间相等，称为节律性呼吸。上呼吸道狭窄则吸气延长；肺气肿、细支气管炎呈呼气延长；脑炎、中毒及濒死状态时，可出现间隔性呼吸，呼吸忽快忽慢并有一个间隔。

3. 呼吸匀称性 畜禽呼吸时左右胸壁的起伏强度完全一致，称为呼吸均匀。若畜禽一侧胸壁有病，则对侧胸壁活动而有力，病侧胸壁活动显著减弱，此时称为呼吸不均匀。

4. 呼吸方式

（1）健康家畜的呼吸方式以胸腹式呼吸为主，即呼吸时胸壁和腹壁的运动强度基本相等。

（2）呼吸式的病理改变，分为胸式呼吸和腹式呼吸。①胸式呼吸：动物腹部患某种疾病时，以胸式呼吸为主，表现较明显的胸壁运动，常见于影响膈肌和腹壁活动的疾病，如腹膜炎等疾病。②腹式呼吸：患病动物胸部有病时以腹式呼吸为主，腹壁活动较胸壁明显。常见于胸膜炎等。

5. 呼吸困难 表现为呼吸次数改变，呼吸动作加强，呼吸节律改变。呼吸困难可分为：

（1）吸气性呼吸困难 即吸气发生障碍，病畜表现头颈伸直，鼻孔张大，前肢叉开，胸廓扩张，吸气显著延长，并可听到类似口哨的杂音。主要见于鼻腔、喉、气管狭窄等疾病。

（2）呼气性困难　即呼气发生障碍，呈现明显的二段呼吸。病畜欻窝扁平，肛门突出，呼气时间延长，沿肋骨弓形成明显的凹沟，称为"喘沟"。见于慢性肺气肿等。

（3）混合型呼吸困难　吸气和呼气均发生困难。呼吸快而浅表。见于肺炎等。

三、触　　诊

触诊是兽医人员利用手指、手掌或拳头的感觉进行检查的一种方法。通过触摸、压迫来了解被检查体表组织和深部器官的状态，如温度、湿度、硬度、形状、大小、位置、移动性、有无疼痛、是否肿胀、表面状态和内容物的性质等。

（一）触诊方法

触诊方法通常分为体表触诊、深部触诊和直肠触诊。

1. 体表触诊　用手轻压或触摸被检查部位，以确定从体表可感觉到的变化，如体表温度等。触诊一般由健康的部位开始，逐渐向病变区移动，检查先轻后重，由浅到深，仔细灵活地进行检查，注意避免突然或过重的刺激。

2. 深部触诊　用于检查内脏器官，如反刍兽的前胃、真胃及小动物的胃肠等，以确定内脏器官的位置、大小、形状、硬度、活动性及压痛等。根据检查目的，可采用重压触诊和冲击触诊两种触诊方法。

（1）重压触诊　用并拢的手指或拳头施加一定的压力，深深地触压某一局部，如检查瘤胃，用重压触诊可检查瘤胃的硬度等。

（2）冲击触诊　用并拢的手指或拳头，以短而急促的冲击动作进行患部触诊，常用来确定腹腔是否积液及牛羊胃肠内容物的性质等，有时也用于马、牛、羊的妊娠诊断。

3. 直肠触诊　直肠检查是将手伸入动物直肠内，隔着肠壁触诊盆腔及腹腔后部脏器的位置、形状、大小、硬度、疼痛及其他变化。直肠检查对腹腔壁、妊娠诊断、发情鉴定是一种比较可靠的方法，同时还可用于肾脏、膀胱、腹股沟管及骨盆等处检查。此种检查也可作为一种治疗手段，如隔肠破结术。

四、叩　　诊

叩诊就是兽医人员用手指或叩诊器敲打动物被检查部位，使之发出声响，并根据声音的性质来推断其病理变化的一种检查方法。

（一）叩诊方法

1. 直接叩诊方法　兽医人员用手指或叩诊锤直接向动物体表的检查部位叩击听音的检查方法。

2. 间接叩诊法 又分指指叩诊法与锤板叩诊法。

（1）指指叩诊法 通常兽医人员以左手的中指紧贴在动物检查部位上（用作叩诊板），用右手中指第二指关节呈 90°屈曲作叩诊锤，并以右腕作轴而上、下摆动，用适当的力量，垂直地向左手中指的第二指节处进行叩击。

（2）锤板叩诊法 兽医人员用叩诊锤和叩诊板进行叩诊。一般兽医人员一手持叩诊板，紧贴于欲检查的部位，一手持叩诊锤，以腕关节作轴，将锤上、下摆动，并垂直向叩诊板上连续叩击 2～3 次，以听取其音响。

（二）应用范围

1. 直接叩诊 主要用于检查鼻旁窦、喉囊以及检查马属动物的盲肠和反刍兽的瘤胃，以判断其内容物性状、含气量及紧张度。

2. 间接叩诊 主要用于检查腹部、心脏及胸腔的病变，也可用以检查肝、脾的大小和位置，以及较大肠管的内容物性状。

（三）叩诊音

1. 清音（肺音、回响音） 叩诊健康家畜的肺部特征是音响强、延长、宏大、清晰。

2. 浊音（实音） 音调钝浊，短弱。叩诊不含空气的组织，如肌肉、肝脏和肺脏病变区，即发生这种声音。

3. 鼓音 是带鼓响音调的声音。若胃肠和瘤胃臌气，叩诊即发出鼓音。

在 3 种基本音调之间，可有程度不同的过渡阶段，如半浊音、叩击肺后下缘发出的声音。

五、听　诊

听诊包括：一是畜体某些内脏活动的声音；二是听病畜因病痛而发出的声音反常，如喷嚏、咳嗽、磨牙、呻吟等。

临床上对内脏器官的听诊，主要用于心脏、肺脏、胃肠的检查，根据发生性质和变化，来判断内脏器官的状态和病变的性质。听诊的方法，分直接听诊法和间接听诊法。

（一）直接听诊法

不用任何器械，垫一块听诊布，兽医人员直接用耳贴在动物体表进行听诊。对检查肺及胃肠均适用。听诊肺脏前半部时，兽医人员面向动物头方，一手放在动物鬐甲部或背部作支点；听诊肺脏后半部及胃肠时，兽医人员面向患病动物尾方，一手放在动物的腰部作支点。在夏季为防动物用尾驱赶蚊蝇，伤到检查者，应用另一手托住动物尾毛。

（二）间接听诊法

间接听诊需借助听诊器听诊。听诊器一般由耳端、弹簧片、胶管、金属连接部分及胸端组成。胸端可分成钟型和膜型两种，前者适应于听取低音调的声音，如吹风样的心脏杂音和呼吸音；膜型适应于听取高音调声音，如主动脉瓣闭锁不全时的舒张期杂音。听诊时，胸端应紧密接触动物表面不可留有空隙，使听诊音在胸端内发生共鸣。

六、嗅　诊

嗅诊是兽医人员嗅闻动物排泄物、分泌物、呼出气体及口腔气味，从而判断病变性质的一种检查方法。嗅诊仅对某些疾病有临床意义，如肺坏疽时，鼻液带有腐败性恶臭；胃肠炎时，粪便腥臭或恶臭；重剧的结症和胃炎时，口腔的气味腐臭难闻；口腔溃疡时，口腔内有恶臭；厌气性感染时可闻到尸臭。

七、体温检查

在正常的生活条件下，健康家畜的体温通常保持恒定，一昼夜的温差一般不超过1℃。在病理情况下，由于体内、外环境的剧烈变化，超过体温调节的限度，体温就会发生超出生理范围的升高或下降。某些疾病时，体温的变化往往先于机体的其他临床症状出现。因此，测量体温对于判定疾病的性质，推断预后和检验治疗效果，都具有重要的意义。

（一）测定体温的方法

通常测量直肠温度。水银体温计测温前，应甩动体温计使水银柱降至35℃以下；用酒精棉球擦拭消毒并涂以润滑剂后进行使用。

1. 马体温的测定　测温前，先将体温计的水银柱甩至35℃以下，消毒涂以润滑剂，畜主保定好马头；测温者左手持体温计，由马的左侧接近并抚摸或轻拍马体，使之安静；左手扶在马的肠骨外角（腰角）上，右手将马尾巴从马右臀方位拉提到左腰角，并用左手固定马尾，同时将体温计置于右手；右手拿体温计，先轻轻触动马的肛门，以免马惊慌骚动，然后将体温计向前上方慢慢捻转插入肛门，用体温计夹夹在马尾根的尾毛上固定；经3～5min后，取下体温计，擦干净粪便和黏液，读取水银柱达到的刻度数，即为该马的体温值。

2. 牛、羊、猪体温测定的方法　测定者将动物尾根抬起，将消毒后并涂有润滑剂的体温计慢慢插入其肛门，用体温计夹子夹在动物尾根的尾毛上固定，3～5min后取出，读数。

3. 家禽体温的测定　测定者抓好家禽的双脚，保定好，右手将体温计慢慢插入禽的泄殖腔，并扶住体温计，3～5min后取出，读数。

（二）发热及热型

在正常状况下，动物体温在一昼夜中仅略有波动，通常上午较下午为低，日差在1℃以内。体温高于正常范围，称为发热。发热程度与家畜家禽的年龄、营养、疾病性质、病程及神经机能状态有一定关系。根据发热的程度，可分为微热、中热、高热、过高热。体温高出正常范围0.5～0.9℃，称为微热，常见于局部炎症及消化不良等症；升高1～2℃，称为中热，见于咽炎、胃肠炎、支气管炎等症；升高2.1～3℃称为高热，见于流行性感冒、纤维素性肺炎、口蹄疫、猪瘟等疾病；升高3℃以上，称为过高热，见于急性马传染性贫血、猪丹毒、脓毒败血症等疾病。

对诊断意义较大的热型有：

（1）稽留热　特征是持续3d以上高热，体温日差在1℃以内。见于纤维素性疾病、弥漫性化脓性肺炎、急性马传染性贫血、牛副伤寒、马腺疫、马锥虫病等。

（2）弛张热　特征是体温升高后，日差为1℃以上，而且不下降到常温。热的增高和降低，都较缓慢，一般随着病情好转，体温逐渐下降。见于支气管肺炎、败血症、化脓性疾病等。

（3）间歇热　特征是发热期短，且与无热期交替出现。见于马慢性传染性贫血、巴贝斯虫病、脓毒败血症等疾病。

第三节　兽医临床检查程序

病畜的临床检查一般可按下述程序进行：病畜登记、病史调查、流行病学调查、现症检查及病理记录。

一、病畜登记

病畜登记就是系统地记录就诊动物的标志和特征。登记目的主要在于明确病畜的个体特征，应逐项登记在病历表上，以便识别；同时也可为诊疗工作提供某些参考条件。

1. 动物种类　如马、牛、羊、猪、水牛和禽等。不同种类的动物有其固有的传染病。

2. 品种　不同品种的动物有不同的生产性能和不同的常发病，如高产乳牛易患某些代谢障碍性疾病、酮血症。

3. 性别　不同性别动物的解剖、生理特征，在临诊工作中应予以注意。母畜在妊娠及分娩前后的特定生理阶段，常有特定的多发病及治疗中的特殊注意事项，如猪的产前、产后瘫痪，牛的乳房炎等。因此，对妊娠动物在登记时应加以标明。

4. 年龄　动物不同年龄阶段，常有其固有的、多发的疾病，如驹的腺疫、雏鸡白痢、幼兔球虫病，在猪则表现得更为明显。此外，年龄因素与发育状态在确定药量、判断预后上也有参考。

5. 毛色　毛色与舌口疾病的发生有关。如青毛马易发黑色瘤，皮肤缺乏色素部分对发疹性皮肤病有一定意义。如白色皮毛的猪，可患感光过敏性皮肤病。

此外，作为个体特征的标志，应注意畜号烙印及免疫标识等事项。为便于联系，应登记动物所属单位及管理人员的姓名、住址，更应注明就诊的日期和时间。

二、病史调查

通常在病畜登记后、开始临床检查前，先询问了解动物的病史。一般通过问诊，在必要时，尚需深入现场了解病畜的全部情况。当疾病表现有群发、传染等流行性现象时，应详细调查发生的情况、既往史、检疫结果、防疫措施和预防接种等有关流行病学特点，与此同时在综合分析、建立诊断上更有特殊的价值。

三、流行病学调查

对病畜怀疑为传染病、寄生虫病、代谢病和中毒病时，除了询问上述内容外，还应对病畜所在的畜群及周围地区的发病情况或流行病学情况进行调查。

（一）调查内容

1. 畜群中同种或他种牲畜有无类似疾病发生；是单发还是群发；发病多少；有无死亡，若有死亡，病死率如何；邻舍及附近场、队最近有什么疾病流行；畜群过去的检疫及预防接种情况；动物流动及调拨情况等。如属于短时间内迅速传播，造成大批量流行，则提示急性传染性疾病的可能，如猪瘟、猪丹毒、口蹄疫和流感。如果是相继发生或散发，考虑可能是气喘病、慢性猪肺疫或副伤寒等。

2. 畜群饲料的放置场所，附近有无排放有毒气体及废水的工矿企业。对放牧牲畜，则应了解牧场及牧草的组成情况。此外，对饮水水源、饮水情况、气候条件及使役情况等也应加以了解。如对很多地区常发作的白肌病，根据应用亚硒酸钠防治的情况，结合上述内容对推断病因，分析中毒病、代谢病、地方病均有实际意义。

3. 了解畜禽及当地既往发病情况，必要时应查阅该单位、地区各种有关兽医文件，或查阅公共卫生方面的有关资料。

（二）注意事项

发病情况及流行病学调查，应全面搜集资料，尽快作出诊断，应深入现场观察，采取个别访问或开调查会的方式进行调查。

在调查中，要客观地听取各种意见，然后加以综合分析，特别是在发生疑似中毒的情况下，调查时更要细致谨慎。

四、临床检查

对病畜进行客观的临床检查，是发现判断症状、病变的主要阶段；而症状、病变是提示诊断的基础出发点。一般可以按下列步骤进行。

（一）整体及一般检查

整体及一般检查包括观察动物的整体状态，如精神、营养、体格、姿势、运动和行为等，测定体温、脉搏及呼吸次数，观察被毛、皮肤及表在病变，眼结膜的检查、表在淋巴结的检查。

（二）各器官、系统的检查

各器官、系统的检查包括循环系统、呼吸器官系统、消化器官系统、泌尿生殖器官、神经系统等检查。有时也可根据个人的习惯或具体情况，在登记、问诊之后，按整体及一般检查和依头颈部、胸部、腹部、臀尾及四肢等部位而进行细致的检查。

（三）实验室检查

实验室检查如血液、尿液、粪便、血清生化、胸腹腔穿刺液的检查，微生物的检查，毒物的检验及各种常量元素、微量元素的检查等。

（四）辅助或特殊检查

根据需要可配合进行某些功能试验，X射线透视和照相、心电图描记、超声探查、同位素试验等检查。

当然临床检查的程序也可根据具体情况灵活运用。

五、病历记录

病历记录是记载有关病畜、禽在病程过程中的病畜登记、病史调查、临床检查及诊断、治疗等方面的客观记载。其不仅是临床工作的记录和依据，还可供他人和有关部门参考。完整的病历既是医疗统计的基础数据，又是科学研究的原始资料。

（一）病历记录的原则

1. 全面而详细

2. 系统而科学

3. 具体而肯定　避免用可能、好像、似乎等不确定的词句。

4. 通俗而易懂　词句应通顺准确，语言简要明了，便于理解。

（二）病历记录的内容及程序

1. 病畜登记　包括动物种类、品种、性别、年龄、毛色和特征等。

2. 主诉及问诊材料　包括病史；详细的发病情况和流行性病学调查的结果；饲养管理情况；就诊前的经过及处理等。

3. 临床检查所见　是病历组成的主要内容，初诊病历记录更应详细。

（1）记录体温、脉搏及呼吸数。

（2）整体状态的检查记录，包括精神状态、体格、发育、营养情况、姿势、被毛结构的变化和表被的病变。

（3）各器官系统的检查所见，依次记录循环系统、呼吸系统、消化系统、泌尿系统和神经系统等的症状与变化。

（4）辅助检查一般以附表的形式记录，如实验室检查结果、心电图和 X 射线所见等。

（5）病历日志包括每日记载体温、脉搏、呼吸数；记录各器官、系统的新变化；所采取的治疗措施、方法、动物接受治疗后有无过敏或其他不良反应、处方及饲养管理上的改进等；各种辅助检查的结果；会诊的意见及决定等。病历的总结，含治疗结束时以总结方式对诊断及治疗结果加以评定，并举出今后在治疗饲养、管理上应注意的事项；如以死亡为转归时，应进行剖检，并将其剖检所见加以详细记录。最后应总结全部诊疗过程中的经验及教训。

第四节　临床治疗操作技术

一、口服给药法

口服给药法指将药物经口投服到动物胃内，以达到治疗疾病的目的。若动物不愿采食，特别是危重病畜，饮食废绝，应采用适宜的方法投药。投药方法主要根据药物的剂型、剂量、有无刺激性、动物种类及病情的不同而选择。

（一）灌服给药法

灌服给药法主要用于少量水剂药物，粉剂、研碎的片剂加适量水制成的混悬液或溶液，糊剂中草药及其煎剂，以及片剂、丸剂、舐剂等经口灌给病畜，各种动物均可应用。

1. 牛的灌药法　多用橡胶瓶或长颈玻璃瓶，也可用牛角、竹筒或饮料瓶。

（1）牛站立保定，助手牵住牛绳或紧拉鼻环或手握鼻中隔，必要时，用鼻钳使牛头稍抬高固定。

（2）投药者站在牛斜前方，左手食指、中指从牛的侧口角处伸入牛口腔，并轻压舌头，右手持盛满药液的灌药瓶，自一侧口角伸入舌背部，抬高瓶底，并轻轻抖动，如用橡胶瓶时可压挤瓶体，促进药液流出，在配合吞咽动作中继续灌服，直至灌完。注意不要连续灌注，以免误咽。

2. 马的灌药法　通常用灌角、竹筒或饮料瓶等。

（1）马站立保定，用一条软细绳从柱栏前方横木穿过，一端制成圆套从笼头鼻梁下面穿过，套在上腭切齿后方，另一端由畜主拉紧将马头吊起，使口角与耳根连线平行于地面，畜主的另一只手把住笼头。

（2）灌药时，投药者站在马的右侧或左侧前方，一手持药盆，另一手持盛药液的灌角或灌药瓶自马一侧口角通过门、臼齿间的空隙插入马口中送向舌根，翻转并抬高灌角的柄部将药液灌入，抽出灌角，待其咽下后再灌，直至灌完。

3. 猪的灌药法 通常用匙勺或注射器（不连接针头），大猪也可用小灌角。哺乳仔猪灌药时，助手右手握住猪两后肢，左手从后握住头部，并用拇指和食指压住两边口角，使猪呈腹部向前、头向上的姿势，投药者用药匙或注射器自猪口角处，慢慢灌入药液。育成猪灌药时，助手握住猪两前肢，使腹部向前、头向上将猪提起，并将后躯夹于两腿之间；或将猪仰卧在槽中或地上，灌药者一手用开口器或小木棒将猪嘴撬开，另一手用药匙或小灌角从猪舌侧面靠颊部倒入药液，等其咽下，再灌第二药匙。如含药不咽，可摇动口里的木棒，刺激其咽下。

4. 犬的灌药法 通常使用匙勺或注射器。将犬确实保定后，使其头部平伸。灌药者左手掌心横越犬的鼻梁，以拇指和食指握住犬的鼻梁，将上颌两侧的皮肤包住上齿裂，打开口腔，再用右手持药匙沿犬舌面送入口腔，并将药物倒在舌根部，迅速抽回，将犬嘴合拢，当犬舌尖伸出牙齿之间出现吞咽动作，或用舌舔鼻子时，说明药物已咽下。如犬拒绝吞咽，可在犬迅速合拢嘴时，轻轻叩打犬下颌，促使犬将药物咽下。

片剂、丸剂或舔剂的投服法：粉末状药物可用面粉、糠麸制成糊剂或舔剂。舔剂一般可用光滑的木棒或竹片投服。丸剂、片剂可直接从口角送入舌背部投服，也可用止血钳、镊子、筷子或丸剂投药器。可用于各种动物，投药后使其闭嘴，可自行咽下。

注意事项：每次灌药量不宜太多，以防误咽。头部吊起的高度不宜太高，以口角和眼角呈水平线为准。灌药时如发生剧烈咳嗽，应立即停止灌药，使其头部低下。灌药撬嘴时需谨慎操作，以防咬伤。

（二）胃管给药法

用胃管经鼻腔或口腔插入食管，将大量的水剂药液，可溶于水的流质药液或有恶臭的刺激性药物投到病畜胃内。也可兼用于食管的通透性探诊、排除胃内气体、抽取胃液、排出胃内容物及洗胃，有时还可用于人工饲喂流食。

1. 胃管给药前准备 胃管可选软硬适宜的胶管或塑料管，根据动物种类备用相应的口径及长度。牛、马等大动物用硬质橡胶投药胃管；兔、猫、小型犬等小动物可用人用导尿管。特制的胃管在其末端闭塞而在近闭塞端侧方有数个开口。还包括漏斗或投药用唧筒（加压泵），吸引用的橡胶球及经口投胃管用的横木开口器等。胃管用前应用温水清洗干净，排出罐内残水，前端涂以润滑剂，而后盘成数圈，涂油端向前，另一端向后，用右手握好。

2. 操作方法

（1）牛的胃管给药法　可经口或经鼻插入胃管。经口插入时，保定栏内站立保定，装鼻钳子或投药者一手握住牛角根，另一手握牛鼻中隔，使牛头稍抬高固定，而后装横木开口器，系在两角根后部。取备好的胃管，从开口器的中间孔插入，前端抵达咽部时，轻轻抽动，以引起吞咽动作，随咽下的同时将胃管插入食管。确定胃管插入食管无误后，再将胃管前端推送至颈部下 1/3 处，接上漏斗，先投少量清水，证明无误后，即可灌药。也可连接投药唧筒，将药液压送入胃内。投完后再投以少量的清水，冲净胃管内残留的药液。然后将胃管外管折曲一段，徐徐抽出胃管，解下横木开口器。用完的胃管放在 2％煤酚皂溶液中浸泡消毒，再以清水冲净后备用。

（2）马的胃管给药法　马一般采用经鼻插入胃管投药法。

将马保定，固定马头，并使头颈不要过度前伸。投药者站在马头稍右前方，用左手无名指与小指伸入马左侧上方鼻翼的副鼻腔，中指和食指伸入鼻腔，与鼻腔外侧的拇指配合固定内侧的鼻翼。右手持胃管：将前端通过左手拇指与食指之间沿鼻中隔缓缓插入胃管，并用左手加以固定，以防马骚动时胃管滑出。当胃管前端抵达咽部后，随下咽动作将胃管插入食管。有时马可能拒绝不咽，推送困难。此时不要勉强推送，应稍停或轻轻抽动胃管，诱发吞咽动作，顺势将胃管插入。判定胃管正确插入食管，其后的操作与牛的胃管给药法相同。

（3）猪的胃管给药法　一人抓住猪的两耳，将前躯夹于两腿之间。装上开口器，并固定好。取胃管从开口器的中间孔插入食管内，其后的操作要领与牛的胃管给药法相同。大猪可用鼻端固定法保定，或将猪侧卧保定，用开口器打开口腔进行胃管给药。

（4）羊的胃管给药法　羊也采用经口插入胃管的方法，具体操作方法可参照牛和猪的投药方法。

3. 胃管插入食管的判断　胃管投药时，必须判断是否真正插入食管；否则，可将药液误投入气管和肺内，引起异物性肺炎，甚至造成死亡。因此，必须注意操作，应用各种方法进行综合鉴别。

表 2-1　胃管插入食管或气管的判别要点

鉴别方法	插入食管内	误入气管内
手感和观察反应	胃管前端到咽部时稍有抵抗感，但易引起吞咽动作，随咽胃管进入食管，推送胃管稍有阻力感，发涩	无吞咽动作，无阻力，有时引起咳嗽，动物剧烈挣扎，推送胃管无阻力感
观察食管变化	胃管端在左侧食管沟呈明显的波浪式蠕动下移	无
将胃管外端放耳边听	听到不规则的"咕噜"声或水泡音，无气流冲击耳边	随呼吸动作听到有节奏的呼出气流音，冲击耳边

（续）

鉴别方法	插入食管内	误入气管内
胃导管外端浸入水盆内	水内无气泡	随呼吸动作水内出现气泡
触摸颈沟部	手摸颈沟区感有一定坚硬的索状物	无
鼻嗅胃管外端气味	有胃内酸臭气	无
向胃内充气反应	随气流进入，颈沟部可见有明显波动；同时压挤橡皮球将气体排空后，不再鼓气（弹起）；进气停止而有一种回声	无波动感；压橡胶球后立即鼓气（弹起）；无回声

4. 经鼻插入胃管时引起鼻出血的处理　经动物鼻插入胃管时，常因动作粗暴或反复投送，强烈抽动或管壁干燥，刺激鼻咽黏膜发炎，有时损伤黏膜，引起血管破裂，导致鼻出血。在少量出血时，可将动物的头部适当抬高或吊起，冷敷额鼻部，并不断淋浇冷水。如出血过多冷敷无效时，可用1%鞣酸棉球塞于鼻腔中或皮下注射0.1%盐酸肾上腺素或1%硫酸阿托品，必要时可注射安络血、止血敏等止血药物。

5. 药物误入肺内时的急救措施　大量药液进入气管和肺后，可造成动物窒息或迅速死亡。在投药的过程中，应密切注意动物的表现，一旦出现骚动不安、频频咳嗽、呼吸急促、鼻翼扩张或张口呼吸等异常动作和现象时，应立即停止投药，使其低头让药液流出，促使咳嗽、呛出药物。并应用强心剂或给以少量阿托品兴奋呼吸系统，同时大量注射抗生素，直至恢复。严重者，按异物性肺炎疗法进行抢救。

（三）拌料与饮水投药法

当发病动物尚有食欲，药量少且无刺激性或特殊性气味时，可采用药物混入饲料或饮水中自由采食的方法投药。可在大群动物发病或进行药物预防时使用。

1. 拌料给药　用于混饲的药物一般为粉剂或散剂，无异味或刺激性，不影响动物食欲。如为片剂药物，则将其研成细粉再用。混药的饲料也应为粉末状的，这样才能将药物混匀。

首先，根据动物的数量、采食量、用药剂量算出药物和饲料的用量。准确称取后，将所用药物先混入少量饲料中，反复拌和；然后，再加入部分饲料拌和，这样多次逐步递增饲料，直至饲料全部混合完，充分混匀后将混药饲料喂给动物，让其自由采食。对于一些发病动物，也可以将个体剂量的药片、散剂或丸剂药物放入大小适中的面团、馒头、肉块中，让其单个自由吞食，但应注意药物是否被全部食入。

2. 饮水给药　易溶于水的药物可进行饮水给药。根据动物的数量、饮水量及药物特性和剂量等准确算出药物和水的用量。一般在水中不易破坏的药物，可以在一天内饮完。在水中一定时间易被破坏的药物，宜在规定的时间内饮完，以保证药效。饮水应清洁，不含有害物质和其他异物，不宜采用含漂白粉的自来水来溶解药物。给药前可停止供水 1～2h，然后再饮用药水。药物充分溶解于水中，并搅拌均匀。冬季应将药水加温到 25℃左右，再给动物饮用。

二、注射给药法

注射给药是使用注射器械将药物直接注入动物体内，是防治动物疾病常用的给药方法，具有用量小而准确、奏效快、避免经口给药的麻烦和防止降低药效等优点。

注射前，先将药液抽入注射器内或输液瓶内。如果注射粉针剂，应事先按规定用适宜的溶剂在原药瓶内进行溶解。抽药液时，应将药瓶封口端用酒精消毒，同时检查药品名称、批号及质量，注意有无变质、混浊。敲破玻璃瓶吸取药液时，应注意防止药瓶破碎及刺伤手指，同时防止玻璃碎片掉入瓶中，禁止敲破药瓶底部抽吸药液。如果混注两种以上的药液，应注意检查有无药物配伍禁忌。抽吸完药液后，排净注射器内的气泡。

注射时，按常规进行注射部位剪毛，用 2% 碘伏、碘酊或 75% 酒精棉球消毒，严格无菌操作。注射完毕之后，用碘伏、碘酊或用酒精棉球消毒注射部位。注射方法很多，常用的有皮下、肌内和静脉注射。特殊需要时，尚有皮内、气管、胸腔、腹腔、瓣胃、乳房注射等。

（一）皮内注射

皮内注射是指将药液注入真皮层的一种方法。主要用于某些疾病的变态反应诊断，如结核病、马鼻疽等，或进行药物过敏试验，以及炭疽Ⅱ号、绵羊痘苗等的预防接种。皮内注射常需用特制的注射器和短针头，常用结核菌素注射器、连续注射器、1mL 或 2mL 的小注射器。

1. 部位　注射部位根据注射目的、动物种类的不同可在颈侧中部或尾根内侧。

2. 操作方法　注射部位常规消毒处理后，注射人员左手拇指与食指将注射部位皮肤捏起形成皱褶，右手持注射器并与注射部位皮肤呈 30°角，刺入皮肤 0.1～0.3cm，深达真皮层，按规定量缓慢注入药液；然后，拔出针头，局部消毒，注意避免压挤，以防药液流出。注射正确时会感到推动有一定阻力，同时可见注射部位形成豆粒大的隆起，如误入皮下则无此感觉。皮内注射的部位及观察一定要准确无误，否则会影响诊断和预防接种的效果。

（二）皮下注射

将药液注入于皮下组织内，经毛细血管、淋巴管吸收进入血液。凡是易溶解又无刺激性的药品及疫苗等，均可皮下注射。

1. 部位　多选在皮肤较薄、富有皮下组织、松弛或活动性较小的部位。马、牛多在颈部两侧；猪在耳根后或股内侧；羊、兔可在颈侧、肘后或股内侧；犬、猫可在颈侧及股内侧；禽类在翅膀下。

2. 操作方法 注射部位剪毛消毒，注射人员用左手提捏起动物注射部位皮肤，检查针头活动自如，回抽无血时，缓慢注入药液。注完药液后，用酒精棉球按住刺入点，拔出针头，局部消毒即可。

（三）肌内注射

所谓肌内注射就是将药液注入肌肉组织内，以达到治疗的目的。肌肉内血管多，药物吸收快，感觉神经较少，疼痛轻微，一般进行血管注射有副作用的、刺激性较强、较难吸收的药物以及油剂、乳剂等都可采用肌内注射。

1. 部位 多选在肌肉丰满处。马、牛可在颈侧或臀部；羊可在颈侧、臀部或股内侧；猪、兔可在耳根后、臀部或股内侧；禽类在胸肌或大腿部肌肉；犬、猫可在臀部、股内侧或腰背部脊柱两侧肌肉。肌内注射部位应注意避开大血管和神经的径路。

2. 操作方法 将动物保定好，注射部位剪毛消毒，注射人员左手拇指和食指轻压注射部位，右手持注射器，使针头与皮肤垂直迅速刺入肌肉 2～4cm，回抽无血后，缓慢注入药液。注完后，用酒精棉球压迫针孔处拔出针头。马、牛等用分解动作，即先将针头垂直刺入肌肉内，然后将注射器接上再注入药液。

（四）静脉注射

静脉注射是将药液直接注入静脉血管中的一种给药方法。药液随血液分布全身，可迅速发生药效。当然，其排泄也快，因而在体内的作用时间较短。主要应用在需要大量输液或输血、急救、强心时，以及皮肤或肌肉不能注射的刺激性较强烈的药物，如钙剂、水合氯醛等。有时也可用于静脉采血检查血液。

1. 注射部位 马、牛、羊、骆驼等在颈静脉；猪多在耳静脉或前腔静脉；兔在耳外缘静脉；禽类在翼下静脉；犬、猫多在前肢内侧头静脉或后肢外侧小隐静脉，也可在颈静脉和股静脉。

2. 操作方法

（1）马的静脉注射法 马的静脉注射一般在颈静脉进行，特殊情况可在胸外静脉注射。马站立保定，使其头部稍前伸并稍偏向对侧，确定颈静脉径路，然后将注射部位剪毛、消毒。注射人员用左手拇指横压在马注射部位稍下方的颈静脉沟上，使脉管充盈怒张。右手持针头，使针尖斜面向上，沿颈静脉径路，在压迫点前上方约 2cm 处，使针头与皮肤呈 30°～45°角，准确迅速地刺入静脉内，并感到空虚，见有回血后，再沿脉管向前顺针。松开左手，连接注射器或输液袋的输液管，固定好针头，即可徐徐注入药液。使用输液吊瓶时，应先将吊瓶放低，见有回血时，再将输液瓶提至与动物头同高，并用夹子或胶布将输液管近端固定在马颈部皮肤上，用输液管上的调节器调节好滴注速度，使药液缓慢地流入静脉血管内。注射完毕，左手持酒精棉球压迫针孔部，右手迅速拔出针头，然后压迫针孔 3～5min 止血。

（2）牛的静脉注射法　牛的静脉注射多在颈静脉，有时也可在乳房静脉或耳静脉。牛站立保定，将牛头部固定，并稍向对侧牵拉。注射部位剪毛消毒，而后术者左手拇指压迫牛颈静脉的下方，使静脉怒张，右手持针头，对准注射部位，用腕的弹拔力与皮肤垂直迅速刺入血管，见有血液流出后，将针头再沿血管向前推送，滴注。

（3）猪的耳静脉注射法　猪侧卧保定或站立，耳静脉局部剪毛、消毒。助手用手捏住猪耳背面的耳根部静脉管处，使静脉怒张，或用手指弹扣，或用酒精棉反复涂擦，以引起血管充盈。注射者左手把持耳尖并将其拖平，右手持针头沿静脉管径路，刺入血管内，见有回血后，助手松开压迫静脉的手指，注射者用左手拇指压住注射针头，连同注射器固定在猪耳朵上，右手徐徐推进药液。

（4）羊的静脉注射法　羊站立或侧卧保定，头颈伸直，局部剪毛消毒。注射人员左手拇指压迫羊颈静脉下方，使其怒张，右手持针头与皮肤呈 $30°～45°$ 角刺入皮肤和血管，见有血流出，接上注射器注或接上输液管静脉滴注。

（5）兔的静脉注射法　兔的静脉注射多在耳外缘静脉处进行。助手先将兔保定好，确定固定好头部，局部用酒精棉球反复涂擦兔耳背部，使血管充盈。注射时，左手食指、中指上下夹住兔耳根，拇指和无名指固定耳尖，右手持注射器，针头斜面向上，顺耳静脉血液方向以 $15°$ 角刺针。若确定已经刺入静脉，回抽见血或轻推注射器无阻力，即可用左手拇指固定针头或调整针头方向，直至针头插入血管内，再行注射。注射完后拔出针头，局部进行常规消毒处理并压迫止血。

（6）禽类的静脉注射　鸡、鸭、鹅等禽类一般在翼下静脉的基部进行静脉注射。将禽仰卧固定，拉开一翅，内侧面向上，在翅膀中部羽毛较少的凹隐处（肱窝），可见一条较粗的翼根静脉，其延伸段较细称为翼下静脉。注射时，注射人员先将肱窝消毒，再用左手压住静脉向心段，使血管扩张充盈，然后将连接注射器的针头刺入血管，见有回血，放开左手，用拇指固定针头，右手将药液慢慢注入。注完后拔出针头，针孔处用酒精棉球压迫止血。

（7）犬的静脉注射法　静脉注射前，给犬注射部位剪毛消毒。犬前肢内侧头静脉在腕关节以上的内侧，前肢内侧外缘行走，位置较固定，滑动性不大，注射时犬可侧卧、俯卧保定。后肢外侧小隐静脉在胫部下 1/3 的浅表皮下，由前向斜后方行走，易于滑动，比前肢内侧头静脉难注射，注射时犬侧卧保定。

注射时，由助手握住犬肢体上部或用止血带扎住上部，使静脉怒张。局部消毒后，将针头沿静脉纵轴刺入血管，回抽有血，松开扎紧的止血带，固定好针头，即可注入药液。静脉滴注时，用胶布缠绕固定好针头，注射完后用酒精棉球压迫针孔处，拔出针头，为防止血肿和出血，应压迫 3～5min 止血。

（8）猫的静脉注射法　注射前，将猫的头部和四肢保定好，具体操作参照犬的静脉注射方法。

（五）腹腔注射

腹腔注射就是将药物注入胃肠道浆膜以外、腹膜以内，可用于治疗腹膜炎等腹腔疾病。同时由于腹腔可大量注射，腹膜吸收速度快，特别对于某些垂危病例，常在血液循环障碍，静脉注射又十分困难时，采用腹腔注射进行补液。

1. 部位　大动物牛、羊在右侧肷部；猪、犬、猫、兔等中小动物在后腹部；即脐到耻骨前缘之间，腹正中线旁 1～3cm 处（注意避开肝和膀胱）。

2. 操作方法　牛、马可采取站立保定；猪、犬、猫、兔等中小动物可将两后肢提起，作倒提保定，或将后躯稍抬高作仰卧保定。注射部位剪毛消毒，将针头垂直刺入 2～3cm，针头内无气泡及血液渗出，也无脏器内容物溢出，此时将药物注入。

（六）瓣胃注射

将药物直接注入动物瓣胃内，可使瓣胃内容物软化，主要用于治疗牛瓣胃阻塞。

1. 部位　注射部位在右侧第 9 肋间，肩关节水平线下 2cm 处。

2. 操作方法　牛站立保定，局部剪毛消毒。术者左手稍移动牛的皮肤，右手持针头垂直刺入皮肤后，针头朝向对侧肘突的左前下方，刺入深度 8～10cm，先有阻力感，后阻力减小，并有沙沙感，此时注入 20～50mL 生理盐水，再回抽如混有食糜的液体时，即为正确，可注入所需药液。注完后迅速拔针，局部进行消毒处理。

（七）乳房注射

将药液通过乳管注入乳池内，主要用于治疗奶牛、奶山羊的乳房炎。有时也可通过导乳管注入空气即乳房送风，治疗奶牛生产瘫痪。

动物站立保定，挤净乳汁，清洗乳房，擦干后用 70％酒精消毒乳头。注射者以左手将乳头握于掌内，轻轻向下拉，右手持消毒的导乳管，自乳头孔慢慢插入。然后注射器与导乳管结合，慢慢注入药液。注完后，拔出导乳管或针头，以左手拇指和食指捏闭乳头口，防止药液外流，同时右手轻轻按摩乳房，促进药液扩散。

三、穿刺技术

穿刺法是使用特制的穿刺器具（如套管针、穿刺器等）刺入发病动物体内某个部位，排除内容物或气体，或注入药液以达到治疗目的。也可通过穿刺采取发病动物体内某一特定器官或组织的病理材料，进行实验室检验，有助于确诊。所以穿刺法是一种诊断手段，又是一种治疗技术。

（一）胸腔穿刺

胸腔穿刺用于排除动物胸腔内的积液、血液或其他病理性产物，洗涤胸腔和注入药液进行治疗。

1. 部位 胸腔穿刺的部位，反刍兽、猪在右侧第 5 肋间（左侧第 6 肋间），胸外静脉上方 2cm 处，或与肩关节水平线相交点下方 2～3cm 处，马在右侧第 6 肋间（左侧第 7 肋间）。

2. 操作方法 动物站立保定，将穿刺部位剪毛消毒，术者左手将穿刺部位皮肤稍向前方移动 1～2cm，右手持套管针在靠近肋骨前缘垂直刺入，以手指控制刺入 3～5cm 深，接注射器抽取胸腔积液。需洗涤胸腔时，可将装有消毒液的输液瓶的胶管或注射器连接在套管外口（或注射针头）上，举高输液瓶反复冲洗 2～3 次，再将冲洗液放出，最后注入治疗性药物。操作完毕后，插入套管内针，拔出套管针，使局部皮肤复位，穿刺部位涂擦碘酒消毒。

（二）心包穿刺

心包穿刺用于排除心包内的渗出液或脓液，并进行冲洗和治疗，或采取心包液供鉴别诊断。临床上主要用于牛创伤性心包炎。

1. 部位 穿刺部位在牛左侧第 6 肋骨前缘，肩端水平线下 2cm 处，或在肘突水平线上方。

2. 操作方法 将病牛站立保定，使其前肢向前伸出半步，充分暴露心区，局部剪毛、消毒。术者左手将牛穿刺部位皮肤稍向前移动，用带有橡胶管的16～18 号长针头沿第 6 肋骨前缘垂直刺入 2～4cm，然后连接注射器边抽吸边进针，直至抽出心包液为止。如为脓液需冲洗时，可注入洗涤药液，反复洗涤。操作结束后，拔出针头，严密消毒穿刺部位。

（三）腹腔穿刺

腹腔穿刺用于排除腹腔积液、洗涤腹腔及注入药液进行治疗。或采集腹腔积液，以进行胃肠破裂、肠变位、内脏出血及腹膜炎等疾病的鉴别诊断。

1. 部位 腹腔穿刺的部位，牛、羊在脐与膝关节连线的中点；马在剑状软骨突起后缘 10～15cm，白线两侧 2～3cm 处；猪的在腹白线一侧；犬、猫、兔在脐部至耻骨前缘连线中点的白线旁两侧。

2. 操作方法 动物站立保定或侧卧，穿刺部位剪毛、消毒。术者左手稍移动动物穿刺部位皮肤，右手控制套针管（或针头）的深度，垂直刺入 3～4cm。拔出针芯，即可流出积液，用手指堵住套管口（或针头），缓慢而间断地放出积液。如套针堵塞不流时，可用针芯疏通，直至放完为止。当洗涤腹腔时，马属动物在左侧肷窝中央，牛在右侧肷窝中央，小动物在两侧后腹部，左手持针头垂直刺入腹腔，连接输液瓶胶管或注射器，注入药液洗涤后再由穿刺部位排出，如此反复冲洗 2～3 次。

（四）瓣胃穿刺

瓣胃穿刺术用于瓣胃秘结（百叶干）时的注药治疗。

1. 部位 在牛右侧第 9～11 肋骨前缘与肩端水平线交点的上方或下方 2cm

范围内，一般以第 9 肋间为好。

2. 操作方法 牛站立保定，穿刺部位剪毛消毒。用长 15～20cm 长的瓣胃穿刺针，与皮肤垂直并稍向前下方刺入 10～12cm（针头透过肋间后再向左侧肘头的方向刺入），刺入瓣胃后有硬、实的感觉，连接注射器，先注入 30～50mL 生理盐水，并迅速进行瓣胃内注射下列药物：25%～30% 硫酸钠溶液 300～500mL，或 10% 温盐水 2 000mL，注药完毕，用注射器将针内液体全部打入瓣胃后迅速拔针，术部碘酊消毒。

（五）膀胱穿刺

膀胱穿刺是当尿道完全阻塞时，为防止膀胱破裂或尿中毒而采取的暂时性治疗措施，通过穿刺排出膀胱中的尿液。

1. 部位 中、小动物在后腹部耻骨前缘触摸有胀满弹性感处穿刺。大动物可通过直肠穿刺膀胱。

2. 操作方法 中、小动物一般进行侧卧保定，将左或右后肢向后牵拉转位，充分暴露后腹部，在耻骨前缘触摸胀满有明显波动感处剪毛、消毒，术者以左手压紧穿刺部位，右手持针头向后下方刺入，并用手指捏住针头固定好，待尿液排完后拔出针头，进行局部消毒处理。

大动物站立保定，首先灌肠排除积粪，然后术者将连有长橡胶管的针头握于手掌中，手呈锥形慢慢伸入直肠，检查膀胱位置，在膀胱充满的最高处将针头向前下方刺入，并将手留置于直肠内手指夹住针头固定好，尿液可经橡胶管排除。如需洗涤膀胱时，可经橡胶管另端注入洗涤药液，然后再排出，直至药液透明为止。操作结束后将针头拔出，同样握于手掌内，带出肛门。

（六）骨髓穿刺

骨髓穿刺是为了采取骨髓液，进行生物化学、细胞学的研究和诊断，以及白血病、马传染性贫血的诊断等。穿刺前准备好骨髓穿刺器或带芯的普通针头及注射器等。

1. 部位 马，在鬐甲部顶点向胸骨引一垂线，与胸骨中央隆起线相交，在交点左或右侧 1cm 处的胸骨上；牛，在第 3 肋骨后缘向下引一条垂线，与胸骨正中线相交，在交点前方 0.5～1cm 处；羊在胸骨最后段，由剑状软骨向前 0.5～1cm 处；猪在胸骨最后 1～2 节段处；禽常在股骨下端内、外侧髁部；犬在髂骨前缘。

2. 操作方法 马、牛可站立保定，猪、羊侧卧保定，犬站立或侧卧保定。穿刺部位剪毛、消毒，左手确定好穿刺的部位，右手持穿刺针刺入，穿透皮肤及肌肉，抵于骨面时须用力向骨内刺入，刺入深度为 0.5～1cm。当针尖阻力变小时，即为刺入骨髓，拔出针芯，接上注射器，慢慢抽吸即可抽出骨髓液。穿刺完毕，插入针芯，拔出穿刺针，术部严密消毒，涂碘仿火棉胶封闭穿刺孔。采取的骨髓液应迅速制作涂片。

（七）关节腔穿刺

关节腔穿刺用于诊断和治疗关节疾病，如注入药液、冲洗关节腔、排除积液等。

1. 部位 根据需要，常用的有球关节、腕关节、跗关节穿刺等。

2. 操作方法 动物站立或横卧保定，术部剪毛、消毒。以球关节穿刺为例，在掌骨、系韧带和近籽骨上缘所形成的凹陷内，针头与掌骨侧面呈 45°角由上向下刺入 3~4cm，完毕即拔出针头，局部用碘酊消毒。腕关节（腕桡关节）穿刺，在关节外侧的前界为桡骨，后界为腕外屈肌腱，下界为副腕骨上缘的三角形凹陷中，针头向副腕骨上方，由前内方向桡骨刺入 2.5~3cm。也可在屈曲腕关节情况下，由前方刺入腕桡关节。跗关节在骨膜盲囊前内方或后内方施行，前内方在关节的屈面、胫骨内髁的前下方凹陷内，针头水平刺入 1.5~3cm，穿刺完后术部用碘酊消毒。

四、绷带技术

绷带是外科临床中常用的一种医用材料，具有保护、压迫、固定、吸收、保温等作用。常用的绷带有卷轴绷带、复绷带、帕绷带、副木绷带和石膏绷带。

（一）卷轴绷带

卷轴绷带常用于四肢。包扎时要迅速准确，用力均匀，不得脱落；由肢体的下部开始向上部包扎，以防静脉淤血；以环形带开始，最后同样以环形带终止；绷带结应结在肢体的外侧，以便于更换。

1. 环形带 缠绕第一圈后，将开端的余角向下折转，以第二圈将其压住固定，在同一部位环绕数圈，每一圈互相重叠，最后将绷带末端剪开打结。常用于动物系部、掌部、跗部小创伤的包扎。

2. 螺旋带 绷带螺旋形自下向上缠绕，后一圈将前一圈盖压一部分。常用于动物掌部、跗部及尾部的包扎。

3. 折转带 自下向上呈螺旋包扎时，每绕一圈，其上缘向下翻折一次，像打绑腿一样。主要用于动物上粗下细的部位如前臂部和小腿部的包扎。

4. 蛇形带 用作固定动物四肢的衬垫材料，其方法与螺旋带相同，但最后一圈不压在前一圈上。

5. 交叉带 从关节的下方斜向关节上方缠绕，在关节上方环绕一圈后，又斜向关节下方。如此上下呈 8 字形包扎，最后在关节外侧上方打结。主要用于动物腕关节、跗关节、球关节的包扎，也用作角绷带和蹄绷带。

6. 蹄绷带 方法是将绷带的起始部留出约 20cm 作为以后缠绕的支点，在系部作环形数圈后，绷带头由一侧斜经蹄前壁向下，折过蹄尖经过蹄底至踵壁时与游离部分扭缠后，另一侧斜经蹄前壁作经过蹄底的缠绕，同样操作至整个蹄底部被包扎起来，最后与游离部分打结，固定于系部。为防止绷带被沾染，可在外部加上帆布套。用于动物蹄部包扎。

7. 蹄冠绷带　包扎蹄冠绷带时，一般使用双头绷带，以绷带两头之间背部覆盖于患部上，包住蹄冠，使两头在患部对侧相遇，各自折转并彼此扭缠，以反方向继续包扎，每次相遇均行相互扭缠，直至蹄冠完全被包扎为止，最后打结于蹄冠创伤的对侧。用于动物蹄冠部。

8. 角绷带　包扎时，先用一块纱布蒙在断角上，用环形带固定纱布，然后利用另一角作支持点，以 8 字形进行缠绕包扎，最后在健康角根处作环形带打结。用于动物角壳脱落和角折。

9. 尾绷带　包扎方法是先在尾根上作环形带，然后将尾毛折转向上，用绷带作螺旋缠绕将其包住，缠至尾尖时，将尾毛全部折转作数周环形带后，绷带末端通过尾毛折转形成的圈内。用于动物尾部创伤的包扎，或用于后躯、肛门、会阴部施术前、后固定尾部。

（二）结系绷带

结系绷带或称缝合包扎，是用缝线代替绷带固定敷料的一种保护手术创口或减轻伤口张力的绷带。结系绷带可装在畜体的任何部位，其方法是在圆枕缝合的基础上，利用游离的线尾，将若干层灭菌纱布固定在圆枕之间和创口之上。

（三）夹板绷带

夹板绷带是借助于夹板的作用达到保持动物患部固定的目的。使用该方法时先将患部皮肤刷净，包上较厚的棉花、纱布棉花垫等，并用蛇形带加以固定，然后装置夹板。夹板的宽度视需要而定，长度既应包括骨折部上、下两个关节，使上、下两个关节同时得到固定，又要短于衬垫材料，避免夹板两端损伤皮肤。最后，用螺旋带或结实的细绳加以固定，铁质夹板可加皮带固定。

（四）副木绷带

常用于动物骨折及关节脱位，其目的是防止伤部二次负伤、骨片移位、休克和感染。副木材料可因地适宜、就地取材。装置方法：先在骨折部位包上较厚的纱布、棉花软垫、棉花或毡片，并用蛇形带固定。然后在患部四周装置副木，长度既应包括骨折部上、下两个关节，使上、下两个关节同时得到固定，又要短于衬垫材料，避免副木两端损伤皮肤。最后用螺旋带固定。

第五节　外科手术基本知识

一、手术的准备与无菌

（一）手术器械及药品准备

手术器械是进行手术的工具，常用的基本手术器械有手术刀、手术剪、止血钳、持针器（钳）、组织镊、牵开器等。

1. 手术刀　主要用于切开和解剖组织。有固定刀柄和活动刀柄两种。执刀的方法一般常用的有 5 种：①指压式，食指按刀背后 1/4 处，用腕部与食指的力量切割。②抓持式，力量在手腕，做较长皮肤切口或一般皮肤切口常用的执刀方式。③执笔式，以执钢笔的姿势，适用于小力量、短距离的精细操作。④拳握式，适用于脓肿壁和大面积组织的切割。⑤反挑式，刀刃由组织内向外面挑开，如腹膜切开。

2. 手术剪　手术剪一般分为直、弯两种，剪尖端分钝头、锐头、钝锐三种。直剪用于剪线及浅层组织的解剖；弯剪多用于深部组织的分离，可避免手和剪柄部妨碍视线，以保证安全。十分精确的手术操作常使用尖头剪。一般修剪和分离组织，可采用钝头剪。为保护内脏不受损伤，在剪开腹膜时，也常用钝头剪。手术剪必须锋利。

3. 止血钳　主要用途为夹住出血部位的血管与组织，以便结扎止血用，有时用于剥离组织、拔出缝针、牵引缝线。止血钳基本上分为直、弯两种。直钳用于浅部切口及易于显露部位的止血，并可作拔针及大牵引用；弯钳用于深部止血与组织分离。眼科和脑部手术时可用小型止血钳。硬部组织多用齿状止血钳；夹皮肤多用多细齿的皮肤钳；舌钳在兽医外科手术中，可用于组织夹持，对组织损伤较少。

4. 手术镊　手术镊用于夹持、稳定或提起组织，以便剥离、切开或缝合。常用手术镊有两类：一类远端无齿，用于黏膜、血管、神经等组织，损伤较小；另一类远端有齿，一般为 2～5 个，可以较牢固地夹住组织，且不需要夹持组织过多，但齿间对组织有一定损伤。

5. 持针钳（器）　持针钳或称持针器，有握式和钳式持针钳两种，主要用于夹持弯缝针进行缝合，在缝合时用它协助拔针。

6. 缝针与缝线

（1）缝针　缝针主要用于对合组织和贯穿结扎。缝合针可分弯、直两种类型，而由于针体不同又分为圆针与三角针。弯针有一定弧度，适用于深部组织缝合。部位越深，空间越小，针的弧度应越大。圆针一般多用于胃肠与子宫的缝合，可用手指直接持针，此法动作快，而操作时需较大空间。圆针适用于大多数软组织缝合；三角针适用于皮肤、骨膜、软骨及瘢痕组织较多的缝合。

（2）缝线　缝线用于对合组织和结扎血管。缝线可分为两大类。

可吸收线：最常用的为肠线，系以羊的小肠黏膜下层制作而成。肠线有普通和铬制两种，前者吸收较快，后者吸收时间较长。

不吸收缝线：有非金属线和金属线两种。非金属线有丝线、棉线、麻线和尼龙线等，性质大致相同，目前常用为丝线。丝线在灭菌后手术未用完时，应浸泡在 95％酒精内保存。

7. 手术器械的消毒与灭菌

（1）煮沸灭菌法 主要用于金属器械及注射器的灭菌。灭菌时间，常水煮沸后维持 20～30min，2％碳酸氢钠溶液煮沸后维持 10min，0.25％氢氧化钠溶液煮沸后维持 5min。为防止生锈、升高沸点，水中应加入碳酸钠（配成 2％浓度）或氢氧化钠（配成 0.25％浓度）。

（2）高压蒸汽灭菌法 常用于器械、敷料、手术衣及橡胶类物品的灭菌，灭菌效果好。将所要灭菌的器械、物品分别用消毒巾或纱布包起来，分别顺序放入高压灭菌的盛物桶内，按规定量加入开水，盖上锅盖，旋紧螺丝，加热至所要求的压力。金属器械维持 25min；敷料及其他物品维持 30min。灭菌完毕，打开放气阀，待气压自然下降后，打开锅盖，将灭菌物品分别取出，存放或备用。

（3）化学药品消毒法

0.1％新洁尔灭：0.1％新洁尔灭每 1 000mL 内加 5g 亚硝酸钠，适用于锐利器械的消毒，浸泡时间最少为 30min。忌与肥皂、盐类相遇，不易浸泡合成橡胶。如出现絮状物，则表示失效，应更换。

75％酒精：可浸泡塑料类、橡胶类、玻璃物品及金属器械。浸泡时间 30～60min，为免生锈时间不宜过长。盛放酒精的器皿应加盖，以防止挥发。

碘酊：最常用的是 2％～5％碘酊。

（4）火焰灭菌法 主要用于搪瓷盘、大型器械或紧急使用器械的消毒。

（二）手术人员的准备与消毒

1. 手臂的清洁与消毒 先剪短指甲，并除去指甲边缘下的污垢，用肥皂和清水将手、臂洗干净后消毒。

刷洗手、臂的基本步骤：用无菌毛巾蘸低碱肥皂液（10％～20％），刷洗手臂至上臂的中、下 1/3 交界处，并按顺序由手指逐步上升至肘部。特别注意指甲边缘下、指间、腕关节和肘后，每次 2min。刷完后，用流动清水冲洗。冲洗时将手朝上，使水自手向肘部流下。一侧刷洗完毕后，再刷另一侧。如用酒精浸泡，则需重复刷洗 3 遍。全部刷洗完毕后，用无菌小毛巾，按顺序自手向上拭干，接触过肘上方未刷洗的皮肤即不再应用，可换另一块拭干另一只手、臂。然后再消毒液中浸泡。

2. 穿无菌手术衣和戴无菌手套 手、臂消毒完毕后，即可穿手术衣和戴手套。在穿戴时必须注意避免接触手术衣和手套的外面。

穿好手术衣，带好手套后，即可参加手术。如施术动物未准备完毕，应在胸前举起双手等待。

（三）手术动物的准备

手术前应刷拭畜体，对沾有泥土、粪便的部位，应用水洗刷干净，再用湿布顺毛擦拭干净。然后，用喷雾器喷洒消毒液，弄湿被毛，以免动物骚动时被毛及尘埃落入伤口。

（四）手术区准备

1. 术部除毛 在施术区内，视切口大小、方向，剪除被毛，应逆毛方向一剪挨一剪地剪毛；然后用温水涂肥皂充分搓洗，浸泡被毛，用剃刀顺毛方向剃去被毛。剃毛范围一般为手术区的 2～3 倍，其原则是：确保手术切口不被污染。对剃毛困难的部位，使用脱毛剂十分方便。

2. 术前消毒 术部剃毛后，用肥皂水或 0.5％氨水清洗使之充分脱水；然后，用清水洗净，并用灭菌纱布擦干；再用碘酊涂擦 2 次，最后用 70％酒精脱碘 2 次。涂擦上述药液应以预计的切口为中心，自中心向外周按同心圆涂抹。碘酊及酒精棉球若已接触了外周部，则不可再返回至中心部。有化脓感染或肛门部手术，应自手术区外周开始，涂擦到中心部。

3. 术野隔离 手术部位消毒后，应用创巾钳将灭菌过的创巾固定在术部周围的皮肤上，以便将切口以外的皮肤被毛隔离开，借以减少污染机会。创巾宁大毋小，遮盖范围越大越好。

二、麻　　醉

麻醉是施行外科手术时，利用麻醉药物，使病畜的知觉和意识消失，或局部阻断痛觉的方法。根据麻醉作用的表现可将麻醉分为全身麻醉和局部麻醉两大类。

（一）全身麻醉

使用全身麻醉药物，使家畜中枢神经系统产生广泛的抑制作用，表现肌肉松弛，对外界刺激的反应消失或减弱，但生命中枢仍保持正常状态。

根据麻醉药物进入体内的经路不同，可分为吸入、静脉、胃管投入和直肠内的 4 种麻醉方法。

（二）局部麻醉

局部麻醉是利用局部麻醉剂阻断手术的疼痛感觉，以利于对家畜施行手术的一种措施。因给药途径和操作方法的不同而分为表面麻醉、局部浸润麻醉、传导麻醉和硬膜外腔麻醉等。

1. 表面麻醉 表面麻醉是使局部麻醉剂与组织表面的神经末梢直接接触，使其失去痛觉。主要用于口、鼻、阴道、直肠、膀胱等黏膜和眼结膜、角膜，有时也用于胸膜、腹膜的麻醉。

2. 浸润麻醉 浸润麻醉是将局部麻醉剂注入于皮下、黏膜下、深部组织以及麻醉感觉神经末梢或神经干，使其失去感觉和传导刺激的能力。常用的方法有直线浸润、菱形浸润、扇形浸润、多角浸润和分层浸润麻醉等几种，可根据情况选用。

（1）直线麻醉 适用于体表皮肤手术或切开。施行直线麻醉时，根据切口长度，在切口一端将针头刺入动物皮下；然后，将针头沿切口方向向前刺入所需深度，边退针边注入药液，拔出针头，再以同法由切口另一端进行注射，用药量根据切口长度而定。适用于体表手术或切开皮肤时。

（2）菱形麻醉法 用于术野较小的手术，如圆锯术等。先在切口两侧的中间各确定一个刺针点 A、B，然后在 A 点刺入至 C 点，边退针边注入药液。针头拔至皮下后，再刺向 D 点，边退针边注入药液。然后，再以同样的方法由 B 点刺入针头至 C 点注入药液后，再刺向 D 点注入药液。

（3）扇形麻醉 用于术野较大、切口较长的手术。在切口两侧各选一针刺点，将针刺向切口一端，边退针边注入药液，针头拔至皮下转变角度刺入创口边缘，再边退针边注入药液，如此进行完毕，再用同法麻醉另一侧。麻醉针数以切口长度而定，一般需要 4～6 针不等。

（4）多角形麻醉法 适用于横径较宽的术野，将药液按上述方式注入切口周围皮下组织内。先在病灶周围选择数个针刺点，使针头刺入后能达病灶基部；然后，以扇形麻醉的方法进行注射，使手术区域形成一个环形封锁区，故也称封锁浸润麻醉法。

（5）深部组织麻醉法 深部组织施行手术时，如创伤、开腹术等，需要使皮下、肌肉、筋膜及其间的结缔组织达到麻醉，可采取锥形或分层将药液注入各层组织间。同上述几种麻醉方法。

按照上述麻醉方法麻醉后，停 10min 左右后，检查麻醉效果。检查方法可采用针刺、刀尖刺、止血钳夹麻醉区域皮肤，观察动物有无疼痛反应，无反应则表示方法正确，达到麻醉效果。

3. 传导麻醉 传导麻醉是将局部麻醉药注射到神经干的周围，使神经失去接受和传导刺激的作用，而使神经所支配的区域失去感觉。以利于在该区域内施行手术。临诊上最常用的是腰旁神经干与椎旁神经传导麻醉。

马、牛腹腔手术的主要术部都在髂骨。此部的前界为最后肋骨，后界为髋关节前缘，上界为腰椎横突。该区域主要有 3 条较大的神经分布，即最后肋间神经（最后胸神经的腹侧支）、髂腹下神经（第一腰神经的腹支）、髂腹股沟神经（第二腰神经的腹支）。马、牛的腰旁神经传导麻醉就是麻醉上述 3 条神经。

麻醉前的准备：首先将动物适当保定，以站立保定为好；然后，对麻醉刺入部位进行剪毛、消毒，用 20mL 金属注射器吸取 2%～3%盐酸普鲁卡因溶液 15～20mL。

最后肋间神经刺入点及操作方法：马、牛刺入部位相同。先用手触摸第一腰椎横突游离端的前角（最后肋骨后缘 2～3cm，距脊柱中线 12cm 左右），垂直于皮肤刺入针头，深达腰椎横突游离端前角的骨面；然后，将针稍向前移，沿骨缘再刺入 0.5～1cm，注入 3%盐酸普鲁卡因溶液 10mL。注射完毕，应略向左、右摆动针头，最后，左手以酒精棉球压住针孔，右手拔出针头。

髂腹下神经刺入点及操作方法：马、牛刺入部位相同。先用手触摸寻找第二腰椎横突游离后角，垂直于皮肤刺入针头，直达横突游离端后角骨面上；然后，将针稍向后移，沿骨缘再下刺 0.5～1cm，注射局部麻醉药液 10mL；最后，将针退至皮下再注射局部麻醉药液 10mL，再拔出针头。

髂腹股沟神经刺入点及操作方法：刺入部位马、牛有所不同。马是在第三腰椎横突游离端后角进针。其操作方法及注射药量同第二针。牛是在第四腰椎横突游离端前角进针，其操作方法及注射药量同第一针。

以上 3 根神经传导麻醉后，经 10～15min 开始麻醉。适用于剖腹手术。

4. 硬膜外腔麻醉　硬膜外腔麻醉时将局部麻醉注入脊髓硬膜外腔，阻断某一部分脊神经，使躯干的某一节段得到麻醉。适用于腹腔、乳房及生殖器官等手术的麻醉。根据不同手术的需要，可选择腰荐间隙硬膜外腔麻醉。

5. 腰荐间隙硬膜外腔麻醉　多用于牛、羊的后躯、臀部、阴道、直肠、后肢，以及剖腹产、胎位异常、乳房切除、瘤胃切开等手术。

麻醉操作：将家畜保定与柱栏内，严格限制其运动，在腰荐间隙即百会穴处（在两髂骨内角连线与背中线的交点）局部剪毛消毒，将 16～18 号颈静脉注射针头或封闭针头垂直刺入皮肤慢慢稍向前倾斜刺入，经过皮下组织、棘上韧带、棘间韧带，继续向下，若穿破黄韧带（弓间韧带）则阻力骤减，注射药液时用力也小，说明针已进入硬膜外腔。如进针之前，在注射针尾端置液一滴，因硬膜内的负压关系，可将液滴吸入，以此可证明穿刺针已经进入了硬膜外腔。此种试验称为悬滴试验。穿刺深度因家畜个体大小与肥瘦不同而又区别，一般牛 4～7cm、马 5～7cm、羊 3～4cm、25～30kg 的猪为 6～7cm。

麻醉剂量：2%～3%普鲁卡因，牛、马 20～30mL，山羊 4～8mL，猪 10～12mL。5～15min 后开始麻醉，可维持 1～3h。

6. 荐尾间隙硬脊膜外腔麻醉　多用于马、驴、牛、羊的阴道脱、子宫脱、直肠脱整复术和人工助产等手术。马、牛注射点常在第一、第二尾椎间隙，因为荐尾间隙往往因脊椎闭合而消失。

部位：马、驴在尾中线与两个髋关节边线的交叉点上或者抬举家畜尾根，屈曲的背侧出现一条横沟，此横沟与尾中线的交点即为注射入针位置。牛、羊在尾中线与两坐骨结节前端所作横线的交叉点上。

麻醉操作：局部剪毛消毒，术者立于家畜的后方，稍抬举家畜尾根，将针头垂直插入家畜皮肤后以 45°～65°的角向前上方刺入，深度马为 2～5cm，牛 2～4cm，猪、羊 1～1.5cm。

麻醉剂量：马 3%普鲁卡因 4～10mL，牛 3%普鲁卡因 25～35mL；羊 3%普鲁卡因 5～10mL。10min 后进入麻醉，可维持 1～3h。

（三）麻醉注意事项

1. 麻醉时，应严格消毒注射器、针头及麻醉部位，以免引起感染。

2. 神经传导麻醉时，注射部位要准确无误，否则影响麻醉效果。

3. 硬膜外腔麻醉时，保定要可靠，以防发生事故。要严格控制针刺深度，部位要准确，严防伤及脊髓。

三、组织分离

组织分离就是利用机械的方法，把原来完整的组织切开与分离，以显露深部组织或器官，游离或切除某一器官或病变的组织，以完成手术。

（一）组织分离的一般原则

1. 切口部位要适当。组织分离是为了造成手术通路、暴露组织，以进一步检查处理。因此，切口的位置应尽量接近病变及诊疗处理的组织。

2. 组织切开时，应根据局部解剖的结构特点，避免伤口张力过大而影响缝合，应按照组织张力来选择切口的方向，不要横断肌肉。

3. 组织切开要避免损伤大血管、腺体的输出管及神经，以免影响术部机能。

4. 切口要能确保创液及渗出物顺利排出。切口边缘要整齐，两侧创缘要能密切接触，以利于缝合及术后愈合。

5. 切口部位要选择在健康组织上。二次手术应避免在伤疤上切开，以免影响愈合。坏死组织、已被感染组织要充分切除干净。

6. 在手术中，要采用分层切开法，以便清楚识别组织构造，避免损伤血管、神经，也利于缝合与止血。同时要保证切口从外到内大小相同或渐次减短。

（二）组织分离的方法

1. 锐性分离 用手术刀或手术剪进行。用手术刀时，应在两侧组织牵拉紧张情况下，以刀刃作垂直的、轻巧的切开，不要做刮削的动作。用手术剪时，以剪刀尖端伸入间隙内，不宜过深；然后，张开剪柄分离组织，在确定没有重要的血管、神经后，再剪断。在分离的过程中，如遇到血管，须用止血钳夹住或结扎后再剪断。锐性分离对组织的损伤较小，术后反应也较小，但必须熟悉局部解剖，在辨明组织结构后进行，动作要准确精细。

2. 钝性分离 用手术刀柄、止血钳、骨膜分离器或手指进行。方法是将这些器械或手指插入组织间隙内，用适当的力量分离或排开组织。优点是迅速省时，且不致误伤血管和神经，但不应粗暴勉强进行，否则会造成重要血管和神经的撕裂或穿破临近的组织。这种方法适用于正常的肌肉、筋膜、骨膜和腹膜下间隙，或脏器与良性肿瘤之间、囊肿包膜和疏松组织之间的分离。

（三）各种组织分离的方法

1. 皮肤切开法

（1）紧张切开法 在预定切口的两侧，手术者用左手拇指和食指将皮肤向切口两侧绷紧并固定。或者术者左手与助手各压住切口的一侧向两侧绷紧，下刀时刀尖上角垂直刺透皮肤，然后，刀刃倾斜约 45°角按预定切口的方向、大小，一刀切透皮肤直至切口下角。

然后，使刀刃与皮肤垂直而提出，防止切口两端切成斜坡，或多次切开而使切口呈锯齿状，以免造成不必要的组织损伤，或影响创口愈合。

（2）皱裂切开法　为了避免损伤皮下组织，可采用皱裂切开法。先用手指或镊子在预定切口的两侧提起一个切口垂直的皱裂，然后再进行切开。

2. 疏松结缔组织切开法　皮肤切开后，作必要的止血；然后用刀尖切开皮下结缔组织，切口应与皮肤切口一致。切开后要妥善止血，分离时应避免将皮肤与深部筋膜分离，或将筋膜与肌肉分离，以免造成不必要的组织损伤。要保证创缘血液供给，避免在缝合后留有潜在的空隙，造成渗出液凝集，影响愈合。

3. 筋膜切开法　为了防止筋膜下血管、神经受到损伤，应先用镊子将筋膜提起切一小口，用弯剪或止血钳伸入切口，分离筋膜下组织和筋膜的联系，然后用手术剪剪开。

4. 肌肉切开法　原则上按肌肉纤维的方向分离，分离肌肉前需先切开肌膜，扁平的肌肉采用钝性分离法。即先按肌肉纤维的方向作一小的切口，然后用刀柄或止血钳伸入切口，按肌肉纤维的方向分离至所需长度。含腱质较多的肌肉须用切开法分离。

5. 腹膜切开法　切开腹膜时，为了避免损伤内脏，先用镊子提出腹膜，用手术刀或剪刀切一小口，由此口插入有钩探针，用外向式运刀法（反挑式）切开腹膜，也可用钝头剪刀剪开腹膜。无有钩探针时，术者可由切口伸入食指、中指，用刀或剪刀沿两指之间剪开。腹膜切口应比腹壁切口稍小，以便于缝合。

四、止　　血

家畜在施行外科手术或受到损伤的过程中，都会损伤血管而引起出血，以至沾染术野，妨碍手术正常进行。轻者降低动物机体抵抗能力，影响创伤愈合和治疗效果。重者动物会失血过多而造成死亡。因此，在施行手术时，要采取有效的止血措施，力求减少出血。

（一）出血的种类

出血可分为动脉出血、静脉出血、毛细血管出血和实质性出血等。

1. 动脉出血　出血呈节律性喷射状，色鲜红，必须采取有效的止血措施方能达到止血目的，一般不能自行停止。

2. 静脉出血　血色暗红，出血性质依血管大小而定，较大的静脉出血，不能自然停止，较小的静脉出血经钳夹后可止血。

3. 毛细血管出血　多为点滴渗出，看不清血管所在。一经压迫即可止血，也可自然停止。

4. 实质性出血　见于实质器官的损伤或手术时，不能自然停止，必须采取必要的止血措施进行止血。

（二）出血的预防

施行外科手术时，为了避免手术中出血过多，宜采取有效的预防措施。

1. 输血　输血除用于增加血液凝固性外，可反射性地引起血管收缩，增加抗体及血量，也可用于失血过多的情况。手术前输入同种家畜的相合血液，马、牛可输入 500～1 000mL。猪、羊可输入 50～100mL。

2. 注射止血药物　止血的药物很多，各有不同的特点和使用范围，应酌情选用。如血凝酶、止血敏、安络血、维生素 K_3 等。

3. 绞压法　常用于四肢下部、尾及阴茎手术。用止血带、绞压器、绷带、胶皮管、绳子等，紧缠于手术部位的近心端，阻止血液暂时循环，达到手术中预防出血的目的。

（三）止血方法

手术过程中，止血的方法很多，应根据出血的种类及具体情况采用相应的止血方法。常用的止血方法有：

1. 压迫止血法　用止血纱布或纱布棉球按压出血的部位，小静脉出血或毛细血管出血，经按压片刻即可止血，为下一步采取止血措施做好准备。止血时只能按压，不能擦拭，以免损伤组织或擦掉凝血块，发生再次出血。

2. 止血钳止血　较大的血管出血，在纱布压迫止血后即可看见血管，可用止血钳夹住血管断端，加以压迫或捻转，使血管端封闭。小静脉经钳夹数分钟后即可封闭，然后取下止血钳。较大的血管则需进一步结扎。钳夹血管时，要沿血管纵轴夹住断端，不能夹住过多的临近组织。对急救性出血的钳夹止血，止血钳可保留数小时或 1～2d，待出血停止后再取下。

3. 结扎止血法　结扎止血效果确实、可靠，为手术中重要的止血方法。血管断端结扎，用于明显的可见血管断端。先用止血钳夹住血管断端，用适当粗细的缝线结扎。打好第一道结后，取下止血钳，再稍拉紧，经观察无出血后，再打第二道结，剪除多余缝线。

连续血管结扎法，对跨越伤口的血管可先于切口两侧各 1cm 处分别结扎，然后再由中间切断。如遇较大的神经，既不能结扎，也不能切断，将其剥离至伤口另一侧即可。

4. 填塞止血法　用灭菌纱布块或止血纱布填塞于出血的腔洞内，使之达到压迫止血的目的，常用于较深的部位出血，而又不便采用其他的止血方法时，如摘除某组织形成的空腔出血、鼻腔、阴道手术后止血，拔牙后的止血等。为起到压迫止血的作用，填塞止血时要填足够的止血纱布。

五、缝　　合

缝合是将已经切开的组织对合、靠拢、消除间隙，以利于愈合。缝合的目的是促进止血，减少组织的紧张度和避免创缘哆开，保护创伤免受感染，创造组织再生的良好条件，加速愈合。

（一）打结

1. 结的种类

（1）单结　仅用于准备切除的组织和临时结扎小血管用，此种结仅为结扎线交叉一次构成，易滑脱。

（2）方结　用于一般结扎血管和各种缝合的结扎。又称平结、二重结，由两个方向相反的单节组成，是外科手术的基本线结。因为这种结的线圈内张力越大，结扣越紧，因此不易滑脱，且结扣平坦。

（3）三叠结　用于重要组织的大血管的结扎以及精索的结扎等，又称三重结。是由三个单结组成，也就是在方结的基础上再打一道单节。目的是使方结更加牢靠。

（4）外科结　用于结扎张力较大的组织，如疝环的闭锁等。类似方结，所不同的就是打第一道结时，多绕一次，以提高摩擦系数，第二道结和打方结一样只交叉一次，在打第三道结时不易松脱。

2. 打结的方法

（1）徒手打结　不用器械，只用手指进行操作。优点是操作简便、灵活、节省时间，拉线有力；缺点是耗费缝线较多。可分单手打结法和双手打结法两种。①单手打结法：有左手单手打结法和右手单手打结法。②双手打结法：在组织张力较大时采用，有双手外科结打结法和双手方结打结法。

（2）器械打结　用止血钳或外科镊操作，适用于缝合线头较短或徒手打结不方便的深部狭小术野的结扎，以及某些精细手术的结扎。

（二）缝合的原则

为了确保愈合，缝合时必须遵守以下原则：

1. 严格遵守无菌操作。

2. 必须按组织的解剖层次分层缝合，不要留有死腔；否则就会出现积血、积液、延迟愈合，甚至并发感染。

3. 缝合前必须彻底止血，清除凝血块、异物及无生机的组织。

4. 缝合时，缝针与组织呈垂直刺入。拔针时，也要按缝合的方向和弧度拔出。

5. 缝针的刺入孔、穿出孔应彼此相对，针距应相等，否则，易使切口形成皱裂和裂隙。如切口太大或切口两侧不等，可采用对分缝合法，即先在切口中点缝一针，将切口分为相等的两切口，按此法顺序进行。

6. 缝线结扎的松紧应适度，以切口边缘紧密相接为准，不要过松或过紧。过松，对组织愈合不利；过紧，加剧疼痛，可引起组织缺血，导致坏死。

（三）缝合方法

兽医外科手术中最常用的缝合方法有结节缝合、螺旋缝合、纽扣缝合、减张缝合、胃肠缝合、间断内翻缝合和连续内翻缝合法、袋口缝合等。

1. 结节缝合 用于皮肤、皮下组织、筋膜或黏膜等的缝合。基本特点是缝一针，打一结。

2. 螺旋缝合 用于肌肉、腹膜及肠、胃吻合口内层黏膜等的缝合。

3. 纽扣缝合 可分为水平、垂直、重叠 3 种纽扣缝合法，前两者主要用于张力较大的肌肉和筋膜的缝合，以及子宫阴道突出整复后的固定；后一种常用于疝孔的修补。水平纽扣缝合可形成外翻，又用于闭合疝孔。

4. 圆枕缝合 是一种减张缝合。在结节缝合完毕后，用一条较粗的双线套一个纱布卷，在距离创缘两侧较远的部位（约 3cm），较深地刺入组织，于对侧相应部位穿出，再系一纱布卷，抽紧打结。可视切口长度作数针圆枕缝合，用于腹侧和腹下张力较大的创口缝合。

5. 内翻缝合 用于肠、胃、子宫、膀胱等空腔器官的缝合。要求缝合后组织内翻，表面光滑平整。

（1）伦伯特氏缝合法 分间断与连续两种，常用的为间断法。在胃肠或肠吻合时，用以缝合浆膜基层。

间断内翻缝合：缝线分别穿过切口两侧的浆膜及肌层即行打结，使部分浆膜内翻对合，用于胃肠道的外层缝合。

连续内翻缝合：于切口一端开始，先作一浆膜肌层间断内翻缝合，再用同一缝线作浆膜肌层连续缝合至切口另一端。其用途与间断内翻缝合相同。

（2）库兴氏缝合法 此种缝合法是从伦伯特氏连续缝合演变来的。缝合方法是于切口一端开始先作一浆膜肌层间断内翻缝合，再用一缝线平行于切口做浆膜肌层连续缝合至切口另一端。适用于胃、子宫浆膜肌层缝合。

（3）康乃尔氏缝合法 这种缝合法大致与连续内翻缝合相同，仅在缝合时针要贯穿全层组织，当将缝线拉紧时，肠管切面即翻向肠腔。多用于胃、肠、子宫壁缝合。

（4）荷包缝合 即作环状的浆膜肌层连续缝合。主要用于肠壁上小范围的内翻，如缝合小的胃肠穿孔。此外，还用于胃肠、膀胱造瘘等引流管的固定或埋存蒂的残端等。

（四）缝合的注意事项

1. 单层缝合时，缝针需穿过创底，以免创底留下空腔。

2. 针的刺入孔与穿出孔需对称，距创缘的距离应相等。皮肤缝合距创缘 1～

2cm，肌肉缝合为 1.5～2cm，浆膜肌层为 0.2～0.5cm。缝线间的距离，在保证创缘能紧密结合的情况下，缝合针数越少越好。

3. 缝合时，应使两侧创缘平整结合，勿使其内翻与外翻或发生皱褶，缝合的各针松紧要一致。

4. 皮肤缝合结束后，对创缘应进行矫正，防止内翻或外翻，使其均匀紧密接触，以利于愈合。

5. 化脓伤口及渗出物过多的伤口，一般不作密闭缝合，以保证创液流出。

（五）拆线

可吸收的缝线不需拆除，皮肤的缝线需在适当时间拆除。一般情况下，气候温暖、伤口血液循环良好及皮肤张力不大时，可在术后 7～9d 拆线。特殊情况下，可于 10～14d 拆线。拆线过迟，由于缝线压迫创缘，血液循环不良影响愈合；拆线过早，由于创口愈合不良，在张力作用下，伤口容易重新裂开。因此，拆线应于适当时机进行。

良好愈合时的拆线，先用镊子除去伤口敷料，用生理盐水洗净创口周围及皮肤上的污垢及干痂，尤其是针孔附近。用 5% 碘酊消毒伤口及缝线的针孔，再涂擦 75% 酒精，然后用无齿镊提起线结，暴露少许埋入皮内的缝线，用拆线剪或普通手术剪在该处剪断缝线，然后将线从对侧皮肤孔以向着创口并与切口垂直、与皮肤平行的方向将线抽出。全部缝线抽出后，再用碘酊消毒创口周围皮肤。缝线拆除后，重新更换敷料，对伤口加以保护及减张，维持数日后即可。

小伤口及张力不大时，可一次拆除；大伤口或张力较大的，可实行间断拆线，即每间隔一针，拆掉一针，待 1～2d 后伤口愈合良好时，再拆除其余缝线。

第六节　常用外科手术

一、瘤胃切开术

1. 术部确定

（1）左肷部中切口　在左侧髋关节与左侧肷窝最后一个肋骨连线的中点，距腰椎突下方 6～8cm 处，垂直向下做 25～30cm 的腹壁切口。此切口常作为瘤胃积食的手术通路。

（2）左肷部前切口　在左侧腰荐横突下方 8～10cm，距最后肋弓 5cm 左右，做一与最后肋骨平行的切口，切口长约 25cm。适用于体型较大病牛的网胃探查与胃冲洗。必要时可切除最后肋骨作为肷部前切口。

（3）左肷部后切口　左侧髋结节与最后肋骨连线上，在第四或第五腰椎横突下 6～8cm 处，垂直向下切开 25cm 左右，为瘤胃积食手术及右侧腹腔探查手术通路。

2. 保定 牛二柱栏站立保定或采用手术台旁站立保定，羊可在小动物手术台上或右侧卧保定。

3. 术部常规处理 左侧腹胁大面积剃毛，上界为腰椎横突下缘，下界为膝关节，前界至最后肋骨后缘，后界达髋关节向下作的垂线，局部剃毛（脱毛）后，常规消毒，术部覆盖手术巾。

4. 麻醉 肌内注射盐酸氯丙嗪每千克体重 1mg，结合腰旁神经干传导麻醉及局部麻醉。

5. 手术步骤

（1）腹壁切开 参阅本章第五节三（组织分离）、四（止血）。

（2）腹腔探查 用温生理盐水纱布充分保护创缘。然后，术者左手伸入腹腔内，仔细检查瘤胃全貌，瘤胃浆膜光滑，触诊觉知瘤胃内容物性状。手自瘤胃前背盲囊的前下方，可摸到紧贴膈肌的网胃，并可感到心搏动。网胃前壁浆膜光滑，与周围组织无粘连。

当网胃内有较大异物（如针、钉、铁丝）或胃壁瘘管、网胃壁脓肿等，在探查时可初步发觉。若异物穿出网胃，可引起局限性腹膜炎、网胃与膈粘连或形成索状瘘管。

（3）瘤胃固定与隔离 腹腔探查完毕后，将胃壁的一部分拉出腹壁切口之外，以防切开胃壁时胃内容物流入腹腔，选择胃壁血管较少的地方做切口。切开前，先选择一种合适的方法进行瘤胃固定与隔离。目前，临床上常用的瘤胃固定与隔离的方法有以下几种。

①瘤胃浆膜肌层与皮肤切口缘连续缝合固定法：腹腔探查，显露瘤胃后，用三棱针作瘤胃浆膜肌层与腹壁切口皮缘之间的环绕一周连续缝合，针距为1.5～2cm，胃壁显露宽度为 6～8cm，边缝合边抽紧缝线，使胃壁和皮肤固定。在缝合固定切口左侧瘤胃、皮肤创缘时，应将胃壁向前牵引。缝合完毕，检查切口下角是否固定确实，必要时应补充缝合，并加纱布垫。

②瘤胃六针固定和舌钳夹持外翻法：显露瘤胃后，在切口上、下角与周缘，作六针纽扣状缝合，将胃壁固定在皮肤或肌肉上。为了使胃壁充分暴露，在缝合右侧时，应将瘤胃后壁前拉。缝合左侧时，应把瘤胃前壁向后拉。缝合上部，应把上部瘤胃向下拉。

打结前，应在瘤胃与腹腔之间，填入浸有青霉素普鲁卡因液的纱布，纱布一端在腹腔内，另一端置于切口外。打结后，胃壁紧贴在腹壁切口上，使瘤胃明显突出。

胃壁固定后，在突出的瘤胃周围和切口之间，均填以浸有青霉素普鲁卡因液的纱布，外盖一小创布，并用固定创布的中钳固定在皮肤上。以便于在切开胃壁外翻时，胃壁的浆膜层能贴在纱布上，减小对浆膜的刺激和损伤。

当胃壁切开后，在其创缘分别用 2～4cm 舌钳固定提起，并把胃壁切口部黏膜外翻，随即用巾钳把舌钳柄夹住，固定在皮肤和创布上，以便胃内容物直接流到地面，然后向胃腔内套入橡皮洞巾。

此法操作简便，使用器械较多，但无菌操作要求严格彻底，对瘤胃切口浆膜保护较好，适用于各类型瘤胃内容物的取出。

③瘤胃四角吊线固定法：将胃壁欲做切口部分，牵引至腹壁切口处，在胃壁与腹壁切口间，填塞大块灭菌纱布，并保证大纱布牢固地固定局部。在瘤胃壁预定切口的左上角与右上角、左下角与右下角一次用 10～12 号线穿入胃壁浆膜基层，做成预置缝线。每预置缝线相距 5～8cm，切开胃壁，由助手牵引预置缝线使胃壁膜紧贴术部皮肤，并使其缝合固定于皮肤上。

④瘤胃缝合橡胶洞巾固定法：瘤胃暴露后，用一块 70cm 见方而中央带有 6cm×12cm 长方形孔的塑料布或橡胶洞巾，将瘤胃壁与中央浆膜肌层缝合，使洞巾的中央长方形紧贴在胃壁上，形成一隔离区。于瘤胃壁和洞巾下填塞大块灭菌纱布将橡胶洞巾四角展平固定在切口周围，在长方形孔中央切开瘤胃。

（1）切开瘤胃　先在瘤胃切开线的上 1/3 处，用外科刀刺透胃壁，并立即用舌钳夹住胃壁的创缘，向上向外拉起，防止胃内容物外溢。然后，用剪刀向上、下扩大该口，分别用舌钳固定提起胃壁创缘，将胃壁拉出腹壁切口向外翻，随即用巾钳把舌钳柄夹住。固定在皮肤和创布上，以便胃内容物流出，然后再套入橡胶洞巾。此阶段为污染手术，所用器械、敷料与灭菌器械分别放置。

（2）胃内探查及处理　瘤胃内容物呈泡沫样臌气时，取出部分瘤胃内容物之后，插入粗胶管，用温生理盐水冲洗瘤胃，消除发酵的胃内容物。瘤胃积食时，可取出胃内容物总量的 1/2～1/3，并将剩余部分分散在瘤胃内。饲料中毒时，可取出有毒的胃内容物，剩余部分用大量温生理盐水冲洗，尚应投入相应解毒药。取出网胃异物时，将右手伸入瘤胃内，向前通过瘤胃背囊前端的瘤网孔进入网胃。先触摸网胃前部及底部，发现异物时，可沿其刺入方向将异物拔出。为清除胃底部游离的金属异物，可使用磁铁将其吸出。而后触摸网胃右侧的网胃瓣胃孔，如有堵塞随即清除。当瓣胃阻塞时，可用胶管通过网瓣孔插入瓣胃，反复注入大量生理盐水，泡软冲散内容物使瓣胃疏通。

（3）缝合胃壁切口　除去洞巾及舌钳，并用生理盐水冲洗胃壁切口及周围污染区，由助手拉紧胃壁牵引线，将胃壁切口对齐，用 0～1 号肠线以螺旋形缝合法缝合胃壁全层，缝合要确实。以青霉素生理盐水轻拭缝合部，随后拆除瘤胃固定线。重新洗手消毒，更换手套和手术器械，再以青霉素生理盐水轻拭瘤胃及腹壁创面。用胃肠缝合法将浆膜肌层作连续内翻或结节内翻缝合，再用生理盐水冲洗。并将局部涂以抗生素软膏或其他消炎油膏，去除固定纱布等，将瘤胃送回腹腔，向腹腔内注入抗生素溶液。

（4）闭合腹壁　按剖腹术要求分层缝合腹壁。

6. 术后护理　手术当日禁止饲喂动物，给予清洁饮水，从第 2 天起给少量的柔软饲料，以后每日递增，一般在术后 7d 可恢复正常饲养。

若动物体质较弱，同时在手术过程中有污染可能，则应在术后 3d 内连续应用抗生素。并考虑应用 0.25％普鲁卡因 100～200mL，青霉素 100 万～200 万 U 作腹壁封闭注射，每日 1 次，另应进行适当补液。依机体情况逐渐给予适当运动。术后经过良好，第一期愈合者，8～10d 可拆除皮肤缝线。

二、剖腹产手术

（一）犬、猫剖腹产手术

1. 适应证　各种原因所致犬、猫的难产，经人工助产，胎儿不能产出。

2. 保定和麻醉　全身麻醉或硬膜外麻醉，但对全身状况不良、严重衰竭者可采用局部浸润麻醉。侧腹壁切开时，取横卧保定；腹正中线切开时，取仰卧保定。

3. 手术步骤　有腹白线和侧腹壁切口两种手术径路，不干扰乳汁分泌，创口粘连机会少；前者破坏肌肉组织少、出血少、子宫暴露充分，愈合后瘢痕形成小，为大多数人所采用。主要介绍腹白线切口的手术方法。

（1）在耻骨前缘与脐之间的腹正中白线上切开皮肤，切口长度根据预计子宫大小而定，一般猫为 5～7cm、犬 10～15cm，剪开腱膜，暴露妊娠子宫。

（2）把两侧子宫角缓慢牵引至腹壁切口外，并用隔离巾与周围组织隔离。在子宫体背侧血管最少的区域内切一小口，再用剪刀把创口扩大到胎儿易取出即可。

（3）切开胎膜，用干灭菌纱布蘸取羊水或用真空泵抽吸，把胎儿和胎膜一同取出，双重结扎脐血管并切断。若胎儿不能推挤到子宫切口处，可在胎儿就近处再做切口。

（4）检查两侧子宫角及子宫体内有无残留胎水、血凝块、胎膜碎片等，并作清除；在子宫内散布抗生素，修整子宫壁切口。

（5）用可吸收缝线连续全层缝合子宫壁，用 0.1％雷佛奴耳液消毒子宫切口后，子宫壁浆膜肌层间断内翻缝合。清创后腹壁各层常规闭合。

4. 术后护理　一般情况下，一旦取出所有胎儿，子宫将会迅速收缩，缝合时如子宫还未收缩，可注射催产素或麦角新碱。术后 5d 内全身投予抗生素或磺胺制剂，腹壁切口处装保护绷带，饲养在温暖、安静、干燥的舍内。

（二）牛剖腹产手术

1. 适应证　用于助产手术难于救治的任何难产。但要注意，如难产时间已久，胎儿腐败，子宫已发生炎症以及母畜全身状况不佳时，确定实行剖腹产时须十分谨慎。

2. 保定和麻醉　术前检查动物的体况，使其左侧卧或右侧卧，分别绑住前后腿，并将头压住。可行硬膜外麻醉及切口局部浸润麻醉，或盐酸二甲苯胺噻唑注射及切口局部浸润麻醉法或电针麻醉，一般来说，如果胎儿仍然活着，应尽量少用全身麻醉及深麻醉。

3. 手术步骤　以腹中线与右乳静脉间的切口为例。

（1）在腹中线与右乳静脉间，从乳房基部前做一长 25～30cm 的纵形切口，切透皮肤、腹横筋膜和腹斜肌肌腱、腹直肌，最后切开腹横肌和腹膜。为操作方便及防止腹腔内脏脱出，可在切开皮肤后使母畜仰卧，再完成其他部分的切开，也可在切开腹膜后由助手用大块纱布防止肠道及大网膜脱出。如果奶牛的乳房很大，为了避免切口过于靠前，难以暴露子宫，可先不把切口的长度切够，切开腹膜后再确定向前或向后延伸。

（2）切开腹膜后，将双手伸入切口，紧贴下腹壁向下滑，绕过大网膜，或将大网膜向前推，防止小肠从切口脱出，并暴露子宫。手伸入腹腔后，可隔着子宫壁握住胎儿的某些部分，把子宫孕角大弯的一部分拉出切口外，同时也就把大网膜和小肠挤开了。在切口和子宫之间塞上一大块纱布，以免肠道脱出及切开子宫后其中的液体流入腹腔。如果是子宫捻转，暴露子宫壁有困难，切开子宫壁时出血也多，可先把子宫转正。如果胎儿为下位，背部靠近切口，向外拉子宫壁时无处可握，应尽可能先把胎儿转正为上位。有时子宫内胎儿太沉，无法取出，也可用大块纱布充分填塞切口和子宫之间，在腹内切开子宫再取出。

（3）沿子宫角大弯，避开子叶，切透子宫壁，切口不可过小，以免拉出胎儿时被扯破而不易缝合。将子宫切口附近的胎膜剥离一部分，拉于切口之外，然后再切开，这样可以防止胎水流入腹腔，尤其在子宫内容物已受到污染时更应如此。胎儿活着或子宫捻转时，切口出血一般较多，需边切边止血。

（4）胎儿正生时，经切口在后肢拴上绳子；倒生时在胎头上拉上绳套，慢慢拉出胎儿，交助手处理。从后肢拉出胎儿时速度宜快，特别应防止污染的胎水流入腹腔。

（5）拉出胎儿后如有可能，应把胎衣完全剥离拿出，但不要硬剥，可在子宫腔内注入 10％氯化钠溶液，停留 1～2min 后再剥离。如剥离困难，可在子宫中放入 1～2g 四环素，术后注射催产素，使其自行排出。有时子宫中未剥离的胎衣可能会妨碍缝合，此时可用剪刀剪除一部分。

（6）将子宫内液体充分蘸干，均匀散布四环素类抗生素 2g，或使用剪刀剪除一部分。

（7）用丝线或肠线连续缝合子宫肌肉层和壁浆膜的切口，再用内翻缝合法缝第二道。

（8）用加有青霉素的温生理盐水将暴露的子宫表面洗干净，蘸干并充分涂以抗生素软膏后，放回腹腔。缝好子宫壁后，可使牛仰卧，放回子宫后将大网膜向后拉，使其覆盖在子宫上。

（9）常规闭合腹壁切口。

4. 术后护理　术后注射抗生素，以促进子宫收缩和复旧，并按一般腹腔手术常规进行术后护理。如果伤口愈合良好，可在术后 7～10d 拆线。

三、阉　割　术

（一）公马（驴、骡）去势术

1. 切割法　公马去势应在凉爽无蝇的春秋季节进行，术前直肠检查腹股沟环的大小，若超过 3 指宽，在术中肠管就有从腹股沟管脱出的危险。为预防肠管脱出可进行切开总鞘膜的去势术。术前半个月左右注射破伤风类毒素，手术前 1d 减少饲喂，术前 12h 停止饲喂，但可饮水并对动物进行充分的刷拭。常采用侧卧保定，后肢转位以充分暴露术部。

一般不作麻醉，但可以肌内注射氯丙嗪以作镇静。

用消毒液洗净阴囊及周围皮肤，必要时剃去阴囊上的被毛，然后涂以 3％碘酊。术者用左手于阴囊颈部将两侧精索同时握住，并使两只睾丸的长轴与阴囊缝际平行，距阴囊缝际两侧 1.5～2cm 处各做一平行切口，睾丸在手挤压下便自行脱出。若睾丸与总鞘膜发生粘连，则钝性将其剥离。术者用左手握住睾丸，右手提起阴囊韧带，助手在韧带与附睾尾连接处剪开一小口，并沿精索将阴囊切口推向上方，使精索充分外露。

常用的睾丸切除方法有：

（1）结扎法　适用于任何年龄的马属动物。助手应尽量把阴囊切口上推，并紧靠腹壁。术者用粗丝线将输精管作一结扎，再把整个精索作高位结扎。在结扎线下方的一指宽处剪（切）断精索，或者离结扎线 1.5～2cm 远处用固定钳将精索作一钳夹固定，然后用捻转钳距固定 2cm 处将精索夹住，并向一个方向捻转，直到拧断精索。放松固定钳，精索断端自然缩回。

（2）锉切法　适应于幼年骡、马的阉割。充分暴露精索后，术者用锉切钳在距离睾丸 6～8cm 的较细处将精索切断。20～30min 后，再慢慢松开锉切钳。

（3）刮捋法　在距离睾丸 4 指处切断输精管，然后，在精索的变细部分用拇指的指甲和食指的尖端反复刮捋，以推进时重、退回时轻、先慢后快的手法，直到刮断整个精索为止。

（4）火骟法　用精索夹板在睾丸上方 3～5cm 处夹住两条精索。用烧红的烙铁一次或分别烙段两条精索。再用另一烙铁烧烙精索断端几次，使血管断端组织凝固止血，几分钟后取下夹板，如有出血可作结扎止血。切除睾丸后，检查有无出血，并除去阴囊内的血凝块。两阴囊内各注入 10％灭菌碘仿石蜡油 10～20mL 或撒布消炎粉。做一尾绷带并用绳牵向颈部固定。

术后大出血的处理：放倒家畜，术者两手将阴囊皮肤及总鞘膜一同提起。然后，右手将食指、中指伸入总鞘膜腔内直至腹股沟环，触探精索断端，并力求将其取出。或者用卵圆钳（或止血钳）将精索断端夹出。然后用结扎法重新止血，若精索断端已缩回腹腔，视家畜全身变化，必要时，于腹下切开，将精索断端结扎止血。

术后护理：切口愈合之前，少卧地，以免污染伤口；术后观察一段时间，然后慢步运动；局部出现严重炎性肿胀时，应及时考虑全身治疗。

2. 扎骗法（无血去势） 将马作二柱栏保定，或倒卧保定。术者用左手握住阴囊颈部，并使阴囊皮肤平展，精索左右重叠平行。然后用事先消毒好的夹棍由前向后夹住阴囊颈部，迅速握紧夹棍另一端，并用绳子牢固地固定。再次平展阴囊皮肤，防止夹住包皮和睾丸实质，14～18h 后解除夹棍。扎骗法简单、迅速、安全、有效、不误生产。

解除夹棍后，检查阴囊皮肤有无破裂，若有破裂应进行外伤处理。解除夹棍后当天即可使役，轻度使役可防止阴囊肿胀。3d 后性欲消失，睾丸逐渐萎缩，否则将左右精索重叠作第二次扎骗。

（二）公牛（羊）去势

牛站立保定；羊可取倒提保定，腹部向术者。

1. 切割法 术者左手伸入动物两大腿内，由后向前握住阴囊颈部，并向后扭转半周，使阴囊前部向后。于阴囊中缝平行地两边由上向下至阴囊底部一次切开，深达睾丸实质，则睾丸脱出。也可采用横割法，将睾丸挤出。睾丸切除参考马去势术中的刮捋法或结扎法。

2. 钳夹法 助手将动物一个精索挤到阴囊一侧，术者张开去势钳，在睾丸上方3～4cm 处选好位置后迅速将钳柄压下，稍停片刻，除去去势钳。然后以同样方法处理另一侧。

（三）公猪去势

1. 小公猪去势术

（1）保定 猪侧横卧保定，背向术者。术者以左脚踩住猪颈部，右脚踩住猪尾根。

（2）手术步骤 手术器械常规消毒。术者左手提起小公猪的右后肢，左手无名指及小指将阉割刀握在手心内，并以拇指和中指、食指捏住猪的右膝襞处，使猪的背侧向着术者侧卧于地上，立即以左脚踩住猪颈部，右脚踩住猪尾部。

切口定位在阴囊缝际。术者左手手臂按压住猪后肢股部后方，使该后肢向上紧贴腹壁以充分暴露睾丸。用左手中指、食指和拇指捏住猪阴囊颈部，把睾丸推挤入阴囊底部，使阴囊皮肤紧张，固定好睾丸。右手持刀，在阴囊缝际两侧1～1.5cm 处平行缝际切开阴囊皮肤和总鞘膜，显露出睾丸。术者食指和拇指捏住阴囊韧带与附睾尾连接处，剪开附睾尾韧带，向上撕开睾丸系膜，充分显露精索后去掉睾丸的方法常用两种：小公猪可用理断法去掉睾丸。严禁将精索拉断或用刀切断，也要避免理几下就断，会造成精索断端的出血，这种出血因精索断端缩入腹股沟管内环内，向腹腔内出血，畜主不易察觉，一旦发现为时已晚。对大公猪精索用缝线贯穿结扎后去掉睾丸。在用缝线结扎精索时，在打完第一个结扣后，助手用止血钳钳夹结扣处，术者再打第二个结扣，当第二个结扣快打完时，才松开止血钳。然后用同法去掉另一侧睾丸。术后切口碘酊消毒，切口不缝合，松解保定。

2. 隐睾猪去势　隐睾猪在 2～6 月龄进行去势。保定方法与大母猪去势相同，切口部位在隐睾侧的髋结节向腹中线引一条垂线，术部是两线交叉点的上方 2cm 的腹壁上（单侧隐睾时），两侧隐睾时，在左侧前术部交叉点上方 2cm 处的腹壁上，也可在髋结节下方 5～10cm，相当于肷部的中央。切口长 3～5cm，皮肤切开后，钝性分离肌层。切开腹壁后，食指伸入腹腔在腹股沟管内环处探摸，找到椭圆形游离的睾丸，并用手指带出创口，然后，结扎精索，切除睾丸。其他方法同小公猪去势术。

（四）公犬去势术

1. 适应证　犬睾丸癌或经一般治疗无效的睾丸炎症，良性前列腺肥大和绝育。

2. 术前准备　注意犬有无体温升高、呼吸异常等全身变化，如有，则应等恢复正常后再进行去势。对阴囊、睾丸、前列腺、泌尿生殖道进行检查，若有感染，应在去势前一周进行抗生素类药物治疗，直到感染被控制后再进行去势。去势前剃去阴囊部及阴茎包皮鞘后 2/3 区域内的被毛。

3. 保定和麻醉　犬全身麻醉，仰卧保定，两后肢向后外方伸展固定，充分暴露阴囊部。

4. 手术步骤

（1）术者用两手指将两侧睾丸推挤到阴囊的最低部，在阴囊最低部位的阴囊缝际向前的腹中线上，做一 5～6cm 皮肤切口。术者用左手食指、中指推一侧阴囊后方，使睾丸连同鞘膜向切口内突出，并使包裹睾丸的鞘膜绷紧，固定睾丸，切开鞘膜，使睾丸从鞘膜切口内露出。术者左手抓住睾丸，右手用止血钳夹持附睾尾韧带并将其从附睾尾部撕下，右手将睾丸系膜撕开，左手继续牵引睾丸，充分显露精索。

（2）用三钳法在精索的近心端钳夹第一把止血钳，在第一把止血钳的近睾丸侧的精索上，紧靠第一把止血钳钳夹第二、三把止血钳。用 4～7 号丝线，紧靠第一把止血钳钳夹精索处进行结扎，当结扎线第一个结扣接近打紧时，松开第一把止血钳，并使线正好位于第一把止血钳的精索压痕，接着打紧第一个结扣和第二个结扣，完成对精索的结扎，剪去线尾。在第二把与第三把钳夹精索的止血钳之间，切断精索。用镊子夹持少许精索断端组织，松开第二把钳夹精索的止血钳，观察精索断端是否有出血，在确认精索断端没有出血时，才能松开镊子，将精索断端还原回鞘膜管内。

（3）在同一皮肤切口内，按上述同样的操作，切除另一侧睾丸。在显露另一侧睾丸时，切忌切透阴囊中隔。

（4）用4号丝线间断缝合皮下组织，用4～7号丝线间断缝合皮肤，然后打结，系绷带。

5. 术后护理　术后犬阴囊潮红和轻度肿胀，一般不需要治疗。伴有泌尿道感染和阴囊切口有感染的倾向者，在去势后应给予抗菌药物治疗。

四、母猪卵巢摘除术

母猪卵巢摘除方法常用的有大挑法（适用于15kg以上的母猪）和小挑法（适用于15kg以下的母猪）。

1. 大挑法

（1）适应证　适用于3月龄以上的母猪，手术前应停食12h。

（2）保定　右侧卧保定，背部朝向术者，术者右脚踩住猪颈部环椎翼，另一脚踩住猪的后肢或让助手保定猪两后肢。

（3）术部确定　在髋结节前下方5～10cm，相当于肷部三角区的中央，一般指压抵抗力小的部分为好。

（4）手术步骤　术部常规消毒，术者屈膝位于猪背侧，左手捏起膝皱褶，使术部皮肤紧张，右手持刀将皮肤切开3～4cm的弧形切口，右手食指或刀柄戳破腹部肌肉或腹膜，手指伸入腹腔，沿脊柱、腹侧壁，由前向后探摸左侧卵巢。摸到卵巢时，用指尖压住，沿腹壁向外钩出；钩卵巢的同时，用屈曲的中指、无名指按压腹壁，使卵巢不致滑脱。当卵巢达到切口时，插入刀柄协助钩出卵巢。拉出左侧卵巢后，伸入手指通过直肠下方到对侧探摸右侧卵巢，用同法取出卵巢。也可沿着子宫角拉出右侧子宫角，再向外直接取出右侧卵巢。分别结扎卵巢系膜及血管，于结扎线下1cm处摘除两侧卵巢，然后还纳子宫。也可在子宫体结扎，连同子宫角、卵巢一次全部摘除。

摘除卵巢后，皮肤、肌肉、腹膜全层用结节缝合3～5针。大母猪应先缝合腹膜，再缝肌肉及皮肤。术后8～10d拆线。

2. 小挑法

（1）术前准备　小挑花刀（适用于5～15kg小猪），长约13cm。阉割刀（适用于5～12kg小猪）。小猪应禁食12h，一般在清晨饲喂前手术为佳。

（2）保定　术者以左手捏住小猪的左后肢，将猪提起，并使其呈倒悬的姿势；用右手捏住左侧膝皱褶，使小猪右侧着地，背向术者。术者随即用右脚踩住小猪颈上部，并将其左后肢向后伸直，使小猪后躯呈半仰卧的姿势；用左脚踩住小猪后肢的跗部附近即可。

（3）术部确定　以左侧髋结节定位。术者以中指顶住左侧髋结节，然后以拇指压迫同侧腹壁，用中指顶住左侧髋结节垂直方向用力压下去，使左手拇指所压迫的腹壁与中指所顶住的髋结节尽可能接近，使拇指和中指的连线与地面垂直，此切口部位也相当于从膝皱褶向腹中线引一条垂线，此垂线下 1/3 与中 1/3 交界处，就是距离乳头 2～3cm 处即术部。

以左侧荐骨岬定位。最后腰椎横突与荐椎结合处的左侧荐骨岬在椎体的腹侧面形成一个小隆起，可用作定位的标志。将小母猪保定后，将膝皱褶拉向术者，在膝褶向腹中线引一条假想垂线上距左侧乳头 2～3cm 处，要求以左手拇指尽量沿腰肌向体轴垂直方向用力往下压，即可摸到该隆起。此时拇指端的压迫点即为术部。

（4）手术步骤　局部剪毛，5％碘酊消毒。术者右手拿刀，左手拇指用力按压术部，使肠挤向前和右侧，刀尖沿术者左手拇指指端的边缘做一长约 0.8cm 的纵形切口。然后，左手拇指稍松动或猪猛叫时使腹膜自动碰刀尖而破，也可用刀柄捣破腹膜。腹膜破裂后，左手拇指向下按压，猪的子宫角即随腹水自动跳出。如果不能自动跳出者，可用刀柄呈 45°角斜向前方伸入切口内，轻轻左右拨动，并捣破腹膜，在猪嚎叫时，随腹压的升高子宫角也随之涌出。钩取时，为免子宫角压在拇指下面时不易钩出，左手拇指可稍放松一下，以免子宫角压在拇指下面时不易钩出。若一次不出来，左手拇指一定要压紧，刀柄在腹腔内作弧形滑动，随着猪嚎叫和腹压急剧上升而使子宫角涌出。右手捏住脱出的子宫角及卵巢，轻轻向外拉，然后用双手的拇指、食指轮换向外拉，左右的其他三指交叉压近腹壁切口。当两侧卵巢和子宫全部拉出后，用手指挫断子宫体，将两卵巢和子宫一同除去。切口涂布碘酊，提起猪后肢，稍摆动一下即可放开自由活动。

五、犬、猫卵巢子宫切除术

1. 适应证　卵巢肿瘤、囊肿、子宫蓄脓经一般治疗无效，子宫肿瘤或伴有子宫壁坏死的难产、糖尿病、乳腺增生和肿瘤等治疗。注意不能与剖腹产同时进行；单纯的绝育手术只需摘除卵巢而不必切除子宫。绝育不能在发情、怀孕期间进行。

2. 术前准备　术前禁止饮水 2h 以上，禁止饲喂 12h 以上，进行全身检查；对因疾病进行手术的动物，术前应进行适当的对症治疗。

3. 保定和麻醉　全身麻醉，仰卧保定。

4. 手术步骤

（1）脐后腹中线切口，切口的大小依动物个体大小而定，显露腹腔；用小创钩将肠管拉向一侧，当膀胱积尿时，可用手指压迫膀胱使其排空，必要时可进行导尿或膀胱穿刺。

（2）术者手伸入骨盆前口找到子宫体，沿子宫体向前找到两侧子宫角并牵引至创口，顺子宫角提起输卵管和卵巢，钝性分离卵巢悬韧带，将卵巢提至腹壁切口处。

（3）在靠近卵巢血管的卵巢系膜上开一小孔，用三钳钳夹法穿过小孔夹住卵巢血管及周围组织，然后在卵巢远端止血钳外侧 0.2cm 处用缝线作一结扎，除去远端止血钳或者松开卵巢远端止血钳，在除去止血钳的瞬间，在钳夹处作一结扎；然后从中止血钳和卵巢近端止血钳之间切断卵巢系膜和血管，观察断端有无出血，可在中止血钳夹过的位置作第二次结扎，注意不可松开卵巢近端止血钳。

（4）将游离的卵巢从卵巢系膜上撕开，并沿子宫角向后分离子宫阔韧带，到其中部时剪断索状的圆韧带，继续分离，直到子宫角分叉处。

（5）结扎子宫颈后方两侧的子宫动、静脉并切断，然后尽量伸展子宫体，采用上述三钳钳夹法钳夹子宫体，第一把止血钳夹在尽量靠近阴道的子宫体上。在第一把止血钳与阴道之间的子宫体上作一贯穿结扎，除去第一把止血钳，从第二、三把止血钳之间切断子宫体，取出子宫和卵巢，松开第二把止血钳，观察有无出血，若有出血可在钳夹处作第二针贯穿结扎，最后把整个蒂部集束结扎。如果是年幼的犬、猫，则不必单独结扎子宫血管，可采用三钳钳夹法把子宫血管和子宫体一同结扎。

（6）清创后常规闭合。

5. 术后护理 创口处做保护绷带，全身应用抗生素，1 周内限制剧烈运动，给予易消化的食物。

第三章　畜禽常见代谢病和中毒病的诊疗

第一节　畜禽常见代谢病

一、佝 偻 病

佝偻病是生长快的幼畜和幼禽维生素 D 缺乏及钙、磷代谢障碍所致的骨营养不良性代谢病。本病常见于犊牛、羔羊和幼犬。

【病因】

（1）钙缺乏，主要是磷的过量摄入；磷缺乏，主要是钙的过量摄入。

（2）维生素 D 的缺乏，舍饲和缺乏光照的动物发病率高。

【诊断要点】早期呈现食欲减退，消化不良，精神不振，出现舔食或啃咬墙壁、地面泥沙等异嗜癖。病畜卧地，发育停滞，消瘦，不愿起立和运动，常跪地，颤抖。出牙期延长，齿形不规则，齿质钙化不足，齿面易磨损、不平整。犊牛和羔羊严重时，口腔不能闭合，流涎，进食困难。最后，患畜面骨、躯干和四肢骨骼变形，四肢骨弯曲变形呈 O 形或 X 形。间或伴有咳嗽、腹泻、呼吸困难和贫血。血清钙、磷水平及碱性磷酸酶活性的变化，也有参考意义。

【防治】

（1）预防

①保持舍内干燥温暖，光线充足，通风良好，保证适当的运动和充足的阳光照射，给予易消化富有营养的饲料。

②调整日粮组成，日粮应由多种饲料组成，注意钙、磷平衡，饲喂富含维生素 D 的饲料。

（2）治疗

①对症治疗，调整胃肠机能给予助消化药和健胃药。

②有效治疗药物是维生素 D 制剂（鱼肝油、维丁胶性钙），用维生素 D 制剂拌料饲喂或皮下、肌内注射，或按产品说明使用。

病例一：幼犬，体重 3.5kg，精神差，四肢变形。

肌内注射：①维生素 D 胶性钙注射液 0.5～1mL。②地塞米松酸钠注射液 1mg。以上 1 次/d，连用 7d。

病例二：犊牛，表现异嗜癖，消化机能紊乱，跛行、喜卧地。站立时两前肢腕关节向外侧方凸出。呈内弧圈状弯曲，两后肢跗关节内收，呈八字形叉开，肋骨的胸骨肿大如串珠状，脊背隆起（拱背）。

肌内注射：①维生素 D_2 注射液 1 000～2 000IU，或维生素 AD（鱼肝油）注射液 10mL。②维生素 D 胶性钙注射液 10mL。以上 1 次/d，连续注射 3～5d。

静脉注射：10%葡萄糖酸钙注射液 30～50mL，补充钙质，2d1 次。

二、骨 软 症

骨软症是发生在软骨内骨化作用已经完成的成年动物的骨营养不良症。

【病因】

（1）长期饲喂精料和多汁饲料而没有补充钙质、骨粉等。

（2）饲料中钙、磷比例不当。

（3）母畜妊娠期和哺乳期，需要大量钙、磷供应胎儿和仔畜，而使母畜体内钙、磷缺乏。

（4）长期消化不良，维生素 D 不足以及长期缺乏阳光照射等。

【诊断要点】临床特征是消化紊乱、异嗜、跛行及骨骼变形。配合日粮组成分析以及补钙治疗效果显著不难识别。血清生化变化为碱性磷酸酶活性升高，血钙浓度增加而血磷浓度下降。

【防治】

（1）预防

①注意日粮中钙、磷比例和绝对含量，并注意补充维生素 D_3。

②定期或不定期进行检查，尤其注意发现亚临床症状的病畜。

③给予适当的日光照射。

（2）治疗

①早期出现异嗜癖时，针对饲料中钙、磷不足，可采取补饲措施，如骨粉、贝壳、脱氟磷酸氢钙、青绿饲料、优质干草等。

②静脉注射 20%葡萄糖酸钙注射液 500～1 000mL 或 10%氯化钙注射液 100～200mL。

③口服磷酸二氢钠，每 100kg 精料中加入 0.5～1kg 可使骨密度明显增加。

病例一：幼犬，表现异嗜和四肢弯曲等症状。

①肌内或皮下注射维生素 D 胶性钙注射液 1～2mL；或维生素 AD 注射液 1～2mL；以上用药每天 1 次，连用 3～5d。

②加强饲养管理，定期补充维生素 D 和钙制剂。

病例二：母猪，体重 50～70kg，病初表现不愿活动，喜睡、异嗜，站立时后肢交替负重，行走轻度跛行。稍后起立困难，食欲减少或废绝，粪便多呈算盘珠样，触诊四肢则嚎叫不已，心律不齐。

①口服维生素 D 制剂或钙剂 2～3g，静注氯化钙或葡萄糖酸钙 100～200mL。②肌内注射维生素 D_2 2 500～5 000IU。

三、青草搐搦

青草搐搦又名低镁性抽搐，是指反刍动物在采食幼嫩的青草或单子叶植物（谷物）后，突然发生的一种高度致死性疾病。

【病因】

（1）幼嫩的青草中含镁极少，钾、氮含量相对较多，制约了镁的正常吸收，使畜体内含镁减少。

（2）饲料搭配不当，饲养不合理。饲料和饮水中钙、镁含量低，而食盐过多。

（3）青草中微量元素含量不平衡及内分泌紊乱和消化道疾病，影响镁吸收。

【诊断要点】临床上以兴奋、痉挛等神经症状为特征。表现心动过速、心音亢进、尿频、呼吸加快，实验室检查血镁明显降低。

【防治】

（1）预防

①加强草场管理，对镁缺乏土壤应施用含镁化肥，控制钾肥施用量，防止破坏牧草中镁、钾之间平衡。

②在寒冷、多雨和大风等恶劣天气放牧时，应避免应激反应，防止诱发低镁血症。

（2）治疗

①对症治疗，强心、止泻和保肝。

②补充镁和钙制剂。

病例一：荷斯坦奶牛，表现惊恐不安、站立不稳、双耳直立、磨牙、口角有泡沫、饮食、反刍停止、眼球颤动、呼吸急、心跳快、体温 39.8℃。

缓慢静滴：①25％葡萄糖酸钙注射液 500mL＋20％硫酸镁注射液 200mL。②25％硫酸镁注射液 400mL＋10％葡萄糖注射液 2 000mL＋25％硼酸葡萄糖酸钙注射液 500mL。1 次/d，连用 3d。

病例二：夏季放牧羊，精神不振，行走不稳，轻瘫，唇边有泡沫，牙关紧闭，肌肉及眼球震颤，后肢搐搦。

缓慢静滴：①10％氯化钙 100mL＋10％安钠咖 20mL；②10％葡萄糖酸钙 200mL＋25％硫酸镁 50mL＋10％葡萄糖 100mL。1 次/d，连用 3d。

四、运输死亡

运输死亡是动物在运输过程中发生的死亡现象。

【病因】

（1）运输中因着凉、过热、挤压、禁食、装卸、驱赶等原因。

（2）应激所致的混合感染和潜伏的疾病发生。

【诊断要点】 病史、发生应激反应典型症状结合剖检病变进行综合诊断。羊在运输过程中由于禁食常发生麻痹、后肢跨向外方、趴卧姿势为特征的低钙血症。

【防治】

（1）预防

①加强饲养人员的责任心，降低家畜应激反应的发生。

②严格各项检疫操作规程，严格执行防疫和疾病防治的措施。

③给予适量饮水和口服补液盐，预先口服维生素 C 及复合维生素 B。

（2）治疗

①静脉注射 10% 的葡萄糖酸钙 50～100mL。

②强心、补液和对症治疗。

五、微量元素缺乏症

畜禽体内检出的元素有 70 余种，其中必需元素 26 种。在体内含量高于 0.01% 的为常量元素，有氢、氧、氮、碳、钙、磷、钾、钠、氯、硫、镁等 11 种；低于 0.01% 的为微量元素，有铁、碘、铜、锰、锌、钴、钼、硒、铬、锡、氟、硅、镍、钒、砷等 15 种。必需元素参与机体代谢，缺乏时引起生理生化变化，补充后可以恢复。当某一元素在体内浓度低于生理需要时，机体的有关代谢、器官功能与形态就要受到不同程度的影响或损害；相反如果超过生理需要量乃至明显升高时，则可导致不同程度的中毒反应甚至死亡。因此在使用微量元素时要严格控制其用量。微量元素在体内主要是作为多种酶的辅酶而发挥作用。由于不能在体内合成，微量元素必须从饲料中获取，因此其营养意义更为重要。

（一）铜缺乏症

铜缺乏症多见于放牧牛、羊，往往大群发生或呈地方流行性，是一种慢性地方病。临床上以贫血、腹泻、运动失调及被毛褪色为特征。本病在一定地区可给畜牧业造成巨大的经济损失。

在新疆、内蒙古发现的羊"摆腰病"，羊群发病率高达 80% 以上，病死率 60% 左右，都为铜缺乏所致。

【病因】 原发性缺铜主要是饲料或牧草中铜不足所致。牧草干物质含铜低于 3mg/kg 就可引起反刍动物铜缺乏症。牧草饲料铜不足的原因有两种：一是土壤含铜低于 6～15mg/kg；二是土壤中钼含量过高，颉颃铜引起铜缺乏症。牧草钼在 3mg/kg 以下是安全的。反刍动物饲料中铜、钼比应为 6～10：1，若降至 2：1 就会出现钼中毒，继发铜缺乏。此外锌、锰、硫、硼过多，均对铜有颉颃作用。

【诊断要点】主要是贫血、运动失调、骨与关节变形、被毛退色等一系列变化。运动失调是牧区羔羊缺铜的典型症状，主要是胚胎时期缺铜影响了神经系统的发育，出现"摆腰病"。被毛退色、角质化生成受损是牛羊缺铜的又一特点。

不同动物缺铜的临床特点如下：

（1）牛　慢性缺铜除营养不良，被毛退色外，还可表现出癫痫症状，不断哞叫，作圆圈运动，重者肌颤倒地，很快死亡。

（2）犊牛　生长发育缓慢，关节变形，运动障碍，持续腹泻，排黄绿色或黑色水便。

（3）羊　运动障碍，羊毛弯曲度下降，变平直，黑毛退色变为灰白色。羔羊后躯摇摆，重者后躯瘫痪，最后饥饿死亡。

（4）猪　四肢发育不良，关节不易固定，呈犬坐姿势，个别出现共济失调。

（5）马　幼驹生长受阻，四肢僵硬，关节肿大，运动障碍。

（6）鸡　长期缺铜产蛋率明显下降，孵化率低，胚胎易出现死亡。

根据病史、临床主要症状如贫血、运动障碍、骨质异常、被毛退色以及土壤、饲料及肝铜测定可确诊。

【防治】

（1）预防　整群动物补饲含微量元素的盐砖（$CuSO_4$ 含量约 0.5％），供家畜自由舔食，可常年使用。

饲料中添加硫酸铜。饲料中铜的需要量：牛、羊 5～10mg/kg，小猪 12～15mg/kg，大猪 6～10mg/kg，鸡 5mg/kg。饲料铜不足上述指标时可添加到此量。硫酸铜有一定毒性，量大可引起中毒。

（2）治疗　内服 1％硫酸铜水溶液，羊 10～20mL，牛 250～300mL，猪 20～30mL，1 次/d，连续使用 2～3 周。

（二）锌缺乏症

锌广泛存在于机体各组织，动物体内约为 0.003％。锌的生理作用广泛，主要是：酶的组成成分；维持细胞膜完整性；促进生长发育和组织再生；与胰岛素、性激素等激素活性有关；增强免疫功能；促进维生素 A 代谢。

【病因】土壤锌不足是发病的主要原因。正常土壤含锌 30～100mg/kg，当土壤含锌低于 30mg/kg、饲料锌低于 20mg/kg 时，动物易发生缺锌症。饲料中钙、铁、镁等太多，会颉颃锌的吸收。

【症状】

（1）生长发育受阻　动物味觉减退，进食减少，增重下降或停止，特别是快速生长的鸡、猪对锌缺乏敏感。

（2）皮肤角化不全或角化过度　猪皮肤角化不全主要见于口、眼周围以及阴囊等部位，有时皮肤发生炎症、湿疹。反刍动物还可见脱毛、瘙痒，角的环状结构消失。牛蹄叉腐烂，蹄炎，蹄变形等。禽类皮肤出现鳞屑或发生皮炎。

（3）骨质发育异常　主要表现软骨细胞增生引起骨骼变形，长骨变短变粗，关节肿大僵硬。

（4）繁殖机能障碍　公畜睾丸萎缩，精子生成障碍。母畜不易受胎、早产、流产、死胎等。鸡产蛋率及孵化率显著降低，病死率高。

（5）毛羽质量改变　绵羊羊毛丧失卷曲，且易大面积脱落。家禽羽毛蓬乱无光，换羽缓慢。

（6）创伤不易愈合　缺锌动物发生外伤，皮肤黏蛋白、胶原及脱氧核糖核酸合成能力下降，致使伤口愈合缓慢。

【诊断要点】猪、牛、羊血锌正常为 $800 \sim 1\,200 \mu g/L$，严重缺锌时，可下降到 $400 \sim 200 \mu g/L$。饲料锌低于 $10mg/kg$ 易引起锌缺乏症。根据临床症状、饲料、血清锌含量可作出诊断。

【防治】补充硫酸锌有很好的防治效果。治疗时可根据实际缺锌程度确定适当用量。预防时可根据动物生长快慢、生产性能等适量添加。饲料锌参考值牛、猪 $40 \sim 80mg/kg$，羊 $20 \sim 40mg/kg$，鸡 $50 \sim 100mg/kg$。日粮中钙含量以 $5 \sim 6g/kg$ 为好，再高就会影响锌的吸收。

（三）锰缺乏症

动物体内锰约占 $0.000\,5\%$。锰对生长发育、繁殖及某些内分泌机能均有作用，缺锰可导致软骨生长受损，骨骼发育畸形。

【病因】原发性缺锰主要是区域性土壤缺锰所致，但绝大部分土壤及饲料中并不缺锰。机体缺锰主要是饲料中其他成分（如钙、磷、铁等）过多影响了锰的吸收利用。

【症状】本病主要特点是骨骼变短变粗，叫骨短粗症或滑腱症。鸡特征明显，跗关节粗大变形，胫骨扭转、弯曲，长骨短缩变粗，腓肠腱从其踝部滑脱，不能站立。产蛋鸡蛋壳硬度下降，孵化率低。猪腿短粗，弯曲，跗关节肿大，跛行。牛、羊四肢变形，关节肿大，运动障碍。缺锰还可引起繁殖机能障碍，如发情期延长、不易受精等。

【诊断】主要根据病史及特征性临床症状进行诊断。必要时应进行组织器官锰的测定。母鸡开始产蛋后血浆锰不断上升，19 周龄为 $30 \sim 40 \mu g/L$，25 周龄为 $85 \sim 91 \mu g/L$。牛血锰 $180 \sim 190 \mu g/L$，肝锰 $8 \sim 10mg/kg$，牛、羊毛锰正常为 $8 \sim 15mg/kg$。

【防治】给富锰饲料，青绿、块根饲料作用良好。干饲料以小麦、大麦、糠麸为佳。防治雏鸡缺锰可在 $100kg$ 饲料中添加硫酸锰 $10 \sim 20g$，或用 $1:3\,000$ 的高锰酸钾饮水。

（四）硒缺乏症

硒是机体不可缺少的微量元素，可以预防小鸡的渗出性素质，仔猪、羔羊及犊牛的白肌病。

饲料中硒含量在鱼粉中较高（3mg/kg），叶类 0.1～0.5mg/kg，饼粕、糠麸0.08～0.16mg/kg，谷类最低（如玉米为 0.02mg/kg）。

【病因】原发性硒缺乏主要是饲料含硒不足，动物对饲料硒的要求是 0.1～0.2mg/kg，低于 0.05mg/kg 就可出现硒缺乏症。土壤硒低于 0.5mg/kg 时，种植的植物含硒量便不能满足动物机体的需求。碱性土壤硒易被植物吸收，饲料中的硒能否被充分利用，受到铜、锌等元素的制约。维生素 E 不足也易诱发硒缺乏症。

本病多发于冬末、春季，主要侵害幼畜，不同动物病症不同。

（1）白肌病　是一种幼畜以骨骼肌、心肌纤维及肝脏发生变性坏死为特征的疾病，病变部位肌肉色淡、苍白。多发于羔羊、犊牛、仔猪，冬春气候骤变、缺乏青绿饲料时发病率、病死率高，呈地方流行性。

①症状：可分为急性、亚急性、慢性型。

急性型：动物突然死亡，剖检主要是心肌营养不良。症状表现为兴奋不安，心动过速，呼吸困难，有泡沫血样鼻液流出，半小时内死亡。

亚急性型：机体衰弱，心衰，运动障碍，呼吸困难，消化不良等。

慢性型：生长发育停滞，心功能不全，运动障碍，并发顽固性腹泻。

运动障碍主要表现为幼畜卧地，四肢僵硬，站立不稳，躯体摇摆。重者可见肌颤，跛行，共济失调。

心力衰竭表现为心跳快，心律不齐。在外界刺激下可出现急性心衰，猝死。

羔羊：以 14～28 日龄多发，病死率高，全身衰竭，共济失调，可视黏膜苍白、黄染，结膜炎，每分钟心跳 200 次以上，呼吸 80～100 次，腹泻。

犊牛：精神沉郁，卧地，心颤，每分钟心跳 140 次，呼吸 80 次，结膜炎，角膜混浊，心衰，肺水肿，死亡。

仔猪：多发于 3～5 周龄，急性突然死亡，亚急性、慢性运动障碍，跪地或犬坐姿势，最后衰竭死亡。

雏鸡：21～28 日龄发病，贫血，冠苍白，角膜变软，卧地不起。

②剖检：主要是骨骼肌变性、色淡，呈灰黄色条状、片状等。心扩张，心肌内外膜有黄白、灰白条纹状斑。猪、鸡脑软化。

③诊断：综合缺硒病史，临床症状，饲料、组织硒含量分析，病理剖检，用硒制剂治疗显效可作出诊断。

④预防：

近期预防：冬春注射 0.1％亚硒酸钠，猪、羊 4～6mL，牛、马 10～20mL。

对草食动物补充适当精料。

远期预防：应保证饲料含硒量在 $0.1\sim0.2mg/kg$，达不到这一水平，就要采取适当措施。牛、羊使用舔砖，猪、鸡饲料加硒，还可定期饮水补硒。

⑤治疗：用 0.1%亚硒酸钠皮下或肌内注射，仔猪、羔羊 $2\sim4mL$，犊牛 $5\sim10mL$。同时可向饲料中加入维生素 E，犊牛 $300\sim500mg$，羔羊、仔猪减量。鸡可用 1%亚硒酸钠饮水。

（2）仔猪肝营养不良与桑葚心

①症状：仔猪肝营养不良多见于 21 日龄至 4 月龄小猪。急性者突然死亡；慢性者呼吸困难，黏膜发绀，贫血、消化不良，腹泻等。冬末春初易发，病死率高。桑葚心猪外表健康，突然搐搦而死，皮肤可出现紫红色斑点。

②剖检：肝脏形成花肝，表面隆起，粗糙不平。心扩张，心肌出血呈紫红色，外观似桑葚样。

③诊断要点：根据症状、剖检、饲料及内脏含硒作出诊断。

④防治：发病区给仔猪肌内注射 0.1%亚硒酸钠 $1mL$ 或亚硝酸钠维生素 E $1\sim2mL$，饲料硒不足可添至 $0.1mg/kg$。母猪产前注射 0.1%亚硒酸钠 $1mL$，维生素 E $500\sim1\,000IU$。

（3）雏鸡渗出性素质　是因饲料缺硒或维生素 E 引起，以腹部、翅下、大腿皮下水肿为特征，$28\sim42$ 日龄小鸡多发，又称小鸡水肿病。

该病以毛细血管中液体成分渗出为特征。小鸡胸腹下出现淡蓝色水肿，精神沉郁，共济失调，卧地不动，贫血衰竭死亡。防治时饲喂配合全价日粮，治疗时注射 0.005%亚硒酸钠 $1mL$ 或亚硝酸钠维生素 E $0.1\sim0.2mL$，同时饲料中加入亚硒酸钠 $0.1mg/kg$。

（五）钴缺乏症

钴缺乏症是由于土壤和饲料中钴不足引起的以食欲减退、异食癖、贫血和进行性消瘦为特征的慢性地方性疾病。以放牧的反刍动物多见，羔羊最敏感，其次是绵羊、犊牛、成牛，其他动物少见。

【病因】主要是土壤钴不足，导致牧草、饲料钴缺乏。饲料含钴在 $0.5\sim1.5mg/kg$ 时，动物不会缺钴；牧草钴低于 $0.07mg/kg$ 时，绵羊出现临床症状；低于 $0.04mg/kg$ 时，牛出现临床症状。

钴在体内生化作用很多，除与一些酶活性有关外，能改善基础代谢，有利于糖与氮的吸收，参加维生素 A、B 族维生素、维生素 C、维生素 D 的合成，特别是参与维生素 B_{12} 的合成，在血液及骨髓形成过程中起重要作用。

钴不足时，反刍动物瘤胃微生物合成维生素 B_{12} 障碍，影响瘤胃正常消化吸收机能，因此，钴缺乏对反刍动物的健康影响很大。

【症状】反刍动物缺钴为慢性过程，病程可长达数月至两年。主要表现营养不良，消瘦；被毛粗乱无光，换毛推迟；皮肤缺乏弹性，肌肉萎缩；肋骨外突，骨棱外露；生产性能降低。严重者贫血、黄疸，瘤胃功能不全，粪便干硬、有黏液。出现恶病质时，持久顽固腹泻。此外，缺钴的特征症状是动物食欲减退的同时，出现异食癖。

【诊断要点】根据临床症状，结合土壤、饲料及组织钴含量分析可诊断。

实验室检验可见红细胞减少，可降至 $40 \times 10^{12}/L$，血红蛋白降至 45g/L。乳汁维生素 B_{12} 母牛低于 $4\mu g/L$、母羊低于 $1.4\mu g/L$。

【治疗】用钴盐添加剂、硫酸钴、氯化钴均可。成牛 30～40mg，犊牛 10～20mg，绵羊 2.5～5mg，羔羊减半。症状严重时，配合肌内注射维生素 B_{12} 进行治疗，羊 100～300μg，每周 2～3 次。

【预防】

（1）饲料添加钴制剂，每天牛 0.3～1mg，羊 0.1mg。

（2）改良低钴土壤，用硫酸钴施肥。

（3）瘤胃内放置钴丸，可缓慢吸收。

六、维生素缺乏症

维生素主要存在于天然食物中，机体需要量不大，但需要不断供给。如果机体长时间缺乏某种维生素，就会发生相应的缺乏症。

脂溶性维生素的特点是日粮中含脂肪时易吸收，吸收后主要贮存在脂肪组织，贮存期长，短期缺乏不会引起缺乏症。水溶性维生素贮存量少，必须不断供给，否则易发生缺乏症。

（一）维生素 A 缺乏症

维生素 A 缺乏症的临床特点是生长发育不良，视觉障碍，器官黏膜损害。常见于犊牛、幼禽，也可见于成牛、奶牛、育肥牛、猪等。主要发生于冬春青饲料不足的季节。

【病因】

（1）饲料中缺乏　植物中的维生素 A 主要以维生素 A 原（即胡萝卜素）的形式存在。青干草、胡萝卜、黄玉米等富含维生素 A，而棉子、马铃薯、甜菜根、米糠、麸皮等缺乏。

（2）饲料贮存不当　牧草饲料在高温、潮湿环境中贮存，或被日光曝晒，或酸败、氧化等均使维生素 A 受到破坏。

（3）机体胃肠、肝脏功能不全　腹泻、瘤胃角化不全或角化过度等，均可使维生素 A 吸收减少；肝脏功能不全将影响维生素 A 的贮存代谢。

【症状】从饲料缺乏维生素 A 到出现症状，要经历肝贮存维生素 A 的消耗过程，当肝脏中的维生素 A 不能维持血液维生素 A 的浓度并下降到一定程度时，才出现临床症状。

（1）禽　禽类对维生素 A 缺乏很敏感，尤其是幼禽和种禽更为明显。幼禽主要是生长发育受阻。成鸡食欲减退，生长受阻，羽毛粗乱，上下喙交错，眼睛角膜过度角化，干眼病，失明，或有黏性分泌物把上下眼睑粘到一起。

（2）反刍动物　牛表现食欲减少，体重减轻，被毛粗乱，皮肤鳞片状。绵羊毛产量下降，视网膜退化，角膜炎，夜盲，重者失明。共同表现为运动失调，惊厥，脑水肿；公畜生殖机能下降，如精子数量少、活力低；母牛发情周期紊乱，卵巢萎缩，不易受胎，易流产或死胎；犊牛出生后生存力弱，或瞎眼、畸形、早死等；易发生尿道结石。

（3）猪　皮肤干燥、角化、被毛粗乱；干眼病，重则失明；运动失调，惊厥；母猪不发情，流产，死胎，畸胎；仔猪生长发育停滞等。

【诊断要点】根据饲养病史、临床特点可作出初诊，确诊需要进行肝、血液维生素 A 及胡萝卜素测定。正常血浆维生素 A 在 $100\mu g/L$ 以上，降至 $50\mu g/L$ 可出现症状。

【防治】维生素 A 在油脂中易氧化，故饲料中维生素 A 随时间推移活性不断下降，维生素 A 最好现加现喂，猪、禽可添喂微型胶囊。牛、羊可在冬春补给胡萝卜。

动物维生素 A 要求每天至少每千克体重 30IU，胡萝卜素每千克体重 75IU。要使维生素 A 在肝脏有所贮存，量要加倍。小鸡对维生素 A 缺乏敏感，饲料至少要加到 1 200IU/kg，产蛋鸡、肉鸡加倍。牛冬春枯草期应加 1 万 IU/kg。如出现症状可皮下注射维生素 A 2.5 万～5 万 IU，或鱼肝油 5～10mL。

（二）B 族维生素缺乏症

B 族维生素属水溶性维生素，共有 9 种，它们是维生素 B_1（硫胺素）、维生素 B_2（核黄素）、维生素 B_3（泛酸）、维生素 B_4（胆碱）、维生素 B_5（烟酸或尼克酸）、维生素 B_6（吡哆醇、吡哆醛、吡哆胺）、维生素 B_{11}（叶酸）、维生素 B_{12}（钴胺素）、维生素 H（生物素）。B 族维生素由于它们的水溶性特点，在机体每天排出大量水分的同时，也带走一定量的维生素，因此 B 族维生素必须每天从日粮中获取，否则易发生缺乏症。瘤胃健全的反刍动物能通过胃肠道微生物合成 B 族维生素，基本上不会缺乏。禽、猪等动物肠道合成量不足以满足机体需要，应从饲料中不断补充，缺乏时可注射 B 族维生素进行治疗，也可在饲料或饮水中添加补充。

（三）维生素 C 缺乏症

在自然饲养条件下，动物一般很少发生维生素 C 缺乏症，原因是动物体内能合成机体所需要的维生素 C。维生素 C 缺乏是条件性的，即当机体对维生素 C 的需要量显著增加或消耗量过大时易发生维生素 C 缺乏症。如热性传染病、寄生虫疾病等。维生素 C 缺乏主要表现黏膜自发性出血等。

集约化养鸡环境温度高，机体对维生素C要求量增加，饲料中应适当补充，以利于生产性能的发挥及增强抗病力。

（四）维生素D缺乏症

维生素D在干草中含量丰富，谷物中缺乏。动物靠饲料或日光照射获得供应，猪、禽在长期舍饲和以谷物作饲料时易患维生素D缺乏症。

1. 佝偻病　是维生素D与钙缺乏时在幼龄动物中发生的疾病。其特征是生长中的骨骼骨化过程受阻，长骨因负重而弯曲，骨端膨大，肋软骨交接处出现圆形膨大的佝偻珠。骨骼疏松，出牙不规则，磨灭迅速。大头，短腿，贫血，发育不良。鸡蛋壳脆弱易破裂等。

2. 骨软症　奶牛常见，是因维生素D、钙、磷缺乏，使成熟的骨骼中钙盐被吸收所致。奶牛在泌乳和妊娠时易发。

防治维生素D缺乏症，主要是要给予富含矿物质的饲料，可补充骨粉、鱼肝油等。治疗可肌内注射维生素A、维生素D等。

（五）维生素E缺乏症

维生素E又称生育酚。动物缺乏维生素E时的主要临床表现特征是肌营养不良和繁殖障碍。

【病因】饲料中缺乏维生素E，如长期给不良干草、干稻草、块根食物，其维生素E含量少。而油料种子、植物油及麦胚等含维生素E十分丰富。缺乏维生素E的另一因素是饲料中不饱和脂肪酸、矿物质等可促进维生素E的氧化。

维生素E是一种生理性抗氧化剂，可防止细胞膜上的脂类物质被氧化破坏，保证细胞膜的完整性，延长红细胞的寿命。维生素E可提高维生素A的利用率，能保护心肌、骨骼肌，促进细胞复活，防止肝坏死、肌萎缩，还有利于受胎，防止流产，提高繁殖力等。

【症状】

（1）禽　主要表现有脑软化引起共济失调、运动障碍等。渗出性素质造成皮下水肿，胸肌营养不良。

（2）猪　仔猪生长缓慢或停滞。母猪缺维生素E产下的仔猪肌肉无力，贫血，共济失调，肌营养不良，四肢麻痹。生长猪肌营养不良，心衰，肝坏死，突然死亡。妊娠母猪流产，死胎。公猪生殖力下降。

（3）犊牛、羔羊　犊牛、羔羊肌营养不良，白肌病，肌萎缩，心肌变性可致突然死亡。

【诊断要点】根据临床症状、剖检变化，结合血清学进行诊断。

【防治】肌内注射亚硒酸钠维生素E或饲料中添加生育酚。

部分畜禽营养代谢病的临床鉴别诊断见表3-1。

表 3-1　部分畜禽营养代谢病的临床鉴别诊断表

病　　名	主要病因	主要临床症状及典型病理变化
绵羊妊娠毒血症	妊娠母羊缺乏碳水化合物等营养物质	妊娠后期发病，瞳孔散大，角膜无反应，体温不高，呼出的气体有丙酮味（烂苹果味）；同群公羊和非妊娠羊不发病；肝肿大，切面土黄色；高度营养不良（皮下及肠系膜脂肪消失）；解剖过程中有丙酮气味
酮病	精、粗饲料配比不当	多见于冬季舍饲奶山羊和高产奶牛或母羊泌乳的第一个月；尿量减少，易形成泡沫，有特异的醋酮气味（烂苹果味）；乳汁亦有此味；肝区叩诊区扩大并有痛感；剖检见肝脏脂肪变性，肿大
佝偻病	维生素 D 缺乏或不足	幼龄动物易发，消化紊乱，异嗜，跛行，骨、关节肿大、变形、质软，骨钙化不全
骨软症	钙、磷代谢障碍，以缺磷为主	成年动物多发，消化障碍，异嗜，跛行，长骨变形，骨端膨大，肋骨、肱骨易发生骨折
维生素 A 缺乏症	饲料中胡萝卜素或维生素 A 含量不足，或饲料加工贮存不当使其遭到破坏，或饲料脂肪含量不足，影响其吸收	表现为皮肤粗糙、皮屑增多、咳嗽、腹泻；严重病例表现运动失调，步态摇摆，随后失控，最终后肢瘫痪；有的行走僵直，脊柱前凸，痉挛和极度不安；后期发生夜盲症，视力减弱和干眼；妊娠畜常出现流产和死胎，或产出的仔猪瞎眼、畸形（眼过小）、全身性水肿、体弱、易患病和死亡
维生素 B_1 缺乏症	饲料中维生素 B_1 供给不足，或饲料加工调制不当使维生素 B_1 损失，或胃肠机能紊乱、长期腹泻及使用抗生素破坏肠道正常菌群	表现为食欲不振，被毛粗乱无光，皮肤干燥，易于疲劳，心跳浅快，生长发育缓慢；严重的或幼畜呕吐，腹泻，皮肤和黏膜发绀，生长停滞，心动过速，呼吸困难，急剧消瘦，突然死亡；有的患畜表现少卧喜动，后肢跛行，甚至四肢麻痹，目光斜视，转圈，阵发性痉挛，眼睑、颌下、胸腹下、股内侧水肿
维生素 B_2 缺乏症	饲料中缺乏青绿植物或因消化系统疾病使维生素 B_2 消化吸收障碍；长期使用抗菌药破坏体内菌群；妊娠或哺乳母猪，及生长期仔猪因需求量增加引起相对缺乏	发病初期生长缓慢，消化紊乱，被毛粗乱无光，全身或局部脱毛，皮肤干燥，可见红斑、丘疹、鳞屑、皮炎、溃疡等症；眼结膜损伤，眼睑肿胀，角膜发炎，晶体混浊，甚至失明；呕吐，腹泻，步态强拘，运动失调，不愿行走；繁殖泌乳期母畜，食欲不振，体重减轻，早产或死胎；新生仔畜无毛、畸形或衰弱，一般出生后不久即死亡
青草搐搦	低镁血症	又称低镁性抽搐；初春畜群转入放牧吃多汁、幼嫩的单子叶植物苗（如麦苗）时发病，以强直性和阵发性肌肉痉挛、惊厥、呼吸困难和急性死亡为特征；单独给钙剂无效，需同时补镁
运输死亡	低钙血症	动物在运输过程中，常因装卸而发生死亡；特征是麻痹，后肢跨向外方，呈趴卧姿势；为低血钙所致
产后瘫痪	各种引起产后血钙降低的因素	低钙血症；分娩后不久突然轻瘫，四肢麻痹，卧地不起，昏迷和体温下降；钙制剂治疗效果显著
锌缺乏症	日粮中锌不足，或干扰物质过多	生长发育受阻，皮肤龟裂，皮屑多，蹄变形，骨骼发育异常和创伤愈合延迟；流涎；口腔、网胃和真胃黏膜肥厚，胃角化不全

（续）

病　名	主要病因	主要临床症状及典型病理变化
硒缺乏症（白肌病）	饲草和饲料中硒和维生素 E 含量不足	临床上以运动障碍、心脏衰弱、渗出性素质和神经机能紊乱为主要特征；成年母畜繁殖障碍 　运动后突然死亡，死前心率可达 150～200 次/min，体温正常；触诊背部、臀部肌肉肿胀，比正常肌肉硬，病变部位对称；剖检见骨骼肌色淡，呈鱼肉样或煮肉样，双侧对称；见"虎斑心"或"槟榔肝"病变
钴缺乏症	钴摄入不足	生长发育不良，消瘦、贫血及胃肠卡他；肌肉退色，肝肿大，脂肪肝，脾脏沉积血铁黄素
铜缺乏症	日粮中铜含量不足或利用率低	主要发生于羔羊，又叫摆腰病；以贫血、腹泻、骨骼异常、运动障碍和被毛退色为特征；驱赶时后肢运动失调，后躯摇摆，极易摔倒，快跑或转弯时尤明显；剖检见肝、脾和肾有大量含铁血黄素沉着

第二节　畜禽常见中毒病

一、铜中毒

　　铜中毒是动物因一次性摄入大剂量铜化合物，或长期食入含过量铜的饲料或饮水，引起的腹痛、腹泻、肝功能异常和溶血危象，称为铜中毒。羔羊、鹅最敏感，其次是绵羊、山羊、犊牛、牛等反刍动物。

　　【病因】

　　（1）因一次性误食或注射大剂量可溶性铜盐等意外事故引起。

　　（2）环境污染或土壤中铜含量太高，牧草中铜含量偏高，长期饲喂可引起慢性铜中毒。

　　【诊断要点】

　　（1）询问病史和临床症状。急性铜中毒时，有明显的腹痛、腹泻，惨叫，频频排出稀水样粪便，有时排出淡红色尿液。粪便中含绿色至蓝色黏液。呼吸增快，脉搏频数，可视黏膜淡染，贫血。后期体温下降、虚脱、休克，3～48h死亡。剖检见真胃糜烂或溃疡，组织黄染。肾脏肿大呈青铜色，尿呈红葡萄酒样。脾脏肿大，实质呈棕黑色。慢性铜中毒表现食欲减退，口渴，突发血红蛋白尿、黄疸或休克。

　　（2）测定饲料、饮水中铜含量，测定肝、肾、血浆中铜含量。

　　【防治】

　　（1）预防　停止铜供给，采食易消化的优质饲料。每千克日粮中补充100mg钼酸铵和1g无水硫酸钠或2g的硫黄粉，拌匀饲喂，连续数周，直至粪便中铜降至正常值。

（2）治疗　用三硫或四硫钼酸钠溶液，每千克体重 0.5～1mg，稀释成 100mL 溶液，缓慢静脉注射。

病例一：仔猪，表现出食欲减退，精神沉郁，呕吐，腹泻，粪便呈青绿色，皮肤苍白、发黄，卧地不起，呼吸困难，浑身颤抖，体温下降等症状。

①停喂原购浓缩料配合的日粮，改喂新饲料。

②肌内注射 10%～20% 硫代硫酸钠液每 50kg 体重 10mL。1 次/d，连用 3d。

③强心、利尿、补肾、保肝等对症治疗。

病例二：病羊表现流涎、腹痛、粪便稀并混有黏液，呈深绿色，体重 40kg。

①静脉注射三硫钼酸盐注射液 3.4mg/kg。2d1 次，连用 3 次。

②每日口服 50～500mg 钼酸铵和 0.1～1g 硫酸钠。

二、钼 中 毒

钼中毒是动物摄入含钼过高的饮水或饲料所引起持续性腹泻和被毛退色为特征的中毒病。

【病因】

（1）在钼矿及其冶炼厂附近地区，由于排放含钼废水污染土壤，形成高钼土壤，生产出高钼饲草，动物采食了这类饲草而引起中毒。

（2）饮水中钼含量过高。

【诊断要点】在本病流行区，根据持续性腹泻、消瘦贫血、皮毛退色、皮肤发红等临床症状，以及夏季呈暴发流行，冬季症状减轻，脱离污染区自行痊愈等发病规律，可作出初步诊断。采用硫酸铜治疗，若有良效，即可确诊。

【防治】

（1）预防　高发区日粮中补充硫酸铜。皮下注射甘氨酸铜，犊牛用量为 60mg，成年牛 120mg，有效保护期 3～4 个月，每季注射 1 次，即可预防。

（2）治疗　立即停止给予钼含量多的牧草和饮水。投放硫酸铜，一般每吨饲料中加硫酸铜 50～100g 或每千克水中加硫酸铜 0.02g，或在食盐中加入适量的铜作成铜盐，用硫酸铜配成一定浓度的溶液，喷洒于干草上让牛自由采食效果亦好。

病例一：病羊，体况不佳、跛行、腹泻、脱毛、增重缓慢或消瘦。

①1% 硫酸铜水溶液 10～20mL，一次灌服，1 次/d，连用 3～5d。

②每 50kg 体重硫酸铜 1g 和碳酸钴 1mg，溶于常水，一次灌服，每周 1～2 次。

病例二：成年牛表现持续性腹泻、消瘦贫血、毛退色和皮肤发红等症状。

①改变饲草和饮水。

②1% 硫酸铜水溶液 100～200mL，一次灌服，1 次/d，连用 3～5d。

三、硒 中 毒

硒中毒是指动物摄入过量的硒而发生急性或慢性中毒性疾病。

【病因】

（1）土壤硒含量过高。

（2）畜禽日粮中硒的含量超标，经常采食高硒植物如黄芪、紫云英、单冠毛等。

（3）防治动物硒缺乏症时，硒的使用量过大。

（4）饲料添加混合不匀。

【诊断要点】

（1）病史调查。

（2）临床症状及剖检变化。

急性中毒：表现腹痛，臌气，步态不稳，体温升高，呼吸困难，瞳孔散大，黏膜发绀，呼出气体有明显大蒜味，呼吸衰竭死亡。

亚急性中毒：又称瞎撞病、蹒跚病。表现视力下降，瞎撞，转圈，体温下降，喉舌麻痹，呼吸衰竭死亡。

慢性中毒：又称碱病，表现脱毛，跛行，蹄裂，关节僵硬。

（3）硒含量分析。

【防治】

（1）预防

①在非缺硒地区，尤其是在高硒地区，在畜禽饲料中切忌盲目添加硒和使用硒制剂。

②在畜禽饲料中添加硒或硒制剂时，以硒预混料的形式添加，即事先配制成不高于 0.02% 浓度的稀释剂，再加入饲料中，以求混合均匀。

（2）治疗

①静脉、肌内或皮下注射新砷凡纳明，猪、羊每次 2mg，牛每次 15～20mg 解毒。

②口服五氧化二砷，2～5mg/kg，1 次/d，连用 3～5d，

③饮水或饲料中加入 5mg/kg 亚砷酸钠，或 10mg/kg 氨基苯砷酸，或 10mg/kg 五氧化二砷。连用 10d。

④碱化尿液（精料中拌入 0.5% 的碳酸氢钠）可促进硒的排泄。

⑤口服、肌内注射或静注硫代硫酸钠（大苏打）20mg/kg，对金属或类金属毒物的排泄有帮助。

病例一：育肥猪，精神沉郁，反应迟钝，运动失调，心跳加快，呕吐、腹痛、腹泻，多尿，呼吸困难，黏膜发绀。

①肌内注射：0.1%砷酸钠 2mL，并用维生素 C 0.5g。

②口服、肌内注射或静脉注射硫代硫酸钠（大苏打）20mg/kg，2 次/d。

病例二：一养鸡场补硒后发病，表现消化紊乱、呼吸困难、神经症状等症状。

①停止在饲料中加硒。

②在每千克 2%葡萄糖水溶液中加入维生素 C 2～5g 和砷酸钠 0.1g，令其自饮。连用 10d。

③饲料中拌入 0.5%的碳酸氢钠，可促进硒的排泄。

四、硝酸盐和亚硝酸盐中毒

动物由于过量食入或饮入含有硝酸盐或亚硝酸盐的植物和水，引起皮肤、黏膜呈蓝紫色及其他缺氧为特征的中毒病。本病可发生于各种家畜，以猪多见，牛、羊、马、鸡也可发病。

【病因】

（1）各种鲜嫩青草、作物秧苗以及叶菜类等均富含硝酸盐，在足够的适宜温度和时间条件下，饲料中的硝酸盐可转化为亚硝酸盐。动物食入硝酸盐或亚硝酸盐含量高的饲料，即能发生中毒。

（2）动物过量饮用浸泡过大量植物的池塘水、农田灌溉水、苦井水等，或误食硝酸盐类化肥。

【诊断要点】根据患畜病史，群体发病，结合饲料状况和皮肤发绀、血液缺氧为特征的临床症状，可作出诊断。

【防治】

（1）预防

①改善青绿饲料的堆放和蒸煮过程。无论生、熟青绿饲料，均采用摊开敞放。

②接近收割的青饲料不能再施用硝酸盐类化肥。

③对可疑饲料、饮水，在临用前进行简易化验。

（2）治疗

①静脉注射 1%美蓝（亚甲蓝）溶液，猪的标准剂量是 1～2mg/kg，反刍动物 8mg/kg。

②静脉注射、肌内或腹腔注射 5%甲苯胺蓝溶液 5mg/kg。

病例一：育肥猪 15 头，体重 40～80kg。1 头死亡，14 头表现呼吸困难，张口伸舌，口吐白沫，流涎呕吐，腹痛不安，下痢，体温下降 36.5～36℃，结膜、皮肤发绀，时有发抖痉挛。

①灌服 1%～4%硫酸铜 20～50mL 催吐，再用 0.1%高锰酸钾溶液洗胃之

后，内服盐类泻药或牛奶、鸡蛋清等。

②肌内注射或静脉注射 1％美蓝溶液（美蓝 1g，酒精 10mL，生理盐水 90mL）0.1mL/kg。维生素 C50mg/kg 加入 5％葡萄糖中静脉滴注。

③对症治疗，输液，输氧，注射呼吸兴奋剂等。

病例二： 成年奶牛，饲喂青绿饲料后表现呼吸困难、脉搏快、口部起沫、抽搐、口鼻部和眼睛周围泛蓝，乳房苍白，血液呈巧克力色。

①静脉注射 1％美蓝液 0.1～0.2mL/kg 或 5％甲苯胺蓝液 0.1～0.2mL/kg；5％葡萄糖 500mL＋维生素 C3～4g。

②向瘤胃内投入抗生素和大量饮水，阻止微生物对硝酸盐的还原作用。

③对症治疗。可用泻剂，加速消化道内容物的排出，以减少对亚硝酸盐及其他毒物的吸收，并吸氧、强心及解除呼吸困难。

五、尿素中毒

尿素中毒是由于误食或饲料中添加过量尿素引起的中毒。

【病因】

（1）尿素饲喂量过多，或喂法不当。

（2）动物大量误食或偷食尿素。

【诊断要点】 询问病史，结合病畜初期表现不安，呻吟，流涎，肌肉震颤，体躯摇晃，步态不稳，继而反复痉挛，呼吸困难，脉搏增数，从鼻腔和口腔流出泡沫样液体，新鲜胃内容物有氨气味；末期全身痉挛抽搐，眼球震颤，肛门松弛，几小时内死亡等典型临床特征作出诊断。

【防治】

（1）预防

①用尿素作饲料添加剂时，严格掌握用量。

②尿素以拌在饲料中喂给为宜，不得化水饮服或单喂，喂后 2h 内不能饮水。犊牛不宜使用尿素。

（2）治疗

①静脉注射 10％葡萄糖酸钙液 200～400mL，或 10％硫代硫酸钠液 100～200mL。

②食醋 1 000mL、糖 1 000g、加水 2 000mL。一次性灌服。

③根据临床变化，酌情应用强心剂、利尿剂、高渗葡萄糖等。

病例： 一奶牛养殖户，饲养奶牛 10 头。在饲料中添加尿素，1h 后，一头小犊牛全身肌肉痉挛、呻吟、四肢抽搐、呼吸急促、腹围增大、卧地不起，其余 9 头牛全身肌肉抽搐、排尿频繁、肚腹胀满、后肢踢腹、可视黏膜重度发绀、口吐白沫、呼吸急促、瞳孔轻度增大、排稀便。

灌服：①食醋，大牛 1 000～5 000mL、小牛 500～1 000mL。②硫酸钠 500g、鱼石脂 15g、医用酒精 50～100mL，加水 2 500mL。

静脉注射：①25％葡萄糖 500～1 000mL＋复方氯化钠 1 000～2 500mL＋10％安钠咖 10～20mL＋10％维生素 C 针 10～50mL。②10％葡萄糖酸钙 500～1 000mL。

六、棉子及棉子饼中毒

棉子及棉子饼含有丰富的蛋白质和磷，常作为精料补饲，可增高饲料蛋白质和磷的含量。然而，棉子、棉叶及棉子饼中棉酚含量高，饲喂不当可引起畜禽中毒，其中以猪、鸡、犬、兔、犊牛最为敏感，成年牛对棉酚有较大的耐受性，在单一饲喂和低蛋白日粮的情况下，才可能发生中毒。

【病因】

（1）棉子饼中游离棉酚的含量一般为 0.04％～0.05％，这一含量足以产生毒害作用。所以，用棉子饼或棉子长期饲喂或饲喂量过大，可引起畜禽中毒。

（2）当饲料里维生素、矿物质（特别是维生素 A 和钙）缺乏和青绿饲料不足及劳役过重时，偶尔亦可发生。

（3）机器榨油不经炒的棉子饼比土法经过炒、蒸的棉子饼粉，更易发生中毒。

【症状】以出血性胃肠炎和血红蛋白尿为主要特征。

（1）牛　多为慢性中毒。视力障碍，消化紊乱，食欲减少，尿频，消瘦，尿石症，有的继发呼吸道炎及慢性增生性肝炎，呼吸急促，贫血，黄疸，妊娠母牛流产。公牛经常举尾，频频做排尿姿势，尿淋漓或尿闭，尿液混浊呈红色。急性中毒病牛食欲废绝，反刍停止，瘤胃弛缓或瘤胃积食，呻吟，心跳增速至 100 次/min，心音微弱，黏膜发绀。初便秘，后腹泻。全身肌肉发抖，脱水，眼凹陷，经 2～3d，病死率达 30％左右。犊牛中毒食欲和消化紊乱，胃肠炎，腹泻，呈佝偻病症状，也有发生夜盲症、尿石症和黄疸。

（2）家禽　体重下降，孵化率降低，蛋黄颜色变淡或略显绿色。

（3）猪　中毒较轻的食欲减退，下痢。重症患猪精神沉郁，食欲减退或废绝，粪便黑褐色，先便秘后腹泻，混有黏液和血液。皮肤颜色发绀，尤以耳尖、尾部明显。后肢软弱无力，走路摇晃，发抖。心跳、呼吸加快。鼻内有分泌物流出。结膜暗红，眼部有黏性分泌物。眼炎，夜盲症或双目失明。肾炎，尿血，血红蛋白和红细胞减少。妊娠母猪发生流产。

（4）犬　可见后肢运动失调，经过几天后发呆、嗜睡和昏迷，最终由于肺水肿死亡。

【诊断要点】根据长期或大量饲喂棉子或其副产品，而这些棉子或其副产品又未曾去毒，未曾热榨或浸泡处理，同时出现胃肠炎、排暗红色尿液、视力障碍等临床症状及有关病变可作出诊断。

【预防】

（1）对于食草动物，长期饲喂棉子或其副产品时，应搭配豆科干草或其他优良粗饲料或青饲料；对反刍动物应同时补充维生素 A 和钙；对于猪，可与豆饼等量混合或豆饼 5％、鱼粉 2％与等量棉子饼混合，或鱼粉 4％与等量棉子饼混合。

（2）减毒或去毒处理。将棉子饼粉热炒或蒸煮 1h 后再喂，可避免中毒。也可用 1％硫酸亚铁浸泡棉产品以脱毒。

（3）增加饲料中维生素 A、维生素 D 含量，限制棉饼的饲喂量。牛每天不超过 1～1.5kg；猪不得超过 0.5kg；雏鸡不超过日粮的 2％～3％；成年鸡不超过 5％～7％；妊娠母畜最好停喂，以防流产。

【治疗】目前尚无特效疗法，主要采取消除致病因素及对症疗法。

（1）消除致病因素 立即撤掉日粮中的棉子或棉子饼粉。胃肠炎严重的可用消炎药和收敛剂，如磺胺脒、氢氧化铝胶等。也可用硫酸亚铁，牛 7～15g，一次内服。为了阻止渗出、增强心脏功能、补充营养和解毒，可用高渗葡萄糖液、安钠咖、10％氯化钙静脉注射，联用维生素 C、维生素 A、维生素 D 更好，特别是对视力减弱的患畜，维生素 A 疗效明显。当病畜尚有食欲时，尽量多喂些青绿饲料、胡萝卜等对提高疗效有好处。

（2）对症治疗

①5％葡萄糖生理盐水或复方氯化钠溶液。可加入 5％碳酸氢钠溶液或 11.2％乳酸钠溶液，静脉注射。

②洗胃。用常水、生理盐水注入瘤胃后，再将其由胃内导出。

③投服泻剂硫酸镁，加水配成 10％溶液，一次灌服。同服 0.1％高锰酸钾溶液。

七、食盐中毒

食盐即氯化钠，是动物机体不可或缺的常量元素。适量的食盐可增加饲料的适口性，促进食欲，激发唾液分泌，帮助消化。

【病因】过量的食盐进入机体后，特别是当水的供应受到限制时，血钠浓度增高，使血浆渗透压显著增高，引起组织水肿，神经功能紊乱，严重者脱水，死亡。

牛一般中毒量为每天 1～2.2g/kg。羊中毒量为 3～6g/kg。猪日粮中含盐量应为 0.12％～0.5％。鸡对食盐的需要量应占饲料的 0.25％～0.5％。

【临床症状】

（1）牛、羊 中毒后表现口渴，食欲或反刍减弱或停止，瘤胃蠕动消失，常伴发臌气。急性发作的病例,口腔流出大量泡沫,结膜发绀,瞳孔散大或失明,脉细弱而增数,呼吸困难。腹痛,腹泻,有时便血。病初兴奋不安,磨牙,肌内震颤,盲目行走和转圈运动。继而行走困难,后肢拖地,倒地痉挛,多为阵发性。严重时呈昏迷状态,最后窒息死亡。体温在整个病程中无显著变化。

(2) 猪 病初表现精神沉郁,极度口渴,黏膜潮红,口唇肿胀,食欲减退或废绝。继之出现呕吐和神经功能紊乱,兴奋不安,频频点头,张口咬牙,口吐白沫,转圈或前冲后退,全身痉挛或突然倒地,每次发作 2~3min,多呈周期性发作甚至连续发作。体温有轻度升高,心跳加快,每分钟 140~200 次。呼吸困难,可视黏膜发绀。最后四肢瘫痪,卧地不起,严重者 1~2d 内死亡。

(3) 鸡 表现为燥渴而大量饮水和惊慌不安的尖叫。口鼻内有大量的黏液流出,嗉囊软肿,拉水样稀粪。运动失调,呼吸困难,虚脱,抽搐,痉挛,昏睡,死亡。

【诊断要点】根据病史、临床症状及剖检变化,可作出诊断。

【防治】

(1) 预防 保证充分的饮水,饲喂时应限制食盐的用量。

(2) 治疗 治疗原则主要是促进食盐排出,恢复阳离子平衡,并对症治疗。

①牛:静脉注射 10%葡萄糖酸钙 200~400mL。静脉注射甘露醇 1 000mL。出现神经症状时,肌内注射 25%硫酸镁 40~100mL,以镇静解痉。犊牛酌减。

②羊:胃肠炎时,内服胃肠黏膜保护剂,如鞣酸蛋白、次硝酸铋等。静脉注射 10%氯化钙或 10%葡萄糖酸钙。皮下或肌内注射维生素 B_1。对症治疗,可用镇静剂、强心剂等。严重脱水时应立即补液。

③猪:急性中毒时,灌服 1%~4%硫酸铜 20~50mL 催吐,随后喂服油类泻剂 5~100mL。静脉注射 10%葡萄糖酸钙 50~100mL 或 50%高渗葡萄糖液 50~100mL。严重时可用解痉药和强心剂。

④鸡:可供给 5%的葡萄糖或红糖水以利尿解毒。病情严重者另加 0.3%~0.5%醋酸钾溶液逐只灌服。

八、有机磷农药中毒

有机磷农药是农业和畜牧业常用的杀虫剂,主要有甲拌磷(3911)、内吸磷(1059)、乐果、敌敌畏、敌百虫等,具有较高的脂溶性,可经皮肤渗入机体内,通过消化道和呼吸道被较快吸收。有机磷农药是一种亲神经性毒物,一旦中毒,如不及时、正确地进行治疗,病死率很高。

【病因】

(1) 误食喷洒有机磷农药的青草、作物及拌过农药的种子。

(2) 误饮撒布有机磷农药污染的水。

(3) 用有机磷杀虫剂防治体外寄生虫时剂量过大或用法不当。

（4）人为投毒。

【症状】有机磷农药中毒都为急性发生，可分为轻度、中度、重度三级。轻度中毒主要表现为情绪不安，出汗，腹痛腹泻，心律迟缓，可视黏膜发绀等。中度中毒出现肌肉震颤，瞳孔可能缩小，心跳加快，呼吸困难，大汗，粪便带血，流口水，如不及时抢救，常常导致窒息死亡。重度中毒瞳孔极度缩小，对光反射消失，肌肉震颤，发热，大小便失禁，全身抽搐，往往因呼吸肌麻痹而很快死亡。

【诊断要点】依据症状、毒物接触史和毒物分析确诊。

【防治】

（1）尽快制止动物与毒物继续接触，采食毒物多的要马上洗胃（0.1%高锰酸钾），催吐（1%～4%硫酸铜）或灌服碳酸氢钠（敌百虫禁用）促使有机磷分解。

（2）使用特效解毒药，静脉注射、肌内注射或皮下注射阿托品和解磷定。

（3）对症治疗、认真护理。可用强心、利尿、脱水剂等，同时应喂给 B 族维生素、维生素 C 含量高的草料并适当添加健胃剂。

九、毒鼠强中毒

毒鼠强，又名三步倒、闻到死、一扫光、王中王、没鼠命、四二四等。化学名为四亚甲基二砜四胺。对人和动物毒性极强，误食后中毒致命。

【病因】主要是由于误食灭鼠毒饵而引起，或者由于人为投毒或滥用毒鼠强灭鼠造成农作物、饲草、饲料及饮水污染等引起动物中毒。

【症状】

（1）最急性 突然倒地挣扎死亡，往往来不及抢救。

（2）急性 多于食后数分钟至 1h 内突然发病，有的有短期的前期症状，频频惊叫，烦躁不安，盲目乱冲乱撞，而后恶心呕吐。严重者呕血、腹泻，跌倒在地。有的无前期症状，突然晕倒，频频惊叫，呈癫痫样大发作。全身抽搐，口吐白沫，牙关紧闭，角弓反张，呼吸困难，意识及反射消失，小便失禁。发作期多数为几分钟，最短为几秒钟。反复发作，导致呼吸衰竭死亡。

（3）亚急性 于食后数小时至十几小时内突然发病，症状同急性，只是病情稍缓。发作期最长的可达几十分钟，间歇期最长可达几小时。若不及时治疗，多于一至数日内死亡。

【防治】

（1）禁止使用毒鼠强。

（2）目前尚无特效解毒药，可采取对症疗法。应立即催吐、洗胃、灌肠、泻下，然后内服活性炭、氧化镁、鞣酸溶液等，静脉注射 25% 葡萄糖液和阿托品，也可使用速尿、维生素 C、维生素 E 等。

十、有机氟中毒

【病因】

（1）有机氟主要有氟乙酰胺和氟乙酸钠，作为农药被广泛使用，常污染饲草；作为灭鼠药应用，易混入饲料被误食。

（2）人为投毒。

【症状】

（1）突然发病死亡　死前无明显的前驱症状，中毒后数小时，突然倒地并剧烈抽搐、惊厥或角弓反张，而后迅速死亡。

（2）潜伏发病型　中毒5~7d后，表现精神沉郁、食欲减退，不合群，靠墙站立或卧地不起，有的可逐渐康复，有的则全身颤抖、呼吸迫促，抽搐、心力衰竭而死亡。

【防治】

（1）对本病应以预防为主，禁用被污染的草料和饮水饲喂；对放牧动物防止误食。

（2）治疗时要争取抢救时间，采取解毒措施，肌内注射解氟灵（乙酰胺）每天0.1g/kg，连用3~4d。也可用白酒250~400mL，一次灌服，或用10%葡萄糖注射液静脉注射。同时进行对症治疗。可给予镇静药，如肌内注射氯丙嗪。对呼吸困难者，肌内注射25%尼可刹米。

十一、磷化锌中毒

【病因】

（1）磷化锌中毒的主因是误食灭鼠毒饵或者食入磷化锌污染的饲料。

（2）人为投毒。

【症状】动物表现食欲废绝、腹痛、呕吐，呕吐物有蒜臭味，在暗处发出磷光。有的发生腹泻，粪便混有血液。呼吸困难，心动缓慢，节律不齐，黏膜黄染，尿色发黄或红黄，并可出现蛋白尿。有的口吐白沫，偶见感觉敏感或惊厥，最后因窒息而死。

【诊断要点】有与磷化锌接触史，结合临床症状，肺充血、水肿等变化可以初步诊断。

【防治】

（1）加强对磷化锌的管理，妥善使用，防止污染饲料和饮水。灭鼠时，投入磷化锌毒饵后，应及时清理未被鼠吃的残剩毒饵及中毒死亡的鼠尸。放牧时防止误食。

（2）磷化锌中毒尚无特效解毒药。发现中毒病畜立即灌服1%~4%硫酸铜溶液催吐。也可用5％碳酸氢钠溶液洗胃。注射葡萄糖酸钙、乳酸钠注射液或硫代硫酸钠溶液等解毒有效。

常见畜禽中毒病的临床鉴别诊断见表3-2。

表3-2　常见畜禽中毒病的临床鉴别诊断表

病　名	主要病因	主要临床症状及典型病理变化
硝酸盐和亚硝酸盐中毒	摄入过多硝酸盐或亚硝酸盐	表现腹泻、腹痛、呕吐，尿频；呼吸急迫，可视黏膜发绀；抽搐、痉挛，迅速死亡；采食堆放发酵过久的鲜嫩青草或秧苗，或误食过量硝酸盐；血液酱油色，凝固不全
尿素中毒	补饲或误食过量尿素	食后30～60min发病。呻吟，瘤胃膨气；反复发作强直性抽搐、痉挛，呼吸困难；后期瞳孔散大，卧地不起，多在4h内死亡。瘤胃内有氨味，胃肠道急性卡他性出血性炎症；肝肾变性
有机磷农药中毒	误食内吸磷、敌敌畏、敌百虫、乐果、辛硫磷或二嗪农等	病初表现兴奋，腹痛腹泻，最后呼吸麻痹死亡；流涎，瞳孔缩小；肌纤维震颤，眼球震颤，结膜发绀，呼吸困难；肺部听诊广泛湿啰音
毒鼠强中毒	误食毒饵或毒鼠强污染的饲料、饮水或饲草	摄入数分钟后突然发病，兴奋跳跃，呕吐；强直性抽搐反复发作，口吐白沫，尿失禁；昏迷，可在30min内死亡
有机氟中毒	误食氟乙酰胺或氟乙酸钠。	突然倒地，剧烈抽搐，惊厥或角弓反张，心律失常，迅速死亡；病程稍长的表现为易惊，呼吸迫促，抽搐，呼吸抑制，循环衰竭而死；尸僵迅速；心脏扩张，心肌变性，心内外膜出血
磷化锌中毒	误食毒饵或磷化锌污染的饲料。或人为投毒	食入后15min发病，表现为流涎、呕吐、腹痛、腹泻、痉挛、呼吸困难、口吐白沫，最后窒息死亡；呕吐物和胃内容物有大蒜臭味，暗处呈现磷光；消化道黏膜充血、出血或脱落
氢氰酸中毒	采食富含氰苷类的植物、接触无机氰化物和有机氰化物均可导致中毒	表现极度烦躁不安，呼吸困难，呕吐，流涎，腹痛，腹泻，肌肉震颤；站立困难，排尿次数增多，呼出气体有苦杏仁味；可视黏膜呈樱桃红色；后期精神沉郁，衰弱，后肢麻痹，瞳孔散大，昏迷死亡；胃肠黏膜和浆膜出血，肺水肿，心包和体腔内有浆液性渗出物
棉子饼中毒	未经去毒处理的棉子饼长期饲喂或饲喂量过大时，易引起中毒	临床特征为全身水肿，出血性胃肠炎，血红蛋白尿，肝炎，神经症状及脱水和酸中毒；慢性病例出现消瘦、羞明、视觉障碍至失明，公畜易出现尿石症；怀孕母畜出现流产、死胎及产出畸形胎儿；仔畜（羔羊）中毒后，呈佝偻病症状，胃肠炎，或出现黄疸、夜盲症和尿石症 剖检见实质器官充血和水肿，全身皮下组织呈浆液性浸润
菜子饼中毒	长期饲喂未经去毒处理的菜子饼或饲喂量过大。采食大量新鲜油菜或芥菜（尤其是开花结子期）亦可引发中毒	表现精神沉郁，食欲废绝，狂躁不安，流涎，呕吐，腹痛，便秘或腹泻。咳嗽，呼吸困难，可视黏膜发绀，鼻孔流出粉红色泡沫状液体；尿频，尿液呈红褐色或酱油色；胃肠道黏膜充血、出血和水肿；心内、外膜有点状出血，肺脏水肿，肾脏出血，肝脏混浊肿胀，胆囊肿大；甲状腺肿大；血液呈暗褐色，血凝不良

（续）

病　名	主要病因	主要临床症状及典型病理变化
食盐中毒	摄入过多食盐等钠盐	摄入大量食盐或其他钠盐，同时饮水不足；动物表现口渴，流涎，呕吐，腹泻，腹痛，粪便中混有黏液或血液，体温不高；兴奋不安，盲目行走和转圈运动，之后昏迷，窒息死亡 剖检见消化道黏膜充血、炎症，脑膜和脑内充血与出血
铜中毒	一次性或长期过多摄入可溶性铜盐	急性铜中毒引起严重的胃肠炎，粪便含大量蓝绿色黏液；有的病例出现血红蛋白尿，可视黏膜苍白或黄染 剖检见真胃糜烂或溃疡，组织黄染；肾脏肿大呈青铜色，尿呈红葡萄酒样；脾脏肿大，实质呈棕黑色；慢性铜中毒表现食欲减退，口渴，突发血红蛋白尿、黄疸或休克
硒中毒	摄入量过多	急性中毒：表现腹痛，臌气，步态不稳，体温升高，呼吸困难，瞳孔散大，黏膜发绀，呼出气体有明显大蒜味，呼吸衰竭死亡 亚急性中毒：又称瞎撞病、蹒跚病。表现视力下降，瞎撞，转圈，体温下降，喉舌麻痹，呼吸衰竭死亡 慢性中毒：又称碱病，表现脱毛，跛行，蹄裂，关节僵硬
汞中毒	环境污染，汞制剂	急性中毒：流涎，反刍停止，腹痛，腹泻；体温升高，尿量减少，混有大量蛋白及细胞，严重的出现血尿；肌肉震颤，黏膜出血，休克死亡 慢性中毒：齿龈红肿出血，口腔黏膜溃疡，牙齿松动易脱落，逐渐消瘦，站立不稳；肌肉震颤后发生抑制 急慢性病例发病数天后均出现皮肤瘙痒症状
砷中毒	使用砷制剂过量或有接触砷制剂史，误食砷盐或有机砷	急性中毒：突然发病，剧烈腹痛，呕吐，腹泻，体温不高，呼吸促迫，肌肉震颤，抽搐，死亡 亚急性中毒：可出现血尿或血红蛋白尿 慢性中毒：结膜和眼睑浮肿，鼻唇及口腔黏膜红肿溃疡（砷中毒性口炎）；尸体不易腐败，真胃、小肠、盲肠黏膜发生炎症、出血、水肿，甚至糜烂、坏死和穿孔
饲料中毒	霉菌毒素、植物毒素、化学毒物中毒	病畜食欲减退，消化不良，黄疸；共济失调，痉挛，昏迷嗜睡；异嗜，消瘦
磺胺类药物中毒	磺胺类药物用量过大	过量的磺胺药可引起共济失调，痉挛性麻痹，肌无力，惊厥，瞳孔散大，心动过速和呼吸加快；结晶尿、血尿、蛋白尿；食欲不振，便秘，呕吐，腹泻；患病动物肾小管、肾盂、输尿管处可见磺胺药结晶

第四章 牛常见病的诊疗

第一节 牛的类症疾病

一、引起牛急性死亡的疾病

疫病：炭疽、牛肺疫、牛魏氏梭菌病、李氏杆菌病、败血性大肠杆菌病、沙门氏菌病、巴氏杆菌病、气肿疽、产气荚膜梭菌肠毒血症、肉毒梭菌中毒、肺炎链球菌病、破伤风、支原体肺炎及犊牛口蹄疫等。

普通病：喉水肿、异物性肺炎、肺动脉血栓症、真胃溃疡、瘤胃臌气、瘤胃酸中毒、热射病及日射病、细菌性血红蛋白尿症、产后血红蛋白尿症、青草搐搦、硒缺乏症、铜缺乏症、氟乙酰胺中毒、有机磷中毒、毒鼠强中毒、硝酸盐或亚硝酸盐中毒、尿素中毒、氢氰酸中毒、草酸盐中毒及砷中毒等。

二、引起牛呼吸困难的疾病

疫病：巴氏杆菌病、炭疽、牛肺疫、沙门氏菌病、放线菌病、肺炎链球菌病、念珠菌病、肺炎支原体病、气肿疽、恶性水肿、牛结核病、坏疽性乳房炎、传染性鼻气管炎、牛恶性卡他热、白血病、牛流行热、呼吸道合胞体病毒病、腺病毒病、副流行性感冒、鼻病毒病、病毒性腹泻-黏膜病、无浆体病、肺丝虫病、东毕吸虫病、棘球蚴病、泰勒焦虫病及弓形虫病等。

普通病：肺炎、鼻炎、喉水肿、鼻旁窦炎、支气管炎、肺气肿、急性呼吸窘迫综合征、胸膜炎、新生犊牛窒息症、食管痉挛、食管阻塞、瘤胃臌胀、瘤胃酸中毒、心内膜炎、肺心病、心力衰竭、创伤性网胃心包炎、先天性心脏病、肺动脉血栓症、肾机能不全、腹膜炎、细菌性血红蛋白尿症、肝炎、脊髓炎、碘缺乏症、青草搐搦、有机磷中毒、氟乙酰胺中毒、砷中毒、尿素中毒、亚硝酸盐中毒、氢氰酸中毒、棉子饼中毒、霉烂甘薯中毒及犊牛水中毒等。

三、引起牛流鼻液或咳嗽的疾病

疫病：巴氏杆菌病、炭疽、牛结核病、诺卡氏菌病、肺炎链球菌病、肺炎支原体病、牛肺疫、病毒性腹泻-黏膜病、传染性鼻气管炎、牛流行热、呼吸道合胞体病毒病、腺病毒病、副流行性感冒、鼻病毒病、细小病毒病、肠病毒病、肺丝虫病、泰勒焦虫病及弓形虫病等。

普通病：鼻炎、喉水肿、鼻旁窦炎、支气管炎、肺炎、胸膜炎、肺动脉血栓症、咽炎、食管阻塞、食管痉挛、瘤胃臌气、有机磷中毒、氟乙酰胺中毒及砷中毒等。

四、引起牛腹泻的疾病

疫病：巴氏杆菌病、大肠杆菌病、沙门氏菌病、炭疽、结核病、副结核病、牛空肠弯曲菌腹泻、坏疽性乳房炎、白血病、牛轮状病毒病、肠病毒病、口蹄疫、牛瘟、腺病毒病、病毒性腹泻-黏膜病、冠状病毒病、细小病毒病、隐孢子虫病、日本血吸虫病、片形吸虫病、莫尼茨绦虫病、球虫病、消化道线虫病、双芽巴贝斯虫病及住肉孢子虫病等。

普通病：胃肠炎、结肠炎、瘤胃酸中毒、真胃变位、腹膜炎、结肠臌胀、肾机能不全、脂肪肝、低蛋白血症、应激、铜缺乏症、铅中毒、铜中毒、黄曲霉毒素中毒、有机磷中毒、棉籽饼中毒及钼中毒等。

五、引起牛消化系统器官形态或结构异常的疾病

疫病：坏死杆菌病、炭疽、大肠杆菌病、沙门氏菌病、空肠弯曲菌腹泻、牛肠毒血症、肺炎链球菌病、念珠菌病、毛霉菌病、放线菌病、牛恶性卡他热、水疱性口炎、牛瘟、口蹄疫、病毒性腹泻-黏膜病、伪狂犬病、蓝舌病、茨城病、钩端螺旋体病、日本血吸虫病、东毕吸虫病、前后盘吸虫病、肠道线虫病、泰勒焦虫病及球虫病等。

普通病：口炎、口腔损伤和灼伤、食管炎、食管阻塞、食管痉挛、瘤胃积食、瘤胃臌气、前胃迟缓、胃肠炎、结肠炎、真胃变位、真胃溃疡、真胃阻塞、瓣胃阻塞、肠便秘、盲肠扩张-扭转、结肠臌胀、结肠梗阻、创伤性网胃心包炎、肝炎、肝硬化、肝癌、脂肪肝、肝脓肿及低蛋白血症等。

六、引起牛神经系统异常的疾病

疫病：李氏杆菌病、沙门氏菌病、败血性大肠杆菌病、嗜血杆菌病、肺炎链球菌病、破伤风、肉毒梭菌中毒、牛散发性脑脊髓炎、牛恶性卡他热、传染性鼻气管炎、赤羽病、海绵状脑病、伪狂犬病、狂犬病、多头蚴病、莫尼茨绦虫病、仰口线虫病、丝状线虫病、弓形虫病及住肉孢子虫病等。

普通病：瘤胃酸中毒、脑膜炎、遗传性先天脑水肿、肝炎、脂肪肝、肾机能

不全、脊髓炎、产后瘫痪、母牛卧地不起综合征、奶牛酮病、癫痫、青草搐搦、硒缺乏症、日射病、铅中毒、尿素中毒、有机磷中毒、氟乙酰胺中毒、毒鼠强中毒、棉子饼中毒及麦角中毒等。

七、引起牛运动系统异常的疾病

疫病：沙门氏菌病、败血性大肠杆菌病、嗜血杆菌病、肺炎支原体病、气肿疽、腐蹄病、牛恶性卡他热、口蹄疫、茨城病、牛流行热及免疫缺陷病毒病、真菌中毒、多头蚴病、莫尼茨绦虫病、丝状线虫病、弓形虫病及新孢子虫病等。

普通病：前胃迟缓、瘤胃臌气、瘤胃积食、瘤胃酸中毒、创伤性网胃炎、真胃溃疡、肠变位、大脑皮质坏死症、尿石症、膀胱破裂、骨软症、佝偻病、风湿病、关节炎、坐骨神经麻痹、膝关节浆液型滑膜炎、腱炎、蹄叶炎、白线病、蹄叉腐烂、骨折、关节脱臼、髋关节脱位、肌断裂、产后瘫痪、孕畜截瘫、孕畜浮肿、奶牛卧地不起综合征、奶牛酮病、麻痹型肌红蛋白尿症、硒缺乏症、铜缺乏症、砷中毒、铜中毒、钼中毒、麦角中毒及氟中毒等。

八、引起牛皮肤、被毛异常的疾病

疫病：丘疹性口炎、乳头炎、乳房炎、乳头状瘤病、嗜皮菌病、坏疽性乳房炎、诺卡氏菌病、放线菌病、真菌性皮炎、真菌性乳房炎、毛霉菌病、疙瘩皮肤病、气肿疽病、水疱性口炎、口蹄疫、牛痘、伪牛痘、珍布拉娜病、伪狂犬病、趾乳头状瘤、牛斑点热、钩端螺旋体病、多头蚴病、盘尾丝虫病、副丝虫病、螨虫病、虱病、牛皮蝇蛆病、伊氏锥虫病及贝诺孢子虫病等。

普通病：蜂窝织炎、趾间皮炎、白线病、脓肿、血肿、脐疝、创伤、先天性红细胞生成卟啉症、锌缺乏症、钴缺乏症、铜缺乏症、铜中毒及亚硝酸盐中毒等。

九、引起母牛流产的疾病

疫病：炭疽、布鲁氏菌病、沙门氏菌病、李氏杆菌病、生殖道弯曲菌病、牛肺疫、衣原体病、牛传染性鼻气管炎、赤羽病、流行热、呼吸道合胞体病毒病、副流行性感冒、细小病毒病、病毒性腹泻-黏膜病、中山病、放牧热、牛地方流行性流产、无浆体病、钩端螺旋体病、东毕吸虫病、皮蝇蛆病、伊氏锥虫病、毛滴虫病、双芽巴贝斯虫病、弓形虫病及孢子虫病等。

普通病：子宫内膜炎、医疗错误性流产、机械损伤性流产、胚胎发育停滞、激素失调、骨软症、碘缺乏症、钴缺乏症、维生素 A 缺乏症、亚硝酸盐中毒、有机磷中毒、棉子饼中毒、砷中毒及钼中毒等。

十、引起牛黏膜苍白、黄染或机体消瘦的疾病

疫病：沙门氏菌病、结核病、副结核病、嗜血支原体病、白血病、无浆体病、钩端螺旋体病、日本血吸虫病、东毕吸虫病、片形吸虫病、前后盘吸虫病、阔盘吸虫病、消化道线虫病、网尾线虫病、焦虫病、伊氏锥虫病、螨虫病、球虫病及住肉孢子虫病等。

普通病：鼻出血、肺气肿、胸膜炎、真胃溃疡、胃肠炎、肠变位、创伤性网胃心包炎、肝炎、脂肪肝、肝脓肿、肝硬化、肝癌、细菌性血红蛋白尿症、牛膀胱炎、肾盂肾炎、铁缺乏症、铜缺乏症、钴缺乏症、维生素 B_{12} 缺乏症、叶酸缺乏症及红细胞膜 G6PD 缺乏症等。

十一、引起牛死胎和新生犊牛死亡的疾病

疫病：布鲁氏菌病、生殖道弯曲菌病、黄曲霉菌病、牛传染性鼻气管炎、牛肺疫、流行热、病毒性腹泻-黏膜病、细小病毒病、赤羽病、中山病、牛地方性流行性流产、胎儿毛滴虫病、钩端螺旋体病及新孢子虫病等。

普通病：子宫内膜炎、自发性流产、应激、锌缺乏症、钴缺乏症、维生素（维生素 A、维生素 E 及维生素 B_2）缺乏症及砷中毒等。

十二、引起牛泌尿系统异常的疾病

疫病：传染性鼻气管炎、白血病、恶性卡他热、钩端螺旋体病、念球菌病及焦虫病等。

普通病：脊髓炎、尿道炎、牛膀胱炎、膀胱麻痹、膀胱破裂、肾炎、肾盂肾炎、肾病综合征、肾功能不全、尿石症、细菌性血红蛋白尿、产后血红蛋白尿、麻痹性肌红蛋白尿、酮病、糖尿病、铜中毒、洋葱中毒、棉子饼中毒及犊牛水中毒等。

十三、引起牛眼睛异常的疾病

疫病：败血性大肠杆菌病、巴氏杆菌病、肺炎链球菌病、肺炎支原体病、传染性角膜结膜炎、传染性鼻气管炎、副流行性感冒、牛流行热、牛瘟、腺病毒病、恶性卡他热、牛散发性脑脊髓炎、茨城病、赤羽病、中山病、牛斑点热、牛吸吮线虫病、焦虫病、多头蚴病、丝状线虫病及伊氏锥虫病等。

普通病：角膜炎、结膜炎、青光眼、白内障、肺气肿、维生素 A 缺乏症、钴缺乏症、日射病及大脑皮质坏死症等。

十四、引起牛局部肿胀的疾病

疫病：沙门氏菌病、布鲁氏菌病、巴氏杆菌病、坏死杆菌病、牛放线菌病、炭疽、牛肺疫、气肿疽、恶性水肿、结核病、副结核病、传染性角膜结膜炎、诺卡氏菌病、牛散发性脑脊髓炎、白血病、茨城病、珍布拉娜病、牛斑点热、霉菌中毒、焦虫病、钩端螺旋体病、片形吸虫病、前后盘吸虫病、阔盘吸虫病、牛囊尾蚴病、消化道线虫病、盘尾丝虫病、伊氏锥虫病及住肉孢子虫病等。

普通病：喉水肿、食管阻塞、食管破裂、肺心病、蜂窝织炎、静脉炎、胸膜炎、乳房炎、肾炎、肾盂肾炎、肾病综合征、牛膀胱炎、膀胱破裂、淋巴液外渗、贫血、低蛋白血症、风湿病、关节炎、膝关节浆液性滑膜炎、腱炎、趾间皮炎、脓肿、血肿、关节扭伤、关节脱臼、疝气、骨折、佝偻病、骨软症及孕畜浮肿等。

第二节　牛常见病的鉴别诊断要点

一、牛常见疫病的鉴别诊断

牛常见疫病的鉴别诊断见表 4-1。

表 4-1　牛常见疫病临床综合鉴别诊断

病　名	病　原	流行特点	主要症状	病理变化特征
			病　毒　病	
牛瘟	牛瘟病毒	暴发，传播快，发病率和病死率均达90%	严重的糜烂性口炎，唾液带血，眼睑痉挛，严重下痢，多最终死亡，以消化道黏膜炎性、坏死病变为特征	瓣胃干燥，真胃黏膜红肿、出血点和烂斑溃疡；小肠黏膜出血水肿，淋巴结肿胀坏死。大、直肠黏膜覆盖灰黄色伪膜；胆囊增大黏膜出血
牛恶性卡他热	恶性卡他热病毒	病死率很高	高热稽留，头部黏膜急性卡他性纤维蛋白性炎症；口鼻黏膜及结膜发炎，角膜混浊及脑炎；行起困难	口腔黏膜、蹄冠部和角根完全坏死及糜烂，腐败恶臭；有的见蹄壳和角壳脱落
水疱性口炎	水疱性口炎病毒	虫媒病，马、牛、猪等最易感	口腔糜烂，流涎，不愿采食	舌、唇、口腔黏膜、乳头和蹄冠等处上皮发生水疱
口蹄疫	口蹄疫病毒	发病率高，病死率低，传播快	高热，流涎；心肌型的死亡；口炎，蹄炎，乳房皮肤炎症	口腔水疱、糜烂，蹄部和乳房皮肤溃疡或烂斑

（续）

病　名	病　原	流行特点	主要症状	病理变化特征
牛传染性鼻气管炎	牛传染性鼻气管炎病毒	各品种和年龄的牛均发病。秋、冬寒冷季节多发，舍饲牛多发	分呼吸系统型、生殖道感染型和脑炎型。呼吸系统型多见，体温高，精神差，废食，流黏液脓性鼻汁。呼吸困难，伴痛性咳嗽。有些见结膜角膜炎、血便、流产等症状	气管水肿、出血，甚至出现坏死斑点。母牛感染后发生传染性阴户阴道炎。公牛传染性龟头包皮炎
牛病毒性腹泻-黏膜病	病毒性腹泻-黏膜病病毒	黄牛、水牛、牦牛、绵羊、山羊、猪多种动物易感	主要症状为发热、咳嗽、腹泻、鼻漏、消瘦和白细胞减少，鼻镜及口腔黏膜表面发生糜烂，舌面坏死，流涎增多，呼出气体恶臭	消化道黏膜炎症、糜烂和肠壁淋巴组织坏死
牛流行热	牛流行热病毒	多雨炎热季节多发。呈地方流行或大流行。周期3～5年	潜伏期3～7d。体温达40℃以上，稽留2～3d。流泪，有水样眼眵，结膜充血，水肿。呼吸困难，呻吟。流鼻液，流涎。有时下痢。四肢关节浮肿疼痛，跛行，卧地不起。颌下可见皮下气肿	气管和支气管黏膜充血和点状出血，黏膜肿胀，气管内充满大量泡沫黏液。肺肿大，压之有捻发音。全身淋巴结充血、肿胀或出血。直肠、小肠和盲肠黏膜呈卡他性炎和出血
细　菌　病				
巴氏杆菌病	巴氏杆菌	环境卫生差，风寒、疲劳、饥饿等因素诱发本病	败血型：高热，全身症状明显。患牛表现腹痛、下痢之后体温下降，迅速死亡，病期多为12～24h 浮肿型：除全身症状外，在颈部、咽喉部和胸前皮下结缔组织出现迅速扩展的炎性水肿，患畜呼吸高度困难，常因窒息而死 肺炎型：呼吸极度困难，病死率高	败血型：内脏黏膜浆膜及肺、舌、皮下组织和肌肉都有出血点，肝脏和肾脏变性，淋巴结水肿，胸腹腔内有渗出液 浮肿型：肿胀部切面流出深黄色透明或带血液体，淋巴结肿胀 肺炎型：表现胸膜炎和格鲁布肺炎。肺切面呈大理石状
牛坏死杆菌病	坏死杆菌	易发于饲养密集牛群，乳牛和犊牛较易感。经各种损伤感染	腐蹄病：患蹄可见小孔或创洞，内有腐烂的角质和污臭液体 坏死性口炎：多见于犊牛，病初厌食、发热、流涎、鼻漏、口臭和气喘，口腔黏膜发炎	腐蹄病：蹄部腐烂坏死，蹄壳变形 坏死性口炎：齿龈、舌腭、颊或咽等处可见粗糙、污秽的灰褐色或灰白色伪膜
气肿疽	气肿疽梭菌	多发生在潮湿山谷牧场及低湿地、沼泽地，夏季放牧时易发	在肩、股、颈、臀、胸、腰等肌肉丰满处发生炎性肿胀，触诊有捻发音。肿胀部分皮肤干硬呈暗黑色，周围组织水肿。局部淋巴结肿大。严重者呼吸增速，脉细弱而快	尸体迅速腐败，天然孔有泡沫血样物，患部皮下组织呈红色或黄色胶冻样浸润。肌肉黑红色，肌间充满气体。局部淋巴结充血、出血或水肿。肝、肾肿大呈暗黑色

（续）

病　名	病　原	流行特点	主要症状	病理变化特征
布鲁氏菌病	布鲁氏杆菌	影响成年公、母牛的繁殖力	母牛流产，不孕。公牛常见睾丸炎及附睾炎，有时可见阴茎潮红肿胀	流产胎儿胎衣黄色胶冻样浸润，真胃内有淡黄色或白色絮状物，淋巴结、脾脏和肝脏肿胀
牛结核病	结核分支杆菌	全年都可发生，舍饲牛多发	肺结核：进行性消瘦，短干咳渐变为湿咳 乳房结核：乳量渐少或停乳，乳汁稀薄。乳房淋巴结无热痛硬肿 淋巴结核：下颌、咽颈及腹股沟淋巴结无热痛肿大 肠结核：便秘与下痢交替或顽固性下痢	被侵害的组织器官形成白色的粟粒大至豌豆大结核结节。胸膜、腹膜的结节似珍珠，俗称"珍珠病"。病期较久的，结节干酪样坏死或钙化，或形成脓腔和空洞
牛肺疫	牛肺疫丝状支原体	散发，冬春多发。非疫区呈暴发性流行；老疫区发病缓慢，呈亚急性或慢性经过	急性型：体温升高，鼻孔扩张，有浆液或脓性鼻液。呼吸高度困难，呈腹式呼吸。前肢张开，喜站立。可视黏膜发绀。胸下、颈垂水肿。最后窒息死亡 亚急性型：病程较长，症状不如急性型明显 慢性型：病牛消瘦，消化机能紊乱，食欲差，有的无临床症状但长期带毒	初期以小叶性肺炎为特征。中期表现为浆液性纤维素性胸膜肺炎，呈大理石状外观，胸膜显著增厚并有纤维素附着。支气管和纵隔淋巴结肿大、出血。心包液量多混浊。末期肺坏死并有结缔组织包裹，严重者坏死灶瘢痕化
放线菌病	林氏放线菌或牛放线菌	主要侵害牛，以2～5岁牛最易感，特别在换牙时	常见上、下颌骨肿大、界限明显。舌和咽组织发硬时称为"木舌病"，病牛流涎、咀嚼困难	皮肤破溃，有时在口腔黏膜上可见蘑菇状物，病程长的肿块钙化
钩端螺旋体病	钩端螺旋体	牛多呈隐性感染	高热稽留，黄疸，血红蛋白尿，腹泻。孕牛流产。有时口腔黏膜、乳房和生殖器官皮肤发生坏死	急性病例见全身黄染、出血及肝肾不同程度损害。慢性或轻型病例则以肾病变为主

寄 生 虫 病

病名	病原	流行特点	主要症状	病理变化特征
焦虫病	环形泰勒虫或瑟氏泰勒虫	季节性发病，青年牛和引进生牛多发且症状严重	高热稽留、体表淋巴结肿大，有痛感。呼吸加快、咳嗽、食欲减退或废绝。可视黏膜及皮肤薄软处见出血点。颌下、胸前或腹下水肿	黄疸，贫血，淋巴结肿大出血，肝、肾肿大
肺丝虫病	胎生网尾线虫	多侵害犊牛	频咳，呼吸困难，呈腹式呼吸，肺部听诊有啰音。食欲减退，可视黏膜苍白，下痢及腹水等	肺脏水肿，有虫侵害后留下的结节。有的肺内可以检到虫体

二、牛胃部疾病的类症鉴别诊断

牛胃部疾病的鉴别诊断及治疗要点见表4-2。

表4-2　牛胃部疾病的鉴别诊断及治疗要点

病　名	病　因	特　点	症　状	治疗要点
前胃迟缓	饲喂劣质或霉变饲料，或继发于某些疾病	多发于冬春季节，主要因缺乏青绿饲料或饲养管理不当等引起	食欲减退或废绝，反刍缓慢，次数减少或停止，瘤胃蠕动无力或停止，肠蠕动音减弱。排粪迟滞，便秘或腹泻，鼻镜干燥，体温正常	①停食1～2d，然后给予少量优质青干草，多饮水；②新斯的明或毛果芸香碱皮下注射，必要时2～3h后重复一次（心脏衰弱时禁用）；③治疗原发病
瘤胃臌气	各种原因导致瘤胃产气量大于其排出量	有过食易于发酵的大量饲草的病史	采食不久发病，弓腰举尾，烦躁不安，采食、反刍停止，左腹部突起，叩之如鼓，张口伸舌，摇尾踢腹，瘤胃蠕动音消失或减弱	①瘤胃放气；②内服防腐止酵药；③恢复瘤胃功能：静脉注射10%氯化钠500mL，内加10%安钠咖20mL
瘤胃积食	贪食或饥饿后过食，而饮水不足	瘤胃胀满增大、消化机能障碍、脱水和毒血症	病牛腹痛，精神不安，凝视，回头顾腹，间或后肢踢腹。不食，反刍消失，胃内容物黏硬，用拳按压，遗留压痕	①禁食，按摩瘤胃；②灌服硫酸镁或硫酸钠、液体石蜡；③皮下注射毛果芸香碱或新斯的明兴奋前胃；④洗涤瘤胃；⑤瘤胃切开术
瘤胃酸中毒	采食谷类或其他高碳水化合物食物而过度产酸	消化障碍、瘤胃运动停止，脱水、酸血症，运动失调、衰弱、死亡	最急性病例，在采食饲料后3～5h内无症状突然死亡，有的精神沉郁、昏迷，很快死亡。轻微瘤胃酸中毒的病畜表现神情恐惧，食欲减退，反刍减少，瘤胃胀满、蠕动减弱	加强护理，清除瘤胃内容物，纠正酸中毒，补充体液，恢复瘤胃蠕动。重剧病畜，宜行瘤胃切开术，排空内容物，用3%碳酸氢钠或温水洗涤瘤胃数次，尽可能彻底地洗去酸性内容物
创伤性网胃心包炎	网胃内尖锐物，刺伤膈或腹膜等	舍饲牛多见。城市和工矿区附近放牧牛多发	站立、运动、起卧、反刍异常。网胃区敏感，白细胞总数增多。胸前四肢及腹下水肿	①保守疗法：消炎抗菌，对症治疗；②手术疗法：施行瘤胃切开术，从网胃壁上摘除金属异物
瓣胃阻塞	瓣胃收缩力减弱，内容物滞留，秘结	长期饲喂枯老、多纤维的坚韧饲料，饮水和运动不足	初期精神委顿，前胃弛缓，食欲减退，便秘。中期鼻镜干燥、龟裂，排粪少，粪便干硬、色黑，呈算盘珠状。精神高度沉郁，可因自体中毒和心力衰竭死亡	①瓣胃注射硫酸钠＋液体石蜡＋普鲁卡因＋土霉素粉；②投服液体石蜡、人工盐泻药；③皮下注射毛果芸香碱或新斯的明兴奋瘤胃；④静脉强心补液
真胃左方变位	皱胃蠕动减少，胃肠弛缓、产气，剧烈运动等	皱胃移到左侧，留在瘤胃和左腹壁之间	食欲减退，排粪少，呈糊状，深绿色。精神沉郁，轻度脱水。尾侧视诊左侧肋弓突起。听诊同时叩诊，可听到钢管音	①滚转法治疗；②药物疗法：口服缓泻剂与制酵剂，用促反刍药物，以促进胃肠蠕动，加速胃肠排空；③手术法治疗

（续）

病　名	病　因	特　点	症　状	治疗要点
真胃右方变位	皱胃蠕动减少，胃肠弛缓、产气、剧烈运动等	皱胃从正常的解剖位置以顺时针方向扭转到瓣胃的后上方，置于肝脏与腹壁之间	食欲减退或废绝，烦躁踢腹，背下沉。瘤胃音消失，粪便呈黑色、糊状，混有血液。从尾侧可见右腹膨大或肋弓突起，听诊同时叩诊，可听到钢管音。右腹冲击式触诊真胃，内有大量液体	手术法治疗

三、蹄部异常牛病的类症鉴别诊断

蹄部异常牛病的临床综合鉴别诊断见表 4-3。

表 4-3　蹄部异常牛病的临床综合鉴别诊断

病　名	病原病因	发病特点	主要症状	病理变化特征
口蹄疫	口蹄疫病毒	发病率高，病死率低，传播快，范围广	高热，流涎，心肌炎型的死亡。口炎，蹄炎，乳房皮肤炎症	口腔水疱、糜烂，蹄部皮肤溃烂，乳房皮肤烂斑
腐蹄病	坏死杆菌	易发于密度大的牛群，乳牛、犊牛易感。通过损伤感染	多见于成牛。当叩击蹄壳或钳压病部时，可见小孔或创洞，内有腐烂的角质和污黑臭水	蹄部腐烂坏死，蹄壳变形
蹄叶炎	过多的给予精料，组胺等炎症产物被吸收，蹄的机械性损伤，过敏	饲养管理粗放，饲料配比不当的牛场多发	多取急性经过，患牛体温上升。病重牛站立、运动困难，呈横卧姿势。轻症不爱运动，表现特有的步态和弯背姿势。蹄温高，叩诊及钳压疼痛。慢性型蹄的疼痛轻，可见步态强拘、关节肿大、拱背。蹄形态改变，呈"拖鞋蹄"	蹄背侧缘与地面形成很小的角度，蹄扁阔而变长。蹄背侧壁有峰和沟形成，弯曲，出现凹陷。蹄穿孔和溃疡
蹄变形	各种不良因素导致牛蹄角质异常生长	卫生差，不修蹄的牛场多发	站立，行走姿势异常，跛行。病牛弓背，运步呈拖曳等	形成长蹄、宽蹄和翻卷蹄
指（趾）间赘生	蹄趾过度开张，趾间皮肤过度伸张	圈舍阴暗潮湿，污秽等	呈持久性跛行	指（趾）间隙皮肤发红、肿胀，有一小的舌状突起
蹄糜烂	牛蹄长期被污水、粪尿浸渍，角质变软，被细菌感染	乳牛多发，常呈慢性过程，病初无异常	全身症状严重，体温高，食欲、乳量下降，运步呈"三脚跳"。蹄磨灭不正，底部有黑色小洞或潜道，充满污灰色、污黑色或黑色液体，气味腐臭难闻	蹄底角质糜烂，从黑色小洞流出黑色腐臭脓汁

四、母牛不孕症的鉴别诊断

母牛不孕症临床综合鉴别诊断见表4-4。

表4-4　母牛不孕症的临床综合鉴别诊断

病　名	病　因	主要症状	治疗方法
卵泡囊肿	卵泡壁结缔组织增生变厚，不排卵	持续发情，不断排出黏液、量多，爬跨明显，严重的出现慕雄狂。直检：卵巢增大，有较大的未排卵卵泡，囊肿的卵泡壁较厚，饱满、有波动感，内含大量卵泡液	减少精料，控制含有植物性雌激素的饲料。加强运动。人绒毛膜促性腺素配合黄体酮肌内注射。促排3号肌内注射
黄体囊肿	卵泡壁上皮黄体化	不发情。直检：卵巢发生黄体化囊肿，囊肿壁厚，稍有波动	氯前列烯醇 0.2mg；宫腔注射或肌内注射
持久黄体	促卵泡素少，而促黄体素过多；子宫不能产生前列腺素；与促乳素有关	发情周期停止，不发情。直检：在卵巢上有或大或小的黄体，间隔一个情期的时间检查，黄体在原地。由子宫引起的，子宫内常有异物：脓（子宫积脓）、死胎（干尸化）、局部肿块（肿瘤）	①氯前列烯醇：0.2mg，宫腔注射或肌内注射；②对于子宫疾病引起的，只要消除子宫疾病，黄体往往会自行消失
子宫内膜炎	各种原因引起的子宫黏膜感染	严重者发情周期异常，多延长，或无性周期；子宫体积增大，在发情时排出不洁液体，久配不孕。慢性的子宫质地变硬，无弹性	排出炎症分泌物，杀菌灭菌，促进黏膜功能恢复
卵巢机能静止	运动少或饲料质量差，促卵泡素和促黄体素的分泌减少	卵巢机能暂时受到扰乱，处于静止状态。在各类不孕症中所占比例最高。母牛长期不发情，直检时卵巢体积偏小，但质地正常、具有弹性，无卵泡或黄体	肌内注射促卵泡素或孕马血清等
排卵弛缓及不排卵	卵泡刺激素（FSH）分泌正常，而促黄体激素（LH）分泌不足	发情周期正常，但发情持续时间延长，久配不孕。直检：卵泡发育正常，发情几天后才排卵、或迟迟不排卵。不排卵的卵泡最后萎缩或黄体化	一般在发情配种时进行处理：肌内注射促排3号、促黄体素或人绒毛膜促性腺素

第三节　牛常见疫病的诊疗

一、巴氏杆菌病

巴氏杆菌病又名牛出血性败血病（牛出败），由多杀性巴氏杆菌所引起，常以高热，肺炎、急性胃肠炎以及内脏器官广泛出血为特征。多杀性巴氏杆菌为革兰氏阴性球杆菌，有明显的荚膜，用瑞氏或碱性美蓝染色呈两极浓染。

【诊断要点】秋、冬季或长途运输抵抗力下降时容易引发此病。

（1）败血型　体温40℃以上，流鼻流泪，呼吸困难，病程12～24h。呈广泛的败血性变化，肺充血、出血、水肿。肝脏肿大。脾不大。

（2）肺炎型　病初干咳，后为湿咳，呼吸困难。鼻液黏性或脓性。听诊啰音。叩诊动物有疼痛表现，肺区实音。最后动物呼吸极度困难，头颈伸直，病程2～3周。典型大叶性肺炎变化。

（3）水肿型　咽喉、前胸、颈部水肿，甚至肛门、外阴及四肢下部水肿。呼吸高度困难，最后窒息而死，病程1～3d。

（4）肠型　动物发热、腹泻、大便带血，病死率较高。

【防治】

（1）预防　加强饲养管理，定期消毒，环境卫生，注意冷暖季节交替时的保暖。防止病原引入。用牛出败疫苗预防接种。

（2）治疗　发病动物隔离，并进行圈舍消毒。大剂量青、链霉素，强力霉素，恩诺沙星，百病金方，庆大霉素，阿米卡星等药物可以用于治疗，一般上下午各用药1次，2～3d有效。

二、牛流行热

牛流行热又称三日热，是牛流行热病毒引起的急性、发热性传染病。病牛主要表现为高烧、流泪、流泡沫样的口水、呼吸困难、后肢活动不灵活等症状。

【诊断要点】本病主要发生于壮年的黄牛和乳牛，黄牛易感性较强，哺乳母牛症状较严重，犊牛发病率较低。该病主要发生在蚊蝇较多的季节。

潜伏期3～7d，在此期病牛打寒颤、动作不协调，通常不被察觉。随后，病牛体温高达40℃以上，持续2～3d。病牛不爱活动，行走时步态不稳，后肢费力抬起，擦地前行。鼻镜干燥、反刍停止、产乳下降甚至停乳。严重时，病牛卧地不起，四肢关节肿胀、疼痛、跛行。眼结膜发红肿胀，流泪、畏光，鼻液透明黏稠，流涎呈线状。病牛排尿量减少，尿液暗褐色不清亮。

【防治】

（1）预防

免疫接种：用弱毒疫苗接种，共注射2次，间隔期1个月，免疫期6个月。自然发病康复牛在一定时间内对本病有免疫力。

加强环境管理：加强环境卫生，积极消灭蚊蝇，做好防暑降温工作。供给易消化且营养丰富的优质饲料，以提高机体抗病力。保持牛栏清洁干燥、通风凉爽。

（2）治疗　牛流行热无特效疗法。为恢复健康、阻止病情恶化，防止继发感染，可对症治疗。

病例一：体温升高、食欲废绝的成年牛。

①静脉注射：5％葡萄糖生理盐水2 000～3 000mL，10％磺胺嘧啶钠

100mL，2 次/d。②肌内注射：30％安乃近 30～50mL。

病例二：病牛呼吸困难、气喘。

①输氧：初期输氧速度宜慢，一般为 3～4L/min，后可控制在 5～6L/min 为宜，持续 2～3h。②肌内注射：25％氨茶碱 20～40mL；6％盐酸麻黄素 10～20mL。③缓慢静脉滴注：葡萄糖盐水 1 500mL＋地塞米松 10～50mg＋氨苄青霉素钠 5g。本药可缓解呼吸困难，但孕畜应慎用。

病例三：病牛兴奋不安。

静脉注射：①甘露醇或山梨醇 300～500mL。②硫酸镁 25～50g。

肌内注射：氯丙嗪 0.5～1mg/kg。

病例四：病牛瘫痪卧地。

静脉注射：①25％葡萄糖液 500mL＋10％安钠咖 20mL＋40％乌洛托品 50mL＋10％水杨酸钠液 100～200mL。②10％葡萄糖酸钙 500～1 000mL。多次使用钙剂效果不明显者，可用 25％硫酸镁 100～200mL。百会穴注射：0.2％硝酸士的宁 10mL。

病例五：咽喉、食管麻痹病牛。

静脉注射：①20％葡萄糖液 500～1 000mL。②5％葡萄糖生理盐水 1 000～1 500mL。2 次/d。严禁口服灌药，避免发生异物性肺炎。肌内注射：维生素 B$_1$、维生素 B$_{12}$ 各 30～50mL。

三、牛气肿疽

气肿疽是由气肿疽梭菌感染引起的牛的一种急性热性败血性传染病，又称为黑腿病或鸣疽。病原体气肿疽梭菌两端钝圆，专性厌氧，革兰氏阳性大杆菌，无荚膜。

【诊断要点】本病发生于各种牛，其中黄牛最易感，常见于 3 个月至 4 岁的牛。本病通过采食被污染饲料或饮水进入消化道传染。全年均可发病，但以温暖多雨季节较多。病牛体温升高、不食、反刍停止、呼吸困难、脉搏快而弱、跛行。肌肉丰满部发生肿胀、疼痛。局部皮肤干硬、黑红，按压肿胀部位有捻发音，叩之有鼓音。病死牛的肌肉切面色暗，多孔，呈海绵状。肝表面有大小不等的淡黄色坏死灶。

【防治】

（1）预防　在流行区及其周围，皮下注射气肿疽甲醛菌苗或明矾菌苗 5mL，春秋两季各注射一次。牛群发病后用具、圈栏与环境用 3％福尔马林消毒，污染的饲料、垫草与粪便均应烧毁。死牛不可剥皮肉食，宜深埋或烧毁。

（2）治疗　早期治疗可肌内注射抗气肿疽血清 150～200mL，重症患者 8～12h 后重复一次。初期肌内注射青霉素 100 万～200 万 U，2～3 次/d，或强力霉素2~3g，1~2次/d。早期用油剂青霉素300万～600万 U 在肿胀病灶周围分点注射，疗效很好。

四、牛结核病

牛结核病是由结核分支杆菌引起的牛慢性传染病，病理特点为在多种组织器官形成结核性肉芽肿（结核结节），继而结节中心干酪样坏死或钙化。结核杆菌为革兰氏阳性杆菌，其抵抗力较强，一般消毒剂作用不大，能耐受酒精，抗干燥。

【诊断要点】可侵害人和多种动物。家畜中牛最为易感，特别是奶牛。病人和患病畜禽，尤其是开放型患者是主要传染源，其痰液、粪尿、乳汁和生殖道分泌物中都可带菌。本病主要经呼吸道、消化道感染。

（1）肺结核 牛常发生，病初牛易疲劳，可见短而干的咳嗽，后咳嗽剧烈且频繁，表情痛苦，气喘。日见消瘦，贫血。体表淋巴结肿大。恶化者可发生全身性结核，即粟粒性结核。胸膜腹膜发生结核病灶即所谓的"珍珠病"，胸部听诊有摩擦音。

（2）乳房结核 乳房淋巴结肿大，乳房出现局限性或弥散性硬结，乳房表面凹凸不平，乳汁稀薄如水，或泌乳停止。

（3）肠道结核 多见于犊牛。病牛食欲下降，消化不良，迅速消瘦，顽固性腹泻，粪便呈半液状，带有黏液和脓液。直检可知肠系膜淋巴结肿大。

（4）生殖系统结核 性机能紊乱。发情频繁，慕雄狂与不孕。孕畜流产，公畜睾丸肿大。

（5）中枢神经系统 主要是脑与脑膜发生结核病变，常引起神经症状，如癫痫样发作、运动障碍等。

剖检时在发病部位发现白色结节，切面为干酪样坏死，有的发生钙化。胸膜和腹膜发生密集的淋巴结节，呈粟粒大至豌豆大的半透明灰色坚硬的结节，形似珍珠状，即所谓"珍珠病"。

【防治】

（1）预防 每年进行2～4次预防性消毒，每当畜群出现阳性病牛后，都要进行一次大消毒。反复进行多次检疫，对结核菌素试验阳性病畜应按国家要求扑杀，无公害处理。

（2）治疗 牛结核病一般不予治疗，而是采取综合防疫措施，每年定期检疫，扑杀阳性牛。引进牛进入牛场前，必须按规定再次隔离检疫。

五、犊牛大肠杆菌病

犊牛大肠杆菌病是由致病性大肠杆菌所致的犊牛急性传染病，临床上以败血症、肠毒血症和下痢为特征。

【诊断要点】 1周龄以内的犊牛易感，10日龄以上少见发病。在冬春舍饲时期，呈地方流行性或散发，放牧季节很少发生。

败血症：常于症状出现后数小时内死亡。仅见发热及精神委顿，或见腹泻。无明显病变，可见肠道出血、充血。

下痢和肠毒血症：剧烈腹泻，粪便稀薄，灰白色含凝乳块，有很多气泡，酸臭，最后死于脱水和酸中毒。肠毒血症可能有神经症状。下痢型真胃内大量凝乳块，黏膜有充血、出血、水肿，肠系膜淋巴结肿大，肠内容物混有血液和气泡。

【防治】

（1）预防　有本病的牛群，可在犊牛饲料中添加适宜的抗菌药物如新霉素、土霉素等进行预防，败血型可用多价菌苗或自家菌苗于产前接种。

（2）治疗　口服新霉素、庆大霉素、磺胺脒或复方新诺明等药物；结合肌内注射庆大霉素、阿米卡星、氨苄青霉素、头孢噻呋、磺胺六甲氧嘧啶等。若与地塞米松（2.5mg/头）配合注射效果更好。磺胺-5-甲氧嘧啶片（按体重）口服效果很好，这也是农牧民治疗牛羊腹泻的主要药物。

六、沙门氏菌病

沙门氏菌病，又名牛副伤寒。主要表现为败血症、肠炎及怀孕母牛流产。病原多为鼠伤寒沙门氏菌或都柏林沙门氏菌。

【诊断要点】 本病一年四季均可发生，夏季放牧时多发。舍饲犊牛易感，出生后30～40d的牛最易感，常呈流行性。

病犊体温升高至40～41℃稽留，泻出恶臭液状粪便，常混有血丝和黏液，停食、虚弱，病死率可达50%～70%，存活者或出现关节肿胀。剖检可见出血性胃肠炎与败血性病变，肝、脾可见坏死灶。成年牛较少发生或散发，病变多为急性出血性肠炎。孕牛常流产。

【防治】

（1）预防　加强饲养管理，对妊娠母牛特别是妊娠后期的母牛，要合理供应饲料，保证有丰富的蛋白质、矿物质和维生素，使胎儿获得发育所必需的营养物质。加强产房的清洁卫生，助产时应严格消毒。犊牛舍、奶具定期清洗消毒。

疫苗注射：在常发病的牛场，用都柏林沙门氏菌疫苗给怀孕母牛接种，证明对犊牛有较好的预防效果。

（2）治疗　首先将病犊及可疑病犊从犊牛群中挑出，隔离饲养。治疗原则是消炎，抗菌，防止败血症和酸中毒。

抑菌消炎可使用抗菌药物。新霉素2～3g/d，分2～3次内服，连续3～5d。注射抗菌用药同大肠杆菌病。由于沙门氏菌易产生耐药性，因此，以药敏试验确定其敏感性药物更有利于治疗。腹泻脱水时，可补水、补碱，也可口服补液盐。

七、牛葡萄球菌病

葡萄球菌主要引起牛急、慢性乳房炎和乳房皮肤脓疱病。葡萄球菌为革兰氏阳性球菌，其中以金黄色葡萄球菌致病性最强。

【诊断要点】牛葡萄球菌乳房炎主要由金黄色葡萄球菌引起，呈急性、亚急性和慢性经过。

（1）急性乳房炎　患区呈炎症反应，含有大量脓性絮片的微黄色至微红色浆液性分泌液及白细胞渗入到间质组织中。受害小叶水肿、增大、有轻微疼痛。重症患区红肿、迅速增大、变硬、发热、疼痛。乳房皮肤绷紧，呈现蓝红色。

（2）慢性乳房炎　多不表现症状，但产奶量下降，直至在乳汁中出现絮片才被发现。后期患处因结缔组织增生而硬化、缩小，乳池黏膜出现息肉并增厚。

（3）乳房皮肤脓疱病　患牛乳房上有结节状化脓性炎，初期形成充满无色液体的囊，后发展为含少量黏稠黄白色脓汁的脓疱，遍布于整个乳房，被毛与渗出物黏附在一起形成隆起的小毛簇，挤奶时疼痛。通常散发，偶尔群发。

【防治】

（1）预防　加强环境卫生消毒，及时除去环境中的污秽物；加强乳房卫生保健，保持乳房皮肤清洁。

（2）治疗　乳房炎治疗参照本章第四节奶牛乳房炎。乳房皮肤脓疱病，应先剪去乳房上的毛，用0.3%洗必泰液或稀碘液清洗患部，再用清水冲洗，1～2次/d，保持乳房干燥。脓疱成熟者，应扩开脓疱，排出脓汁，然后用1%碘酊或3%龙胆紫等涂布患部。

八、牛放线菌病

牛放线菌病是牛的一种慢性化脓性传染病，以病牛的头、颈、下颌和舌发生放线菌肿为特征。病原是牛放线菌或林氏放线杆菌。

【诊断要点】主要侵害2～5岁幼龄牛，呈散发。在牛换牙或黏膜损伤时易感染发病。病菌侵害处发生硬固的、界限明显的、无热无痛或硬结的肿胀。侵害牛颌骨时，多在第三、四臼齿处，出现界限明显、不能移动的肿胀，肿胀通常进展较慢，不易察觉，直至咀嚼出现困难时才被发现。侵害软组织时，多见于颌下、头、颈等部位。侵害舌肌时舌组织肿胀变硬，称为"木舌病"，病牛流涎，咀嚼困难。乳房患病时，呈弥漫性肿大或有局灶性硬结，乳汁黏稠混有脓液。病情进一步发展为牙齿松动，甚至脱落，病牛吞咽和咀嚼都感到困难，迅速消瘦。有时皮肤化脓、破溃，流出脓汁，形成瘘管，久治不愈。

【防治】

（1）预防　为预防本病的发生，应避免在低洼地放牧。舍饲时最好将干草、谷糠等饲草浸湿后再饲喂，避免皮肤、黏膜发生损伤。及时处置伤口。

（2）治疗　病牛的硬结较大时，可用外科手术切除硬结，并于创口内撒布等量混合的碘仿和磺胺粉，然后缝合。在创围注射 10％碘仿醚，同时内服碘化钾，成年牛 5～10g/d，犊牛 2～4g/d，连用 2～4 周。

重症者可静脉注射 10％碘化钠，50～100mL/d，隔日 1 次，共 3～5 次之后，暂停用药 5～6d。硬结小者可直接在硬结周围注射青霉素或链霉素，同时应用碘化钾进行全身治疗，效果显著。笔者曾用强力霉素、青霉素和百病金方联合用药治疗一例放线菌病，效果显著。

九、坏死杆菌病

牛坏死杆菌病是由坏死杆菌引起的牛的一种慢性传染病，表现为皮肤、皮下组织和消化道黏膜的坏死，有时在内脏形成转移性坏死灶。坏死杆菌呈多形性，革兰氏阳性，无芽孢、厌氧。

【诊断要点】此病多呈散发或地方流行性。卫生条件差、圈舍污秽、泥泞、饲养密度大等易造成家畜蹄部损伤的因素及吸血昆虫的叮咬都可促使本病发生。病程数小时至 1～2 周，一般为 1～3d。本病依据牛受害组织和部位不同而有不同的名称。

（1）腐蹄病　病初呈现跛行，病肢不敢负重，喜卧地，叩击蹄壳或用力按压患部疼痛敏感。清理蹄底时，可见小孔或创洞。在趾间、蹄踵和蹄冠部发生红肿热痛，随后溃烂流出恶臭的黏稠脓性分泌物。向深部扩散时，可波及腱、关节、骨骼和韧带，甚至蹄匣脱落。

（2）坏死性口炎　多见于犊牛，病初体温升高，有鼻漏和流涎，口腔黏膜红肿。在齿龈、上腭、喉头、颊及咽后壁黏膜发生坏死。

【防治】

（1）预防　避免皮肤、黏膜损伤。及时外科处理创伤。保持畜舍、环境、用具的清洁与干燥。注意护蹄，防止拥挤、顶伤，不在泥泞、潮湿地区放牧等。

（2）治疗

①腐蹄病：可先将患部用 1％高锰酸钾溶液洗净后，再用 10％硫酸铜或 5％福尔马林溶液脚浴，1～2 次/d，连续 3d。用油剂青霉素做周边封闭。

②坏死性口炎：除去口腔内的伪膜再用高锰酸钾冲洗，然后外用碘甘油，2次/d 至痊愈。同时根据病情，施以全身抗菌和对症治疗，可提高治愈率。

十、口　蹄　疫

牛口蹄疫是由口蹄疫病毒引起的偶蹄动物的急性、热性、接触性传染病。临诊上以口腔黏膜、蹄部及乳房皮肤发生水疱和溃烂为特征。口蹄疫病毒有 O 型、A 型、C 型、南非 I 型、南非 II 型、南非 III 型、亚洲 I 型等 7 个血清型。

【诊断要点】本病传播迅速，流行猛烈，呈流行性发生。发病率很高，病死率多不超过 5%。多发生于冬季，到夏季往往自然平息。常经消化道和呼吸道感染，也可经损伤的皮肤和黏膜感染。黄牛最易感，其次是牦牛、犏牛、水牛。

病牛体温上升达 40～41℃。

口腔：在唇内面、齿龈、舌面和颊部黏膜上出现 1～2cm 大小白色水疱，病牛此时大量流涎。水疱破溃后露出明显的红色糜烂区。

蹄：在口腔发生水疱的同时或稍后，趾间及蹄冠的柔软皮肤红肿、疼痛、迅速发泡，并很快破溃，出现糜烂或结成硬痂，然后逐渐愈合。糜烂部位可感染化脓坏死，甚至蹄匣脱落。

乳房：乳房皮肤也可出现水疱，很快破裂形成烂斑。

心脏：病死小牛心肌松软，心肌切面有灰白色或淡黄色斑点和条纹，称"虎斑心"。

【防治】

（1）预防　加强饲养管理，严防病原侵入，尤其是在从外地引进牛只时，更应严格执行有关规定。对受威胁地区用灭活疫苗接种，以减少易感动物。

（2）治疗　不予治疗，严格执行国家有关动物防疫规定。

十一、狂　犬　病

狂犬病又称恐水症，为狂犬病病毒引起的一种人兽共患的中枢神经系统传染病，病死率达 100%。临床表现为特有的狂躁、恐惧不安、恐水、流涎和咽肌痉挛。

【诊断要点】野生动物是本病的主要储存宿主，犬在携带和传播狂犬病过程中起主要作用。患病动物的唾液、泪、尿、血、其他体液均具有传染性。病犬是最主要的传染源。牛多因被病犬咬伤而感染。潜伏期为 4～8 周，病初主要表现精神沉郁，举动反常，食欲反刍降低。后期流涎增多，吞咽困难，出现麻痹症状，行走困难，最后终因全身衰竭和呼吸麻痹而死亡。

【防治】

（1）预防　加强动物管理，控制传染源。野犬应尽量捕杀。家犬应严格管理，并进行登记和疫苗接种。患狂犬病动物应立即击毙焚毁或深埋。

预防接种：对兽医、动物管理人员、猎手、野外工作者及可能接触狂犬病病毒的医务人员应作预防接种。

（2）治疗　现在尚无确切有效的治疗方法。对被狼、狐、犬、猫等动物咬伤者，应作紧急预防接种。

伤口处理：立即用20％肥皂水或1％新洁尔灭液和清水反复彻底清洗伤口，至少20min，再用75％乙醇或2％碘酒涂擦。如有高效价免疫血清，皮试后可在创伤处作浸润注射。伤口不缝合。亦可酌情应用抗生素及破伤风抗毒素。

十二、奶牛皮肤真菌病

奶牛皮肤真菌病是由真菌引起的，临床上以被皮呈圆形脱毛、形成痂皮等病变为特征。该病传染快、蔓延广。

【诊断要点】多发生在头部，特别是眼周、颈部等，可遍及全身。病初成片脱毛区域有时保留一些残毛。随着病情的发展，皮肤出现界限明显的秃毛圆斑，一部分皮肤隆起变厚形似灰褐色的石棉状，病初不痒，逐渐出现瘙痒症状。

【防治】

（1）预防　检查所有牛只，隔离饲养有临床症状的牛并固定人员饲养。用0.5％的硫酸铜消毒牛舍，2次/d。尽量保持圈舍干燥，防止漏雨和泥泞，圈舍内不堆放饲草料。

（2）治疗　用灰黄霉素原粉饮水对症治疗，每头5g/次，2次/d。患部用温来苏儿溶液冲洗，再用牙刷去掉患部痂皮并涂擦酮康唑、特比萘芬或伊曲康唑软膏。

十三、牛轮状病毒病

牛轮状病毒病是由轮状病毒引起的牛急性胃肠道传染病。轮状病毒属呼肠孤病毒科，轮状病毒属。

【诊断要点】本病主发于犊牛，15～90日龄发病最多，春、秋季多见，潜伏期18～96h。病犊精神沉郁，吃奶量减少，体温正常或略偏高。腹泻粪便呈白色或灰白色，有的呈黄褐色，有时附有肠黏膜及未消化凝乳块，排粪次数多。病死率多不超过10％，但若有继发感染，特别在恶劣气候情况下，则病死率将大大提高。

【防治】

（1）预防　注意牛舍防寒保暖。可试用牛轮状病毒弱毒疫苗，用于免疫母牛，通过初乳抗体保护小牛，有一定效果。犊牛可应用轮状病毒活疫苗口服，该口服苗对人工感染犊牛有保护性，可减少自然发病率。

（2）治疗　本病目前尚无有效药物治疗。可采用补液、应用肠道收敛剂等对症治疗，有一定的作用。应使用抗生素预防继发感染。

十四、牛 肺 疫

牛肺疫也称牛传染性胸膜肺炎，是由丝状支原体引起的对牛危害严重的一种接触性传染病，主要侵害肺和胸膜，其病理特征为纤维素性肺炎。牛肺疫丝状支原体为多形性，革兰氏阴性。

【诊断要点】3～7 岁牛多发，犊牛少见。主要通过呼吸道感染，也可经消化道或生殖道感染。潜伏期一般 2～4 周，最长可达 4 个月。

急性型：体温升高到 40～42℃，呈稽留热，呼吸困难呈腹式呼吸。病牛不愿卧下，常有带痛的短咳，有时流出浆液性或脓性鼻液。肺部听诊肺泡音减弱或消失，有的可听到胸膜摩擦音。病畜反刍停止，瘤胃弛缓，泌乳量下降，结膜发绀。

亚急性型：症状比急性型稍轻。慢性型病牛消瘦，消化功能紊乱，咳嗽疼痛，役力和泌乳下降，最后窒息死亡。

特征性病变为肺的损害常限于一侧，初期以小叶性肺炎为特征。中期表现为浆液性纤维素性胸膜肺炎，肺肝变，切面呈大理石状外观，间质增宽。

【防治】

（1）预防　非疫区勿从疫区引牛，老疫区宜定期用牛肺疫兔化弱毒菌苗预防注射。发现病牛应隔离、封锁，必要时宰杀淘汰。污染牛舍、屠宰场应用 3% 来苏儿或 20% 石灰乳消毒。

（2）治疗　本病早期治疗可达到临床治愈，晚期病例很难治愈。红霉素、泰乐菌素、氧氟沙星、四环素、强力霉素等药物对该病有效。治疗好转的病牛症状消失，肺部病灶被结缔组织包裹或钙化，但长期带菌，应隔离饲养以防传播该病。

十五、牛传染性鼻气管炎

牛传染性鼻气管炎又称"坏死性鼻炎"、"红鼻病"，是牛疱疹病毒Ⅰ型引起的一种发热性接触性传染病。病毒可引起牛的呼吸道感染、生殖道感染、脑膜脑炎、结膜炎、流产等症状。

【诊断要点】多发于寒冷季节，饲养密度过大的牛群易发病。肉牛较易感，发病率有时高达 75%。其中以 20～60 日龄的犊牛最为易感，病死率也较高。种公牛精液带毒，可通过交配感染母牛。潜伏期为 4～6d。

（1）脑膜脑炎型　主要见于 6 月龄内的犊牛，体温升高达 40℃以上。病犊精神沉郁，随后兴奋，步态不稳，惊厥，倒地，磨牙，角弓反张，四肢划动。病程 2～7d，多数衰竭死亡。

（2）呼吸道型　寒冷月份多见，主要侵害呼吸道。高热达 39.5～42℃，高度沉郁，食欲废绝。鼻黏膜高度充血，有溃疡，鼻窦及鼻盘发炎、红肿，鼻孔外有黏性鼻液。病牛呼吸困难，眼结膜发炎，流泪。

（3）生殖道型　由交配引起，母牛潜伏期为 1～3d，除了发热、沉郁、食欲减少等一般症状外，主要见阴道发炎，阴道底面和外阴见无臭的黏液。阴门黏膜上有白色小病灶，逐渐发展成脓疱，脓疱破裂坏死，形成坏死膜，膜下是发红的表皮。一般经 10～14d 痊愈。公牛轻的仅生殖道黏膜充血，严重的包皮和阴茎上出现脓疱。

【防治】

（1）预防　目前尚无十分满意的防治措施控制本病的发生。现有几种疫苗可用于预防。牛胎肾细胞培养传代至弱毒苗滴鼻，可刺激鼻黏膜产生抗体，并对怀孕母牛比较安全，接种后 72h 可获保护。灭能苗使用安全，免疫期可达 6 个月。亚单位苗最大的优点是避免了上述疫苗排毒的可能性。

（2）治疗　对于暴发本病牛群的主要治疗措施是控制并发症。对呼吸道型病牛主要是保持良好的护理和对症治疗。抗菌药物可防止继发感染，控制本病最终还是取决于免疫的形成，自然病愈牛可以抵抗强毒的攻击。国外仍然认为定期检疫，扑杀病牛是抢救牛群最经济的措施。

十六、牛病毒性腹泻黏膜病

牛病毒性腹泻黏膜病简称牛病毒性腹泻或牛黏膜病。其特征为黏膜发炎、糜烂、坏死和腹泻。病原为牛病毒性腹泻病毒。

【诊断要点】本病主要危害牛、羊，潜伏期 7～14d。康复牛可带毒 6 个月。

（1）急性型　突然发病，体温高达 40～42℃，持续 2～3d，有的下降后再次升高。流浆液性鼻液，鼻镜及口腔黏膜糜烂，舌面坏死，流涎。有些病牛常有蹄叶炎及趾间皮肤糜烂坏死，致跛行。多于发病后 1～2 周死亡，少数病程可拖延至 1 个月。

（2）慢性型　病牛很少有明显的发热症状，但体温有波动。最引人注意的症状是鼻镜糜烂，此种糜烂可在鼻镜上连成一片。

主要病变在消化道和淋巴组织。尸体消瘦，眼球下陷，口腔、齿龈、舌、硬腭、鼻镜及鼻孔内有小而浅的不规则烂斑。特征性病变是食管黏膜有大小不等的线状纵行排列的烂斑，好似虫蚀样。

【防治】

（1）预防　目前可应用弱毒疫苗或灭活疫苗来预防和控制本病。国外本病发生较多，因此要加强口岸检疫，防止引入带毒牛、羊、猪。国内在进行牛只调拨或交易时，要加强检疫，防止本病的扩大或蔓延。

（2）治疗　目前尚无有效疗法。对病牛要隔离治疗或急宰。应用收敛剂和补液疗法可缩短恢复期，减少损失。用抗生素和磺胺类药物，可减少继发性细菌感染。

十七、牛恶性卡他热

恶性卡他热是由恶性卡他热病毒引起的牛等反刍动物的一种急性、热性、高度致死性及淋巴增生性传染病，以口、鼻黏膜急性卡他性纤维素性炎症和眼损害为特征，并伴有高热和严重的神经症状，病死率很高。

【诊断要点】散发于冬季和早春，病死率高达60％～90％。主要感染黄牛和水牛，以1～4岁牛发病多，老龄牛发病少。潜伏期4～20周或更长。临床病型有多种，如头眼型、消化道型、最急性型、良性型、慢性型等，但常多型混合表现。病初高热，体温达41～42℃，口、鼻和眼黏膜发生炎症。病眼羞明流泪，结膜充血，角膜混浊甚至溃疡。流鼻液，鼻腔黏膜充血、水肿，覆有纤维素性脓性分泌物，也可发生溃疡。流涎发臭，舌体、软腭及咽部黏膜糜烂、坏死。病牛鼻镜干燥，炎症部位热痛，角根松动甚至脱落。病程5～14d，最急性病例多在24h内死亡。良性型只表现轻微的头部黏膜卡他。

【防治】

（1）预防　本病尚无有效的疫苗。控制本病最有效的措施是，在本病流行区将牛羊隔离饲养，以防止疾病传播。

（2）治疗　无有效治疗方法。按《中华人民共和国动物防疫法》及有关规定，病畜应隔离扑杀，污染场所及用具等应严格消毒。

十八、传染性角膜结膜炎

牛传染性角膜结膜炎又名红眼病，是危害牛的一种急性传染病。其特征为眼结膜和角膜发生炎症，伴大量流泪，之后角膜混浊，呈乳白色。牛摩勒氏杆菌是牛传染性角膜结膜炎的主要病原菌，为革兰氏阴性杆菌，多成双排列，也可成短链状，有荚膜，无芽孢，不能运动。

【诊断要点】本病不分年龄和性别，均易感染，但犊牛发病较多，通过头部的相互摩擦和打喷嚏、咳嗽而传染，主要发生于天气炎热和湿度较高的夏秋季节。一旦发病，传播迅速，多呈地方性流行性。青年牛群的发病率可达60％～90％。只有在强烈的太阳紫外光照射下才产生典型症状。用此菌单独感染，或仅用紫外线照射，都不能引起发病，或仅产生轻微症状。潜伏期一般为3～7d，初期患眼羞明，流泪，眼睑肿胀，疼痛。其后角膜凸起，角膜周围血管充血，出现白色或灰色小点。结膜和瞬膜红肿。严重病例角膜增厚，溃疡，形成角膜瘢痕及角膜翳。

【防治】

（1）预防　禁止从疫区引进牛、饲料及动物产品。引进的牛要隔离观察3～7d，严格消毒圈舍、器具，观察无病的方可入群。对病牛要立即隔离，早期治疗，避免强烈阳光刺激。杀灭蝇类昆虫，有利于防止本病传播。

（2）治疗

方一：病牛用2%～4%的硼酸水洗眼，拭干后再用复方新霉素眼药水（含皮质激素，如地塞米松）点眼，2～3次/d。

方二：眼内滴入金霉素眼膏或涂四环素眼膏。

方三：硼砂6g、白矾6g、荆芥6g、防风6g、郁金3g，水煎后去渣，趁温洗眼。

十九、牛焦虫病

牛焦虫病是蜱为媒介的一种传染病，病原为牛巴贝西焦虫和牛环形泰勒焦虫两种。本病以高热、黄疸为主要临床特征。

【诊断要点】 主要发生于舍饲牛群。1～3岁牛多发。引入牛、纯种牛和改良杂种牛多发。病牛高热稽留、体表淋巴结（肩前和腹股沟浅淋巴结）肿大，有痛感。呼吸加快、咳嗽、食欲减退或废绝。可视黏膜及皮肤薄软处见出血点或斑。颌下、胸前或腹下水肿。结膜黄染。病牛严重贫血，粪少而干黑，常带黏液或血液。

剖检全身淋巴结肿大，切面多汁，有暗红色和灰白色大小不一的结节。真胃黏膜肿胀，有许多针头至黄豆大暗红色或黄白色结节，后形成溃疡灶，边缘隆起呈红色，中央凹陷呈灰色，黏膜脱落。

【防治】

（1）预防　定期灭蜱，牛舍内1m以下的墙壁，要用杀虫药涂抹，杀灭残留蜱。对牛体表的蜱要定期喷药或药浴杀灭之。不到有蜱的牧场放牧，在不安全牧场放牧的牛群，可在蜱活动前用焦虫疫苗免疫预防或定期药物预防。

（2）治疗

方一：肌内注射贝尼尔3.5～3.8mg/kg，配成5%～7%溶液，深部注射。轻症1次即可，必要时1次/d，连用2～3次。

方二：静脉注射黄色素3～4mg/kg，配成0.5%～1%溶液，症状未减轻时，24h后再注射1次。病牛在治疗后的数日内须避免烈日照射。注射时，切忌将药液漏到血管外。

方三：肌内注射咪唑苯脲 2mg/kg，配成 10% 溶液，分 2 次注射。

在选用以上药物治疗的同时，还应该采用对症疗法，才能收到更好的效果。如补充维生素 B_{12} 和微量元素铁、铜等治疗贫血。有条件的，可应用输血疗法，效果更好。

二十、牛皮蝇蛆病

牛皮蝇蛆病是牛皮蝇和纹皮蝇等的幼虫寄生于牛的背部皮下组织而引起的一种慢性外寄生虫病。牛皮蝇和纹皮蝇成蝇外形似蜜蜂，被浅黄色至黑色的毛，体长 13～15mm。它们在夏季晴朗的白天飞翔、交配并追逐牛只产卵。

【诊断要点】本病发生于春季在牧场上放牧的牛只，舍饲牛少见。成蝇在夏季的繁殖季节产卵时追逐牛只，影响采食和休息，使牛逐渐消瘦、贫血等，奶牛产奶量减少。牛皮蝇幼虫钻入皮肤时，牛表现瘙痒不安。在背部皮下寄生时发生瘤状隆起，皮肤穿孔，还可见牛皮蝇的第三期幼虫（L3）从隆包中钻出。幼虫移行造成所经组织如口腔、咽、食管损伤、发炎。第三期幼虫引起局部发炎和结缔组织增生，形成肿瘤样结节。

【防治】

（1）预防　夏季蝇类活动季节，用 0.005% 敌杀死溶液或 0.006 7% 杀灭菊酯溶液等杀虫剂喷洒牛体、畜舍及活动场所，杀死幼虫和成蝇。

（2）治疗

方一：2% 敌百虫水溶液涂擦病牛背部。

方二：3% 倍硫磷 0.3mL/kg，或 4% 蝇毒磷 0.3mL/kg，或 8% 皮蝇磷 0.33mL/kg 沿背中线浇注。

方三：皮下注射伊维菌素 0.2mg/kg，对各期幼虫有效。

手工灭虫：手挤皮孔周围或青霉素瓶口对皮孔按压，挤出第三期幼虫。

二十一、牛片形吸虫病

牛片形吸虫病是由肝片吸虫或大片吸虫引起的一种侵袭病，主要引起营养障碍，导致慢性消瘦和衰竭。该病病原的终末宿主为反刍动物，中间宿主为椎实螺。

【诊断要点】感染片形吸虫的牛，其临床表现与虫体数量、宿主体质、年龄、饲养管理条件等有关。当牛体抵抗力弱又遭大量虫体寄生时，症状较明显。急性症状多发生于犊牛，表现为精神沉郁、食欲减退或消失、体温升高、贫血、黄疸等，严重者常在 3～5d 内死亡。慢性症状常发生在成年牛，主要表现为贫血、黏膜苍白、眼睑及体躯下垂部位发生水肿，被毛粗乱无光泽，食欲减退或消失，肠炎等，往往死于恶病质。

【防治】

（1）预防　本病传播主要由粪便中的虫卵感染所造成，因此牛粪便应经堆肥发酵杀死虫卵后才作肥料。有条件加强草地管理的，应每年于秋冬和冬春换季时用1/5 000硫酸铜液对草地进行喷洒，可杀灭牛片形吸虫的中间宿主椎实螺。尽可能进行轮牧。

（2）治疗　发病后及时选用以下药物，口服：

方一：肝蛭净（三氯苯唑）5～10mg/kg，对童虫及成虫均有效，可达95%的驱虫率。

方二：硝氯酚4～6mg/kg，本药安全性好，对幼虫也有效，驱虫率达75%。

方三：阿苯达唑20～30mg/kg，对牛肝片吸虫驱除率达95%。

方四：硫双二氯酚40～60mg/kg，配成悬浮液口服，其副作用为患牛轻度拉稀，1～4d会自行恢复。

第四节　牛常见普通病的诊疗

一、食管阻塞

食管阻塞，俗称"草噎"，是食管被食物或异物阻塞的一种严重食管疾病。牛的原发性食管阻塞，通常发生于采食或盗食未切碎的萝卜、甘蓝、芜菁、甘薯、马铃薯、甜菜、苹果、西瓜皮、玉米穗、大块豆饼或花生饼时，由于吞咽过急而引起。此外，还可因误咽毛巾、破布、塑料薄膜、毛线球、木片或胎衣而发病。

【诊断要点】采食中突然发病，停止采食，恐惧不安，头颈伸展，张口伸舌，大量流涎，呈现吞咽动作，呼吸急促。颈部食管阻塞时，外部触诊可感到阻塞物；胸部食管阻塞时，在阻塞部位上方的食管内积满唾液，触诊能感到波动并引起哽噎运动。用胃导管进行探诊，当触及阻塞物时，感到阻力，不能推进。

【防治】

（1）预防　加强饲养管理，定时饲喂，防止饥饿。过于饥饿的牛，应先喂草，后喂料，少喂勤添。饲喂块根、块茎饲料时，应切碎后再喂。豆饼、花生饼等饼粕类饲料，应经水泡制后，按量给予。堆放马铃薯、甘薯、胡萝卜、萝卜、苹果、梨的地方，不让牛通过或放牧。施行全身麻醉者，在食管机能未复苏前，要禁食。

（2）治疗

①装开口器：咽后食管起始部阻塞时，装上开口器后，可徒手取出。颈部与胸部食管阻塞时，应根据阻塞物的性状及其阻塞的程度，采取相应的治疗措施。

②解痉镇痛，润滑管腔：可用水合氯醛 10～25g，配成 2％溶液灌肠，或者静脉注射 5％水合氯醛酒精注射液 100～200mL；也可皮下或肌内注射 30％安乃近 20～30mL。此外，尚可应用阿托品、山莨菪碱等药物。然后用植物油（或液体石蜡）50～100mL、1％普鲁卡因 10mL，灌入食管内。

③挤压法：采食胡萝卜等块根、块茎饲料而阻塞于颈部食管时，将病畜横卧保定，用平板或砖垫在食管阻塞部位。然后以手掌抵于阻塞物下端，朝咽部方向挤压，将阻塞物挤压到口腔，即可取出。若为谷物与糠麸引起的颈部食管阻塞，病畜站立保定，用双手手指从左右两侧挤压阻塞物，将阻塞物压扁、压碎，促进阻塞物软化，使其自行咽下。

④下送法：下送法又称疏导法，即将胃管插入食管内抵住阻塞物，慢慢把阻塞物推入瘤胃中。主要用于胸部食管阻塞和腹部食管阻塞。

⑤打气法：应用下送法经 1～2h 后不见效时，可先插入胃管，装上胶皮球，吸出食管内的唾液和食糜，灌入少量植物油或温水。将病畜保定好后，把打气管接在胃管上，颈部勒上绳子以防气体回流，然后适量打气，并顺势推动胃管，将阻塞物推入胃内。但不能打气过多和推送过猛，以免食管破裂。

⑥打水法：当阻塞物是颗粒状或粉状饲料时，可插入胃管，用清水反复泵吸或虹吸，以便把阻塞物溶化、洗出，或者将阻塞物冲下。

⑦药物疗法：先向食管内灌入植物油（或液体石蜡）100～200mL，然后皮下注射 3％盐酸毛果芸香碱 3mL，促进食管分泌和肌肉收缩，经 3～4h 奏效。

⑧手术疗法：当采取上述方法不见效时，应施行手术疗法。颈部食管阻塞，采用食管切开术。在靠近膈的食管裂孔的胸部食管及腹部食管阻塞，可施行瘤胃切开术，通过贲门将阻塞物排除。

⑨护理：暂停饲喂饲料和饮水，以免引起异物性肺炎。当继发瘤胃臌气时，应及时施行瘤胃穿刺放气，并向瘤胃内注入防腐消毒剂。病程较长者，应注意消炎、强心、补液维持机体营养。

二、瘤胃臌胀

瘤胃臌胀是因前胃神经反应性降低，收缩力减弱，采食了容易发酵的饲料，在瘤胃内异常发酵，产生大量气体，而向体外排气的嗳气运动停止时，可引起瘤胃和网胃急剧膨胀，膈与胸腔脏器受到压迫，呼吸与血液循环障碍，发生窒息现象的一种疾病。

【诊断要点】

（1）急性瘤胃臌胀　通常在采食大量易发酵性饲料后迅速发病，甚至有的在采食中突然呆立，临床症状发展急剧。初期举止不安，神情呆滞，结膜充血，角膜周围血管扩张。回头望腹，腹围迅速膨大。腹壁紧张而有弹性，叩诊呈鼓音。

随着瘤胃扩张和臌胀，膈肌受压迫，呼吸促迫用力，头颈伸展、张口伸舌呼吸。心悸，脉搏浮快。后期心力衰竭，脉搏微弱，病情危急。

（2）泡沫性臌胀　常见泡沫状唾液经口逆出或喷出。瘤胃穿刺时，只能断断续续地排出少量气体，瘤胃液随着瘤胃壁紧张收缩向上涌出，阻塞针孔，排气困难。病的后期，心力衰竭，血液循环障碍，静脉怒张，呼吸困难，黏膜发绀，往往突然倒地、痉挛、抽搐，陷于窒息和心脏麻痹状态。

（3）慢性瘤胃臌胀　多为继发性因素引起，瘤胃中度膨胀，常在采食或饮水后反复发生。通常为非泡沫性臌胀，穿刺排气后，继而又臌胀起来。瘤胃收缩运动正常或减弱。

【防治】

（1）预防　着重加强饲养管理，增强前胃神经反应性，促进消化机能。在放牧或改喂青绿饲料前1周，先饲喂青干草、稻草，或作物秸秆，然后放牧或青饲，以免饲料骤变发生过食。在放牧中应注意避免采食开花前的豆科植物。尽量少喂堆积发酵或被雨露浸湿的青草，以防臌胀。

（2）治疗

①排气：非泡沫性臌胀，使病畜头颈抬举，适度地按摩腹部，促进瘤胃内气体排除。严重病例，当发生窒息危险时，首先应用套管针进行瘤胃穿刺放气。放气后，宜用稀盐酸10～30mL；或鱼石脂15～25g，95％酒精100mL，水1 000mL；或生石灰水1 000～3 000mL；或0.25％普鲁卡因50～100mL，青霉素100万U，注入瘤胃，效果更佳。

②消胀灭沫：泡沫性臌胀，以消胀灭沫为目的，宜用表面活性药物，如口服二甲基硅油，牛2～2.5g能迅速奏效。此外，菜子油300mL，温水500mL，制成油乳剂，内服；或液体石蜡500～1 000mL，常水适量，一次内服，都可奏效。

③治疗原发病：积极治疗引起瘤胃慢性臌胀的原发病。

三、前胃弛缓

前胃弛缓又称脾胃虚弱，是由各种原因导致的前胃兴奋性降低、收缩力减弱，瘤胃内容物运转缓慢，菌群紊乱，产生大量腐败分解有毒物质，引起消化障碍和全身机能紊乱的一种疾病。特征是病牛食欲减退，前胃蠕动减弱，反刍、嗳气减少或停止等。

【诊断要点】前胃弛缓按其病情发展过程，可分为急性和慢性两种类型。

（1）急性型　多呈急性消化不良，精神委顿，表现为应激状态。食欲减退或消失，反刍弛缓或停止，全身机能状态无明显异常。瘤胃收缩力减弱，蠕动次数减少或正常。由变质饲料引起的，瘤胃收缩力消失，轻度或中度膨胀，下痢。由应激反应引起的，瘤胃内容物黏硬，而无膨胀现象。一般病例病情轻，容易康复。如果伴发前胃炎或酸中毒时，则病情急剧恶化。

（2）慢性型　多数病例食欲不定，有时正常，有时减退或消失。常常虚嚼、磨牙，发生异嗜，舔砖吃土，或摄食被尿粪污染的褥草、污物。反刍不规则、无力或停止。嗳气减少，嗳出气体带臭味。病情时好时坏，食欲减退，日渐消瘦，皮肤干燥，被毛逆立、无光泽，体质衰弱。

病的后期，伴发瓣胃阻塞，精神沉郁，鼻镜龟裂，不愿移动或卧地不起。食欲、反刍停止，瓣胃蠕动音消失，继发瘤胃膨胀。脉搏快速，呼吸困难，眼球下陷，结膜发绀。全身衰竭、病情危重时发生自体中毒和脱水，多数死亡。

【防治】

（1）预防　前胃弛缓的发生，多因饲料变质、饲养管理不当而引起，因此，应注意饲料选择、保管和调理，防止霉败变质、改进饲养方法。奶牛依据饲料日粮标准，不可突然变更饲料，或任意加料。耕牛在大忙季节，不能劳役过度，冬季休闲，注意适当运动。保持安静，避免不利因素的刺激和干扰。

（2）治疗　病初禁食1～2d后，饲喂适量富有营养、容易消化的优质干草或放牧，增进消化机能。

①兴奋副交感神经，促进瘤胃蠕动：皮下注射氨甲酰胆碱1～2mg，或新斯的明10～20mg，或毛果芸香碱30～50mg。病情危急、心脏衰弱或妊娠病牛禁用，以防虚脱和流产。

静脉注射10%氯化钠100mL，5%氯化钙200mL，20%安钠咖10mL。

②促进瘤胃排空：用液体石蜡1 000mL一次内服。导胃法和胃冲洗法也可排除瘤胃内有毒物质。

③补液：静脉注射25%葡萄糖500～1 000mL，或5%葡萄糖生理盐水，1 000～2 000mL＋40%乌洛托品20～40mL＋20%安钠咖注射液10～20mL。

皮下注射胰岛素100～200U。

四、瘤胃积食

瘤胃积食是因前胃收缩力减弱，采食大量难于消化的饲草或容易膨胀的饲料所致。

【诊断要点】瘤胃积食病情发展迅速，通常在采食后数小时内发病，临床症状明显。初期，病牛精神不安，目光凝视，回顾腹部，间或后肢踢腹，有腹痛表现。听诊瘤胃蠕动音减弱或消失，肠音微弱或沉寂。便秘，粪便干硬呈饼状，间或下痢。触诊瘤胃，病畜不安，内容物黏硬，用拳按压，遗留压痕。有的病畜瘤胃内容物坚硬如石。

晚期病例，病情急剧恶化。肚腹膨隆，呼吸促迫而困难。心悸，脉搏浮数。

四肢、角根和耳冰凉，战栗。眼球下陷，黏膜发绀。衰弱，卧地不起，昏迷死亡。

【防治】

（1）预防　加强饲养管理，防止突然变换饲料或过食。奶牛和肉牛应按饲料日粮标准饲养，加喂饲料，须适应其消化机能。耕牛不要劳役过度，避免外界各种不良因素的刺激。

（2）治疗　恢复前胃运动机能，消食化积，防止脱水与自体中毒。

①禁食及瘤胃按摩：瘤胃按摩每次5～10min，每隔30min一次。或先灌服大量温水，再按摩，效果更好。也可用酵母粉500～1 000g/d，分两次内服。

②清肠消导：内服硫酸镁或硫酸钠300～500g＋液体石蜡油或植物油500～1 000mL＋鱼石脂15～20g＋75％酒精50～100mL＋水6 000～10 000mL，混溶后一次灌服。应用泻剂后，也可皮下注射毛果芸香碱50～200mg，或新斯的明10～20mg。

③促反刍液：静脉注射10％氯化钠100mL＋10％氯化钙100mL＋20％安钠咖10～20mL。

④防止脱水与自体中毒：静脉注射，①5％葡萄糖生理盐水2 000～3 000mL＋20％安钠咖10mL＋维生素C 1g。②5％碳酸氢钠300～500mL。③5％葡萄糖500mL＋维生素B_1 3g。1～2次/d。

⑤手术疗法：药物治疗无效时，应果断地决定进行瘤胃切开术，取出内容物，并用1％温食盐水洗涤。必要时，接种健康牛瘤胃液。加强饲养和护理，促进康复。

五、创伤性网胃心包炎

由于金属异物（针、钉、碎铁丝）混杂在饲料内，被采食吞咽落入网胃，导致急性或慢性前胃弛缓，瘤胃反复臌胀，消化不良。并因异物穿透网胃刺伤膈或腹膜，引起腹膜炎，或继发创伤性心包炎。牛采食迅速，囫囵吞咽，易将金属异物吞咽落进网胃而发病。

【诊断要点】病初前胃弛缓、食欲减退，异嗜，不断嗳气，常呈间歇性瘤胃臌胀。肠蠕动音减弱，有时发生顽固性便秘，后期下痢，粪恶臭。由于网胃疼痛，病牛有时突然骚扰不安。体温、呼吸、脉搏一般无明显变化，但网胃穿孔后，最初几天体温可升高至40℃以上。病情逐渐增剧，久治不愈，并因腹膜或胸膜受损，呈现各种异常临床症状。

（1）姿态异常　站立时，常取前高后低的姿势，头颈伸展，两眼半闭，肘关节外展，拱背，不愿移动。卧地、起立时，因感疼痛，极谨慎，肘部肌肉颤动，甚至呻吟和磨牙。牵行时，忌上下坡、跨沟或急转弯。

（2）中心静脉压升高　颈静脉怒张，颌下及胸前水肿。

（3）敏感检查　用力压迫胸椎脊突和剑状软骨，或于鬐甲与网胃垂直线上，双手将鬐甲皮肤捏成皱襞，病牛表现出敏感不安，并引起背部下沉现象，称鬐甲反射阳性。叩诊网胃区，即剑状软骨左后部腹壁，呈鼓音，病牛感疼痛，表现不安，呻吟，躲避或抵抗。

2. 防治

（1）预防　防止饲料中混杂金属异物。不在村前屋后、铁工厂、作坊、仓库、垃圾堆等地放牧。从工矿区附近收割的饲草和饲料，也应注意检查。在加工饲料的铡草机上，应增设清除金属异物的电磁铁装置，除去饲料、饲草中的异物。

（2）治疗

①手术疗法：创伤性网胃腹膜炎，在早期如无并发症，可施行瘤胃切开术，从网胃壁上摘除金属异物，同时加强护理。

②保守疗法：将病牛保持前高后低的姿势，减轻腹腔脏器对网胃的压力，促使异物退出网胃壁。同时按 0.07g/kg 内服磺胺类药物或肌内注射青霉素 600 万 U，链霉素 6g，2 次/d，连用 3d；或肌内注射庆大霉素 2mg/kg，林可霉素 10mg/kg，2 次/d，连用 3d。

六、瓣胃阻塞

瓣胃阻塞俗称"百叶干"，是指瓣胃内积聚大量干涸内容物，引起瓣胃麻痹和食物停滞为特征的疾病。原因是长期饲喂细碎粉状坚实的饲料如麸皮、糠皮以及坚韧而又纤维多的粗饲料，如苜蓿秆、豆秸等。饲料中混有泥沙更为严重。也可继发于重瓣胃炎、前胃积食、横膈膜及网胃粘连、真胃变位或捻转、血孢子虫病或产后瘫痪等。

【诊断要点】病初呈现前胃迟缓症状，食欲减退，反刍缓慢，嗳气减少，鼻镜干燥，瘤胃蠕动音减弱，瘤胃内容物柔软。随后反刍、嗳气停止，鼻镜干裂，瘤胃蠕动停止，有时继发瘤胃臌胀。瓣胃蠕动音减弱或消失，瓣胃触诊，病牛疼痛不安，抗拒触压。排粪迟滞，色暗呈算盘珠样，重者排粪停止。瓣胃穿刺可感到瓣胃内容物硬固，一般不会由穿刺针孔自行流出瓣胃内液体。

【防治】

（1）预防　减少粗硬饲料，增加青饲料和多汁饲料。防止长期单纯喂麸皮、谷糠类饲料。保证饮水，适当运动。

（2）治疗

①灌服泻剂。用油类或盐类泻剂。硫酸镁 300～500g＋液体石蜡油 1 000mL，一次灌服。完全阻塞时，通常药物治疗无效，为恢复瓣胃机能，可用 5%～10%

氯化钠液 500mL＋20％安钠咖 20mL 静脉注射。

②瓣胃注射。在右侧第 10 肋间末端上方 3～4 指宽处。用 10cm 长的针头，经肋骨间隙，方向略向后向下刺入瓣胃后，用注射器抽取胃内容物，如能抽到食物污染的液体，证明已刺入瓣胃内，然后向内注入 25％硫酸镁 200～500mL。

③兴奋前胃。皮下注射毛果芸香碱或新斯的明。

④强心补液。

⑤手术疗法。切开瘤胃冲洗瓣胃：站立保定，腰旁麻醉，掏取 1/3 瘤胃内容物，将胶管通过瘤胃、网胃插入瓣胃后，灌注温水反复冲洗。此法预后较好。

七、皱胃变位

皱胃的正常解剖学位置改变，称为皱胃变位。按其变位的方向分为左方变位和右方变位两种类型。饲养不当，日粮中含谷物等易发酵的饲料较多，以及喂饲较多酸性成分含量高的饲料等，导致挥发性脂肪酸量增加，其浓度过高可减少皱胃蠕动及其向十二指肠的排空作用。高精料日粮可引起气体产生增加，促进变位的发生。一些营养代谢性疾病或感染性疾病，会引起胃肠弛缓，对诱发皱胃变位亦有重要作用。

（一）左方变位

皱胃通过瘤胃下方移到左侧腹腔，置于瘤胃和左腹壁之间，称为左方变位。

【诊断要点】食欲减退，厌食谷类饲料，青贮饲料的采食量往往减少，大多数病牛对粗饲料仍保留一些食欲，产奶量下降。粪量减少，呈糊状，深绿色。瘤胃蠕动音减弱或消失。在左侧肩关节和膝关节的连线与第 11 肋间交点处听诊，能听到皱胃音（带金属音调的流水音或滴落音）。在听诊左腹部的同时进行叩诊，可听到高亢的"钢管音"。有的病牛可出现继发性酮病，表现出酮尿症、酮乳症，呼出气和乳中带有酮味（烂苹果味）。

【防治】

（1）预防　日粮中的谷物饲料，青贮饲料和优质干草的比例应适当。对发生乳房炎或子宫炎、酮病等疾病的病畜应及时治疗。奶牛育种应注意选育既要后躯宽大，又要腹部较紧凑的品种。

（2）治疗

①滚转法：滚转法是治疗单纯性皱胃左方变位的常用方法，运用巧妙时，可以痊愈。具体的方法是使牛右侧横卧 1min，然后转成背部着地，四蹄朝天 1min，随后以背部为轴心，先向左滚转 45°，回到正中，再向右滚转 45°，再回到正中。如此来回地向左右两侧摆动若干次，每次回到正中位置时静止 2～3min，观察真胃是否回位。

②药物疗法：口服缓泻剂与制酵剂，应用促反刍药物和拟胆碱药物，促进胃

肠蠕动,加速胃肠排空。此外,还应静脉注射钙剂和口服氯化钾,治疗并发症。

③手术治疗法:在左腹部腰椎横突下方 25～35cm,距第 13 肋骨 6～8cm 处,作垂直切口,导出皱胃内的气体和液体。然后,牵拉皱胃寻找大网膜,将大网膜引至切口处,用长约 1m 的肠线,一端在真胃大弯的大网膜附着部作一褥式缝合并打结,剪去余端;带有缝针的另一端放在切口外备用。纠正皱胃位置后,右手掌心握着带肠线的缝针,紧贴左内腹壁伸向右腹底部,并按助手在腹壁外指示真胃正常体表位置处,将缝针向外穿透腹壁,由助手将缝针拔出,慢慢拉紧缝线。然后,缝针从原针孔刺入皮下,距针孔 1.5～2cm 处穿出皮肤,引出缝线,将其与入针处留线在皮肤外打结固定,剪去余线;腹腔内注入青霉素和链霉素注射液,常规缝合切口。

(二) 右方变位

皱胃从正常的解剖位置以顺时针方向扭转到瓣胃的后上方,置于肝脏与腹壁之间,称为皱胃右方变位。皱胃右方变位又称皱胃扭转。皱胃右方变位的病因与左方变位相似。

【诊断要点】食欲急剧减退或废绝,泌乳量急剧下降,表现不安、踢腹或背下沉等腹痛症状。瘤胃蠕动音消失,粪便呈黑色、糊状,混有血液。从尾侧视诊可见右腹膨大或肋弓突起,在右肷窝可发现或触摸到半月状隆起。在听诊右腹部的同时进行叩诊,可听到高亢的鼓音(砰砰声),鼓音的区域向前可达第 8 肋间,向后可延伸至第 12 肋间或肷窝。右腹冲击式触诊可发现扭转的真胃内有大量液体。

直肠检查:在右腹部触摸到臌胀而紧张的皱胃。从臌胀部位穿刺皱胃,可抽出大量带血液体,pH 为 1～4。

【防治】

(1) 预防　同皱胃左方变位预防措施。

(2) 治疗　皱胃扭转的治疗主要采用手术疗法。在右腹部第 3 腰椎横突下方 10～15cm 处,作垂直切口,导出皱胃内的气体和液体。纠正皱胃位置,并使十二指肠和幽门通畅。然后将皱胃在正常位置加以缝合固定,防止复发。手术后抗菌消炎,对症治疗,纠正低钙血症,酮病等并发症。

八、瘤胃酸中毒

瘤胃酸中毒是由于突然超量采食谷物等富含可溶性糖类的饲料,导致瘤胃内产生大量乳酸而引起的急性代谢性酸中毒。临床特征表现为消化紊乱,瘤胃积滞酸臭稀软内容物,重度脱水,高乳酸血症,发病急,病程短,病死率高。

【诊断要点】

(1) 最急性病例　往往在采食谷类饲料后 3～5h 内无明显症状而突然死亡,

有的仅见精神沉郁、昏迷，而后很快死亡。

（2）轻微瘤胃酸中毒　病畜表现神情恐惧，食欲减退，反刍减少，瘤胃蠕动减弱，瘤胃胀满。呈轻度腹痛（间或后肢踢腹）。粪便松软或腹泻。一般不需治疗，3～4d后能自己恢复。

（3）中等瘤胃酸中毒　病畜精神沉郁，鼻镜干燥，食欲废绝，反刍停止，空口虚嚼，流涎，磨牙，粪便稀软或呈水样，有酸臭味。体温正常或偏低。

（4）重剧性病例　病畜蹒跚而行，碰撞物体，眼反射减弱或消失，瞳孔对光反射迟钝。卧地，头回视腹部，对任何刺激的反应都明显下降。有的病畜兴奋不安，向前狂奔或转圈运动，视觉障碍，以角抵墙，无法控制。随病情发展，后肢麻痹、瘫痪、卧地不起。最后角弓反张，昏迷而死。

【防治】

（1）预防　增加精料应逐步过渡，避免突然大幅度加量。防止家畜偷食精料。精料使用量大时，可加入缓冲剂和制酸剂，如碳酸氢钠、氧化镁和碳酸钙等，使瘤胃内容物 pH 保持在 5.5 以上。

（2）治疗　原则是纠正瘤胃 pH，纠正脱水和酸中毒，恢复瘤胃蠕动。

①纠正瘤胃 pH：瘤胃冲洗，用胶管经口插入瘤胃，排除液状内容物，然后用碳酸氢钠水或稀石灰水反复冲洗，直至瘤胃内容物无酸臭味，呈中性或弱碱性，对重症病畜立效。灌服制酸药，氢氧化镁或氧化镁或碳酸氢钠 250～750g，常水 5～10L，一次灌服，对轻症病畜有效。瘤胃切开，彻底冲洗或清除胃内容物，然后加入少量碎干草。对瘤胃内容物 pH 4.5 以下的危重病畜效果较好。

②纠正脱水和酸中毒：补液补碱，静脉注射 5% 碳酸氢钠 1 000～2 000mL，5% 葡萄糖氯化钠或复方氯化钠 3 000～4 000mL。

③恢复瘤胃蠕动：按说明选用新斯的明，促反刍注射液，复合维生素 B 等。

九、犊牛肺炎

犊牛肺炎是肉牛和奶牛养殖场的常见病之一。1～5 月龄犊牛死亡最主要的原因是犊牛肺炎。尽管犊牛肺炎病死率较低，但是感染率高，超过 50%。因为引起该病的因素很多，故治疗难度很大。引起犊牛肺炎的疫病有副流感、传染性鼻气管炎、牛肺疫、牛出败、肺丝虫病等。

【诊断要点】不同病原、病因引起的犊牛肺炎，其特征性的症状不同。但共同症状是体温升高、流涕、咳嗽和呼吸困难。有的精神沉郁，采食量下降，很快衰弱死亡。听诊肺部有杂音或湿啰音。后期，鼻流黄涕，有的带铁锈色，呼吸极度困难，腹式呼吸，预后不良。

【防治】

（1）预防

①饲养管理：增加初乳摄入量。减少饲养密度和加强圈舍通风。不要混合不同年龄、管理条件不同的牛群。不要外购散养牛。病牛和健康牛不混群。

②疾病控制：早诊断，早治疗，使用隔离舍隔离病牛。

③降低应激：应激造成犊牛内分泌紊乱，采食和生长速度将会受到影响，瘤胃消化功能降低，免疫力下降。

④免疫预防：针对不同的疾病，选择不同疫苗进行免疫。根据当地疫病流行情况和本牛场常发病情况，制订合理的免疫程序。

（2）治疗　严重感染的犊牛应隔离。引起肺炎的病原体若是病毒，则使用抗生素无效。但治疗病毒性肺炎时，抗生素可控制细菌的继发感染，病毒性感染自然痊愈。抗生素治疗时间至少为3d，药物选择应广谱且覆盖支原体。

方一：肌内注射百病金方0.1mL/kg，强力霉素0.1mL/kg。呼吸困难病例输液应慎重，注意防止发生肺水肿而死亡。体质很差的犊牛用25％葡萄糖液静脉注射，提供能量，增强抵抗力。

方二：肌内注射金牌克毒（黄芪多糖等）、毒感舒（泰妙菌素等）分别0.1mL/kg，对支原体感染和肺炎链球菌感染都有一定的效果。配合黄芪多糖、双黄连等中药制剂可以提高疗效。

十、不 孕 症

（一）卵巢机能静止

卵巢机能静止指卵巢机能暂时受到扰乱，处于静止状态。在各类不孕症中所占比例最高。运动不足或饲料质量不佳，尤其缺乏青绿饲料和蛋白质饲料是本病的一个饲养性原因。另外，促卵泡素和促黄体素的分泌不足、环境条件的剧烈变化等也可造成卵巢静止。

【诊断要点】母牛长期不发情，直检时卵巢体积偏小，但质地正常、具有弹性，卵巢上既无卵泡又无黄体。

【防治】

（1）预防　加强饲养管理，给予合理的日粮，特别应注意供给足够的蛋白质、维生素、常量元素和微量元素。改善管理，合理使役，防止过劳和不运动。哺乳期应添加精料，并适时断奶。

（2）治疗　下方任选其一，肌内注射。

方一：促卵泡素200IU＋促黄体素50IU。

方二：孕马血清1 000IU。

方三：孕马血清1 000IU＋促卵泡素100IU。

在上述用药的第2天，肌内注射低剂量的雌二醇6～8mg，可使发情征状更为明显。

（二）持久黄体

怀孕黄体或发情周期黄体超过正常时间而不消失，称为持久黄体。垂体前叶分泌促卵泡素过少，而分泌促黄体素过多且持续分泌。子宫积脓、胎儿干尸化、肿瘤等，可使子宫内膜不能产生前列腺素。常多发于高产奶牛，与促乳素分泌有关。

【诊断要点】因黄体不断分泌孕酮，所以临床上表现病畜发情周期停止，不发情。直检在卵巢上有或大或小的黄体，间隔一个情期的时间进行第二次检查，仍在原处存在黄体。如果由于子宫疾病引起，则在子宫内常有脓、死胎（干尸化）、局部肿块（肿瘤）等异物。

【防治】

（1）预防　加强饲养，特别应注意日粮含足够的蛋白质、维生素、常量元素和微量元素等。防止各种子宫疾病的发生。

（2）治疗　氯前列烯醇 0.2mg，宫腔注射或肌内注射。对于子宫疾病引起的，应先治疗原发病，然后黄体往往会自行消失。

（三）卵泡囊肿

卵泡囊肿是由于卵泡的上皮变性，卵泡壁结缔组织增生变厚，不排卵，然后卵细胞发生死亡，卵泡液未被吸收，或者增多而引起。由于一侧或两侧卵巢同时具有一个或数个较大的未排卵卵泡，所以临床上以表现异常发情为特征。常发生于过肥、缺乏运动、喂蛋白质饲料多的母牛。

【诊断要点】多发于高产奶牛，且在泌乳高峰期。持续发情，不断排出黏液、量多，爬跨明显，严重的出现慕雄狂。荐坐韧带松弛，臀肌塌陷，尾根抬高。因体内雌激素含量过高，影响骨骼中钙沉积，使骨质疏松、易骨折。阴户红肿、阴唇水肿。直检：卵巢增大，有较大的未排卵卵泡。囊肿的卵泡壁较厚，饱满、有波动感，内含大量卵泡液。

【防治】

（1）预防　加强饲养管理，给予合理的日粮，及时处理母畜生殖器官疾病。

（2）治疗　减少精料，尤其控制含植物性雌激素的饲料，加强运动。

方一：静脉注射生理盐水 500mL＋人绒毛膜促性腺素 10 000～20 000IU。同时配合肌内注射黄体酮 100mg/次，1 次/d，连用 5d。

方二：肌内注射促排 3 号 20μg，黄体酮 100mg/次，1 次/d，连用 5d。

（四）黄体囊肿

黄体囊肿是由未排卵的卵泡壁上皮黄体化而引起，故又称黄体化囊肿。因卵泡颗粒膜病变，酶系遭到破坏，在促黄体素的作用下，颗粒膜黄体化，不能将孕激素转化为雌激素，继而分泌大量孕酮。

【诊断要点】不发情。

直检：卵巢发生黄体化囊肿，囊肿壁厚，稍有波动。

与持久黄体区别：黄体囊肿内含空腔，有波动感；持久黄体无空腔，有实质感。

【防治】

（1）预防 加强饲养管理，供给足够的蛋白质、维生素、常量元素和微量元素。

（2）治疗 同持久黄体。氯前列烯醇 0.2mg，宫腔注射或肌内注射。

（五）排卵弛缓及不排卵

排卵弛缓：即排卵时间向后拖延，使配种时间难于掌握，输精过早、过迟均可导致受胎率下降。卵泡成熟后不排卵而发生萎缩，故又称卵泡萎缩。病因是促卵泡素分泌正常，而促黄体素分泌不足，或促卵泡素与促黄体素比例失调。

【诊断要点】发情周期正常，但发情持续时间延长，久配不孕。

直检：卵泡发育正常，发情几天后才排卵或迟迟不排卵。不排卵的卵泡最后萎缩或黄体化。

【防治】

（1）预防 加强饲养管理，做好发情诊断，及时处理，可以收到很好的预防效果。

（2）治疗 一般在发情配种时进行处理。下方任选其一，肌内注射。

方一：可在输精的同时注射促排 3 号 $20\mu g$，一般在注射后 20h 左右排卵。

方二：促黄体素 200～300IU。

方三：人绒毛膜促性腺素 2 500～5 000IU。

（六）子宫内膜炎

子宫内膜炎是子宫黏膜炎症，为子宫炎（黏膜炎、肌炎、浆膜炎）中的一种。病因为产后恶露不净、胎衣不下、死胎、子宫弛缓、子宫脱、剖腹产或输精消毒不严，或继发于结核、布病、胎儿弧菌病、滴虫病等。慢性子宫内膜炎常由于急性子宫炎症不治或失治转化而来。

【诊断要点】严重者性周期异常，多延长，或无性周期。子宫体积不同程度增大。阴门排出液体，有的在发情时排出，有的断断续续排出。久配不孕。慢性子宫内膜炎子宫质地变硬，无弹性。

【防治】

（1）预防 人工授精时必须严格遵守操作规程，防止感染。分娩接产及难产助产时，注意消毒。患生殖器官炎症的病畜在治愈前不宜配种。此外，积极治疗产后胎衣不下等病，可大大减少子宫内膜炎的发生率。

（2）治疗 急性病例需要全身抗感染治疗，同时配合局部给药。

慢性子宫内膜炎，可不必全身治疗，只进行冲洗和子宫灌注等局部给药即可。可用 0.1％高锰酸钾液或 0.02％新洁尔灭液等反复冲洗子宫，然后在子宫腔内灌注青、链霉素合剂，每日或隔日一次，连续 3～4 次。

方一：青霉素 160 万 U、链霉素 200 万 U、新霉素 B 600mg 和植物油 20mL。配成混悬油剂向子宫内一次注入。

方二：当归、益母草、红花浸出液 5mL，青霉素 160 万 U、链霉素 200 万 U 和植物油 20mL。混合后向子宫内一次注入。

方三：土霉素泡沫水剂，土霉素 2g、碳酸氢钠 2g，配成混悬乳剂，向子宫内一次注入。

十一、难　　产

难产即分娩受阻。分娩过程是否顺利，取决于产力、产道和胎儿三个因素，其中任何一个因素异常，不能适应胎儿排出，都会造成难产。牛骨盆轴呈 S 状弯曲，骨盆入口倾斜度小；牛子宫颈括约肌最为发达，在分娩时，受雌激素作用发生浆液浸润而变软的时间较长；牛是单胎动物，常见胎儿过大。

【诊断要点】

（1）产力性难产　母畜分娩时子宫及腹壁肌收缩次数少，持续时间短，或收缩强度不足，使胎儿不能排出。

（2）产道性难产　子宫疝气或破裂，分娩时胎儿的通路障碍；怀孕子宫的一侧或部分子宫角围绕自己的纵轴发生扭转；骨盆的形状与大小异常。

（3）胎儿性难产　胎儿过大、双胎同时楔入产道，胎势、胎位、胎向不正等。

【防治】

（1）预防　加强饲养管理，特别是在干奶期，饲料配方要合理，严禁喂给过多精料、不易消化或发霉饲料。此外，母牛初配时间不宜太早，如果需要配种，应选择体型略小的种公牛冻精。发生难产时根据具体情况采取相应措施，必要时当机立断，进行助产。

（2）治疗

①药物助产：注射催产素注射液，必要时待 20～30min 后可重复 1 次。如果产道开张不良，子宫颈紧张，可用普鲁卡因在子宫颈口处分点注射，再慢慢将胎儿拉出。

②润滑产道：注入消毒的石蜡油滑润产道和保护黏膜。

③矫正胎儿：对于头颈侧弯、头后仰、头颈扭转、后肢姿势不正、腕关节屈曲的难产，应先将胎儿送回产道或子宫腔，矫正胎儿。

④牵引：强行牵拉胎儿时，术者要配合母牛努责的节律，指导助手牵拉，以免损伤产道。

⑤截胎：对死亡胎儿，可用隐刃刀或绞胎器肢解分块取出。

⑥剖腹产：矫正胎位无望以及子宫颈狭窄、骨盆狭窄时，应及时实施剖腹

产术。

十二、胎衣不下

牛在分娩后的12h内应将胎儿附属膜（胎衣）排出，否则称为胎衣不下。病因主要为产后子宫收缩无力、胎儿胎盘与母体胎盘粘连，并且，牛胎盘属上皮绒毛膜与结缔组织绒毛膜混合型，联系紧密。

【诊断要点】胎衣下垂于阴门外，时间长而恶臭，严重时出现全身症状。

【防治】

（1）预防　饲喂含钙及维生素丰富的饲料。加强运动。尽可能灌服羊水，并让母畜自己添干仔畜身上的黏液。产后饮服益母草煎剂。产后选用下述处方之一及时处理，效果很好。

（2）治疗　牵引时可挂轻物，但不能挂重物以防子宫内翻及脱出。

方一：肌内注射先用雌激素20～30mg，6h后用催产素100IU。

方二：在子宫内灌入5%～10%氯化钠盐水2 000～3 000mL。

方三：手术法剥离，投放土霉素或环丙沙星等抗菌药物。

十三、产后瘫痪

产后瘫痪又称为生产瘫痪，中医学上叫"乳热症"，是母畜分娩前后突然发生的一种严重代谢病。病因是怀孕后期胎儿骨骼迅速发育及分娩后血钙大量进入初乳而引发的母畜低钙血症，同时表现为低血糖、低血磷、肾上腺皮质功能低下和大脑皮层抑制。

【诊断要点】

（1）典型症状　病初食欲下降，反刍排便停止。皮温低，呼吸慢，脉正常。精神沉郁，不安（全身症状）。站立不稳，不愿动，后肢交替负重，四肢肌肉震颤。体温下降至35～36℃。最后肌颤、挣扎不能站立，肛门反射消失，喉舌麻痹，头弯向一侧，昏睡，抽搐，瘤胃臌气。

（2）非典型（轻型）症状　精神极度沉郁，食欲废绝，体温不低于37℃，站立不稳，行动困难，步态摇摆，症状较典型病例轻。

【防治】

（1）预防　产前2周开始补充低钙高磷饲料，钙、磷比为1.5∶1。分娩前2～8d 1次性肌内注射维生素D_2 1 000万IU，常可收到较好的效果。产后及时补钙可防止本病的发生。可以静脉注射葡萄糖酸钙，也可口服金蟾速补钙。分娩后不要急于挤奶。如乳房正常可在产犊后3～4h进行初次挤奶，但不能挤净，只挤出乳房内乳量的1/3～1/2。

（2）治疗

①钙剂疗法：静脉注射 10%葡萄糖酸钙 800～1 400mL＋15%磷酸二氢钠 250～300mL＋50%葡萄糖 3 000mL。

②乳房送风法：送风时，先用酒精棉球消毒乳头和乳头管口，先注入青霉素注射液 80U，然后用乳房送风器往乳房内充气。充气的顺序是先充下部乳区，后充上部乳区，尔后用绷带轻轻扎住乳头，经 2h 后取下绷带。若送风的同时静脉注射钙剂，效果更佳。

十四、奶牛酮病

奶牛酮病指因动物体内碳水化合物及挥发性脂肪酸代谢紊乱而引起的酮血症、酮尿症、酮乳症和低糖血症。主要原因是饲喂含蛋白质和脂肪类饲料过多，而碳水化合物类饲料相对或绝对不足。高产奶牛多发。

【诊断要点】临床型症状多在产后几天至几周出现，以消化紊乱和神经症状为主。患畜精神沉郁，凝视，步态不稳，有轻瘫症状，体重显著下降，产奶量也降低。乳汁、呼出的气体及排出的尿有相同的酮味（烂苹果味）。尿显淡黄色，易形成泡沫。临床实验室检查，以低糖血症、酮血症、酮尿症和酮乳症为特征。

【防治】

（1）预防　为防止酮病，应在妊娠后期增加能量供给，但又不要使母牛过肥。在催乳期间，或产前 28～35d 应逐步增加能量供给，并维持到产犊和泌乳高峰期，这期间不能轻易更换饲料配方。随乳产量增加，应逐渐供给生产性日粮，并保持粗粮与精料正常比例。

（2）治疗　治疗原则是解除酸中毒，补充葡萄糖，提高酮体利用率，调整瘤胃机能。继发性酮病以根治原发病为主。

①补糖：静脉注射 50%葡萄糖。口服丙酸钠，每次 125～250g，2 次/d，连用 10d。拌料丙二醇或甘油，2 次/d，每次 225g，连用 2d。随后日用量降为110g，1 次/d，连用 2d。口服或拌饲前静脉注射葡萄糖疗效更佳。

对于体质较好的病牛，肌内注射促肾上腺皮质激素（ACTH）200～600IU，刺激糖异生，抑制泌乳，改善体内糖平衡。

②解除酸中毒：静脉注射 5%碳酸氢钠 300～500mL，2 次/d。

③调整瘤胃机能：内服健康牛新鲜胃液 3 000～5 000mL，2 次/d，或促反刍散 250g。

十五、奶牛乳房炎

乳房炎又称为乳腺炎，尤以奶牛最为多发，占泌乳牛的 20%～60%。危害很大，主要表现为泌乳量下降，乳中含有微生物毒素和细菌，不能食用等。原因主要是理化因素及生物因素对乳腺组织造成了损害。

【诊断要点】

（1）隐性乳房炎　乳中含病原体，无临床症状，乳房正常，但乳汁中有中性粒细胞，且乳腺上皮增多。乳存放时间明显缩短，且易变质和出现颗粒。

（2）临床型乳房炎　红肿热痛，机能障碍。乳汁中含血、脓、絮状物和凝块，奶量减少。有全身症状，食欲不振，精神不振。乳上淋巴结肿大。

【防治】

（1）预防　牛床垫煤灰 10～20cm。挤奶前擦洗乳房。用低真空设备挤乳，挤乳器要定时消毒。干乳前最后一次挤乳后用青、链霉素处理。干乳后可选用头孢噻呋注入乳房中，再用 3％碘酊消毒效果好。日粮中添加硒和维生素 E 有预防效果。

（2）治疗　全身治疗结合局部治疗，没有全身症状的，局部治疗即可。

①全身治疗：用乳房消炎散每日 2 包开水冲服，肌内注射 30％安乃近 30mL 退烧止痛。

为控制全身感染，可静脉注射以下两种方剂。

方一：0.9％氯化钠 500mL＋阿米卡星 2～5g。

方二：5％葡萄糖 500mL＋青霉素钠 1 600 万 U，或 5％葡萄糖 500mL＋庆大霉素 500～1 000mg。

②局部治疗：乳池内上午灌注百病金方 1 支，下午灌注卡那霉素 200 万 U＋地塞米松（孕牛不用）10mg，连续 3d 为一疗程，共治疗 3 个疗程，疗效显著。同时，外用鱼石脂软膏拔毒。

十六、奶牛蹄病

（一）蹄叶炎

蹄叶炎为蹄真皮与蹄小叶的弥漫性、非化脓性的渗出性炎症。以真皮组织的水肿、出血和细胞死亡为特征。不管何种原因造成真皮组织的血液供应中断或不足，都会引发蹄叶炎。有过食性蹄叶炎、产褥性蹄叶炎、负重性蹄叶炎、过敏性蹄叶炎 4 种类型。

【诊断要点】本病多取急性经过，病初患牛出现体温上升、心音亢进、脉搏和呼吸数增加、食欲不佳和乳量下降等症状。急性型严重时病牛起立和运动困难，大多呈横卧姿势。轻症病例不爱运动，表现特有的步态和弯背姿势，蹄有热感，叩诊及钳压疼痛，特别是蹄前部明显。

慢性型大多是急性型继发而来，蹄的疼痛与急性型相比明显减轻，但仍可见呈独特的强拘步态、关节肿大、拱背等症状。另外，蹄的形态明显改变，呈典型的"拖鞋蹄"。并发感染时，蹄底角质和真皮组织坏死，蹄轮异常，蹄尖狭窄而蹄踵增宽，蹄尖壁的角质增厚，成为芜蹄。

【防治】

（1）预防　加强饲养管理，严格控制精料喂量，避免突然多给精饲料，保证粗纤维供给量。为防止瘤胃酸度增高，可投服碳酸氢钠（以精料的 1％为宜）或 0.8％氧化镁（按干物质计）等缓冲物质。

（2）治疗　改变日粮结构，减少精料，增加干草。对病畜应加强护理，置于清洁、干燥软地上饲喂，充分休息，促使蹄内血液循环的恢复。对慢性蹄叶炎除上述疗法外，还应加强饲养，供给易消化饲料，并辅以对症治疗。保护蹄角质，合理修蹄，促进蹄形和蹄机能的恢复。

方一：为使扩张的血管收缩，减少渗出，可采用蹄部冷浴，0.25％普鲁卡因 1 000mL 静脉注射封闭。为缓解疼痛，可用 1％普鲁卡因 20～30mL 行指（趾）神经封闭。

方二：放血疗法，成年牛泻血 1 000～2 000mL。放血后可静脉注射 5％～7％碳酸氢钠 500～1 000mL＋5％～10％葡萄糖液 500～1 000mL。

方三：可用 10％水杨酸钠 100mL、20％葡萄糖酸钙液 500mL，分别静脉注射。

（二）腐蹄病

腐蹄病又称传染性蹄皮炎、指（趾）间蜂窝织炎。为趾间皮肤及其深部组织的急性和亚急性炎症。其特征是真皮坏死与化脓，角质溶解，病牛疼痛，跛行。饲料日粮配合不当，营养缺乏，牛体抵抗力降低是发生腐蹄病的内因。

【诊断要点】病初病畜频频提举病肢，或频频用患蹄敲打地面，站立时间较短，行走有痛感、跛行。体温升高 40～41℃，食欲减退，喜卧而不愿站立。当深部组织、趾间韧带、冠关节及蹄关节受到感染时，跛行加重，食欲减退或废绝，消瘦明显，产奶量骤减，生产能力丧失，蹄壳脱落或腐烂变形，以致牛只死亡。

【防治】

（1）预防　加强饲养管理，减少蹄部的损伤。搞好环境卫生消毒，创造干净、干燥的环境条件，保护牛蹄健康。保持运动场平整，及时清除异物和粪便。当畜群中发生感染时，应将病畜从畜群内隔离，以控制感染。在厩舍门口可放干的防腐剂或药液如 2％～4％硫酸铜溶液；硫黄、石灰 1：15 药浴；硫酸铜、生石灰 1：20 相混，令牛从中经过。

（2）治疗　将牛固定于柱栏内，用绳将患肢吊起并固定，用 2％煤酚皂溶液或 4％硫酸铜液洗净患蹄。如有坏死腐烂组织，则用蹄刀彻底将其除去。如发现蹄底深度化脓，则用小刀扩创，待分泌物排出后，用硫酸铜粉、高锰酸钾粉或松馏油棉球填塞，装蹄绷带后，将病牛置于干燥圈舍内饲喂。全身症状严重时，可用抗菌药物行全身给药治疗。

第五章　羊常见病的诊疗

第一节　羊的类症疾病

一、引起羊急性死亡的疾病

疫病：羊快疫、羊肠毒血症、羊猝狙、羊黑疫、羔羊痢疾、炭疽、伪狂犬病、巴氏杆菌病、羔羊双球菌性肺炎、肉毒梭菌中毒、钩端螺旋体病、羊支原体肺炎、羊链球菌病、羔羊大肠杆菌病、羊沙门氏菌病、羊土拉杆菌病、破伤风、羊片形吸虫病及肠道寄生虫病等。

普通病：绵羊妊娠毒血症、羔羊白肌病、中暑（热射病和日射病）、急性瘤胃臌气、青草搐搦、运输死亡、尿结石、硝酸盐和亚硝酸盐中毒、氢氰酸中毒、砷中毒、有机磷农药中毒、毒鼠强中毒、有机氟中毒、磷化锌中毒及尿素中毒等。

二、引起羊呼吸困难的疾病

疫病：羊支原体肺炎、巴氏杆菌病、羔羊双球菌性肺炎、肉毒梭菌中毒、羊黑疫、气肿疽、山羊关节炎-脑炎、梅迪-维斯纳病、绵羊肺腺瘤病、蓝舌病、肺线虫病、羊鼻蝇蛆病及羊弓形虫病等。

普通病：支气管炎、肺炎、胸膜炎、硝酸盐和亚硝酸盐中毒、氢氰酸中毒、有机磷中毒、磷化锌中毒、尿素中毒及中暑等。

三、引起羊流鼻液或咳嗽的疾病

疫病：结核病、羔羊双球菌性肺炎、肉毒梭菌中毒、羔羊大肠杆菌病、巴氏杆菌病、绵羊痘、羊链球菌病、羊支原体肺炎、蓝舌病、绵羊肺腺瘤病、肺线虫病及鼻蝇蛆病等。

普通病：感冒、喉炎、支气管炎、肺炎、气体中毒、肺坏疽、中暑及有机磷中毒等。

四、引起羊腹泻的疾病

疫病：羊肠毒血症、羔羊痢疾、羊沙门氏菌病、羊链球菌病、大肠杆菌病、巴氏杆菌病、口蹄疫、小反刍兽疫、恶性水肿病、副结核病、羊球虫病、前后盘吸虫病、片形吸虫病、双腔吸虫病、胰阔盘吸虫病、消化道线虫病及羊绦虫病等。

普通病：胃肠炎、羔羊消化不良、青草饲喂、饲养紊乱、砷、有机磷、磷化锌、亚硝酸盐及硝酸盐等各种刺激性毒物中毒、棉子饼中毒、食盐中毒、铜中毒、铜缺乏症、佝偻病、羔羊白肌病、维生素 B_2 缺乏症及异嗜癖等。

五、引起羊消化器官形态或结构异常的疾病

疫病：口蹄疫、绵羊痘、山羊痘、传染性脓疱、蓝舌病、狂犬病、坏死杆菌病、棘球蚴病及片形吸虫病等。

普通病：口炎、食管阻塞、前胃迟缓、瘤胃积食、瘤胃臌气、瓣胃阻塞、真胃阻塞、肠套叠、绵羊肠扭转、创伤性网胃炎及酮病等。

六、引起羊神经异常的疾病

疫病：绵羊痒病、肉毒梭菌中毒、羊狂犬病、破伤风、伪狂犬病、羊土拉杆菌病、李氏杆菌病、山羊关节炎-脑炎、弓形虫病、脑多头蚴病、肠毒血症及羊鼻蝇蛆病等。

普通病：脑膜脑炎、日射病和热射病、山羊癫痫、低镁血症、生产瘫痪、维生素 A 缺乏症、维生素 B_1 缺乏症、食盐中毒、铅中毒、汞中毒、硒中毒、棉子饼中毒、氢氰酸中毒、尿素中毒、硝酸盐和亚硝酸盐中毒、有机磷中毒、有机氟中毒、磷化锌中毒、毒鼠强中毒、硝基呋喃类药物中毒、阿维菌素类中毒、左旋咪唑中毒及硝氯酚中毒等。

七、引起羊运动器官异常的疾病

疫病：坏死杆菌病、气肿疽、传染性关节炎、山羊病毒性关节炎-脑炎、口蹄疫、羊弓形虫病及羊传染性脓疱等。

普通病：白肌病、佝偻病、外伤及骨折、关节扭伤、关节挫伤、关节创伤、关节炎、关节脱臼、肌炎、蹄间腺炎、蹄叉腐烂、风湿病及草子脓肿等。

八、引起羊皮肤异常的疾病

疫病：口蹄疫、传染性脓疱、绵羊痘、蓝舌病、放线杆菌病、脓肿、羊支原体肺炎、绵羊痒病、伪狂犬病、羊螨病及羊虱病等。

普通病：维生素（维生素 B_2、维生素 B_6 及维生素 B_{12}）缺乏症等。

九、引起母羊流产的疾病

疫病：布鲁氏菌病、结核病、沙门氏菌病、弯曲菌病、李氏杆菌病、土拉杆菌病、衣原体病、支原体肺炎、Q 热、钩端螺旋体病、绵羊痒病、弓形虫病、住肉孢子虫病、毛滴虫病及羊泰勒焦虫病。

普通病：妊娠毒血症、化学毒物中毒病（如砷、铅、甲醛、苯等）、霉变或冰冻饲草饲料、有毒植物（小花棘豆、醉马草等）中毒、食盐中毒、农药中毒、灭鼠药中毒、用药错误〔如缩宫素（催产素）、麦角制剂、垂体后叶素、益母草制剂、前列腺素、硫酸镁、蓖麻油等泻药，利尿药、抗肿瘤药、全身麻醉药、驱虫药、催情药、某些疫苗及其他妊娠禁忌药物等〕、营养缺乏（如维生素 A、维生素 E 及 B 族维生素、蛋白质、矿物质及微量元素等）、外伤、腹泻、大出血、疼痛及高热等。

十、引起羊死胎和新生羔羊死亡的疾病

疫病：羊肠毒血症、黑疫、羔羊痢疾、恶性水肿、破伤风、羊传染性脓疱、布鲁氏菌病、钩端螺旋体病、弯曲菌病、李氏杆菌病、弓形虫病、链球菌感染、球虫病及羊焦虫病等。

普通病：脐带炎、绵羊肝炎、肺炎、药物中毒、甲状腺肿、钴缺乏症、铜缺乏症及难产等。

十一、引起羊黏膜苍白、黄染或机体消瘦的疾病

疫病：钩端螺旋体病、片形吸虫病、羊阔盘吸虫病、消化道线虫病、反刍兽绦虫病、羊焦虫病及结核病等。

普通病：绵羊肝炎、低磷血症、铜中毒、钼中毒、蕨中毒、洋葱中毒及药物中毒等。

十二、引起羊泌尿系统异常的疾病

疫病：钩端螺旋体病、羊焦虫病及结核病等。

普通病：羊尿结石、棉子饼中毒、肾炎、尿道炎、膀胱炎、膀胱麻痹、膀胱破裂、肿瘤、硒和维生素（维生素 E、维生素 C 及维生素 K）缺乏症、低磷血症、汞中毒、砷中毒、铜中毒、蕨中毒、水中毒、洋葱中毒、药物中毒及假性血

尿等。

十三、引起羊眼睛异常的疾病

疫病：传染性角膜结膜炎、羊链球菌病、羊支原体肺炎、羊痘及眼虫病等。
普通病：结膜炎、角膜炎及维生素 A 缺乏症等。

十四、引起羊头部肿胀的疾病

疫病：放线杆菌病、干酪样淋巴结炎、羊口疮及消化道线虫病等。
普通病：光过敏、肿瘤、蝇蛆侵袭、草子脓肿及变态反应等。

十五、引起羊局部肿胀的疾病

疫病：干酪样淋巴结炎、气肿疽、恶性水肿、炭疽及巴氏杆菌病等。
普通病：局部感染、脓肿、血肿、挫伤、蜂窝织炎、疝气、淋巴外渗及腹肌破裂等。

十六、引起羊皮肤发黑的疾病

疫病：羊黑疫、羊肠毒血症、恶性水肿及气肿疽等。
普通病：乳腺炎。

第二节　羊常见病的类症鉴别诊断

一、羊常见疫病的类症鉴别诊断

羊常见疫病的临床综合鉴别诊断见表 5-1。

表 5-1　羊常见疫病的临床综合鉴别诊断

病　名	病　原	流行特点	主要症状	病理变化特征
			细　菌　病	
羊快疫	腐败梭菌	6～18 月龄肥胖绵羊多发。秋、冬、早春多发	突然死亡（在圈舍内或牧场上），尸体腐败，腹部膨胀	皮下组织胶冻样。真胃出血或坏死性炎症，见胃底或幽门区点、斑状或弥漫性出血

（续）

病 名	病 原	流行特点	主要症状	病理变化特征
细菌病				
羊肠毒血症	D型魏氏梭菌	2~12月龄绵羊最易感。多发于春夏或秋冬换季	突然发病，肌肉抽搐，磨牙，流涎，2~4h内死亡，常无明显症状，倒毙前四肢出现强烈的划动。山羊表现为急性或亚急性（36h死亡）经过	死后肾组织易软化，质软如泥，触压即烂，俗称"软肾病"。体腔积水，小肠黏膜严重出血
羊猝狙	C型魏氏梭菌	多见于早春和秋冬的低洼、沼泽牧场	以急性死亡、腹膜炎和溃疡性肠炎为特征。病羊离群，卧地不安，衰弱和痉挛，数小时内死亡	死亡8h后尸检可见骨骼肌中气肿疽样病变（肌间出血，有气泡）
羊黑疫	B型诺维氏梭菌	2~4岁绵羊最多发。多见于春夏肝片吸虫流行的低洼牧场	突然发病，多数突然死亡，死前呼吸困难。尸体迅速腐败，皮下静脉充血发黑，皮肤呈黑色外观，故名"黑疫"。妊娠母羊产下死胎	肝脏肿大，表面和深层有数目不等的灰黄色坏死灶，黄白色病灶界限清晰，由出血带包围，其中可见肝片吸虫幼虫，或发现黄绿色弯曲似虫的带状病痕
羔羊痢疾	B型魏氏梭菌	1周龄内的绵羊羔多发。产羔时严寒或炎热多发	拒食、喜卧，持续性的糊状或水样腹泻。粪便初为黄色，后棕色，恶臭，最后为血便。后期病羔肛门失禁，脱水、卧地不起	肛周被稀便污染，尸体脱水严重。真胃内有未消化的凝乳块。小肠尤其回肠内充满血样物，俗称"红肠子病"
炭疽	炭疽杆菌	绵羊较山羊更易感。多发于夏季	病羊突然倒地，高热，全身痉挛，呼吸极度困难，瞳孔散大，天然孔流出带气泡的黑紫色血液，几分钟内死亡。有的局部炎性肿胀，触诊无捻发音，不甚疼痛敏感，无脓肿形成	死亡后天然孔流出大量血样液体，尸僵不全，迅速腹胀，血凝不全，为酱油色或煤焦油样。禁止解剖
巴氏杆菌病	多杀性巴氏杆菌	各种年龄绵羊易感，多发于羔羊，无明显季节性	高热（41~42℃），呼吸困难，咳嗽，鼻液含血。眼、鼻液先黏性后脓性。先便秘后腹泻，粪便绿色，渐呈深色，恶臭。病程短	颈胸部皮下浆液性浸润和点状出血水肿，触之无捻发音。肺点状出血和红色肝变区，见黄豆或胡桃大小化脓灶。脾不肿大
羔羊大肠杆菌病	大肠杆菌	主要发病于冬春舍饲期间	败血型：多发于2~6周龄羔羊。流黏性鼻液，体温高，呼吸、心率浅快，视力障碍，倒地磨牙，衰竭死亡。关节肿胀 肠型：发于7日龄内羔羊。排黄、灰白色、带气泡或血液稀便。又称羔羊白痢	败血型：胸腹腔、心包腔、肘腕关节腔内积液，内有纤维素脓性絮片 肠型：消化道内容物呈黄灰色水样，带有血丝和气泡。可见纤维素化脓性关节炎

（续）

病　名	病　原	流行特点	主要症状	病理变化特征
细　菌　病				
沙门氏菌病	羊流产沙门氏菌、鼠沙门氏菌、都柏林沙门氏菌	又称副伤寒、幼羊副伤寒。多发于15～20日龄羔羊和妊娠后期母羊	羔羊急性腹泻和下痢，急性毒血症（1～5d内死亡）。母羊腹泻后流产。病羊产下的羔羊多在1～7d内死亡。流产、死产胎儿或死亡的新生羔羊以败血症变化为主，体温升高	组织水肿、充血，肝脾肿胀，有灰色病灶。肠系膜淋巴结肿大。有不同程度的胃肠炎。胎盘水肿、出血
羔羊双球菌性肺炎	肺炎双球菌	常见于冬春季	病羔呈败血症，见肺炎、胸膜炎和胃肠炎症状。发热，呼吸困难。腕、跗关节发炎肿大，跛行	脾肿大。肺有大小不等化脓灶。心外膜、肋胸膜、肺胸膜呈纤维素性炎症，有粘连
布鲁氏菌病	布鲁氏菌	又称布病。母羊较公羊发病多，成年羊较幼年羊发病多	怀孕母羊多于妊娠后3～4个月流产，流产前2～3d，体温升高。流产后继发慢性子宫内膜炎，不孕。个别病例发生慢性关节炎。公羊睾丸炎和附睾炎	剖检见胎膜呈淡黄色胶冻样浸润，有些部位覆盖有纤维素絮和脓液，有的增厚且有出血点。本病确诊需要结合细菌学或血清学等结果综合诊断
羊链球菌病	溶血性链球菌	绵羊易感，山羊次之。气候寒冷、草质不良季节多发	最急性型突然死亡。急性型病初体温升高。鼻液浆液性或脓性。咽喉和颌下淋巴结肿大，呼吸困难，咳嗽。孕羊流产。慢性型体态僵硬，或咳嗽，或出现关节炎，最后死亡	以咽喉部及下颌淋巴结肿胀、大叶性肺炎、胆囊肿大为特征。各脏器广泛出血，淋巴结肿大。肺水肿、气肿和出血。胆囊充满墨绿色胆汁，外渗。小肠前段部分出血性炎症
羊土拉杆菌病	土拉热佛朗西斯氏菌	又名野兔热。由蜱蚊等传播，春末夏初散发	发热，淋巴结肿大，步态不稳，后肢软弱瘫痪。腹泻，贫血，消瘦，孕羊流产、死胎或难产。羔羊多发生急性死亡	多处淋巴结肿大，出现化脓或干酪样坏死。肝脾常见有结节。常见纤维素性肺炎
李氏杆菌病	单核细胞增多性李氏杆菌	又名转圈病。以早春及冬季多见。发病率低，病死率高	病初体温升高1～2℃。成羊表现呆滞，无目的乱撞。咀嚼、吞咽困难。斜视，视力丧失。头偏向一侧，转圈运动。步态强拘，角弓反张。羔羊多急性败血死亡。孕羊常发生流产	成年羊以脑炎为主。发病早期，广谱抗菌治疗有效
肉毒梭菌中毒	肉毒梭菌毒素	食入霉烂饲料、腐败尸体或毒素污染饲料及饮水	步态僵硬，行走时头弯向一侧做点头运动，尾向一侧摆动。流涎，吞咽困难，便秘。体温正常。流浆液性鼻液，腹式呼吸困难，麻痹倒地死亡	咽喉和会厌处覆有灰黄色物，下面有点状出血。胃肠、心内外膜点状出血
破伤风	破伤风梭菌毒素	主要见于羔羊，常发生于剪耳号或剪毛之后	特征为肌肉僵硬，不能自主起卧，牙关紧闭，两耳直竖，腹壁紧收，而后发生强直性痉挛。常因胀气而迅速死亡	常可找到原发性化脓创伤。鼻腔内有泡沫。有时生殖道排出黑色恶臭液体

（续）

病 名	病 原	流行特点	主要症状	病理变化特征
细 菌 病				
气肿疽	气肿疽梭菌	又称鸣疽、气性炭疽、黑腿病。夏季干旱酷热，吸血昆虫活跃期多发。羔羊断尾感染	病羊高热，24h内体温下降。肌肉丰满处发生气性炎性水肿，肿胀部疼痛，后肿胀中心变冷，失去知觉，产气，肿胀部皮肤呈黑紫色。触诊患部硬而有弹性，有捻发音。最后病羊呼吸困难，败血死亡	肿胀部皮肤干燥、紧张、呈黑紫色，切开流出橘红色带泡沫酸臭液体。剖检见尸体迅速腐败，瘤胃膨胀，四肢张开。肝实质坏死，肾和膀胱出血。脾不大，但边缘略肥厚
恶性水肿病	腐败梭菌、产气荚膜杆菌等	绵羊最易感，多见剪耳或断尾羔羊急性死亡	由去势、分娩、手术、注射等造成，局部发生急剧炎症，气性水肿，并伴发热和全身性毒血症。病羊体温41℃，呼吸加快，咳嗽，流清鼻或脓鼻，流涎，腹泻，腹痛，磨牙，抽搐倒地，于1～2h死亡	剖检见发病局部皮下呈暗红色气肿或胶冻样水肿，触之有捻发音，有腐败酸臭的气味。肌肉呈灰白色或暗褐色，多含气泡。实质器官肿大变性。腹腔和心包积液
坏死杆菌病	坏死杆菌	绵羊较山羊易感，5～10月多发	腐蹄病：病羊跛行，蹄部疼痛。可在趾间、蹄冠、蹄踵形成脓肿 坏死性皮炎：全身症状不明显，可败血死亡 坏死性喉炎：又称"白喉"，羔羊多发，颌下水肿，呕吐，吞咽和呼吸困难。4～5d内死亡 坏死性肠炎：严重腹泻，排出带脓性黏液或坏死黏膜的粪便 坏死性鼻炎：鼻黏膜覆盖黄白色伪膜或溃疡。病羊咳嗽、排脓性鼻液，呼吸急迫和腹泻，最终死亡	体表干性坏疽，痂皮发黑，其下为肉芽组织或腐臭的黄白色脓性分泌物。湿性坏疽表面见肉芽组织或脓性分泌物。口腔及胃肠黏膜为纤维素性坏死，可转移为肺脓肿或坏死性肝炎 腐蹄病：蹄底可见小孔或创洞，内有腐烂角质和乌黑臭水 坏死性皮炎：皮肤及皮下组织坏死和溃疡，多在体侧、臀部和颈部 坏死性喉炎：口腔或咽颊可见粗糙、污秽的灰褐色或灰白色伪膜，伪膜下为易出血、不规则的溃疡
结核病	结核分支杆菌	山羊和绵羊均可感染发病	慢性病，羊少见急性病例。有时体温稍高，毛焦体瘦，精神差。肺结核时，长期咳嗽，流脓性鼻液。乳房结核时，乳房硬化，乳房淋巴结肿大。肠结核时，持续性便秘，腹泻或胀气。肾结核时见血尿	在各种器官形成无血管的干酪样坏死灶，称为结核病羊尸体消瘦，实质器官及浆膜上形成特异性结核结节。山羊结核结节的干酪样物质趋于软化或液化，并有组织膜
副结核病	副结核分支杆菌	多种家畜易感，呈散发或地方流行性	慢性消耗性疾病。以持续性腹泻和进行性消瘦，肠黏膜增厚并形成皱褶为特征。发病率1%～10%，多归于死亡	肠黏膜或真胃黏膜高度肥厚并形成硬而弯曲的褶皱。肠黏膜黄白或灰黄色。肠系膜淋巴结有黄白色病灶，无干酪样病变

（续）

病 名	病 原	流行特点	主要症状	病理变化特征
细 菌 病				
弯曲菌病	胎儿弯曲菌肠道亚种	本病呈地方流行性。羔羊在秋冬季发生败血性下痢	又称弧菌病。早期胎儿死亡吸收，出现虚情，或发情期延长。胎儿死亡较晚，则见流产。羊群初时流产数不多，一周后增加。多数流产母羊无先兆症状	病初阴道呈卡他性炎，黏膜发红，尤其是子宫颈部分，黏液分泌增多，黏液清澈，偶有混浊。同时伴发子宫内膜炎
羊支原体肺炎	丝状支原体山羊亚种	又名山羊传染性胸膜肺炎，俗称烂肺病。仅见山羊发病，山区草原多发	高热，干咳痛苦，流铁锈色黏性或脓性鼻液。呼吸困难，消瘦。肺部叩诊疼痛，呈浊音或实音。听诊肺泡音减弱或有捻发音。病羊眼睑肿胀，口腔糜烂，唇、乳房丘疹。孕羊流产	胸及胸膜纤维素性炎症，多为单侧。肺切面呈大理石样。肺胸膜、肋胸膜、心包相互粘连。胸腔内积液可达 2 000mL，淡黄色，遇空气凝固
衣原体病	鹦鹉热衣原体	绵羊和山羊均易感	病羊最突出的症状是流产、死产或娩出弱羔。流产常在产前 1 个月左右，流产后胎衣难以排出继发细菌感染后引发子宫内膜炎。有的病羊呈现结膜炎、角膜炎，亦可见肠炎、肺炎和关节炎病例	流产母羊胎膜水肿，出血性素质。流产胎儿水肿，腹水。肺炎时，心叶、尖叶、整个或部分膈叶有紫红色或灰红色的实变区，界限明显。公羊见睾丸炎或附睾炎
Q 热	贝氏柯克斯体	本病流行无季节性，无年龄性	羊多为隐性感染。可并发支气管肺炎。绵山羊于妊娠后期发生流产。传染给人后根据发热、剧烈头疼和肺部感染可疑为本病	流出胎儿剖检可见肺炎变化，肝脏局部有坏死灶，流产母羊子宫呈卡他性炎症
病 毒 病				
口蹄疫	口蹄疫病毒	发生无季节性，流行有季节性，为秋开始、冬加重、春减轻、夏平息	羔羊病死率达 70% 以上，主因出血性胃肠炎和心肌炎。病羊高热，以在口鼻黏膜、蹄部和乳房皮肤发生水疱和糜烂为特征。头部被毛耸立，外观变大，俗称"大头病"	口腔、蹄部、咽喉、气管、前胃黏膜见烂斑和溃疡，真胃和肠黏膜见出血性炎症。心肌柔软，心肌切面有灰白色和淡黄色斑纹，或不规则斑点，称为"虎斑心"
伪狂犬病	伪狂犬病毒	潜伏期 3～6d。绵羊比山羊易感。春、冬季多发	多为急性病程（发病 1～2d 内死亡），体温升高。呈现奇痒症状，啃咬痒部并发出惨叫或撕脱痒部被毛。肌肉震颤，精神委顿	剖检内脏少有肉眼可见变化，脑膜充血，脑脊液增多
绵羊痒病	朊病毒	本病潜伏期 1～5 年，以 2～4 岁的绵羊最易感，山羊也发病	又叫慢性传染性脑炎、震颤病、摩擦病、摇头病、驴跑病或瘙痒病。临床上以剧痒、运动失调、肌肉震颤、衰弱和瘫痪、死亡为特征。病初沉郁，头颈部随意肌颤动。病中期以瘙痒为主。后期视力丧失，躯体麻痹。妊娠母羊流产	剖检无明显变化，主要见消瘦、皮肤损伤

（续）

病　名	病　原	流行特点	主要症状	病理变化特征
			病　毒　病	
蓝舌病	蓝舌病病毒	反刍兽易感，绵羊最易感。库蠓为传播虫媒，多发于夏季和早秋	鼻黏膜脓性分泌物结痂后引起呼吸困难和鼻鼾，舌发绀。口腔黏膜充血，后呈蓝紫色。舌黏膜溃疡，渗出血液。吞咽困难，唾液带血。常继发细菌感染，口腔黏膜坏死、有恶臭	舌发绀，舌及口腔充血、淤血，鼻腔、胃肠道黏膜水肿及溃疡
绵羊痘	绵羊痘病毒	四季均发病，春季最多见，羔羊较易感	以高热、皮肤和黏膜形成痘疹为特征，病理过程为丘疹、水疱、脓疱和结痂。痘疹多发于无毛或被毛稀少区，此时体温再次升高。良性经过2～3周	剖检见咽喉、气管、肺和真胃出现痘疹。嘴唇、食管、胃肠等黏膜出现大小不等的扁平灰白色痘疹，其中有些形成糜烂或溃疡
传染性脓疱	羊传染性脓疱病毒	也称"羊口疮"。主要发生于幼羊或羔羊。多发于秋季	唇型：口角、鼻镜上形成结节，依次为水疱，脓疱，溃疡，结痂。可形成桑葚状痂诟。下颌水肿，影响采食。无腹泻症状 蹄型：只侵害绵羊，多只发一足，在蹄叉、蹄冠或系部皮肤形成水疱或脓疱。病羊跛行喜卧	剖检见肺、肝、乳房中发生转移性病灶，病羊多因衰竭或败血症死亡
山羊关节炎-脑炎	山羊关节炎脑炎病毒	山羊发病，绵羊不发病，四季发病，但多见于晚冬和春季	慢性病 脑脊髓炎型（羔羊）：跛行，共济失调，体温不高，饮食尚可。头颈歪斜，转圈。四肢萎缩，死亡 关节炎型（成羊）：四肢关节炎症，跛行 肺炎型（成羊）：咳嗽，呼吸困难，肺部叩诊浊音，听诊湿啰音 间质性乳房炎（哺乳母羊）：产后1～3d发病，乳房硬肿，仅能挤少量奶	关节囊肥厚，关节液多，有纤维素或血凝块。肺肿大，质硬，灰色，有灰白色小点
梅迪-维斯纳病	梅迪-维斯纳病毒（属慢病毒属）	多感染2岁以上常年绵羊，山羊次之	慢性病。梅迪以慢性进行性间质性肺炎为特征，病羊呼吸困难，体温正常，仍有食欲。维斯纳则以慢性进行性脑膜炎和脑脊髓白质炎为特征。病羊后肢软弱，易摔倒。有时头颈歪向一侧，呈偏瘫症状	间质性肺炎见肺间质增厚变宽，平滑肌增生，支气管和血管周围淋巴样细胞浸润
小反刍兽疫	小反刍兽疫病毒	本病发生无年龄性，无季节性	以高热、眼鼻大量分泌物、上消化道溃疡和腹泻为主要特征。口鼻腔分泌物逐步变成脓性黏液，此症状可持续14d。后期病羊咳嗽、胸部啰音及腹式呼吸，常排血样粪便	剖检见结膜炎、坏死性口炎，鼻甲、喉、气管处有出血斑，可蔓延到硬腭和咽喉部。真胃常见规则、有轮廓的糜烂，创面红色、出血，而瘤、网、瓣胃少见

（续）

病 名	病 原	流行特点	主要症状	病理变化特征
寄生虫病

病 名	病 原	流行特点	主要症状	病理变化特征
肺线虫病	丝状网尾线虫、原园科线虫	夏季和初秋多发	丝状网尾线虫又称大型肺线虫（雌虫长达112mm），原园科线虫又叫小型肺线虫。病初干咳，后湿咳，逐渐加重，伴痛苦。运动时和夜间咳嗽加重。鼻液黏稠，可结成鼻痂。病羊逐渐消瘦、贫血，头、胸及四肢水肿，体温不高	剖检见肺膨胀不全或气肿，肺表面隆起，灰白色，触之坚硬。气管、支气管内可发现数量、大小不等的肺线虫
羊鼻蝇蛆病	羊鼻蝇幼虫	主要感染绵羊，山羊危害较轻。成虫多出现于7～9月间，幼虫在鼻腔内寄生9～10个月	初流浆液性鼻液，后为黏液或脓性，有时混血液，在鼻孔周围形成硬痂，使呼吸困难。病羊打喷嚏，眼睑水肿，流泪，食欲差，消瘦。感染初期呈急性表现，再逐渐好转，晚期症状更严重。个别病例幼虫进入颅腔引起神经症状，如转圈，头歪向一侧	剖检死羊鼻腔、鼻窦或额窦，可发现羊鼻蝇幼虫（长20～30mm）
羊片形吸虫病	肝片吸虫，大片吸虫	低洼、潮湿和多沼泽牧区多发，流行于春末、夏、秋季节。中间宿主为淡水螺	肝片吸虫（长20～40mm，宽8～13mm）和大片吸虫（长33～76mm，宽5～12mm）寄生于羊的肝脏胆管中，引起急性或慢性肝炎和胆管炎症，伴发全身中毒和营养障碍。羔羊和绵羊大批死亡	病尸消瘦、贫血和水肿。肝肿大，有暗红色虫道，内有凝固血液和少量幼虫。慢性者胆管肥厚，扩张呈绳索样突出于肝表面，有钙镁盐类沉积，胆管内有虫体和污浊液体
双腔吸虫病	矛形双腔吸虫、中华双腔吸虫	中间宿主为蜗牛和蚂蚁。终末宿主为羊、牛、驼等，春秋感染，冬春发病	矛形双腔吸虫和中华双腔吸虫寄生于家畜肝脏的胆管和胆囊中。感染严重时，可视黏膜黄染，颌下水肿，消化紊乱，腹泻并逐渐消瘦，甚至引起衰竭死亡	剖检见肝脏硬变，肿大，表面粗糙。胆管扩张显露呈条索状，胆囊壁增厚，内见数量不等的虫体
羊消化道线虫病	捻转血矛线虫等各种消化道线虫	一般见于羔羊及青年羊。湿热季节，寄生虫严重感染可造成羊只死亡	不同消化道线虫寄生部位不同，引起消化紊乱，胃肠炎症，腹泻，便血，消瘦，结膜苍白，贫血，下颌水肿，羔羊发育不良。少数病例体温升高，神经紊乱，如后躯无力或麻痹，极度衰竭死亡	剖检可见消化道不同部位有数量不等的相应线虫，如皱胃有捻转胃虫。患羊尸体消瘦，贫血，胸、腹腔内有淡黄色渗出液。内脏苍白无血色，有时可见虫咬痕迹和针尖大小的结节

（续）

病　名	病　原	流行特点	主要症状	病理变化特征
寄生虫病				
羊绦虫病	莫尼茨绦虫、曲子宫绦虫、无卵黄腺绦虫	当年生羔羊多发	寄生于牛羊小肠，病畜表现食欲减退，饮欲增加，消瘦、贫血和水肿。羔羊腹泻时粪中混有虫体节片。虫体阻塞肠道时，出现肠臌气和腹痛。有的出现神经症状，如转圈、角弓反张。病羊后期倒地昏迷，直到衰竭而死	剖检见尸体消瘦，肌肉色淡，胸腹腔积液。肠道阻塞或扭转，黏膜受损出血，小肠内有绦虫
棘球蚴病	棘球蚴	又称包虫病。其成虫为细粒棘球绦虫，寄生于犬科动物小肠内	轻度感染无症状，严重时患羊被毛粗乱，消瘦。肺部感染时咳嗽，喜卧	剖检可见肝、肺表面凹凸不平，重量增大，有数量不等的棘球蚴囊泡突起，肝、肺实质中有数量不等、大小不一的棘球蚴包囊。有时棘球蚴发生钙化或化脓
羊脑多头蚴病	脑多头蚴	又叫脑包虫病。犬科动物为终末宿主	前期为急性期，多头蚴移行到脑组织，引起羔羊体温升高，脉搏呼吸加快，强烈兴奋，作回旋、前冲或后退运动。有些可在5～7d因急性脑炎死亡。后期为慢性期，出现转圈运动。包虫囊体大时，可见局部头骨变薄、变软和皮肤隆起。有的病例失明	剖检可在脑脊髓不同部位发现大小、数量不等的囊状多头蚴。病灶周围脑组织发炎。有时可见萎缩变性或钙化的脑多头蚴
羊焦虫病	泰勒焦虫	发病季节为5月份，有蜱的叮咬，主要侵害羔羊	高热稽留，心跳加快，节律不齐，呼吸促迫。粪便颜色变浅，呈淡黄色，个别羊血尿。体表淋巴结肿大，贫血、黄疸，血液稀薄。发病2d后，个别羊四肢瘫软，卧地不起，最后衰竭死亡	剖检见全身贫血，血液稀薄，凝固不良。全身淋巴结肿大，切面多汁。真胃黏膜溃疡
住肉孢子虫病	住肉孢子虫	草食动物为中间宿主，犬、人、猪为终末宿主	羔羊常呈急性经过，感染初体温升高，便稀软，后恢复。13～21d后高热稽留，精神沉郁，可视黏膜黄染，流涎，呼吸困难，角弓反张，四肢颤抖，昏迷死亡。成畜常为隐性感染。妊娠母畜流产	剖检见可视黏膜、皮下黄染。胸腔积液，血液凝固不良。大多实质器官表面出血点。全身淋巴结肿大
羊弓形虫病	龚地弓形虫	猫为终末宿主，经口、破损皮肤、黏膜传播。一年四季均可发病	感染羊多为隐性经过，妊娠羊死胎或流产。少数病例呼吸困难，咳嗽，流泪，流鼻液，或出现神经症状，如走路摇摆，运动失调，视力障碍。关节炎型（成羊）见四肢关节肿大	流产胎儿皮下血样水肿，浆膜内有血色液体。子叶肿胀，绒毛叶暗红色，绒毛间白色斑或坏死灶，绒毛水肿，局部坏死。淋巴结肿大，边缘有小结节，胸腹腔积液

（续）

病　名	病　原	流行特点	主要症状	病理变化特征
寄生虫病				
羊螨病	疥螨和痒螨	又叫疥虫病、疥疮。接触传播，有季节性，多发于秋末、冬季和初春	疥螨多始于皮肤柔软且毛短部位，如嘴唇、口角、鼻面部、眼圈及耳根部等。痒螨始于被毛稠密处，造成大量脱毛，如背部、臀部及尾根部，表现剧痒。疥螨多发于山羊，痒螨多发于绵羊。绵羊疥螨多局限于头部，病变皮肤干涸如石灰，又称"石灰头"。疥螨患部渗出物少，痒螨渗出物多	剖检内脏多无明显病理变化
羊虱病	虱和毛虱	接触传播，无季节性，但秋冬季节，被毛浓密，多发	皮肤炎症、落屑及形成痂皮程度较轻，引起发痒、不安、脱毛。影响动物采食和休息，患畜消瘦，幼畜发育不良	容易在毛发中发现虱及其卵。剖检内脏多无明显病理变化

二、羊常见普通病的类症鉴别诊断

羊常见普通病的临床综合鉴别诊断见表 5-2。

表 5-2　羊常见普通病的临床综合鉴别诊断

病　名	主要病因	主要临床症状及典型病理变化
口炎	理化因素刺激	口腔敏感，疼痛，流涎，口温升高，有臭味。口腔黏膜呈斑纹状和弥漫性充血、发红、肿胀
食管阻塞	食入块状饲料，饥饿，受惊	多在采食或灌药时突然发病，停止采食，伸颈张口，大量流涎，不断做呕吐、空嚼或吞咽动作。若食管完全阻塞，嗳气受阻，则发生瘤胃臌气迅速死亡。颈部食管阻塞可在左侧颈静脉沟处看到或触摸到异物。食管壁组织发炎、肿胀、坏死甚至穿孔
前胃迟缓	饲料粗劣，更换饲料，饲养管理不善，或继发于其他疾病	急性型：食欲减少，反刍缓慢，次数减少，瘤胃蠕动减弱或停止。左腹增大，触诊不坚实。可转为慢性，反刍和嗳气减少或停止。出现间歇性瘤胃臌气症状。触诊胃壁，内容物呈粥状，不坚硬，也不过分充满
瘤胃积食	采食过多精料或难消化的粗料	腹围增大，腹痛，流涎，触诊瘤胃内容物充满，坚实呈捏粉样，疝痛。左侧腹部轻度膨大，肷窝略平或稍微凸出，触之硬感坚实。触诊瘤胃病羊表现疼痛敏感，内容物呈面团状，用拳压痕恢复慢，深部有坚实感。偷食过量精料者，精神极差，瘤胃松软积液，以手冲击有拍水感
急性瘤胃臌气	初春大量饲喂易发酵饲料（如苜蓿）后很快发病	原发性臌气：病羊腹围臌大，特别是左侧更为明显，叩诊左腹部呈鼓音，后期病羊张口流涎，伸舌呻吟，窒息死亡 泡沫性臌气：可见泡沫液体经口逆出或喷出，瘤胃穿刺或插入胃管只能放出少量带泡沫的气体

（续）

病　名	主要病因	主要临床症状及典型病理变化
瓣胃阻塞	摄入大量坚韧的粗饲料	瘤胃和瓣胃蠕动音减弱或消失，并可继发瘤胃臌气及瘤胃积食。触压病羊右侧第7至第9肋间肩关节水平线上下瓣胃区时，疼痛敏感。病羊初期粪便干少色暗，后期排粪停止。病程后期，体温升高，呼吸脉搏加快，衰弱，卧地，死亡
真胃阻塞	摄入过多粗硬饲料、沙石、缺水	右下腹显著增大，肠音微弱，瘤胃积液，冲击有波动感。将听诊器置于右肷部，用手指叩击右侧倒数第1～2肋下中下部，可听到钢管回击声。右侧中腹部向下方局限性膨起，用拳频频冲击右侧中下部肋骨弓的右下方真胃区，病羊有避让，踢腿或牴角的疼痛敏感表现
肠套叠	消化不良，暴饮暴食，疾跑跳跃，继发于其他疾病	表现采食突然停止，腹痛明显。呼吸浅快，体温不变。瘤胃蠕动音弱，肠音呈半途性中断。排少量便。右腹部敏感，有压痛反应。努责明显，偶见少量铁锈色稀便。反刍减弱或消失，但饮水次数稍增加。腹腔穿刺液量多并呈粉红色。极度衰竭，死亡
绵羊肠扭转	羊饱食同时羊体翻滚（剪毛时）	多因剪毛倒羊动作过猛，卧地时间过长引起。病羊回视腹部，起卧，两肷内吸，后肢踢腹或踢蹄，摇尾或翘臀，无粪便排出。腹痛重，触诊敏感，镇痛剂无效。腹腔穿刺，排出淡红色液体
创伤性网胃炎	摄入尖锐的金属异物	创伤性网胃腹膜炎：运动拘谨，表现疼痛，拱背，不愿转弯或走下坡路。用手冲击网胃区、心区或用拳头顶压剑状软骨区，病羊疼痛，躲闪，呻吟，肘头外展，肘肌颤动 创伤性网胃心包炎：病羊心动过速（心率80～120次/min），并可发生颈静脉怒张。颌下及胸前水肿。听诊心音区扩大，出现心包摩擦音及拍水音
胃肠炎	饲料品质差，或继发于其他疾病	排水样、粥样稀便，脱水明显，体温升高明显，病情重，全身症状重。胃肠道内容物恶臭，混有黏液、脓液或血液，肠黏膜坏死
绵羊肝炎	细菌、寄生虫感染，霉菌毒素、植物毒素、化学毒物中毒	病羊食欲减退，体温升高，消化不良，黄疸。叩或触诊肝区（上腹部右侧），肝浊音区增大，疼痛明显。共济失调，痉挛，昏迷嗜睡。由急性转为慢性后，则长期消化不良，异嗜，消瘦。颌下、腹下和四肢下端浮肿。严重者发生肝腹水
羔羊消化不良	胎儿发育不良、初乳不足、哺乳不正常、饥饿，环境卫生差、缺水	病羔精神差，腹泻粪便呈糊状，色黄、灰黄、灰白或绿色，酸臭，混有未消化的白色小凝乳块。严重的体温升高，水泻带血，脱水及酸中毒，心音混浊，呼吸和脉搏浅快，昏迷死亡。剖检见，一般消化不良实质脏器不见异常。中毒性消化不良见胃肠浆膜和黏膜出血点，肠淋巴结肿大，肝轻度肿大、质脆
感冒	寒冷刺激	以体温升高、咳嗽、流鼻为特征。病羊受寒。流鼻液，初为清液，后为黏稠黄色。喷嚏，摇头，擦鼻，羞明流泪，鼻黏膜充血、肿胀、敏感
喉炎	常继发于感冒、鼻炎、气管炎等	剧烈咳嗽，按压喉部、饮冷水、采食干料、吸入寒冷或有灰尘的空气均可引起剧烈的干而痛的咳嗽。体温升高。人工诱咳，病羊疼痛敏感，剧烈咳嗽。严重的表现吸入性呼吸困难
支气管炎	受寒、刺激气体、异物或继发于其他感染	病初干咳、短促咳嗽和痛咳。继而为湿咳，疼痛减轻。肺部听诊为干啰音和湿啰音。气管人工诱咳出现高朗的持续性咳嗽。全身症状轻。细支气管炎症状较重，体温升高1～2℃，出现吸气性呼吸困难，黏膜发绀，听诊有干啰音、捻发音或小水泡音

（续）

病　名	主要病因	主要临床症状及典型病理变化
肺炎	细菌、病毒、寄生虫及异物	小叶性肺炎：弛张热型，呼吸次数增多，叩诊有散在的浊音区，听诊有捻发音，流少量浆液性、黏性或脓性鼻液 大叶性肺炎：高热稽留，铁锈色鼻液，肺部出现广泛性浊音区，混合性呼吸困难 异物性肺炎：饲料、药物误入肺内引起的肺组织坏死或腐败分解，呼吸极度困难，两鼻孔流出脓性、腐败性恶臭鼻液
胸膜炎	见于肺炎、肺脓肿、败血症、胸部外伤、食管破裂	体温升高，咳嗽而痛苦。呼吸浅表而困难，明显呈腹式呼吸。胸壁触诊疼痛敏感，听诊有胸膜摩擦音。胸部叩诊呈水平浊音。胸腔穿刺有大量渗出液流出。听诊心音模糊不清，脉搏细微频数
肺坏疽	感染或异物	流恶臭鼻液，鼻液呈灰褐色带红或淡绿色，污秽不洁，低头、采食、咳嗽时大量流出
肾炎	继发于传染病或其他疾病	排尿时，弓背姿势，肾压痛，尿液混浊或血尿。肾肿大或缩小，充血或苍白，表面及皮质有散在出血点
膀胱炎	感染，或理化因素刺激	尿频，尿量减少，触诊膀胱敏感。尿液混浊，带有黏液、脓液或血症
尿道炎	感染，或理化因素刺激	频频排尿，尿呈断续状流出，表现不安，抗拒或躲避检查。尿液混浊，带有黏液或脓液。尿道口发红，尿道增粗
膀胱麻痹	脑病或腰荐脊神经受损	不随意排尿，直检膀胱充满尿液，触压膀胱无痛感，导尿流出缓慢
膀胱破裂	继发于尿道阻塞	呈排尿姿势但无尿，尿闭、腹膜炎、尿毒症和休克。腹腔穿刺有尿液流出
羊尿结石	饲料搭配不当，饲养不合理，水摄入不足	主要发病于阉羊，偶见于种公羊，病羊精神沉郁，突然死亡。临床上以排尿障碍，肾性腹痛，尿痛，血尿及尿闭为主要症状。剖解可在肾脏、肾盂、输尿管、膀胱和尿道内找到结石。膀胱高度膨胀
中暑	闷热，拥挤，阳光暴晒头部	热射病和日射病统称为中暑。发病于7、8月份，被毛较厚的羊只，高温天气或强烈阳光下或圈舍拥挤、潮湿、闷热。突然发病，体温急剧升高（41℃以上）。主要表现为神经症状，迅速死亡
脑膜炎	细菌、病毒感染，各种中毒及寄生虫侵袭	表现兴奋、沉郁、狂躁、共济失调、眼斜、嘴歪等症状。脑膜充血、出血，附着纤维素或脓汁，脑脊髓液增多
山羊癫痫	原发性脑机能障碍，继发于脑颅疾病	俗称羊癫疯。呈现突发性、短暂性和反复性。发作时表现：突然倒地，全身肌肉强直，头向后仰，四肢外伸，牙关紧闭，磨牙，口吐白沫、流涎，持续一定时间后变为痉挛，经一定时间后停止。发作的间歇期，病羊无异常
绵羊妊娠毒血症	妊娠母羊缺乏碳水化合物等营养物质	妊娠后期发病，瞳孔散大，角膜反射消失，体温不高，呼出气体有丙酮味（烂苹果味）。同群公羊等非妊娠羊不发病。肝肿大，切面土黄色。高度营养不良（皮下及肠系膜脂肪消失）。解剖中有丙酮气味
生产瘫痪	各种引起产后血钙降低的因素	低钙血症。分娩后不久突然轻瘫，四肢麻痹，卧地不起，昏迷和体温下降。钙制剂治疗效果显著

（续）

病　名	主要病因	主要临床症状及典型病理变化
羔羊白肌病	饲草和饲料中硒和维生素 E 含量不足	临床上以运动障碍、心脏衰弱、渗出性素质和神经机能紊乱为主要特征。成年母畜繁殖障碍。运动后突然死亡，死前心率可达 150～200 次/min，体温正常。触诊背部、臀部肌肉肿胀，比正常肌肉硬，病变部位对称。剖检见骨骼肌色淡，呈鱼肉样或煮肉样，双侧对称。另见"虎斑心"、"槟榔肝"病理变化
青草搐搦	低镁血症	又称低镁血症、泌乳抽搐。初春羊群转入放牧吃多汁、幼嫩的单子叶植物苗（如麦苗）时发病。以强直性和阵发性肌肉痉挛、惊厥、呼吸困难和急性死亡为特征。单独给钙剂无效，需同时补镁
运输死亡	低钙血症	羊在运输过程中，常因装卸而发生死亡。特征是麻痹，后肢跨向外方，趴卧姿势，低血钙所致
磺胺类药物中毒	磺胺类药物用量过大	过量的磺胺药可引起共济失调、痉挛性麻痹、肌无力、惊厥、瞳孔散大，心动过速和呼吸加快。结晶尿、血尿、蛋白尿。食欲不振，便秘，呕吐，腹泻。病羊肾小管、肾盂、输尿管处可见磺胺药结晶
假性血尿	某些药物	可引起红色尿的药物有氨基比林、苯妥英钠、利福平、酚红等。可根据用药史判断

第三节　羊常见疫病的诊疗

一、炭　疽

病原为炭疽杆菌，是一种革兰氏阳性大杆菌，大小 $(1～2)\mu m \times (3～10)\mu m$。病料涂片（如血液）染色镜检可见竹节状的菌体单个存在或形成短链（多不超过 3 个），荚膜厚而明显。

【诊断要点】绵羊和山羊均发病，山羊更易感。发病羊掉队，喜卧，不吃草，可视黏膜暗紫色，战栗，心跳加快，呼吸困难，突然倒地，瞳孔散大，口鼻流出血色泡沫，数分钟后死亡，病死率可达 100％。病羊死亡后尸体迅速腹胀，尸僵不全，天然孔流出大量酱油色或煤焦油样的血样液体，血凝不全。炭疽病死亡动物尸体严禁解剖。

【防治】

（1）预防

①对于常发病的地区每年定期注射疫苗一次。无毒炭疽芽孢苗，绵羊皮下注射 0.5mL，此苗不可用于山羊。2 号炭疽芽孢苗可用于各种家畜，均皮下注射 1mL。免疫期均为 1 年。

②被病畜污染的垫草、饲料应深埋或焚烧。病死动物严禁解剖或剥皮吃肉。

③被污染的圈舍、用具、车辆等，用 10％～20％漂白粉、3％～5％氢氧化

钠（又称为苛性钠、火碱）或 0.1％L 汞溶液消毒。

④被炭疽杆菌污染的皮、毛及其制品，可用 2％盐酸或 10％食盐溶液浸泡 2～3d 消毒，也可用甲醛熏蒸消毒。

⑤按发病现场情况划定疫区，进行封锁，并严格执行国家相关法规规定的封锁措施。

（2）治疗　必须在严格隔离和专人管理的条件下实施治疗，但一般不提倡治疗，以防病菌污染环境，甚至传染给人。

病例一：发病绵羊体重 40kg，喘息，体温 41℃。

肌内注射：①抗炭疽血清 50mL，1 次/d，连用 2 次。②青霉素 160 万 U＋地塞米松磷酸钠 5mg，其中地塞米松第 3 天减半，第 4 天再减半，第 5 天停药。③硫酸庆大霉素 8 万 U。②和③用药 2 次/d，连用 3～5d。

病例二：发病羊体重 60kg，精神差，不吃。

肌内注射：①地塞米松磷酸钠 5mg，1 次/d，第 3 天减半，第 4 天再减半，第 5 天停药。②盐酸林可霉素 600mg。③硫酸庆大霉素 12 万 U。②和③用药 2 次/d，连用 3～5d。

病例三：发病羊死亡，同群 30 只羊预防给药，体重 30kg。

方一：磺胺嘧啶钠 1g，2 次/d。

方二：重症特症 5mL，2d 1 次，连用 3～4 次。

方三：弗莱卡 5mL，2d 1 次。

方四：附特－120 5mL，1 次/d。

以上任选一方，肌内注射，连用 3～5d。同时，向饮水中或饲料中添加碳酸氢钠，每次 1g，2 次/d，天数同注射用药。

二、巴氏杆菌病

病原为多杀性巴氏杆菌，是一种革兰氏阴性小球杆菌，大小（0.25～0.4）$\mu m \times$（0.5～2.5）μm。瑞氏或美蓝染色镜检可见菌体呈明显的两极着染。

【诊断要点】最急性型在数分钟或数小时内死亡，多见于哺乳羔羊。急性型高热（41～42℃），呼吸困难，皮下水肿，眼鼻液先黏性后脓性。消化紊乱，初期便秘，后期腹泻，排混有血液的水样粪便，粪便绿色，渐呈深色，恶臭。咳嗽，鼻液含血黏液，颈胸部水肿。慢性型亦腹泻，粪便恶臭。剖检见皮下水肿，皮下浆液性浸润和点状出血，胸腔内有黄色渗出液。肺脏点状出血和红色肝变区，偶见黄豆或胡桃大小的化脓灶。胃肠道出血性炎症变化，其他脏器水肿淤血，间有点状出血。脾脏不肿大。取心、肺、肝、体腔渗出液涂片，美蓝或瑞氏染色，镜检见大量两极着染的小球杆菌（巴氏杆菌）。多发于羔羊，各种年龄的绵羊均易感，山羊次之。一年四季均发病。

【防治】

（1）预防

①全群紧急接种羊巴氏杆菌组织灭活疫苗。

②平时注意饲养管理，提供全价营养，尤其注意补充微量元素，搞好环境卫生，增强机体抵抗力，防止羊只受寒。

③经常消毒，可用5％漂白粉、10％石灰乳、二氯异氰尿酸钠、复合酚类消毒剂等，交替使用之。

④及时隔离病羊或可疑病羊。

（2）治疗　巴氏杆菌的防治可选择氨基糖苷类、四环素类、头孢类、氟苯尼考或磺胺类。

病例一：全群共150只羔羊，体重20kg，已发病死亡10只，病羊主见呼吸困难，体温41℃以上，急性死亡。

发病羊治疗：肌内注射，①硫酸阿米卡星200mg，2次/d。②地塞米松2mg，1次/d。③长效土霉素2mL，1次/d。连用3～5d。

全群羔羊预防给药：多西环素7g（每只每次50mg）或四环素45g（每只每次0.3g），另加维生素C 25g，拌入精料饲喂，2次/d，连用3～5d。

病例二：病羔体重10kg。

病羊治疗，可肌内注射以下方剂。

方一：①抗巴氏杆菌血清30mL，1次/d，连用2次。②链霉素10万U，2次/d。③弗莱卡2mL，1次/d。

方二：①抗巴氏杆菌血清30mL，1次/d，连用2次。②呼喘宁2mL，1次/d。③地塞米松2.5mg，1次/d。

方三：①重症特症2mL。②庆大霉素2万U。③地塞米松2.5mg。口服碳酸氢钠0.5g。1次/d。

方四：①氟苯尼考200mg，1次/d。②卡那霉素200mg，2次/d。

方五：通达1mL或毙痢封0.5mL，1次/d。

以上任选一方，连用3～5d。用药1～2d不显效者，可考虑换药。

全群预防，可内服以下方剂。

方一：复方新诺明200mg，碳酸氢钠0.5g，2次/d。

方二：磺胺嘧啶700mg，碳酸氢钠0.5g，2次/d。

方三：磺胺间甲氧嘧啶（制菌磺，磺胺六甲氧嘧啶）200mg，碳酸氢钠0.5g，1次/d。

方四：土霉素或四环素200mg，维生素C 100～200mg，2次/d。

方五：盐酸环丙沙星或恩诺沙星50mg，2次/d。

方六：氨苄青霉素或阿莫西林125mg，2～3次/d。

以上根据条件选一方，连用3～5d。

三、羊梭菌病

梭菌是一类革兰氏阳性粗大杆菌，大小（0.6～2.5）μm×（4～20）μm，为厌氧菌。

羊梭菌病的共同特点是急性死亡，即突然死亡或从突然发病到死亡多在数小时之内，一般不超过1d。

【诊断要点】

（1）羊快疫　病原为腐败梭菌。常见病羊放牧时死在牧场上或清晨发现死于圈内，多是较为肥胖的羊只。尸体腐败，腹部膨胀，皮下组织胶冻样。剖检变化特征是真胃出血坏死性炎症，黏膜肿胀、充血，黏膜下层水肿，幽门及胃底部见点、斑状或弥漫性出血，有时见溃疡和坏死。肝触片镜检见腐败梭菌。绵羊对快疫最敏感，山羊也发病。发病羊多在6～18月龄之间。多发于秋、冬、早春气候剧变时。

（2）羊肠毒血症　病原为D型魏氏梭菌。过食是重要的发病诱因，一般很难看到症状，或刚发现症状便死亡（2～4h内），体温一般不高，病死率很高。部分病羊以抽搐为特征，倒毙前四肢出现强烈划动，肌肉抽搐，磨牙，流涎，头颈显著抽搐，并出现明显的高血糖和糖尿。山羊表现为厌食，腹泻，努责，常呈急性或亚急性经过（36h死亡）。部分病羊发生腹泻，排黑色或深绿色稀粪。剖检变化特征是肾脏质软如泥，触压即朽烂，故俗称"软肾病"。体腔积水，小肠黏膜严重出血。散发，0.5～2岁绵羊多发，山羊较少发病，2～12月龄绵羊或羔羊最易感。多发于春夏或秋冬换季。

（3）羊猝狙　病原为C型魏氏梭菌。以急性死亡、腹膜炎或溃疡性肠炎为特征。突然发病，常在3～6h内死亡。早期症状不明显，有时可见突然沉郁，剧烈痉挛，倒地咬牙，眼球突出，惊厥死亡。剖检主要见小肠一段或全部呈出血性肠炎变化，有的病例见糜烂、溃疡。死后8h后尸检可见骨骼肌中气肿疽样的病变（肌肉间出血，有气泡）。6月龄至2岁绵羊易感，山羊亦可感染。本病多见于早春和秋冬的低洼、沼泽牧场。

（4）羊黑疫　病原为B型诺维氏梭菌。病程很短，突然发病，多数突然死亡。病羊精神沉郁，食欲废绝，反刍停止，离群或呆立不动，呼吸急促，体温可升至41～42℃，卧地昏迷死亡。尸体迅速腐败，皮下静脉充血发黑，皮肤呈黑色外观，故名"黑疫"。剖检见肝脏肿大坏死，在其表面和深层有数目不等的灰黄色坏死灶，黄白色病灶界限清晰，形圆，直径多为2～3cm，常被一充血带所包绕，其中偶见肝片吸虫的幼虫，或发现黄绿色弯曲似虫的带状病痕，具诊断意义。绵、山羊均发病，以2～4岁绵羊最多发。主要发生于春夏季节肝片吸虫流行的低洼牧场。

（5）羔羊痢疾 病原为 B 型魏氏梭菌。病羔体温 40℃，精神沉郁、低头弓背，进而拒食、喜卧，发生持续性腹泻，粪便或黏稠如糊，或稀薄如水，初为黄色，后棕色，恶臭，最后为血便。后期病羔肛门失禁，脱水、虚弱、卧地不起。病死率可达 100%。剖检见肛周被稀便污染，尸体脱水严重。真胃内有未消化的凝乳块，小肠尤其回肠呈出血性肠炎变化，肠内充满血样物（俗称红肠子病）。主要危害 1 周龄内的绵羊羔，以 2～5 日龄发病最多。母羊营养不良、产羔季节严寒或气候炎热时多发。

【防治】

（1）预防 羊梭菌病死亡很快，常常来不及治疗，应以预防为主。

①春秋两季定期注射羊梭菌三联四防蜂胶灭活浓缩疫苗，1mL/次，皮下或肌内注射；或羊梭菌三联四防浓缩疫苗，1mL/次，皮下或肌内注射。

②提高羊群整体免疫力，注意补充微量元素，如微量元素盐砖，任其自由舔食。定期驱虫。

③圈舍消毒，按说明使用三氯异氰尿酸或二氯异氰尿酸钠和复合酚类消毒剂，交替使用。及时隔离病羊，妥善处理病死羊的尸体（焚烧或深埋并加垫生石灰）。

④加强饲养管理，防止羊只受寒。有霜期避免羊只采食霜冻牧草，在干燥的地方放牧。

（2）治疗 对于出现症状的病羊可采取治疗措施，越早治疗，效果越好。羊梭菌病的抗菌治疗用药基本相同，有效药物主要有青霉素类、四环素类、林可胺类、硝咪唑类和磺胺类。

病例一：羔羊痢疾病羔 50 只，体重平均 4kg。

肌内注射：庆大霉素 8mg，2 次/d，连用 2～3d。

灌服：以下任选一方，混悬均匀，每只羊羔每次 10mL，3～4 次/d，连用 2～3d。

方一：土霉素 10g，胃蛋白酶 10g，次硝酸铋 8g，鞣酸蛋白 8g，凉开水 250mL。

方二：磺胺脒 7.5g，胃蛋白酶 7.5g，乳酶生 7.5g，凉开水 250mL。

方三：磺胺脒 15g，乳酸钙 15g，次硝酸铋 15g，鞣酸蛋白 15g，凉开水 250mL。

方四：土霉素 10g，胃蛋白酶 10g，凉开水 250mL。

方五：磺胺脒 25g，次硝酸铋 10g，鞣酸蛋白 10g，碳酸钠 15g，凉开水 250mL。

预防给药：发病群的羔羊出生 12h 内，灌服土霉素 0.1～0.125g，1 次/d，连用 3d，或于产前 2～3 周再给母羊免疫接种一次羊梭菌三联四防灭活疫苗。

病例二：羊肠毒血症或羊快疫病羊，体重 40kg。

灌服：10％石灰乳 200mL（羔羊每次 50mL）。

静脉滴注：①0.9％氯化钠 100mL＋青霉素钠 160 万 U＋地塞米松 2.5mg。②5％葡萄糖 100mL＋维生素 K_1 10mg＋酚磺乙胺 250mg。③5％葡萄糖 100mL＋肌苷 100mg＋维生素 B_6 100mg＋维生素 C 500mg＋三磷酸腺苷 20mg。④0.9％氯化钠 100mL＋硫酸庆大霉素 8 万 IU。⑤5％葡萄糖 200mL＋10％安钠咖 5mL。⑥0.9％氯化钠 100mL＋青霉素钠 160 万 U。1 次/d，连用 2～3d。

灌服：静脉滴注完毕后灌服磺胺脒 10g（或磺胺嘧啶 5g），次硝酸铋 10g，鞣酸蛋白 5g，凉开水 100mL，混匀一次灌服，1 次/d，连用 2～3d。

病例三：羊快疫病羊，体重 50kg。

肌内注射：①青霉素钠 160 万 U＋地塞米松 2.5mg，2～3 次/d，连用 3～5d。②重症特症 10mL，或弗莱卡 10mL，2d1 次，连用 2～3 次。③安络血（肾上腺色腙）5mg，2 次/d，连用 2～3d。

灌服：10％石灰乳 500～1000mL，连用 2 次，间隔 12h。

病例四：羊黑疫病羊，体重 40kg。

肌内注射：①青霉素钠 160 万 U＋地塞米松 2.5mg，2～3 次/d，连用 3～5d。②抗诺维氏梭菌血清 50～80mL（也可静脉注射），1 次/d，连用 2 次。③肌苷 100mg，辅酶 A 100U，维生素 C 0.5g，混合注射，2 次/d，连用 3～5d。④维生素 K_1 10mg，酚磺乙胺（止血敏）0.25g，混合注射，1 次/d，连用 2～3d。

全群预防：①定期注射疫苗羊梭菌三联四防苗。②全群定期驱虫：每千克体重每次服用：蛭得净（溴酚磷）16mg，或三氯苯唑（肝蛭净）8～12mg，或丙硫咪唑 10mg，或硫双二氯酚（别丁）80mg，或硝氯酚（拜耳 9015）4～5mg 等。10～14d 可重复 1 次。

四、羊布鲁氏菌病

布鲁氏菌为球形、卵圆形或球杆状（0.5～0.7）μm×（0.6～1.5）μm 的革兰氏阴性杆菌。

【诊断要点】又称布病。以生殖器官和胎膜发炎引起流产、死胎、不育和各种组织局部病灶为主要特征。怀孕母羊多在妊娠后 3～4 个月流产，流产前 2～3d，体温升高。流产后继发慢性子宫内膜炎，不孕。个别病例发生慢性关节炎。公羊多见睾丸炎和附睾炎。

剖检见胎膜呈淡黄色胶冻样浸润，有些部位覆盖有纤维素絮和脓液，有的增厚且有出血点。本病确诊需要结合细菌学、血清学或变态反应等实验室检查方法的结果综合诊断。

母羊较公羊发病多，成年羊较幼年羊发病多。

鉴别诊断

山羊衣原体病：临床上以发热、流产、死产和产出弱羔为特征。流产通常发生在产前 1 个月左右。

羊弯曲杆菌病：临床上以暂时性不育或发情期延长为特征。流产多发生在怀孕后第 3 个月，多数流产母羊无先兆症状。

羊沙门氏菌病：临床上以羔羊下痢、妊娠母羊腹泻后流产为特征。

【防治】

(1) 预防　采取检疫、免疫、扑杀、消毒综合防治措施。每年进行 2 次布鲁氏菌病检疫；阳性畜扑杀、无害化处理；同群畜要进行免疫；对饲养场、畜舍内及周边环境定期消毒，粪便及排泄物进行无害化处理（发酵、发热），做好杀虫、灭鼠（养畜场 1 年进行 2 次灭鼠）。

各种家畜的布病免疫：预防布鲁氏菌病的疫苗主要有羊种布鲁氏菌 M5 弱毒苗、猪种布鲁氏菌 2 号弱毒苗（S2）和牛种 19 弱毒苗（A19），妊娠期母畜及种公畜不进行预防接种。

①羊种布鲁氏菌 M5 弱毒苗：用于预防牛羊布鲁氏菌病。牛皮下注射应含 250 亿个活菌，用于 3 月龄羔羊免疫，皮下注射 10 亿个活菌，免疫期 1 年。

②猪种布鲁氏菌 2 号弱毒苗：用于预防山羊、绵羊、猪和牛的布鲁氏菌病。皮下或肌内注射均可，山羊每头注射 25 亿活菌，绵羊 50 亿活菌，牛 500 亿活菌，猪注射 2 次，每次 200 亿菌，间隔 1 个月。

③牛 19 号疫苗：用于 4～8 月龄犊牛免疫，注射 600 亿活菌。也可于成年母牛每年配种前 1～2 个月注射，免疫期 1 年。

布鲁氏菌弱毒苗对人有一定致病力，制苗及预防接种工作人员应做好防护，避免感染或引起过敏反应。

(2) 治疗　一般病畜不做治疗，采取淘汰屠宰，但对贵重种畜，可在隔离条件下治疗。目前无理想的治疗方法，但根据人医资料介绍：四环素类、四环素类＋庆大霉素、增效磺胺＋庆大霉素或利福平＋庆大霉素有一定的效果。须注意，羊布鲁氏菌病的抗菌治疗不宜通过肠道（口服）给药。

病例一：布鲁氏菌病种公羊体重 60kg。

肌内注射：①盐酸四环素 1g，2 次/d；或长效土霉素 10mL，1 次/d；或附得健 6mL，1 次/d。②硫酸庆大霉素 16 万 U，1 次/d。连用 5～7d。

病例二：布鲁氏菌病羊体重 40kg。

肌内注射：①盐酸多西环素 200mg，或呼喘宁 10mL，1 次/d，连用 5～7d。②维生素 C1g，1 次/d，连用 5～7d。③转移因子 2mL，2d1 次，连用 10 次；或左旋咪唑 100mg，1 次/d，连用 5～10 次。

病例三：布鲁氏菌病种公羊体重 50kg。

肌内注射：①硫酸庆大霉素 16 万 U，1 次/d。②复方磺胺六甲氧嘧啶

500mg，1 次/d；或附特—120 10mL，2d1 次；或弗莱卡 10mL，2d1 次；或重症特症 10mL，2d1 次。连用 5～7d。

同时口服碳酸氢钠 2g，2 次/d，连用 5～7d。

五、羔羊大肠杆菌病

病原为致病性大肠杆菌，是一种革兰氏阴性、两端钝圆的中等大小0.6μm×（2～3）μm 杆菌。

【诊断要点】

（1）败血型　多发于 2～6 周龄羔羊，罕见于 3～8 月龄羊羔发病。流黏性鼻液，体温高，结膜潮红，呼吸浅表，心率快弱，四肢僵硬，运动障碍，口吐白沫，关节肿胀，视力障碍，倒地磨牙。胸腹腔、心包腔、肘腕关节腔内积液，内有纤维素脓性絮片。

（2）肠型　发于 7 日龄内羔羊。排黄、灰白色、带气泡或混有血液稀便。消化道内容物呈黄灰色水样，带有血丝和气泡。肠壁肿胀。有时可见纤维素化脓性关节炎。又称羔羊白痢。

主要发病于冬春舍饲期间。

【防治】

（1）预防

①加强饲养管理，改善环境、圈舍和产房的卫生与消毒，及时处理被污染的环境和用具。

②加强营养，注意新生羔羊吃足初乳，注意整个羊群合理补充微量元素。

（2）治疗　羔羊大肠杆菌病的治疗可选择氨基糖苷类、氨基青霉素类、四环素类、头孢菌素类、酰胺醇类或磺胺类抗菌药物。

病例一：发病羔羊，体重 5kg，败血型羊大肠杆菌病。

肌内注射：①氨苄青霉素 200mg＋地塞米松 1mg。②硫酸庆大霉素 2 万 U，或硫酸阿米卡星 50mg，或硫酸卡那霉素 100mg。③维生素 C0.5g。2 次/d，连用 3～5d。

全群口服预防给药，每只每次：硫酸庆大霉素 4 万 U，或硫酸新霉素 150mg，或硫酸卡那霉素 150mg，或阿莫西林 100mg，或氨苄青霉素 100mg，任选一种，2 次/d，连用 2～3d。

病例二：发病羔羊体重 10kg，败血型羊大肠杆菌病。

静脉滴注：①0.9％氯化钠 100mL＋头孢噻呋钠 50mg＋地塞米松 2mg。②5％葡萄糖 50mL＋肌苷 100mg＋三磷酸腺苷 20mg＋辅酶 A50U。③5％葡萄糖 50mL＋维生素 C0.5g。④5％葡萄糖 50mL＋硫酸阿米卡星 100mg。1 次/d，连用 3～5d。

口服补液盐 500mL，自饮，连用 3～5d。

口服：①硫酸庆大霉素 8 万 U。②硫酸新霉素 150mg。③土霉素 100mg，或多西环素 50mg。④磺胺脒 1g。口服药选其一。

以上用药 2 次/d，连用 3～5d。

口服补液盐 300mL，自饮，3～5 次/d。

六、羊沙门氏菌病

病原为羊流产沙门氏菌、鼠沙门氏菌和都柏林沙门氏菌，为革兰氏阴性杆菌。

【诊断要点】又称副伤寒、幼羊副伤寒。以羔羊急性腹泻和下痢，急性毒血症，母羊流产为临床特征。

（1）流产型　母羊流产多发生于妊娠的最后 2 个月。病初体温升高，不食，精神差，有腹泻症状。母羊可能在流产后或无流产的情况下死亡。病母羊产下的羔羊虚弱，腹泻，多发生急性死亡（1～7d 死亡）。流产、死产胎儿或生后 1 周内死亡的羔羊以败血症变化为主。羊群暴发一次可持续 10～15d，流产率和病死率都较高。

（2）下痢型　多发于 15～20 日龄的羔羊，体温升高（40～41℃），腹泻，排黏性带血稀粪，恶臭。病程 1～5d，发病率 30％左右，病死率 25％。

剖检见病羔尸体消瘦，组织水肿，充血，肝脾肿胀，有灰色病灶。肠系膜淋巴结肿大。有不同程度的出血性胃肠炎。肾脏皮质和心外膜出血点。胎盘水肿、出血。

【防治】

（1）预防　同羔羊大肠杆菌病。同时注意发病羊群的药物预防。常发病的地区应定期注射相应疫苗。

（2）治疗　羊沙门氏菌对氨基糖苷类、氨基青霉素类、四环素类、头孢菌素类、酰胺醇类、氟喹诺酮类或磺胺类等抗菌药物敏感。

病例一：发病羔羊体重 8kg，下痢型。

肌内注射：①氟苯尼考 120mg。②硫酸庆大霉素 3 万 U。2 次/d，连用 3～5d。

肌内注射停药后，改口服：①多西环素 40mg。②维生素 C100mg。2 次/d，连用 5～7d。

病例二：发病羔羊体重 12kg，下痢型。

肌内注射：①氨苄青霉素 200mg，2 次/d；或长峰 1.2mL，2d1 次；或奥克舒 600mg，2 次/d；或速可宁 1.2mL，1 次/d。②硫酸阿米卡星 80mg，2 次/d。

同时口服新霉素 250mg，2 次/d。

以上连用5～7d。

病例三：发病母羊35kg，流产型。

肌内注射：①青霉素钠160万U，2次/d；或氨苄青霉素1g，2次/d；或长峰3.5mL，2d1次；或奥克舒1 500mg，2次/d；或速可宁3.5mL，1次/d。②链霉素1g，或硫酸庆大霉素12万U，或硫酸阿米卡新350mg，1次/d。

同时口服碳酸氢钠2g，2次/d。

以上连用5～7d。

七、气肿疽

病原为气肿疽梭菌，是一种两端钝圆大杆菌，大小（0.5～1.7）μm×（1.6～9.7）μm，革兰氏染色阳性。

【诊断要点】 又称鸣疽、气性炭疽、黑腿病。羔羊断尾感染死亡，以组织坏死、产气和水肿为主要特征。病羊体温急剧升高（可达42℃），24h内体温逐渐下降。在股部、臀部、肩部或胸前肌肉丰满处发生气性炎性水肿，肿胀部热而疼痛，之后肿胀中心变冷，失去知觉，产生多量气体，有臭味。肿胀部皮肤干燥、紧张、呈黑紫色，触诊患部硬而有弹性，有捻发音，叩诊为鼓音。切开流出橘红色带泡沫酸臭液体。最后病羊呼吸困难，败血死亡。剖检见尸体迅速腐败，瘤胃膨胀，四肢张开。肝实质坏死，肾和膀胱出血。脾不大，但边缘略肥厚。胃肠道轻微的出血性炎症。散发，无明显季节性，但夏季干旱酷热，吸血昆虫活跃期多发。

【防治】

（1）预防

①在本病流行地区定期注射疫苗：气肿疽明矾疫苗或气肿疽甲醛灭活疫苗，免疫期6个月。

②发病后，立即对羊群检疫。健康羊立即注射疫苗。检疫阳性的羊（疑似病羊）先肌内注射抗气肿疽血清15～20mL，7d后再皮下注射气肿疽甲醛灭活苗1mL。

③立即隔离发病羊，对被污染的圈舍、场地、用具等，用3%甲醛或0.2%升汞消毒。污染的饲料、粪便、垫草和尸体应全部烧毁处理。

（2）治疗 所有病例均需外科治疗：将肿胀部切开，除去坏死组织，用2%高锰酸钾溶液或3%双氧水充分冲洗（5～8遍），暴露创口，防止厌氧菌滋生。1～2次/d，直到肿胀消除，创口干燥结痂为止。

气肿疽梭菌的有效抗菌药物有青霉素类、一代头孢类、林可胺类、土霉素类、硝基咪唑类和磺胺类。

病例一：绵羊发病，体重40kg。

肌内注射：①青霉素 160 万 U＋地塞米松 4mg。②硫酸庆大霉素 12 万 U。①和②2 次/d，连用 5～7d。③抗气肿疽血清 20mL，1 次/d，连用 2 次。

口服补液盐，自饮，连用 2～3d。

病例二：羊发病，体重 10kg。

静脉滴注：①0.9％氯化钠 50mL＋青霉素 G 钠 40 万 U＋地塞米松 2mg。②5％葡萄糖 50mL＋硫酸阿米卡星 100mg。③0.9％氯化钠 20mL＋甲硝唑 100mg。

静滴用药 6～8h 后，肌内注射青霉素 G 钠 40 万 U。

以上用药 1 次/d，连用 5～7d。

八、羊恶性水肿病

病原是多种梭菌，主要是腐败梭菌［大小（0.8～1.6）μm×（2～14.7）μm］，其次是产气荚膜杆菌［大小（0.6～2.5）μm×（1.3～19）μm］，还有偌氏梭菌和溶组织梭菌，均为革兰氏阳性厌氧大杆菌。

【诊断要点】 多在发生闭合性污染创（如分娩、刺伤、骨折、去势、咬伤、断尾及注射）后消毒不严而继发本病。通常为散发性流行。

潜伏期 1～5d，伤口周围发生弥漫性水肿，病初坚实、灼热、疼痛，后无热无痛，压之柔软，有捻发音。切开肿胀部位，有红棕色带泡的腐臭液体流出。同时，全身中毒症状随之加重，表现体温升高（41℃），呼吸困难，脉搏细速，结膜充血、发绀。咳嗽，流清鼻或脓鼻，流涎，腹泻，腹痛，磨牙，抽搐倒地，于 1～2h 死亡。

产道感染时，阴门肿胀，流出有臭味的褐色液体。肿胀迅速波及会阴、乳房、下腹部及股部。此时患畜运动障碍，拱背呻吟，通常经 2～3d 死亡。

去势感染时，阴囊、腹下发生弥漫性炎性气性水肿，疝痛，腹壁过敏。

剖检局部皮下污黄色液体浸润，含腐臭气泡，肌肉灰白色或暗褐色，多含有气泡。脾肿大。肝、肾混浊肿大，有灰黄色病灶。腹腔和心包大量积液。

鉴别诊断

气肿疽：主要侵害肌肉组织，发病部位固定在肌肉厚实处，有特征性的海绵状坏死肌肉。

恶性水肿：多与年龄和地区无关，发病与创伤和分娩相关，发病部位不定。

【防治】

（1）预防

①注意防止外伤，手术或接产时要注意无菌操作或术后护理。

②动物死尸应深埋或烧毁，污染物品用 10％漂白粉或 3％苛性钠消毒。

③病畜要严格隔离，然后进行治疗。

④疫区用多联疫苗及其冻干疫苗定期或紧急免疫，效果良好。

⑤应用多价抗血清作预防注射，效果良好。

（2）治疗　须全身治疗和局部处理相结合。抗菌药物可选用青霉素类、林可胺类、硝基咪唑类、四环素、磺胺类或氨基糖苷类。

病例一：病羊因产道损伤发病，体重 50kg。

肌内注射：①盐酸林可霉素 600mg，或新克林美 10mL，或宫乳炎清 5mL。②硫酸阿米卡星 200mg。③地塞米松 5mg。2 次/d，连用 3～5d。

局部处理：在 500mL 生理盐水注射液中加入硫酸庆大霉素 40 万 U、甲硝唑 2g，配成抗菌溶液，用之清洗产道和子宫 3～4 遍，最后留置 50～100mL 在子宫或产道中。1 次/d，连用 2～3 次。

病例二：羊群进行去势手术后发病，平均体重 15kg。

隔离病羊，每只肌内注射：①头孢噻呋 75mg＋地塞米松 2mg。②硫酸庆大霉素 6 万 U。③维生素 C 0.5g。1 次/d，连用 5～7d。

局部处理：早期冷敷肿胀部位，涂抹鱼石脂。后期可切开肿胀之患部，清除腐败坏死组织和渗出液，用 0.1% 高锰酸钾或 3% 双氧水充分冲洗，然后在肿胀部边界处分 6～10 点注射青霉素，每点 5 万～10 万 U。1 次/d，连续 2～3 次。

预防给药：其他去势但未发病的羊肌内注射（根据条件，任选一方）。

方一：盐酸多西环素 60mg，1 次/d，连用 3d。

方二：高热蓝连灭 1.5mL，1 次/d，连用 3d。

方三：附得健 1.5mL，1 次/d，连用 3d。

方四：长峰 2mL，2d 1 次，连用 2 次。

方五：宫乳炎清 1.5mL，1 次/d，连用 2～3d。

九、羊破伤风

破伤风梭菌菌体细长，大小为 （0.4～0.6）μm×（4～8）μm，为两端钝圆的革兰氏阳性厌氧菌，其毒素致病。

【诊断要点】 又称强直症、锁口风或脐带风。主要见于羔羊，常发生于剪耳号、剪毛或断脐之后，亦常继发于创口小而深的外伤，呈散发。特征为肌肉僵硬，不能自主起卧，牙关紧闭，两耳直竖，腹壁紧收，而后发生强直性痉挛，常因胀气而迅速死亡。

常可找到原发性化脓创伤。鼻腔内有泡沫。有时生殖道排出黑色恶臭液体。

鉴别诊断

脑膜炎：精神沉郁，抽搐，痉挛，而牙关不紧闭。

狂犬病：狂躁，兴奋，麻痹，但不出现牙关紧闭和两耳直竖的临床症状。

急性风湿病：僵硬部位疼痛且肿胀，但并不紧张，反射兴奋性不增高。

【防治】

（1）预防

①防止外伤发生，发现外伤后要及时彻底消毒，用3％双氧水、3％～5％碘酊或2％高锰酸钾，同时要注意彻底清除创口内的异物、脓汁和坏死组织。

②分娩、手术、阉割、断尾和剪耳时，要注意用碘酊消毒和无菌操作。

③免疫预防：妊娠母羊在临产前一个月肌内注射破伤风类毒素，可使机体产生抗体。种公羊可连续注射2次破伤风类毒素，间隔4周。羔羊亦可通过初乳获得有效的被动免疫。

④在破伤风多发地区要注意保持有效的破伤风抗毒素（抗破伤风血清，TAT）库存量，以备急用。

（2）治疗　本病特效药物是破伤风抗毒素（TAT），对破伤风梭菌有效的抗菌药物有青霉素类、林可胺类、硝基咪唑类、四环素类等。

本病所有病例治疗前，均应先找到外伤，及时处理，彻底清创并局部外用足量抗菌药物，如青霉素（先用注射用水溶解，不宜直接撒布其粉剂）。

病例一：病羊因外伤感染发病，痉挛强直症状严重，体重40kg。

肌内注射：①青霉素G钠320万U，2次/d，连用5d。②TAT 50mL，分4～5个点注射，1次/d，连用1～2次。③25％硫酸镁20mL，根据肌肉强直症状可过8h重复，直到肌肉强直症状消失。

病例二：因去势发病，病羊兴奋不安，全身震颤，体重8kg。

肌内注射：①TAT 5万U，伤口周围分2～3个点注射，8h后可根据症状减轻情况补充注射。②盐酸林可霉素240mg，2次/d；或高效蓝链灭1mL，1次/d，连用3～5d。③盐酸氯丙嗪15mg，根据临床症状，2～3次/d，至症状消失。

预防用药：本群其他去势羊肌内注射盐酸多西环素5mg/kg，或盐酸四环素10mg/kg，或附得健0.05mL/kg，1～2次/d，连用3d。

十、李氏杆菌病

单核细胞增多性李氏杆菌是一种革兰氏阳性，无荚膜，不形成芽孢的小杆菌。菌端钝圆，大小为（0.4～0.5）μm×（0.5～2）μm。在感染组织或液体培养基中呈类球形，大小为（0.4～0.5）μm×（0.4～0.6）μm。在老龄的固体培养基上呈长丝状，长达6～20μm。

【诊断要点】又名转圈病。以早春及晚秋多见，与饲喂青贮饲料有关。发病率低，病死率高。

病初体温升高1～2℃。成羊以脑炎为主，表现呆滞，无目的乱撞。咀嚼、吞咽困难。结膜发炎，角膜可能混浊，斜视，视力丧失。头偏向一侧，转圈运动。步态强拘，运步艰难，角弓反张。后期倒地不起，昏迷，四肢做游泳状运动。病程3～7d，较大羊1～3周。羔羊多急性败血死亡。孕羊常发生流产。

发病早期，广谱抗菌治疗有效。

鉴别诊断

脑包虫：有向一侧转圈的症状，但体温不高，病程发展慢，不感染其他羊，与饲料无关。

伪狂犬病：多呈急性病程（发病后 2～3d 内死亡），体温升高，精神差，肌肉震颤，出现奇痒。

狂犬病：多由咬伤引起，发病与年龄性别无关联，其病程分为典型的前驱、兴奋和麻痹 3 期。

【防治】

（1）预防

①无疫苗预防。应加强饲养管理，定期驱虫，消灭啮齿动物，防止饲喂发霉变质饲料，尤其避免饲喂变质的青贮饲料。

②不从疫区引种。

③及时隔离发病动物，严格消毒（交替使用来苏儿、复合酚、有机氯类消毒剂、季铵盐类消毒剂、苛性钠、石灰等）被污染的场地、用具、圈舍等。深埋病死动物尸体。

（2）治疗　青霉素无效，氨基苷类、四环素类、磺胺类及大环内酯类抗菌药物有效。早期治疗效果好，出现神经症状后疗效差。

病例一：发病羊体重 50kg。

肌内注射：①氨苄青霉素 1g＋地塞米松 5mg。②硫酸庆大霉素 16 万 U。③维生素 B_{12} 0.5mg＋维生素 B_1 50mg。2 次/d，连用 3～5d。

病例二：发病羊体重 20kg，出现神经症状。

肌内注射：①磺胺嘧啶钠 1g。②地塞米松 2.5mg。③维生素 B_{12} 0.25mg＋维生素 B_1 25mg。1 次/d，连用 3～5d。

口服：碳酸氢钠 1g，2 次/d，连用 3～5d。

病例三：发病羊 40kg 体重，出现神经症状。

肌内注射：①磺胺六甲氧嘧啶钠 1g，或百病金方 5mL，或附特 5mL，或弗莱卡 5mL，或重症特症 5mL。②硫酸阿米卡星 400mg，或硫酸庆大霉素 16 万 U。③地塞米松 4mg。④复合维生素 B 2mL。1 次/d，连用 3～5d。

口服：碳酸氢钠 2g，2 次/d，连用 3～5d。

十一、羊支原体肺炎

病原为丝状支原体山羊亚种，革兰氏染色阴性。

【诊断要点】 又名山羊传染性胸膜肺炎，俗称烂肺病。高热，干咳痛苦，流铁锈色黏性或脓性鼻液，胸及胸膜发生浆液性和纤维素性炎症，疼痛敏感。肺部叩诊呈浊音或实音，叩诊肋部疼痛敏感。听诊肺泡音减弱、消失或有捻发音。呼吸极度困难。病羊消瘦，衰弱。眼睑肿胀，口腔糜烂，唇、乳房丘疹。孕羊流产。剖检变化限于胸腔，多为单侧，肺表面不平，红色或灰色，切面呈大理石外观。肋胸膜变厚，覆有粗糙的纤维素。肺胸膜、肋胸膜、心包相互粘连。胸腔内积液可达2 000mL，淡黄色，暴露于空气中易凝集。仅见山羊发病，多发于山区草原。

【防治】

（1）预防

①从外地购入羊只时，一定要隔离观察30d，证明健康方可并群。

②发生本病时要严格执行检疫、隔离、封锁、消毒、治疗和疫苗接种等综合防疫措施。

③免疫：山羊传染性胸膜肺炎氢氧化铝疫苗可有效防治本病，6月龄以下山羊皮下或肌内注射3mL，6月龄以上注射5mL。疫苗注射14d后产生免疫抗体，保护期为1年。

（2）治疗　治疗支原体可选用大环内酯类或四环素类抗菌药。

病例一：2岁山羊发病，体重30kg。

肌内注射：①酒石酸泰乐菌素300mg，或泰能3mL。②维生素 B_6 50mg。③维生素C250mg。2次/d，连用5～7d。

口服：利福平200mg，2次/d，连用3～5d。

病例二：1岁山羊发病，呼吸困难，死亡较多，体重25kg，因与巴氏杆菌病临床表现相近，故用药时应考虑抗菌范围同时覆盖支原体和巴氏杆菌。

肌内注射以下方剂。

方一：①乳糖酸红霉素250mg。②硫酸庆大霉素8万U。③地塞米松2mg。④维生素 B_6 50mg。口服碳酸氢钠（小苏打）片0.5g。2次/d。

方二：①泰能3mL。②硫酸阿米卡星200mg。③地塞米松2mg。④维生素 B_6 50mg。1次/d。

方三：①呼喘宁5mL。②硫酸庆大霉素8万U。③地塞米松2mg。④维生素C250mg。1次/d。

方四：①乳糖酸红霉素250mg。②磺胺六甲氧嘧啶250mg。口服小苏打片0.5g。2次/d。

方五：①泰乐菌素250mg。②硫酸庆大霉素8万U。③维生素 B_6 50mg。口服小苏打片0.5g。2次/d。

以上用药方法选其一，连用5～7d。

十二、绵 羊 痘

病原为绵羊痘病毒。

【诊断要点】又名绵羊"天花"。该病病原为绵羊痘病毒，以高热、皮肤和黏膜形成痘疹为特征，病理过程表现为丘疹、水疱、脓疱和结痂。痘疹多发于无毛或被毛稀少区，如眼周、唇、鼻、四肢内侧、生殖器官、乳房及尾内侧等部位。水疱形成2～3d后变成脓疱，此时体温再次升高2～3d。如无继发感染，则脓疱破溃后形成痂皮，痂皮脱落后，其下新生组织生长而逐渐痊愈。良性经过2～3周。剖检见咽喉、气管、肺和真胃出现痘疹。嘴唇、食管、胃肠等黏膜出现大小不等的扁平灰白色痘疹，其中有些形成糜烂或溃疡，在唇、胃黏膜尤为明显。四季均发病，春季最多见，羔羊多发，成羊发病较少。

鉴别诊断

口蹄疫：以口鼻黏膜、蹄部和乳房等处皮肤发生水疱和糜烂为特征。

羊传染性脓疱：以口唇处皮肤和黏膜丘疹、脓疱、溃疡并结成疣状厚痂为特征。

【防治】

（1）预防

①新进绵羊应隔离观察4～6个月。

②发病羊群应立即封锁，挑出病羊严加隔离。羊舍、用具要充分消毒，病尸应深埋。运输途中发病应立即停运并隔离封锁。

③对发病群中的健康羊及疫区健康羊进行预防接种，可在接种后6～7d终止发病。

④常用的羊痘疫苗有：羊痘鸡胚化弱毒疫苗，产生免疫力较快，免疫期达1年；羊痘组织细胞苗，安全有效；羊痘氢氧化铝甲醛灭活疫苗，可用于成羊、羔羊、孕母羊，安全有效，免疫期8个月。

（2）治疗 高免血清或康复血清在病的初期效果较好。抗菌药物对羊痘病毒无效，但可防止继发感染。

病例一：发病羊体重15kg。

肌内注射：①高免血清或康复血清10mL，2d1次，连用2次。②盐酸林可霉素150mg。③硫酸庆大霉素6万U。1次/d，连用3～5d。

局部处理：发痘局部用0.1%高锰酸钾清洗，晾干后涂抹紫药水或碘甘油，1次/d，连用3～5d。

病例二：发病羊体重40kg。

肌内注射：①高免血清或康复血清20mL，2d1次，连用2次。②青霉素G钠80万U。③硫酸庆大霉素8万U。1次/d，连用3～5d。

局部处理：参考本病病例一。

十三、羊传染性脓疱

病原为传染性脓疱病毒，又称羊口疮病毒。

【诊断要点】也称"羊口疮"，以形成丘疹、脓疱、结成疣状厚痂皮为特征。

（1）唇型 口角、鼻镜上发生散在的小红斑，变成黄豆粒或花生米大小的小结节，依次变成水疱、脓疱、结痂。可波及唇周围、颜面、耳廓等部。口角形成增生性桑葚状痂诟。重症见唇部肿胀，可见出血和不洁痂皮，皮下肉芽增生。无腹泻症状。剖检见肺、肝、乳房中发生转移性病灶，病羊多因衰竭或败血症死亡。下颌发生水肿，影响采食。可继发细菌感染，造成死亡。

（2）蹄型 只侵害绵羊，一般只发生一足，在蹄叉、蹄冠或系部皮肤上形成水疱或脓疱，常继发化脓性感染。病羊跛行喜卧。

（3）外阴型 少见，在雌雄动物外阴或乳房皮肤形成脓疱或溃疡。外阴常肿胀。

主要发生于羔羊。多发于秋季，成年羊易感性差。

鉴别诊断

羊痘：病羊全身发疹，体温升高，全身反应严重，丘疹结节为扁平圆形凸出于皮肤表面，其界限明显，后呈脐状。

坏死杆菌病：主要表现组织坏死，而无水疱、脓疱的病变，也无疣状物出现。

蓝舌病：主要病变出现于口唇部，有时可延伸到口腔黏膜，有严重的全身反应，病死率较高。由库蠓传播，发病具有严格的季节性。

【防治】

（1）预防

①加强饲养管理，保护黏膜、皮肤，防止发生损伤。如注意补充微量元素和食盐，避免羊只啃墙啃土，拣出饲料或垫草中的芒刺或硬物。

②禁止从疫区购入活畜或产品。

③隔离治疗发病羊，淘汰重症病羊。用2％氢氧化钠或10％石灰乳彻底消毒畜舍、工具、垫草和环境。用高效季铵盐类消毒剂消毒畜体。

④在本病流行地区，用羊传染性脓疱活疫苗定期进行免疫接种。羔羊在15日龄以上进行第1次接种，1～2个月后加强免疫1次。发病时可用该疫苗进行紧急接种。

（2）治疗 羊口疮的治疗要同时重视局部处理和全身给药。

1）局部处理

①唇型或外阴部病变：可先用0.1％～0.2％的高锰酸钾反复清洗创面，再涂抹2％龙胆紫、碘甘油或抗生素软膏（如红霉素、四环素、金霉素、林可霉素等），1～2次/d。

②蹄型病变：根据条件，任选一方。

方一：可将病蹄浸泡在5％福尔马林中1min，必要时每周1次，连用3次。

方二：涂擦3％龙胆紫或10％硫酸锌酒精溶液，2～3d1次。

③乳房病变可用2％～3％硼酸或肥皂水冲洗，再涂抹抗菌素软膏，1～2次/d。

2）全身给药　严重的病例应该全身抗感染给药。

①肌内或皮下注射康复羊血清或全血，治疗量为每千克体重 1～2mL。预防量为大羊每次 10～20mL，小羊每次 5～10mL。必要时可在 1～3d 后重复 1 次。

②防止继发细菌感染，每千克体重肌内注射以下方剂。

方一：青霉素钠 4 万 U＋硫酸链霉素 30mg，2～3 次/d。

方二：高效蓝链灭 0.1mL，1～2 次/d。

方三：磺胺嘧啶钠 50～100mg，同时口服等量碳酸氢钠，2 次/d。

以上抗菌给药根据实际情况选择一种，连给 3～5d。

③提高机体抗病毒能力，每千克体重肌内注射以下方剂。

方一：黄芪多糖 0.1～0.2mL，1 次/d。

方二：左旋咪唑 5～10mg，1～2 次/d。

④全身症状（如下颌水肿、呼吸困难等）重者，每千克体重可肌内注射地塞米松磷酸钠 0.1～0.2mg（大羊每只不宜超过 5mg）。

十四、伪狂犬病

【诊断要点】 呈现奇痒症状，啃咬痒部并发出惨叫或撕脱痒部被毛，咽喉麻痹，流泡沫状唾液和浆液性鼻液。体温升高，肌肉震颤，精神委顿。病尸局部被毛脱落，皮肤水肿、充血、擦伤甚至撕裂。绵羊比山羊易感，多在春、冬季发病。绵羊发病 1～2d 死亡，山羊病程可稍长。

鉴别诊断

绵羊痒病：潜伏期长，多发于 2～4 岁绵羊。后期视力丧失，乱撞。病程较长。妊娠母羊流产。

虱子、蚤、蜱等寄生虫侵袭：可找到寄生虫。

【预防】

（1）预防

①免疫接种：伪狂犬活疫苗，4 月龄以上羔羊肌内注射 1mL，保护期 1 年。也可用牛伪狂犬病氢氧化铝甲醛灭活疫苗。

②用 2％氢氧化钠溶液或 10％石灰乳等对圈舍、污染环境及饲养用具等消毒。

③淘汰病羊及血清学检疫阳性羊只，净化羊群。

（2）治疗　无有效治疗方法，按规定淘汰病畜进行无害化处理。

十五、羊细粒棘球蚴病

病原为细粒棘球绦虫幼虫-细粒棘球蚴。中间宿主为牛羊，终末宿主为犬狼。

【诊断要点】 羊细粒棘球蚴病又称包虫病。轻度感染无症状，严重时患羊被毛粗乱，消瘦。肺部感染时咳嗽，喜卧。剖检可见肝、肺表面凹凸不平，重量增大，有数量不等的棘球蚴囊泡突起，肝、肺实质中存在数量不等、大小不一的棘球蚴包囊（大多直径1～20cm）。有时棘球蚴发生钙化或化脓。机体其他部位偶尔可见棘球蚴寄生。其成虫为细粒棘球绦虫（长2～7mm），寄生于犬科动物小肠内。

【防治】

（1）预防

①实行统一屠宰，严格检疫，对发现棘球蚴的脏器要进行无害化处理，禁止流入市场。

②及时清理和消毒被犬粪便污染的场地、用具或饲料草。对被虫卵污染的饲料草要集中处理。

③加强犬的管理，每个月驱虫一次，并收集驱虫后3周内的粪便作消毒或深埋处理。

④消灭野犬，防止家犬生吃动物内脏。控制无主犬，在无主犬聚集或出没地投放吡喹酮药饵。

（2）治疗 对绵羊棘球蚴病早诊断，早治疗，方可取得较好的效果。

口服以下方剂。

方一：丙硫苯咪唑10mg/kg，2次/d，连用10～14d，停药10d，再行下一个疗程。可连续2～3个疗程。丙硫苯咪唑有致畸作用，妊娠母羊禁用。

方二：吡喹酮25～30mg/kg，1次/d，连用5d，停药3d，再行下一个疗程。可连续2～3个疗程。注意吡喹酮对心、肝、神经组织毒害作用较大，需要控制疗程和剂量。

十六、羊脑多头蚴病

病原为多头绦虫幼虫-脑多头蚴。

【诊断要点】又叫脑包虫病。前期为急性期，多头蚴移行到脑组织，引起动物（羔羊）体温升高，脉搏呼吸加快，强烈兴奋，作回旋、前冲或后退运动。有些羔羊可在5～7d因急性脑炎死亡。后期为慢性期，出现转圈运动，即头偏向脑包虫寄生的病侧，并向病侧作转圈运动。包虫囊体大时，可发现局部头骨变薄、变软和皮肤隆起。有的病例出现失明，对刺激反应弱。严重时食欲废绝，卧地不起。剖检可在脑脊髓不同部位发现大小、数量不等的囊状多头蚴。病灶周围脑组织发炎。有时可见萎缩变性或钙化的脑多头蚴。成虫寄生于犬体内。

注意与羊鼻蝇蛆病、李氏杆菌病鉴别，这些病虽有相同症状，但不会有头骨变薄、变软和皮肤隆起的现象。

【防治】

（1）预防

①加强圈舍卫生及环境消毒并注意羊、犬分开饲养。

②犬预防驱虫：投服吡喹酮，剂量 10～20mg/kg，10～15d 后再投药 1 次，连用 2 次。投药 3d 内，注意清除和消毒（火烧或混以石灰、复合酚等消毒剂并深埋）狗粪便。每 45d 驱虫 1 次。

③羊群定期驱虫：一般春秋各进行 1 次，可选择阿苯达唑（即丙硫苯咪唑，10～20mg/kg）、吡喹酮（10～20mg/kg）之任意一种或其复方制剂，按制剂说明使用，连用 2 次，间隔 10～15d。

（2）治疗

①对于脑包虫发病羊或可能发病羊的处理，参照人医治疗脑包虫和肝包虫的内科方法的有关资料，口服阿苯达唑效果最好，其次是吡喹酮，但须注意：阿苯哒唑有一定的致畸作用，孕羊慎用，但该药对肝肾等其他器官毒副作用小，可长期使用；吡喹酮长期大量给药可造成心脏、肝脏、神经系统损害，应予以注意。

②对于发病晚期的病羊可行虫体摘除术，如在手术前口服吡喹酮，剂量为 10～20mg/kg，1 次/d，连用 3d，则治疗效果更好。

也可不做切口，直接用注射针头刺入囊内抽出囊液，再注入 75% 酒精 1mL。对于无法取出的包囊也可用此法治疗。

病例一：怀孕母羊发病，体重平均 45kg，全群给药，灌服或拌料饲喂。

方一：口服吡喹酮 400mg，2 次/d，连用 7d，停药 3d 为一个疗程，连用 2～3 个疗程。

方二：口服吡喹酮 1 000mg，2 次/d，连用 5d，停药 3d 为 1 个疗程，连用 2～3 个疗程。

方三：口服吡喹酮 1 500mg，2 次/d，连用 3d，停药 2d 为 1 个疗程，连用 2～3 个疗程。

病例二：青年羊发病，平均体重 20kg，全群给药，灌服或拌入饲料中。

方一：口服阿苯达唑 200mg，2 次/d，连用 10～14d，停药 5d 为 1 个疗程，连用 2～3 个疗程。

方二：口服阿苯达唑 300mg，1 次/d，连用 3d，停药 2d 为 1 个疗程，连用 2～3 个疗程。

十七、羊消化道线虫病

消化道线虫主要有捻转血矛线虫（俗称麻花虫，雄虫长 15～19mm，雌虫长 27～30mm）、奥斯特线虫（棕色胃虫，长 4～14mm）、马歇尔线虫、毛圆线虫、细颈线虫、古柏线虫、仰口线虫、食道口线虫、夏伯特线虫及毛首线虫等。

【诊断要点】一般见于羔羊及青年羊。在湿热季节，寄生虫严重感染可造成羊只死亡。

消化道线虫有很多种，寄生于消化道不同部位，引起消化紊乱，胃肠道发炎，腹泻，粪便带血，消瘦，结膜苍白，贫血，下颌水肿，羔羊发育不良。少数病例体温升高，可出现神经症状，如后驱无力或麻痹，极度衰竭死亡。

剖检可见消化道各部位有数量不等的相应线虫寄生，如皱胃有大量捻转胃虫。病羊尸体消瘦，贫血，胸、腹腔内有淡黄色渗出液。内脏苍白无血色，有时可见虫咬的痕迹和针尖到粟米粒大小的结节。

【防治】

（1）预防

①每年春、秋季各进行一次预防性驱虫，即在放牧转场前后进行驱虫。

②在寄生虫流行严重的地区，可在放牧期间将吩噻嗪混入饲料中喂给，持续2～3个月，每只羊每天0.5～1g，可有效地降低羔羊的感染率。

③搞好环境卫生，处理好动物粪便，可进行堆积发酵处理。

④加强饲养管理，合理补充精料和微量元素，提高羊只抵抗力。

⑤避免在低湿地放牧，不要在清晨、傍晚或雨后放牧，避开感染性幼虫爬在草叶上的活跃期，减少感染机会。

⑥避免饮用低洼积水，尽量饮用自来水、井水或干净的流水。

（2）治疗 主要是采取药物驱虫，可选择如下药物。

方一：左旋咪唑10mg/kg，口服。

方二：左旋咪唑5mg/kg，皮下或肌内注射。

方三：驱虫金针0.02～0.03mL，皮下注射。

方四：丙硫苯咪唑（阿苯达唑）5～10mg/kg，口服。

方五：阿维菌素或伊维菌素0.2mg/kg，口服或皮下注射。

因药物对虫卵效果差，一般需连续给药2次，间隔10～15d。

十八、羊片形吸虫病

肝片吸虫（长20～40mm，宽8～13mm），大片吸虫（长33～76mm，宽5～12mm）。

【诊断要点】低洼、潮湿和多沼泽牧区多发，流行于春末、夏、秋季节。中间宿主为淡水螺（椎实螺）。

剖检见病羊尸体消瘦、贫血和水肿。肝肿大，有暗红色虫道，内有凝固血液和少量幼虫。慢性者胆管肥厚，扩张呈绳索样突出于肝表面，有钙镁盐类沉积，胆管内有虫体和污浊液体。

【防治】

（1）预防

①定期驱虫：秋末冬初和春季各驱虫 1 次，对粪便及时清理，堆积发酵，杀死虫卵。

②保证饮水和饲料卫生。

③消灭中间宿主椎实螺，可用硫酸铜溶液（1：50 000）或 2.5μL/L 的血防 67 喷洒草地。

（2）治疗　主要是采取药物驱虫，可选择如下药物口服。

方一：肝蛭净（三氯苯唑）10mg/kg，可驱除发育各阶段的肝片吸虫。

方二：硝氯酚（拜耳 9015）4～8mg/kg，安全性好，对成虫高效，对幼虫也有效，驱虫率达 80%～90%。

方三：硝氯酚 1.5mg/kg，肌内注射，对成虫高效。

方四：蛭得净（溴酚磷）16mg/kg，对成虫和幼虫有效。

方五：硫双二氯酚（别丁），羊 80～100mg/kg，配成悬浮液灌服，其副作用为患畜轻度腹泻，1～4d 会自行恢复。

方六：丙硫苯咪唑（阿苯达唑）15～30mg/kg，对肝片吸虫驱除率达 95%。

方七：碘醚柳胺 7.5mg/kg，对成虫和 6～12 周龄幼虫有效。

以上各方均给药 1 次，10～15d 后宜重复给药 1 次。

十九、羊绦虫病

莫尼茨绦虫，最长可达 6m，最宽处 16～26mm；曲子宫绦虫，可达 4.3m，宽约 12mm；无卵黄腺绦虫，全长 2～3m，宽仅 3mm。

【诊断要点】当年生羔羊多发，中间宿主为地螨。

寄生于牛、羊小肠，病畜表现食欲减退，饮欲增加，消瘦，贫血和水肿。羔羊腹泻时粪中混有虫体节片。虫体阻塞肠道时，出现肠臌气和腹痛。有的因中毒而出现神经症状，转圈，角弓反张。后期，病羊高度贫血，衰弱，倒地昏迷，衰竭而死。

剖检见尸体消瘦，肌肉色淡，胸腹腔积液。肠道阻塞、扭转或套叠，黏膜受损出血，小肠内有绦虫。

【防治】

（1）预防

①预防性驱虫，放牧第 30 天驱虫 1 次，过 10～15d 再驱虫 1 次，再间隔 30d 驱虫 1 次。驱虫后 1d 内的粪便应堆积发酵杀灭虫卵。

②实行牛、羊、马属动物轮牧。

③避免雨后、清晨和黄昏放牧，减少羊吃入地螨的机会。

（2）治疗　可选择如下药物，清早或空腹一次口服。

方一：丙硫咪唑 10～16mg/kg。

方二：硫苯咪唑 5～10mg/kg。

方三：吡喹酮 5～15mg/kg。

方四：灭绦灵（氯硝柳胺）75～100mg/kg。

方五：甲苯达唑 20～30mg/kg。

一般给药 1 次，10～15d 后应重复给药 1 次。

二十、羊肺线虫病

主要病原有丝状网尾线虫（又称大型肺丝虫，雄虫长 25～80mm，雌虫长 43～112mm）和原园科线虫（又叫小型肺丝虫，长 12～28mm）。

【诊断要点】夏季和初秋多发。

病初干咳，后湿咳，逐渐加重，伴痛苦。运动时和夜间咳嗽加重，常咳出黏性团块，内含虫卵、幼虫和成虫。鼻液黏稠，可结成鼻痂。病羊逐渐消瘦、贫血，头、胸及四肢水肿，体温不高（发生肺炎时，体温高）。后期极度衰弱，卧地不起，窒息死亡。

剖检见肺膨胀不全或气肿，肺表面隆起，灰白色，触之坚硬。气管、支气管内可发现数量、大小不等的肺线虫。

【防治】

（1）预防

①保持牧场清洁干燥，防止潮湿积水，注意饮水卫生。

②在流行地区每年进行 2～3 次普遍驱虫，即放牧改为舍饲的前后（每年 2 月份和 11 月份）各进行 1 次驱虫。

③及时处理粪便，堆积发酵杀虫。

④成年羊和羔羊分群放牧，减少羔羊感染的概率。

⑤冬季羊群补饲硫化二苯胺，成羊 1g，羔羊 0.5g，隔天混入饲料补饲 1 次，能有效地减少感染率。

（2）治疗　可选用下列药物。

方一：丙硫苯咪唑 10～15mg/kg，口服，对各种肺线虫有效。

方二：阿维菌素或伊维菌素 0.2mg/kg，口服或皮下注射。

方三：左旋咪唑 8～10mg/kg，口服。

方四：枸橼酸乙胺嗪（海群生）100～200mg/kg，口服，适合治疗感染早期的童虫。

方五：驱虫金针 0.02/kg，皮下注射。

方六：氰乙酰肼（网尾素）17mg/kg，口服，连用 3d。

一般给药 1 次即可，10～15d 后重复给药 1 次效果更好。

二十一、羊体外寄生虫病

羊体外寄生虫病病原主要有疥螨、痒螨、蠕形螨、虱、蜱和羊鼻蝇蛆等，其中羊鼻蝇蛆防治方法有别于其他外寄生虫，故另文叙述。

【病原及诊断要点】

（1）羊疥螨病　羊疥螨寄生于皮肤角化层下，成虫长 0.2～0.5mm，肉眼不易看到。通常始发于皮肤柔软且短毛部位，如嘴唇、口角、鼻面部、眼圈及耳根部等，并由此向周围蔓延。病畜病初剧痒，终日焦躁不安，消瘦，皮肤出现丘疹、结节、水疱或脓疱，后形成痂皮和龟裂，但渗出物较少。绵羊发生疥螨时，病变主要在头部，形如干燥的石灰，俗称"石灰头病"。

（2）羊痒螨病　羊痒螨寄生于皮肤表面，成虫长 0.5～0.9mm，长圆形，肉眼可见。发病通常始于被毛稠密及温、湿度较为恒定的部位，如绵羊多发于背部、臀部及尾根部，并由此向体侧蔓延。病畜奇痒，常在木柱、墙壁上摩擦，或用后肢抓挠或啃咬患部。患部皮肤初有针尖大至粟米粒大的结节，继而形成水疱、脓疱，渗出液多，皮肤表面湿润，后形成浅黄色脂样痂皮，皮肤变厚。病初被毛成束，后被毛大量脱落，甚至落光。山羊多发于耳壳内，形成黄白色痂皮，炎症可蔓延至外耳道。患羊常摇动耳朵，摩擦，食欲不佳，可引起死亡。

羊疥螨病和羊痒螨病统称为羊螨病，又称作羊疥癣、疥虫病、疥疮，多发生于冬季，或秋末春初。

（3）蠕形螨病　羊蠕形螨寄生于绵羊、山羊毛囊或皮脂腺，成虫大小为（0.2～0.24）mm×（0.051～0.068）mm。可见患羊肩胛、四肢、颈、腹部等处有许多圆形或椭圆形凸出的白色结节或脓疱，小的如针尖，大的直径可达1cm。可致消瘦或贫血。以山羊蠕形螨较常见。

（4）硬蜱　虫体椭圆形，背腹扁平，未吸血的蜱仅有芝麻粒大小，而吸饱血的蜱如同蓖麻子大小。蜱的活跃期一般在 4～10 月间，多寄生在被毛短少处，如耳壳内外侧、口周围、头面部、股内侧等。蜱感染可造成病畜寄生局部痛痒，病畜焦躁不安，创口容易继发细菌感染引发化脓、肿胀、蜂窝织炎或伤口蛆病。羔羊感染严重时，由于蜱唾液毒素的作用，可引起溶血性贫血和神经麻痹症状（蜱瘫痪）。蜱也是多种疫病的传播媒介，如布鲁氏菌病、炭疽、梨形虫病、立克次氏体病等。

（5）虱和毛虱　成虫体长 4～6mm，呈小葫芦状，棕色。寄生于病羊颈、胸、肩、腹等处吸血，对羔羊危害严重。引起羊只贫血、瘦弱、不安，患羊啃咬患处皮肤，或在删栏、墙壁处檫痒，造成皮毛损伤和羊只食毛现象。被毛干燥、粗乱、易脱落。症状同螨病，但皮肤炎症、落屑及形成痂皮程度较轻，且容易在羊体表面发现大量虫体或虫卵。

所有上述羊的外寄生虫病均是通过羊只直接接触而相互传染的。

【防治】

（1）预防

①隔离检查新引进的羊只，确定无外寄生虫时再并群饲养。

②保持圈舍干燥、通风和卫生，定期清扫消毒。

③及时隔离治疗病羊，治疗期间用杀虫剂喷洒圈舍，治疗后的病羊也应隔离在未被污染或消过毒的地方饲养。

④剪毛对羊外寄生虫有预防效果，从患羊身上清除下来的污物，包括毛、痂皮等要集中销毁，接触过患羊的器械、工具及人员也要彻底消毒。

⑤每年定期对羊群进行药浴预防。

（2）治疗　羊外寄生虫蜱、螨、虱的治疗方法基本相同。

①药浴：具体药浴药物如下。

方一：12.5％双甲脒，每千克水加入 4mL，使成 0.05％水乳液。

方二：螨净（二嗪农），配成 0.025％水乳液。如每千克水加入 25％螨净 1mL。

方三：辛硫磷，配成 0.05％～0.1％水乳液。

方四：敌百虫，配成 0.5％～1％水溶液（应慎用）。

方五：溴氰菊酯，配成 0.002 5％～0.005％水乳液。

药浴注意事项：剪毛 1 周后进行。做小群安全试验。每次药浴需 1～2min，注意浸泡羊头。药浴前给羊喝足水，预防羊只误饮药浴液。

②皮下注射：可选择以下药物。

方一：伊维菌素针剂 0.2mg/kg。

方二：阿维菌素针剂 0.2mg/kg。

方三：1％驱虫金针 0.02mL/kg。

7～10d1 次，连用 2～3 次。

③口服：伊（阿）维菌素片或粉散，0.2mg/kg，7～10d 1 次，连用 2～3 次。

④涂抹软膏：面积小的疥螨或蠕形螨感染可先剪毛去痂，用肥皂水或 2％来苏儿水彻底洗刷患部，再涂抹如下药膏：

方一：10％～30％硫黄软膏。

方二：1％敌敌畏软膏或 2％敌百虫软膏。

3～5d1 次，直至痊愈后再连用 2～3 次。

⑤手工除虫：硬蜱可用手工检除的办法。摘取时与体表垂直拔出，不要残留蜱体，并彻底销毁之。

⑥用粉剂涂擦体表：根据条件，任选一方。

方一：3%马拉硫磷粉剂。

方二：2%害虫敌粉剂。

方三：5%西维因粉剂。

每只羊每次 30g，每隔 7～10d 处理 1 次。在蜱活动季节使用此法。

⑦用乳剂喷（淋）涂（擦）羊体：根据条件，任选一方。

方一：0.025%螨净（二嗪农）。

方二：2%辛硫磷。

方三：3%～5%敌百虫。

方四：0.2%～0.4%敌敌畏。

方五：0.002 5%～0.005%溴氢菊酯。

方六：0.2%害虫敌。

羊体涂擦每次 200mL，每隔 14d 1 次，连用 2～3 次。

⑧背部浇注：根据条件，任选一方。

方一：氟苯醚菊酯，2mg/kg，14d 后重复 1 次。

方二：伊（阿）维菌素渗透剂，0.2mg/kg。

方三：2%倍硫磷浇泼剂，每只羊 5～10mL/次。

7～10d 1 次，连用 2～3 次。

注意：因上述药物对羊虱蛹效果差，故在用药浴、皮下注射、口服、粉剂涂擦、乳剂喷涂及背部浇注等方法治疗羊虱或毛虱时，应在第一次用药后 25～39d 重复 1 次。

二十二、羊鼻蝇蛆病

病原为羊鼻蝇幼虫。

【诊断要点】 流鼻液，初为浆液性，后为黏液性或脓性，有时混有血液，在鼻孔周围形成硬痂，使病羊呼吸困难。病羊表现不安，打喷嚏，摇头，擦鼻，眼睑水肿，流泪，食欲减退，消瘦。感染初期呈急性表现，再逐渐好转，晚期症状更为严重。此时，用杀虫药（辛硫磷或螨净）液喷入鼻腔，可看到羊鼻蝇幼虫排出，可作为诊断方法。个别病例幼虫进入颅腔引起神经症状，病羊运动失调、转圈运动、头颈歪斜或麻痹。最后病羊因食欲废绝，衰竭而死。剖检死羊鼻腔、鼻窦或额窦，可发现羊鼻蝇幼虫（长 20～30mm）。羊鼻蝇蛆主要感染绵羊，山羊危害较轻。成虫多出现于 7～9 月间，幼虫在鼻腔内寄生 9～10 个月。

【防治】

（1）预防 每年 10～11 月份羊群进行驱虫，方法如下：

①在 7～9 月份成蝇活动季节，在羊圈舍周围喷洒 3%敌敌畏、乐果等有机磷农药，可驱杀成虫。

②在成蝇侵袭季节，可在羊鼻孔周围涂抹 1％敌敌畏软膏或 2％敌百虫软膏，3～5d1 次。可阻止成蝇侵袭。

（2）治疗　病羊处理有多种方法。

方一：皮下注射伊维菌素 0.2mg/kg，或阿维菌素 0.2mg/kg，或驱虫金针 0.02mL/kg。

方二：口服氯氰柳胺 5mg/kg，或皮下注射 2.5mg/kg。

方三：将 0.15％辛硫磷，或 0.012％氯氰菊酯用注射器喷入每侧鼻孔，每侧 15mL，两侧间隔时间 15min。

方四：发病羊群皮下注射碘硝酚 10mg/kg，效果较好。

方五：0.3％螨净喷入鼻孔，每侧 6～8mL，效果良好。

上述方法可根据条件选择 1 种或 2～3 种配合使用。一般 5～7d 给药 1 次，连用 2～3 次。

第四节　羊常见普通病的诊疗

一、羊尿结石

尿结石是公羊常见病，由于尿液中的盐类成分结晶析出，形成凝结物而刺激尿路黏膜引起出血、炎症和阻塞，从而造成泌尿障碍的一种泌尿系统疾病。

【病因】

①饲料搭配不当，饲养不合理。如麸皮比例过高，棉花秸秆、棉子饼过多，甜菜及其渣粕过多，饲料和饮水中钙、镁及食盐过多。

②饮水不足，缺乏维生素 A、维生素 B_6。

③公羊配种过多。

④由病原微生物引起的泌尿系统炎症，如肾炎、尿道炎及膀胱炎等。

⑤药物使用不当，如磺胺类用量过大或尿液酸性，致使磺胺代谢产物乙酰磺胺在尿中形成结晶。

【诊断要点】主要发病于阉羊，偶见于种公羊。病羊精神沉郁，突然死亡。临床上以排尿障碍，肾性腹痛，尿痛，血尿及尿闭为主要症状。剖解可见肾脏、肾盂、输尿管、膀胱或尿道结石。膀胱高度膨胀。

【防治】

（1）预防

①调整日粮中钙磷比例（1.5～2∶1），控制盐类摄入量。

②补充维生素 A 或胡萝卜素，以及 B 族维生素。

③保证充足卫生的饮水。

④合理添加麸皮、棉产品（棉秆、棉子饼等）及甜菜（包括甜菜渣粕）。

⑤及时治疗病羊尿道炎、膀胱炎或肾炎。

⑥对该病高发羊群适当添加利尿剂。如螺内酯、氨苯蝶啶、氢氯噻嗪、呋塞米等。

⑦使用磺胺类药物治疗时，注意同用碳酸氢钠。

（2）治疗

1）内科疗法　抗菌消炎（氨基糖苷类、青霉素类或头孢类抗生素联合应用，配合皮质激素），利尿，排石（如能在测定尿液 pH 的基础上确定酸化或碱化尿液进行排石，则效果更好。一般情况下尿液偏酸时宜碱化尿液，偏碱时宜酸化尿液），解痉镇痛〔可用维生素 K_1 或维生素 K_3（亚硫酸氢钠甲萘醌），或黄体酮，或 654-2 等〕。

病例一：种公羊，尿淋漓，血尿，尿痛，体重 60kg。

肌内注射：①氨苄青霉素 2g＋地塞米松磷酸钠 5mg。②硫酸庆大霉素 16 万 U。③维生素 K_1 10mg。1 次/d，连用 3～5d。

病例二：病羊表现尿淋漓，血尿，腹痛，体重 40kg。

肌内注射：①硫酸阿米卡星 400mg，或硫酸庆大霉素 12 万 U。②黄体酮 20mg。③维生素 K_3 8mg。④地塞米松磷酸钠 2.5mg。1 次/d，连用 3～5d。

病例三：病羊尿痛，尿血，尿不畅，体重 25kg。

肌内注射：①头孢噻呋 125mg 或长峰 3mL。②维生素 K_3 4mg。

以上用药 1 次/d，连用 3～5d。

2）外科疗法　药物治疗效果不佳时可采用。为防止尿毒症或膀胱破裂，可行膀胱穿刺术。对较大的膀胱结石或尿道结石，可行手术取出结石。尿道结石可尝试用手缓慢挤出或用生理盐水将结石冲进膀胱内，然后手术取出。膀胱结石或尿道结石摘除术的预后应慎重。

二、羊呼吸道感染

羊呼吸道感染主要有感冒、喉炎和支气管炎。

【病因】

（1）机体受寒。如天气突变，寒夜露宿，久卧凉地，贼风袭击，突遭风雨等。

（2）机体抵抗力降低。如长途运输，饲养管理不善，闷热拥挤，饲料营养不良。

（3）剪毛、药浴或天热出汗后遇冷着凉。

（4）呼吸道遭遇刺激。如烟雾、尘埃、霉菌孢子、刺激性气体（氨气、二氧化硫、毒气等）或异物刺激等。

（5）由临近器官炎症蔓延、呼吸道条件致病菌或某些外源性致病原繁殖致病，如鼻炎、咽炎、羊痘、流感、口蹄疫、巴氏杆菌病、葡萄球菌病、链球菌病、放线菌病、坏死杆菌病、肺炎球菌、绿脓杆菌、化脓棒状杆菌感染或寄生虫病（如羊鼻蝇或肺丝虫）等。

【诊断要点】

(1) 感冒　主要临床表现为咳嗽，流鼻液（初为清鼻液，后为黄色黏稠鼻液），打喷嚏，体温升高，肌肉震颤，发抖。眼结膜潮红，羞明流泪。食欲减少，反刍停止。听诊肺区肺泡呼吸音增强，偶有啰音。有受寒史。无传染性。

(2) 喉炎　临床表现剧烈咳嗽，触诊按压喉部（如人工诱咳）、饮冷水、采食干粉料、吸入寒冷空气等均可引起剧烈咳嗽（病初干性，后为湿性），并伴喉部疼痛敏感。流浆液性、黏液性或脓性鼻液。体温升高，可达40℃以上。喉头水肿时可发生吸气性呼吸困难。

(3) 支气管炎　病初表现咳嗽为干、短和痛咳。随后为湿性咳嗽，同时疼痛减轻。咳嗽时鼻孔流出大量鼻液，初为浆液性，后为黏液性或脓性。胸部听诊肺泡音增强，并可出现干啰音或湿啰音。按压气管（人工诱咳）可出现高朗的持续性咳嗽。气管炎时全身症状较轻，体温正常或轻度升高，但炎症发展到支气管时则全身症状加剧，体温升高（1～2℃），出现吸气性呼吸困难。此时胸部听诊肺泡呼吸音增强，可听到干啰音、捻发音及小水泡音。慢性支气管炎则表现为长期咳嗽（数月至数年），特别是在气温剧变、运动、采食、夜间或早晚气温较低时咳嗽加重。

【防治】

(1) 预防

①加强饲养管理，注意保暖，防止羊只受寒。夏季防止羊只汗后吹风淋雨。冬季羊舍门窗、墙壁要封严，防止出现贼风。

②改善卫生环境和营养水平，提高抵抗力。

③保持圈舍清洁、宽敞、通风、透光。

(2) 治疗

病例一：羔羊着凉感冒，体重15kg。

①护理：病羊休息，防风保暖，给足清洁饮水，饲喂多汁易消化饲料（如苜蓿、青草或胡萝卜等）。

②退烧：可选择以下药物肌内注射。

方一：30%安乃近3mL。

方二：复方氨基比林3mL。

方三：柴胡5mL。

方四：冷冰冰2.3mL。

以上任选一方，1次/d，体温不高于40℃时无需退烧；烧如不退，则需抗菌消炎。

③抗菌消炎：可选择以下药物肌内注射。

方一：速可宁 1.5mL，1 次/d。

方二：阿米卡星 150mg，盐酸林可霉素 150mg，2 次/d。

方三：青霉素 G 钠 80 万 U，硫酸链霉素 200mg，2 次/d。

方四：高热蓝链灭 1.5mL，1 次/d。

方五：磺胺间甲氧嘧啶钠 300mg，1 次/d。

方六：头孢唑林钠 700mg，2 次/d。

方七：头孢噻呋 75mg＋地塞米松 2mg，硫酸庆大霉素 4 万 U，1 次/d。

方八：奥克舒 1g，2 次/d。

方九：呼喘宁 3mL，1 次/d。

方十：泰能 1.5mL，2 次/d。

方十一：氟苯尼考 150mg，1 次/d。

以上根据条件选一方，连用 3～5d。连用 2 次无效或不显效的考虑换药。

病例二： 发病羔羊体重 10kg，体温高，剧烈咳嗽，压迫气管（诱咳）出现持续性咳嗽，吸气性呼吸困难，肺部听诊啰音。

①护理：参考感冒。

②退烧：可选择以下药物肌内注射（体温不高于 40℃ 不用）。

方一：30％安乃近 2mL。

方二：复方氨基比林 2mL。

方三：冷冰冰 1.5mL。

以上任选一方，1～2 次/d。

③祛痰镇咳：可选择以下药物口服。

方一：氯化铵（氯化钲）1g。

方二：吐酒石 0.2g。

方三：碳酸铵 2g。

方四：杏仁水 2mL。

方五：复方甘草合剂 5mL。

以上根据条件选一方，2 次/d。

④平喘：喘息时可用下方。

方一：氨茶碱，口服 0.2g 或肌内注射 0.2g。

方二：麻黄碱，口服 20mg 或皮下注射 20mg。

以上任选一方，2 次/d。

⑤抗菌消炎：可选择以下药物肌内注射。

方一：乳糖酸红霉素 100mg＋维生素 B₆ 50mg，硫酸庆大霉素 4 万 U，1 次/d。

方二：青霉素 G 钠 40 万 U＋地塞米松 2mg，硫酸阿米卡星 100mg，2 次/d。

方三：头孢噻呋钠 50mg＋地塞米松 2mg，硫酸阿米卡星 100mg，1 次/d。

方四：盐酸林可霉素 150mg，硫酸庆大霉素 4 万 U，2 次/d。

以上任选一方，连用 5～7d。连用 2 次无效或不显效的考虑换药。

⑥中医方剂：可选择以下方剂。

方一：杷叶散（主要用于镇咳）。枇杷叶，知母，贝母，阿胶，百部各 6g，款冬花，桑白皮，百合各 8g，杏仁 7g，桔梗 10g，葶苈子 5g，生甘草 4g，煎汤候温灌服。

方二：紫苏散（用于止咳祛痰）。紫苏、荆芥、前胡、防风、茯苓、桔梗、生姜各 10～20g，麻黄 5～7g，干草 6g，煎汤候温灌服。

方三：生脉散加减（用于肺炎并发心力衰竭或中毒性休克期）。党参、黄芪、麦冬、五味子各 10～12g，龙骨、牡蛎各 25g，水煎去渣，灌服。

三、羊 肺 炎

羊肺炎是由细菌、病毒、寄生虫、异物等原发性因素引起的肺实质性炎症，也可继发于其他呼吸系统疾病。临床上一般分为小叶性肺炎（支气管肺炎或卡他性肺炎）、大叶性肺炎（纤维素性肺炎或格鲁布性肺炎）、霉菌性肺炎和异物性肺炎（吸入性肺炎）等。

【病因】

（1）由感冒或支气管炎恶化发展而来。

（2）气候剧烈变化，特别是严寒季节或多雨天气。

（3）羊只机体抵抗力下降，条件致病菌趁势侵害，如巴氏杆菌、链球菌、化脓放线菌、坏死杆菌、绿脓杆菌及葡萄球菌等。

（4）异物刺激，如咽炎、咽麻痹、食道阻塞、破伤风、狂犬病、肉毒梭菌毒素中毒等疾病；或灌药时的错误操作，造成食物、唾液、呕吐物及药物进入呼吸道而引起本病。

（5）肺寄生虫引起，如肺丝虫的机械刺激。

（6）继发于其他疾病，如口蹄疫、放线杆菌病、羊子宫炎、乳房炎、羊鼻蝇、肋骨骨折、创伤性心包炎等。

【诊断要点】

（1）小叶性肺炎　弛张热型，呼吸次数增多，可视黏膜潮红或发绀。病初表现干而短的疼性咳嗽，逐渐变为湿而长的咳嗽。叩诊有散在的浊音区。听诊病灶部，肺泡呼吸音减弱或消失，出现捻发音和支气管呼吸音，并常可听到干啰音和湿啰音，而病灶周围的健康肺组织的肺泡呼吸音增强。流少量浆液性、黏性或脓性鼻液。

（2）大叶性肺炎　高热稽留，铁锈色鼻液，脉搏加快。肺部出现广泛性浊音区。混合性呼吸困难，鼻孔开张，呼出气温度高，病羊因呼吸困难而久立不卧。黏膜潮红或发绀。听诊病初为干啰音，随后为湿啰音或捻发音，后肺泡音逐渐减弱至消失。

（3）异物性肺炎　饲料、药物误入肺内引起的肺组织坏死或腐败分解。病初因异物刺激，病羊表现精神高度紧张，狂躁不安，强烈咳嗽，有时随咳嗽排出异物。呼吸极度困难，严重时可迅速窒息死亡。肺坏疽时两鼻孔流出脓性、腐败性恶臭鼻液。

【防治】

（1）预防

①加强护理，发现病羊后应及早放在清洁、温暖、安静、通风良好且无贼风的羊舍内隔离治疗。

②改善营养水平，饲喂易消化的饲料，注意饲料的营养搭配（特别是微量元素），提供清洁饮水，提高羊体抵抗力。

③注意保暖，药浴应在上午进行，以便于晾干。剪毛时天气突变，可将羊只赶进室内，必要时生火取暖。

④远途运输的羊只，不要急于喂精料，应给青绿饲料。

⑤灌药时务必小心，按规范操作。

⑥对呼吸系统其他疾病要及时发现，抓紧治疗。

（2）治疗　首先要对因（病原和病因）治疗，其次是对症处理，抗感染治疗以静脉给药效果最好。

病例一：发病羔羊体重10kg，患支气管肺炎。

①抗菌：可选择以下药物肌内注射。

方一：盐酸土霉素100mg，或盐酸多西环素50mg，或呼喘宁2mL，1次/d。硫酸链霉素150mg，2次/d。

方二：高热蓝链灭1mL，2次/d。

方三：奥克舒1g，硫酸阿米卡星100mg，2次/d。

方四：头孢唑林钠500mg＋地塞米松磷酸钠1.5mg，硫酸卡那霉素150mg，2次/d。

方五：速可宁1mL，硫酸庆大小诺霉素4万U，1次/d。

方六：泰能1mL，2次/d，硫酸庆大霉素4万U或硫酸阿米卡星100mg，1次/d。

以上根据条件选一方，连用5～7d。连用2天无效或不显效的考虑换药。

②祛痰、止咳、平喘：参考"二、羊呼吸道感染，病例二"。

③对症治疗。

退烧：参考"二、羊呼吸道感染，病例二"。

呼吸十分困难：可腹腔注射氧气100mL/kg。此法可使体温下降，食欲改善，治愈率提高。

④中药方剂：黄芩、杏仁各 10g，知母、桔梗、贝母、元参、瓜蒌、栀子、甘草各 5g，共研为末，开水冲服。

病例二：发病羔羊体重 5kg，患大叶性肺炎。

静脉滴注：①0.9％氯化钠 30mL＋青霉素 G 钠 20 万 U＋地塞米松磷酸钠 1.5mg。②5％葡萄糖 50mL＋维生素 C 250mg。③5％葡萄糖 30mL＋硫酸庆大霉素 2 万 U。

肌内注射：柴胡针 1mL。过 6～8h，再注射青霉素 G 钠 20 万 U。

以上用药 1 次/d，连用 5～7d。体温不高于 40℃，不用柴胡。

病例三：发病羔羊体重 10kg，患异物性肺炎。

静脉滴注：①5％葡萄糖 50mL＋盐酸林可霉素 150mg。②5％葡萄糖 50mL＋维生素 C 500mg。③0.9％氯化钠 50mL＋硫酸庆大霉素 4 万 U。④5％葡萄糖 50mL＋盐酸林可霉素 150mg。

肌内注射：①冷冰冰 1.5mL。②地塞米松 2mg。③维生素 K_3 2mg。

以上用药 1 次/d，连用 5～7d。体温不高于 40℃，不用冷冰冰。

四、羔羊消化不良

羔羊消化不良系初生羔羊在哺乳期的常发病，以明显的消化功能障碍和不同程度的腹泻为主要特征。

【病因】发病原因为胎儿发育不良，母乳营养不足（如缺维生素 A、B 族维生素、维生素 C），初乳不足，哺乳不正常，饥饿，环境卫生差，缺水或断乳过早等造成新生羔羊和哺乳羔羊发病。

【诊断要点】临床表现为病羔精神差，食欲差。腹泻粪便呈糊状，色黄、灰黄、灰白或绿色，酸臭，混有未消化的白色小凝乳块。严重的体温升高，食欲废绝，卧地不起，角弓反张，水泻带血，脱水及酸中毒，心音混浊，呼吸和脉搏浅快，昏迷死亡。剖检：一般消化不良仅见胃肠卡他性炎症，实质脏器不见异常。中毒性消化不良见胃肠浆膜和黏膜出血点，肠淋巴结肿大，肝轻度肿大，质脆。脾肿大。心内外膜出血点。

【防治】

（1）预防

①加强妊娠羊饲养管理：改善日粮营养，提供富含蛋白质、脂肪、矿物质和维生素的优质饲料。

②加强羔羊护理工作：尽量保证羔羊在出生 1h 内吃到初乳，6h 内吃到不低于体重 5％的初乳。

③羊舍要保持卫生、温暖、干燥，要及时清除粪尿并更换垫草。

④羊舍及围栏应定期消毒。

（2）治疗

①护理：将患病羔羊置于干燥、温暖、清洁卫生的羊舍内，加强哺乳母羊饲养管理，给予全价日粮，保持乳房卫生。

②清空肠道：为使肠道得到恢复，可禁食8～10h，同时饮用稀盐酸水（氯化钠5g，33％盐酸1mL，凉开水1 000mL）或温红茶水，3次/d。下痢不重的可口服油类或盐类泻药缓泻。

③止泻：下痢严重的应止泻，口服以下药物。

方一：浓茶。

方二：次硝酸铋1～2g。

方三：活性炭3～5g。

方四：鞣酸蛋白0.2～0.5g。

方五：胃蛋白酶0.5～1g＋稀盐酸水30mL。

方六：乳酶生0.5～1g。

以上按条件选一方，2～3次/d。

④抗菌止酵：出现中毒性消化不良时，须抗菌止酵，口服以下药物。

方一：庆大霉素4万U。

方二：磺胺脒2g。

方三：新霉素0.2g。

以上按条件选一方，2次/d。

⑤抗菌消炎：出现全身症状，如体温升高时，肌内注射以下药物。

方一：硫酸链霉素10mg/kg，青霉素G钠4万U/kg，2次/d。

方二：硫酸庆大霉素4mg/kg，2次/d。

方三：硫酸阿米卡星10mg/kg，1～2次/d。

方四：头孢噻呋5mg/kg，硫酸庆大霉素4mg/kg，1次/d。

方五：痢菌净2～5mg/kg，2次/d。

以上按条件选一方。痊愈后再连用1～2次。

⑥口服补液：以下按条件任选一方。

方一：口服补液盐配方。氯化钠3.5g、氯化钾1.5g、碳酸氢钠（小苏打）2.5g、葡萄糖20g，配水1 000mL，每次50～100mL，5～8次/d，灌服或由病羊自饮。

方二：生理盐水，每次50～100mL，5～8次/d，灌服或由病羊自饮。

⑦静脉补液：静脉滴注以下药物。

方一：0.9％氯化钠50～200mL。

方二：5％葡萄糖50～200mL。

方三：10％葡萄糖50～100mL。

方四：5％糖盐水 50～200mL。

均可根据酸中毒的严重程度加入 5％碳酸氢钠 10～20mL。1～2 次/d。

⑧强心：皮下或肌内注射以下药物。

方一：樟脑磺酸钠 0.3～0.5mL。

方二：樟脑水 0.2～0.3mL。

每 4h 一次。

⑨静脉注射葡萄糖柠檬酸钠血：葡萄糖柠檬酸钠血由血液 100mL＋柠檬酸钠 2.5g＋葡萄糖 5g＋灭菌用水 100mL 混合配制而成，用量 0.5～1mL/kg，2～3d1 次，每次可增量 20％，每 4～5 次为 1 个疗程。可提高机体抵抗力和增强代谢功能。

⑩中药疗法：党参、白术、防风、荆芥、苏叶各 30g，陈皮、枳壳、苍术、地榆、白头翁、五味子、木香、干姜、甘草各 15g，加水 1 000mL，煎 30min，取药液并加开水至 1 000mL。每只羔羊 30mL，1 次/d，用胃管投服。

五、羊胃肠炎

胃肠炎是胃肠黏膜下组织炎症，临床上以胃肠消化功能障碍、腹痛、腹泻、发热和不同程度的自体中毒为特征。

【病因】

（1）饲养管理不当，饲料质量不良，饲料腐败变质，饮用不清洁的冰冻水。

（2）营养不良，长途运输，导致羊只抵抗力下降，条件致病菌趁势侵害，如巴氏杆菌、大肠杆菌、沙门氏杆菌及坏死杆菌等。

（3）不适当地使用广谱抗菌药，使肠道菌群失调。

（4）突然改变饲料或饲养规律。

（5）继发于某些传染病，如炭疽、巴氏杆菌病、大肠杆菌病、结核、副结核、寄生虫病，以及某些内科病（有机磷中毒，尿素中毒等）。

【诊断要点】排水样、粥样稀便，腥臭。粪便中混有黏液、血液和脱落的黏膜组织。腹痛，肌肉震颤，肚腹紧收。病初肠音增强，后期减弱甚至消失。病后期肛门松弛，大便失禁。脱水明显，皮肤弹性减退，尿量减少，眼窝凹陷。体温升高明显，病后期体温下降至正常值以下。病情重，全身症状重，病后期出现昏睡或昏迷。慢性胃肠炎食欲减少，时好时坏，常有异嗜癖（舔舐泥土或墙壁）。剖检见胃肠道内容物恶臭，混有黏液、脓液或血液，肠黏膜坏死。肠黏膜表面形成霜样或麸皮样覆盖物，黏膜下水肿。坏死组织脱落后，留下烂斑或溃疡。病程长的肠壁可变厚发硬。

【防治】

（1）预防

①加强饲养管理，防止饲喂发霉变质或含有刺激性和腐蚀性化学物的饲料。

②科学搭配饲料，保证营养全价（特别是微量元素）。供给卫生清洁的饮水。

③注意观察，发现问题应及时处理。

④定时接种疫苗和驱虫，及时治疗继发胃肠炎的原发病。

（2）治疗

①抗菌消炎：口服（抗菌制酵）以下药物。

方一：磺胺脒 4～8g。

方二：0.1％高锰酸钾 100～500mL。

方三：硫酸新霉素 30mg/kg。

方四：硫酸庆大霉素 0.5 万～1 万 U/kg。

以上选择一方，2 次/d，连用 3～5d。

肌内注射（抗菌消炎），可选择以下药物。

方一：硫酸庆大霉素或小诺霉素 4mg/kg，2 次/d。

方二：头孢噻呋 5mg/kg，2 次/d。

方三：环丙沙星 2～5mg/kg，羔羊不宜使用此药，2 次/d。

方四：乙基环丙沙星（恩诺沙星）3mg/kg，羔羊不宜使用此药，2 次/d。

方五：氟苯尼考 5mg/kg，1 次/d。

方六：盐酸多西环素，3mg/kg，2 次/d。

方七：氨苄青霉素 15～20mg/kg，2 次/d。

以上根据条件选一方，连用 3～5d。用药 24h 无效者可考虑换药。

②清理肠胃：肠音弱，粪干，腥臭，应促进胃肠内容物排出。

灌服以下药物。

方一：液体石蜡 100mL。

方二：植物油 100mL。

方三：硫酸钠（芒硝）或人工盐 30～40g＋鱼石脂 2g＋酒精 10mL＋水适量。

方四：硫酸镁 50g＋芳香醑剂 10mL＋水 500mL。

以上依条件选一方顿服。

③止泻：当粪稀如水，频泻不止，臭味不大，不带黏液时，应止泻，口服以下药物。

方一：药用炭 3～5g，加适量的水内服。

方二：鞣酸蛋白 2～5g＋小苏打 5～8g，加适量的水内服。

方三：次硝酸铋 1～2g。

方四：鞣酸蛋白 1.5g＋水杨酸 1g＋磺胺脒 1g，研末混合，分 4 份，哺乳羔羊每次 1 份，4 次/d。哺乳之间服用，不可距哺乳时间太近。

④防止脱水：静脉滴注以下药物。

方一：5％葡萄糖 150～300mL＋10％樟脑磺酸钠 4mL＋维生素 C 0.1～1g。

方二：5％葡萄糖生理盐水 500～1 000mL。

方三：复方氯化钠 500～1 500mL。

方四：10％葡萄糖 300～1 000mL。

方五：生理盐水 500～1 000mL。

连用 3～5d。

⑤健胃：胃液分泌量低，伴有口干，口服以下药物。

方一：稀盐酸 2～5mL＋水 100～200mL。

方二：龙胆酊 3～5mL。

如果胃酸升高，伴唾液分泌增加，口服人工盐 10～30g，大黄酊、陈皮酊和龙胆酊各 5～10mL，大蒜酊 10～15mL，加水适量，一次灌服。

⑥防止酸中毒。

方一：静脉滴注 5％碳酸氢钠 20～100mL。

方二：口服碳酸氢钠 3～5g。

连用 3～5d。

⑦中药方剂。

方一：黄连、黄芩、大黄各 9g，诃子、木香、白术、茯苓、陈皮各 6g，伏龙肝 12g，水煎去渣，一次灌服。

方二：平胃散。苍术、龙胆草各 10g，厚朴、枳壳、茯苓、陈皮各 6g，甘草 5g，水煎去渣灌服。

方三：五苓散。茯苓、泽泻、滑石各 10g，白术 12g，赤芍、建曲各 15g，肉桂皮 5g，水煎服或研末开水冲服。

方四：白头翁汤。黄芩、黄柏、黄连、白头翁、枳壳、秦皮、猪苓、泽泻、白术各 8g，水煎去渣灌服。

六、绵羊妊娠毒血症

绵羊妊娠毒血症是怀孕末期母羊由于碳水化合物和挥发性脂肪酸代谢障碍而发生的一种亚急性营养代谢病。以低血糖，酮血症，酮尿症，虚弱和失明为主要特征。

【病因】

（1）主要见于怀双羔、三羔或胎儿过大的母羊。

（2）在天气寒冷、运输等应激条件作用下，同时饲料营养（能量、蛋白、脂肪等）供应不足（饥饿），如舍饲缺乏精料，冬季牧草不足，可造成妊娠后期母羊发病。

（3）妊娠母羊缺乏运动。

（4）饲料单纯，维生素和矿物质（包括微量元素）缺乏。

【诊断要点】 又称妊娠中毒症，妊娠反应症和临产拒食症，主要临床症状为妊娠后期母羊精神沉郁，食欲减退，可视黏膜黄染，运动失调（步态不稳，无目的原地走动，或将头部紧靠在某一物体上或做转圈运动），呆滞凝视，头向后仰或弯向一侧，卧地不起，昏睡，四肢做不随意运动，全身痉挛，突然倒地死亡。病羊体温正常或偏低，为 $36.6 \sim 38.0℃$（绵羊正常体温值为 $38 \sim 40℃$），呼吸浅表，呼出的气体有丙酮味（烂苹果味），心跳加快。剖检常发现肝脏肿大、质脆和脂肪变性，切面呈土黄色。多胎，便秘，高度营养不良（皮下及肠系膜脂肪消失）。解剖过程中伴有丙酮气味。肾脏呈软泥状，质地较脆，肾上腺肿大。绵羊，山羊均可发生，以绵羊发病居多。所产羔羊也多为弱羔，死羔，多在出生后 1d 死亡。静脉输注 25% 葡萄糖，可使症状缓解（治疗性诊断）。注意，同群公羊等非妊娠羊不发病。

【防治】

（1）预防

①合理搭配饲料是预防妊娠毒血症的重要措施。对怀孕后半期的母羊应饲喂营养充足的优良饲料，如补饲精料，$0.5 \sim 1kg/d$，保证供给母羊所必需的碳水化合物、蛋白质、矿物质和维生素。

②每当降雪之后，天气骤变或运输时应补饲胡萝卜，甜菜与青贮等多汁饲料，对预防本病有重要作用。

③对于完全圈养不放牧的母羊，应于每天驱赶运动 2 次，每次 30min，在冬春牧草不足季节，对放牧的母羊应补饲适量的青干草及精料。

④发现本地区羊群出现妊娠毒血症病例，应立即采取措施，给怀孕母羊普遍补饲胡萝卜、豆料、麸皮等优质饲料。有条件的还可饲喂小米汤、糖浆等含糖多的食物，这样可以防止发病或降低畜群的发病率。

⑤隔离治疗发病母羊，防止在群饲过程中群羊争食时对倒地母羊造成挤压、踩踏，引起该羊流产。

（2）治疗　治疗原则为补糖，保肝，解毒，补液。

病例一： 发病母羊体重60kg。

静脉滴注： ①$25\%$ 葡萄糖 100mL＋维生素 C 1g。②$10\%$ 葡萄糖 100mL＋氢化可的松 75mg。③$10\%$ 葡萄糖 100mL＋肌苷 100mg＋维生素 B_6 100mg。④$0.9\%$ 氯化钠 200mL＋5% 碳酸氢钠 50mL。

肌内注射： 维生素 B_1 100mg。

口服： 金蟾速补钙 60mL，10% 硫酸镁 40mL，混合灌服。

以上用药 1 次/d，连用 $5 \sim 7d$。

病例二： 发病母羊体重 50kg。

静脉滴注：①50％葡萄糖 100mL＋维生素 C 1g。②10％葡萄糖 100mL＋地塞米松 10mg。③10％葡萄糖 100mL＋肌苷 100mg＋维生素 B_6 100mg。④0.9％氯化钠 100mL＋5％碳酸氢钠 100mL。

肌内注射：①维生素 B_1 100mg。②胰岛素 8U。

口服：金蟾速补钙 50mL，10％硫酸镁 50mL，混合灌服。

以上用药 1 次/d，连用 5～7d。

病例三：妊娠母羊 40kg，诊疗条件差。

静脉滴注：①5％葡萄糖生理盐水 500mL。②50％葡萄糖 100mL。

肌内注射：地塞米松 10mg。

口服：金蟾速补钙 40mL。

上述用药 1 次/d，连用 5～7d。如果 3d 无效时，可行剖腹产术或人工引产，摘除胎儿，母羊症状多随之减轻。

第六章 猪常见病的诊疗

第一节 猪的类症疾病

一、引起猪急性死亡的疾病

疫病：猪瘟、猪丹毒、猪肺疫、猪链球菌病、非洲猪瘟、炭疽、猪传染性胸膜肺炎、猪脑心肌炎、副猪嗜血杆菌病、李氏杆菌病、仔猪副伤寒、仔猪梭菌性肠炎、钩端螺旋体病及仔猪黄痢等。

普通病：胃溃疡、腹膜炎、肠扭转、肠套叠、脑膜脑炎、中暑、仔猪白肌病、仔猪营养性肝病、仔猪桑葚心病、碘缺乏症、硝酸盐和亚硝酸盐中毒、霉玉米中毒、氢氰酸中毒、有机磷农药中毒、毒鼠强中毒、有机氟中毒、磷化锌中毒、菜子饼中毒、亚麻子饼中毒、蓖麻中毒、酒糟中毒及砷化物中毒等。

二、引起猪呼吸困难的疾病

疫病：猪繁殖与呼吸综合征、猪圆环病毒病、伪狂犬病、猪流行性感冒、仔猪副伤寒、猪肺疫、猪链球菌病、猪支原体肺炎、棘球蚴病、猪消化道线虫病及猪弓形虫等。

普通病：咽炎、支气管肺炎、纤维素性肺炎、支气管炎、应激综合征、B族维生素缺乏症、硝酸盐和亚硝酸盐中毒、氢氰酸中毒、棉子饼中毒、菜子饼中毒、有机磷农药中毒、有机硫农药中毒、甲脒类杀虫剂中毒、磷化锌中毒、安妥中毒、硒中毒及氨中毒等。

三、引起猪流鼻液或咳嗽的疾病

疫病：猪繁殖与呼吸综合征、猪流行性感冒、伪狂犬病、副猪嗜血杆菌病、猪传染性萎缩性鼻炎、猪传染性胸膜肺炎、猪肺疫、猪支原体肺炎、猪蛔虫病、棘球蚴病、猪类圆线虫病、猪后园线虫病及猪弓形虫病等。

普通病：猪咽炎、猪食管阻塞、猪支气管肺炎、猪纤维素性肺炎、猪支气管炎、猪维生素A缺乏症及猪氨中毒等。

四、引起猪腹泻的疾病

疫病：猪瘟、猪轮状病毒病、猪传染性胃肠炎、猪流行性腹泻、伪狂犬病、猪圆环病毒病、猪大肠杆菌病、仔猪副伤寒、猪丹毒、猪肺疫、猪增生性肠炎、仔猪梭菌性肠炎、猪附红细胞体病、猪痢疾、猪姜片吸虫病、猪毛首线虫病及猪食道口线虫病等。

普通病：维生素（维生素 A、B 族维生素及维生素 E）缺乏症、硝酸盐和亚硝酸盐中毒、氢氰酸中毒、棉子饼中毒、菜子饼中毒、酒糟中毒、食盐中毒、马铃薯中毒、有机磷农药中毒、有机硫农药中毒、磷化锌中毒、砷化物中毒、铜中毒及锌中毒等。

五、引起猪消化器官形态或结构异常的疾病

疫病：猪瘟、非洲猪瘟、猪腺病毒感染、猪链球菌病、猪繁殖与呼吸综合征、狂犬病、猪痘、轮状病毒病、猪传染性胃肠炎、猪流行性腹泻、猪流行性感冒、猪圆环病毒病、猪丹毒、猪肺疫、副猪嗜血杆菌病、猪传染性胸膜肺炎、猪增生性肠炎、李氏杆菌病、结核病、炭疽、布鲁氏菌病、猪大肠杆菌病、仔猪副伤寒、仔猪梭菌性肠炎、钩端螺旋体病、仔猪红痢、猪痢疾、猪渗出性皮炎、猪衣原体病、猪弓形虫病、猪附红细胞体病、猪蛔虫病、猪姜片吸虫病、细颈囊尾蚴病、血吸虫病、棘球蚴病、猪华支睾吸虫病、猪肾虫病、猪胃线虫病及猪伊氏锥虫病等。

普通病：新生仔猪溶血病、仔猪营养性肝病、铁缺乏症、仔猪低糖血症、猪黄脂病、硝酸盐和亚硝酸盐中毒、棉籽饼中毒、马铃薯中毒、霉玉米中毒、黄曲霉素中毒、菜子饼中毒、亚麻子饼中毒、蓖麻中毒、黑斑病甘薯中毒、食盐中毒、酒糟中毒、苦楝子中毒、有机磷农药中毒、有机硫农药中毒、有机氯农药中毒、磷化锌中毒、有机氟中毒、砷化物中毒、锌中毒、铜中毒、安妥中毒、硒中毒及氨中毒等。

六、引起猪神经异常的疾病

疫病：猪瘟、猪乙型脑炎、猪繁殖与呼吸综合征、猪流行性感冒、猪流行性腹泻、伪狂犬病、猪水疱病、狂犬病、猪腺病毒感染、猪传染性脑脊髓炎、猪脑心肌炎、猪水肿病、布鲁氏菌病、副猪嗜血杆菌病、猪传染性胸膜肺炎、猪丹毒、猪链球菌病、猪增生性肠炎、钩端螺旋体病、猪附红细胞体病、猪囊尾蚴病、猪细颈囊尾蚴病、猪姜片吸虫病、猪蛔虫病、猪后园线虫病、猪冠尾线虫

病、猪弓形虫病及猪球虫病等。

普通病：咽炎、胃肠炎、支气管肺炎、纤维素性肺炎、支气管炎、膀胱炎、脑膜脑炎、日射病与热射病、仔猪低血糖症、仔猪佝偻病、维生素（维生素A、B族维生素及维生素E）缺乏症、仔猪营养性贫血、铜缺乏症、氢氰酸中毒、棉子饼中毒、菜子饼中毒、酒糟中毒、黄曲霉素中毒、食盐中毒、马铃薯中毒、有机磷农药中毒、有机硫农药中毒、有机氯农药中毒、甲脒类杀虫剂中毒、磷化锌中毒、安妥中毒、有机氟农药中毒、砷化物中毒、硒中毒、锌中毒及一氧化碳中毒等。

七、引起猪运动器官异常的疾病

疫病：口蹄疫、副猪嗜血杆菌病、猪丹毒、猪肺疫、布鲁氏菌病、猪链球菌病、猪鼻支原体、猪滑液囊支原体及猪囊尾蚴病等。

普通病：仔猪佝偻病、骨软病、B族维生素缺乏症、硒-维生素E缺乏症、锌缺乏症、锰缺乏症、铜缺乏症、风湿病、关节滑膜炎、黏液囊炎、腐蹄病、蹄叶炎及骨关节病（软腿病）等。

八、引起猪皮肤异常的疾病

疫病：猪痘、猪瘟、猪水疱病、猪繁殖与呼吸综合征、猪圆环病毒病、猪渗出性皮炎、猪丹毒、猪肺疫、猪链球菌病、恶性水肿、猪水肿病、猪毛癣病、猪疥癣及猪虱病等。

普通病：B族维生素缺乏症、锌缺乏症、马铃薯中毒、砷化物中毒及铜中毒等。

九、引起母猪流产的疾病

疫病：猪瘟、猪乙型脑炎、猪繁殖与呼吸综合征、伪狂犬病、猪细小病毒病、猪圆环病毒病、猪脑心肌炎、布鲁氏菌病、猪链球菌病、猪衣原体病、猪弓形虫病、钩端螺旋体病及猪冠尾线虫病等。

普通病：维生素（维生素A、B族维生素及维生素D）缺乏症、碘缺乏症、锰缺乏症、铜缺乏症、棉子饼中毒、流产及霉菌毒素中毒等。

十、引起猪死胎和新生仔猪死亡的疾病

疫病：猪瘟、口蹄疫、猪乙型脑炎、猪轮状病毒病、猪传染性胃肠炎、猪繁

殖与呼吸综合征、伪狂犬病、猪细小病毒病、猪圆环病毒病、猪流感、猪脑心肌炎、布鲁氏菌病、猪弓形虫病、猪附红细胞体病、钩端螺旋体病、仔猪黄痢及猪传染性萎缩性鼻炎等。

普通病：维生素（维生素 A、B 族维生素及维生素 D）缺乏症、碘缺乏症、锌缺乏症、锰缺乏症、棉子饼中毒及霉菌毒素中毒等。

十一、引起猪黏膜苍白、黄染或机体消瘦的疾病

疫病：猪圆环病毒病、猪弓形虫病、钩端螺旋体病、仔猪白痢、猪肺疫、猪增生性肠炎、仔猪梭菌性肠炎、猪附红细胞体病、猪痢疾、猪肺炎支原体、棘球蚴病、猪细颈囊尾蚴病、猪华支睾吸虫病、猪蛔虫病、猪类圆线虫病、猪后圆线虫病、猪毛首线虫病、猪旋毛虫病、猪食道口线虫病、猪胃线虫病、猪棘头虫病、猪冠尾线虫病、猪球虫病、猪小袋纤毛虫病、猪疥螨病及猪虱病等。

普通病：胃肠卡他、胃溃疡、应激综合征、佝偻病、B 族维生素缺乏症、仔猪营养性贫血、锰缺乏症、铜缺乏症、黄曲霉素中毒、有机氯农药中毒、砷化物中毒、硒中毒及铜中毒等。

十二、引起猪泌尿系统异常的疾病

疫病：猪瘟、猪圆环病毒病、伪狂犬病、猪丹毒、猪大肠杆菌病、钩端螺旋体病、猪渗出性皮炎、猪附红细胞体病及猪弓形虫病等。

普通病：霉菌毒素中毒、仔猪低血糖症、猪黄脂病、维生素 A 缺乏症、仔猪营养性贫血、铜缺乏症、硝酸盐和亚硝酸盐中毒、棉子饼中毒、菜子饼中毒、酒糟中毒、黄曲霉素中毒、马铃薯中毒、有机磷农药中毒、有机氯农药中毒、磷化锌中毒、安妥中毒、砷中毒、硒中毒、氨中毒、肾炎、膀胱炎、尿道炎、尿结石及尿道炎等。

十三、引起猪眼睛异常的疾病

疫病：猪瘟、猪繁殖与呼吸综合征、猪伪狂犬病、猪圆环病毒病、猪流感、猪水肿病、仔猪副伤寒、猪传染性萎缩性鼻炎、猪丹毒、猪肺疫、猪链球菌病、猪钩端螺旋体病及猪弓形虫病等。

普通病：支气管肺炎、纤维素性肺炎、支气管炎、脑膜脑炎、日射病与热射病、新生仔猪低糖血症、猪黄脂病、维生素（维生素 A、B 族维生素及维生素 E）缺乏症、硒缺乏症、碘缺乏症、锌缺乏症、氢氰酸中毒、酒糟中毒、马铃薯

中毒、有机磷农药中毒、有机氯农药中毒、有机氟中毒、磷化锌中毒、砷中毒及氨中毒等。

十四、引起猪头部肿胀的疾病

疫病：猪乙型脑炎、猪繁殖与呼吸综合征、猪圆环病毒病、猪水肿病、猪丹毒及猪水肿病等。

普通病：仔猪营养性贫血及马铃薯中毒等。

十五、引起猪局部肿胀的疾病

疫病：猪乙型脑炎、猪繁殖与呼吸综合征、猪圆环病毒病、猪水肿病、副猪嗜血杆菌病、猪丹毒及猪肺疫等。

普通病：仔猪营养性贫血、碘缺乏症、棉子饼中毒、锌中毒、黏液囊炎及腐蹄病等。

十六、引起猪皮肤发红的疾病

疫病：猪瘟、猪圆环病毒病、仔猪副伤寒、猪丹毒、副猪嗜血杆菌病及猪链球菌病等。

普通病：应激综合征、B 族维生素缺乏症、苦楝子中毒、有机氯农药中毒、硒中毒、一氧化碳中毒及氨中毒等。

第二节　猪常见病的鉴别诊断要点

一、猪常见疫病的类症鉴别诊断

猪常见疫病的临床综合鉴别诊断见表 6-1。

表 6-1　猪常见疫病的临床综合鉴别诊断

病名	病原	流行特点	主要症状	病理变化特征
细　菌　病				
猪丹毒	猪丹毒杆菌	地方性流行，主要发生于架子猪，发病急。多发生在初夏和晚秋季节	体温在 42℃ 以上，皮肤出现方形、菱形、圆形或不规则形的疹块，有"钻石疹"、"打火印"之称	全身淋巴结、肾、脾肿大呈樱桃红色及肾脏出血，质地软。胃底及十二指肠黏膜红肿出血，呈大红布色。心瓣膜上有菜花样疣状赘生物（菜花心）

（续）

病名	病原	流行特点	主要症状	病理变化特征
细 菌 病				
猪肺疫	多杀性巴氏杆菌	秋末春初气候多变及多雨季节易发生，多发于中、小猪，散发或继发	体温 41℃ 左右，急性病例咽喉肿胀，呼吸困难，呈犬坐姿势，口鼻流出白色泡沫液体。皮肤上有红色出血点	咽喉部肿大，皮下周围组织胶样浸润。淋巴结肿大出血。肺肝变，切面呈大理石状。纤维素性胸膜炎和心包炎
猪链球菌病	链球菌	一年四季均可发生，但春秋多发；呈地方流行性；常继发于某些病毒病	最急性病例，病猪常突然死亡。运动失调，盲目走动，转圈，后肢麻痹，侧卧于地，四肢划动，似游泳状	败血症病猪全身器官充血出血，特别是肺出血肿大，并有化脓灶。脑炎病猪脑膜充血出血，有化脓性病灶
猪传染性胸膜肺炎	胸膜肺炎放线杆菌	1.5～6 月龄猪多发，以 3 月龄最易感。发病率和病死率在 50% 左右。多发于春秋两季	临床经过快，发热，厌食，沉郁。严重的呼吸困难，张口呼吸，从口鼻排出血色泡沫状分泌物。口、鼻、皮肤呈暗紫色	肺弥漫性出血性炎症或坏死，特别是膈叶背侧。纤维素性胸膜炎，或见粘连。胸腔内有血色积液。气管中有血色气泡状分泌物
猪传染性萎缩性鼻炎	巴氏杆菌和支气管败血波氏杆菌	各种年龄猪都可感染，小猪最易感。通过飞沫经呼吸道传染。常见于 2～5 月龄猪，传播速度较慢，多为散发性或地方流行性	病猪发生鼻炎，喷嚏，流浆液或脓性鼻液、鼻血。眼角内皮肤下有半月形黄黑色泪斑。发生鼻甲骨萎缩时鼻面部明显变形：短鼻，撅鼻，鼻背皮肤厚，皱纹深。个别猪发生脑炎或肺炎	鼻甲骨萎缩，上下卷曲变小，形成空洞，鼻中隔歪斜，鼻腔常有大量黏膜脓性甚至干酪样渗出物
仔猪副伤寒	猪霍乱与猪伤寒沙门氏菌	主要发生于冬季，断奶后不久的仔猪最易感，成年猪及哺乳仔猪很少发病	急性体温 41℃ 以上，慢性病例体温一般无变化。以持续性下痢为特征，粪臭。并发肺炎者咳嗽、呼吸困难。病后期十分瘦弱，皮肤上有紫色斑	盲肠、结肠有圆形堤状溃疡和弥漫性坏死，肠管变厚无弹性。肠系膜淋巴结干酪样坏死，淋巴管索状肿。肝脏有灰黄色小坏死灶。急性病例肢体末端青紫色
副猪嗜血杆菌病	副猪嗜血杆菌	哺乳仔猪、断奶后 10d 左右的猪最易感，病死率可达 50%	又名多发性浆膜炎。主要表现为发热，食欲不振，眼睑水肿，鼻孔周围附有脓性分泌物。咳嗽，呼吸困难，共济失调。关节肿胀，跛行。可视黏膜发绀，因窒息和心衰死亡	胸膜、腹膜、心包膜、关节的浆膜甚至脑膜出现纤维素性炎症，有浆液性或化脓性纤维蛋白渗出物，呈淡黄色蛋皮样或条索状伪膜。全身淋巴结肿大

（续）

病名	病原	流行特点	主要症状	病理变化特征
细菌病				
仔猪梭菌性肠炎	C型和/或A型产气荚膜梭菌	主要侵害3日龄以内的仔猪，1周龄以上的仔猪很少发病；发病快，病程短，病死率高，有的可达100%	又名仔猪红痢。最急性不见症状，突然死亡。急性型仔猪全身症状明显，排出黄色、灰绿色稀粪，后见体瘦，淡红棕色水样或糊状粪便	病变见于空肠、回肠。肠壁黏膜红肿、出血，肠内有血样内容物，混有多量气泡，肠系膜淋巴结出血、肿大。病程稍长者可见肠黏膜变厚、坏死，有坏死性膜
布鲁氏菌病	布鲁氏菌	本病传染途径为消化道、皮肤、黏膜及生殖道。交配是猪的重要传染途径之一。母猪较公猪易感，大猪较小猪易感，性成熟后更加易感	母猪主要症状是流产，流产前可见精神沉郁，阴唇和乳房肿胀，流产胎儿多为死胎。公猪主要症状是睾丸炎和附睾炎。公母猪都可能发生关节炎，多在后肢	母猪子宫黏膜充血、出血、有炎性分泌物，子宫黏膜上有大头针帽到粟粒大的淡黄色坏死结节。公猪睾丸和附睾有炎性坏死灶，鞘膜腔充满浆液性渗出液。胎儿可能自溶或皮下水肿，可见腹腔积液或出血及化脓性胎盘炎
仔猪黄痢	大肠杆菌	出生后数小时至5日龄以内仔猪发病，特别是3日龄左右的仔猪最常见	有精神沉郁等症状。排黄色、黏液样稀粪或水样粪，混有气泡，患猪很少呕吐	胃充盈，有未消化凝乳块，乳糜管内有脂肪。肠充血、扩张，充盈液体、黏液和气体。重者见实质器官变性、出血
仔猪白痢	大肠杆菌	发生于10～30日龄仔猪，发病率约50%，病死率低	仔猪腹泻，排乳白、灰白或黄白色糊状稀粪，有腥臭味	胃肠道卡他性炎症，胃内常积有多余凝乳块
猪支原体肺炎	猪肺炎支原体	主要以慢性经过为主，哺乳仔猪和断奶仔猪易感性高	又名猪气喘病。一般体温、精神和食欲正常，病程较长。以咳嗽和喘气为特征。病猪呼吸困难，喘气明显，似拉风箱样声音，有的病猪张口呼吸，呈犬坐姿势	气管有卡他性分泌物，支气管淋巴结和纵隔淋巴结肿大。病变特征为：肺尖叶、心叶和隔叶前缘出现红色或淡紫色，两侧对称的"虾肉"样病变
猪痢疾	猪痢疾密螺旋体	一年四季均可发生，5～12周龄保育猪和生长猪多发	患猪排水样或黏液样稀便，粪便呈棕色、红色或黑色，充满血液和黏液	大肠壁和大肠系膜淋巴结充血、水肿。继而肠黏膜坏死，形成伪膜，肠腔内充满黏液和血液，呈酱色或巧克力色
钩端螺旋体病	钩端螺旋体	无季节性，但夏秋多雨季节为流行高峰期，常散发和呈地方流行性	急性型感染仔猪厌食、发热、腹泻、黄疸。亚急性和慢性型主要损害生殖系统，产死胎或弱仔，偶见流产	急性型以败血症，全身性黄疸，以及各器官、组织广泛出血及坏死为特征。亚急性和慢性表现身体各部位组织水肿。母猪可发生弥漫性胎盘炎
病毒病				
猪瘟	猪瘟病毒	不分年龄、性别、品种，一年四季均可发生，发病率、病死率高，流行猛烈	体温41℃左右，脓性结膜炎，皮肤红斑点指压不退色，先便秘后腹泻，公猪包皮囊积尿，小猪多有神经症状	实质器官多发生出血性为特征的败血症病变，肾脏有出血点或斑，尿道、膀胱、喉头均有出血点，脾脏边缘梗死

（续）

病名	病原	流行特点	主要症状	病理变化特征
		病 毒 病		
猪繁殖与呼吸综合征	猪繁殖与呼吸综合征病毒	又称猪蓝耳病，高度接触性传染病。妊娠母猪和1月龄内的仔猪最易感。持续性感染是本病的主要特征	母猪流产，早产，死胎，木乃伊胎。胎儿大小比较一致。少数病猪双耳、尾等部发生短暂性皮肤紫绀。哺乳仔猪呈结膜炎，呼吸障碍及流鼻涕。青年猪见呼吸道症状	间质性肺炎、淋巴结肿大呈褐色
猪流感	猪流感病毒	突然发病，传播迅速，发病率高达100%，病死率低。冬季流行	体温升高至40～42℃，极度衰弱，厌食。呼吸急促，阵发性咳嗽，眼鼻流出分泌物。妊娠母猪流产	鼻、咽、喉、气管支气管黏膜潮红，有大量黏液，肺脏水肿，有深紫色的肺炎区，间质增宽。肺门淋巴结水肿
猪传染性胃肠炎	传染性胃肠炎病毒	10日龄以内仔猪易感，发病率和病死率高，可达100%。断奶后的猪发病症状轻微，多数能自然康复。秋冬、冬春换季时易发。传播迅速，数日内可波及整个猪群	仔猪突然发病呕吐，排水样粪便，粪便呈黄绿色，内有未消化凝乳块，有特殊腥臭味。仔猪明显脱水，消瘦，多于1～3d内死亡。肥育猪、母猪呕吐，水样腹泻呈喷射状，约1周可康复	猪尸体脱水明显，胃内充满凝乳块，胃黏膜轻度充血。肠膨胀，肠壁变薄呈半透明状，肠内充满黄色带泡沫的液体
猪流行性腹泻	猪流行性腹泻病毒	冬季高发，各种年龄的猪易感，哺乳仔猪最易感	主要表现为呕吐、腹泻和脱水，与传染性胃肠炎相似，但程度较轻，传播稍慢	乳糜管中无脂肪。肠内有黄色液体和气体。小肠壁变薄，黏膜充血、出血。肠系膜淋巴结水肿。胃壁出血。胃内物：刚出生的1～2d为乳块，3～5d为绿色黏液，与猪传染性胃肠炎相似
猪轮状病毒病	轮状病毒	寒冷季节多发，8周龄以下特别是10～28日龄仔猪易感，发病率可达90%～100%	病猪排黄色或暗灰色水样稀粪。脱水、消瘦比传染性胃肠炎稍慢，偶见呕吐	胃内有凝乳块。肠壁变薄并充满液体。盲肠、结肠扩张。乳糜管内有不等量的脂肪
猪细小病毒病	猪细小病毒	主要发生于初产母猪，一般呈地方流行性或散发	主要表现繁殖障碍，感染母猪，特别是初产母猪发生流产、死胎、木乃伊胎，而母猪本身无临床症状	剖检见母猪有轻度子宫内膜炎，胎盘部分钙化。感染胎儿可见充血、水肿、出血，胸腹腔积液、脱水及坏死等病变
猪伪狂犬病	伪狂犬病病毒	多在寒冷季节发病	引起怀孕母猪流产，以产死胎为主。仔猪也可出现体温升高，呼吸困难，下痢和特征性神经症状。15日龄以内仔猪易感，病死率可达100%	肝脏有局灶性坏死区。木乃伊胎或死胎重吸收

（续）

病名	病原	流行特点	主要症状	病理变化特征
病 毒 病				
猪流行性乙型脑炎	猪流行性乙型脑炎病毒	以6～10月份多发，蚊虫为传媒。猪发病年龄与性成熟有关，多在6月龄左右发病。感染率高，发病率低	体温升高至40～41℃，呈稽留热。母猪流产，产出死胎、弱胎和木乃伊胎公猪发生睾丸炎，多为一侧性的	母猪子宫内膜充血水肿，有黏性分泌物，小点出血。胎儿脑积水，皮下水肿，体腔积液，点状出血，脾脏和肝脏有坏死灶
寄 生 虫 病				
猪蛔虫病	猪蛔虫	3～5月龄仔猪最易感。主要通过采食虫卵污染的饲料（包括生的青绿饲料）及饮水感染，或母猪的乳房沾染虫卵后，仔猪吸奶时感染	咳嗽、体温升高、食欲减退。严重感染可出现呼吸困难、呕吐、流涎、精神沉郁、不愿走动。仔猪发育不良，生长缓慢，被毛粗乱	肺部变化不明显，重者见肺出血点或蛔虫性肺炎，肝脏上见灰白色蛔虫幼虫移行斑块（云雾斑）
后圆线虫病	后圆线虫	成虫寄生于猪支气管内。主要发生于幼龄猪。幼虫感染前藏于蚯蚓体内，适合蚯蚓生活的地方多发，呈地方流行性。蚯蚓活动的季节（夏秋）本病流行严重	又名猪肺线虫病。轻度感染不显症状，严重感染时，引起支气管炎或肺炎。咳嗽，呼吸困难。慢性病程则生长发育受阻	肺的膈叶后缘有支气管炎和细支气管炎，见到界限明显的灰白色微突起的寄生虫病灶，剪开可在支气管内发现虫体
类圆线虫病	兰氏类圆线虫	1月龄左右的猪感染严重，病死率可达50%，2～3月龄后减轻，春产仔猪较秋产仔猪严重	大量寄生时病猪呕吐，消化障碍，腹痛，下痢，粪中带血	肠黏膜发生炎症，重者见点状出血。幼虫移行时引起支气管肺炎
猪球虫病	猪球虫	7～21日龄仔猪易感，发病率可达75%，病死率低；7～8月份多发	主要症状是腹泻，粪便水样或黄灰色、恶臭。消瘦，发育受阻	病变局限于空肠和回肠。炎症较轻，严重时可见肠黏膜出现纤维素性坏死性伪膜
弓形虫病	弓形虫	散发，架子猪多发，发病率和病死率高。一年四季均可发生，但以夏秋季多发	呼吸困难，呈腹式或犬坐式呼吸，耳、腹下部皮肤发红，间有小点出血。怀孕母猪表现为高热、废食，昏睡数天后流产，产死胎或弱仔	肺炎、肠溃疡，肝脏肿大，各器官有白色坏死灶

二、猪常见普通病的类症鉴别诊断

急性死亡猪常见普通病的临床综合鉴别诊断见表6-2。

表 6-2　常见急性死亡猪普通病的临床综合鉴别诊断

病　名	主要病因	主要临床症状及典型病理变化
仔猪白肌病	饲料中硒和维生素 E 含量不足	临床上以运动障碍、心脏衰弱、渗出性素质和神经机能紊乱为主要特征。急性病例，突然呼吸困难，心脏衰竭而死。病猪表现站立困难，四肢叉开，肢体弯曲，肌肉震颤。触诊背部、臀部肌肉肿胀，比正常肌肉硬，病变部对称。剖检见骨骼肌色淡，呈灰白色条纹，膈肌呈放射状条纹。心包积水，心肌色淡，以左心肌变性最明显
中暑	潮湿、闷热、拥挤，阳光暴晒头部	热射病和日射病统称为中暑。发病于 7、8 月份高温天气。突然发病，体温急剧升高（41℃以上）。主要表现为神经症状，迅速死亡
腹膜炎	原发性由受到机体条件致病菌侵害引起；继发性由腹壁、胃肠及其他脏器破裂、穿孔或手术所致	临床上以胸式呼吸，腹壁紧张，体温升高，呼吸、心跳加快为特征。病猪精神差，喜卧，食欲不振或仅吃少量稀食。严重时，食欲废绝，体温升高，呕吐、呼吸加快，排粪减少。交配时刺伤腹膜
肠套叠	饲料品质低劣或变质的饲料；肠道存在炎症、肿瘤、猪蛔虫等；或者由于去势引起肠管与腹膜粘连等	病猪突然不食，呈现剧烈腹痛不安，表现为背弓起，腹部收缩，有时前肢跪地。严重者突然倒地，翻滚或仰卧，四肢在空中划动，全身发抖，不断呻吟。初期频频排出稀粪，量少而黏稠，以后可混有黏液或血液。体温一般不高
肠扭转	采食过度；饲养管理不善；继发于大肠炎	病猪突然不吃，腹痛剧烈，起卧不安，打滚，嘶叫，不排粪，打滚、蹬腿时体温升高。触摸腹壁有固定痛点，附近叩诊有鼓音
猪脑膜炎	原发性多为感染或中毒所致；继发性多见于脑部及邻近器官炎症的蔓延，如颅骨外伤、额窦炎等	病初表现高度兴奋，体温升高，感觉过敏，反射机能亢进，瞳孔缩小，视觉紊乱，转圈或不顾障碍向前冲。其后站立不稳，倒地，眼球向上翻转呈惊厥状，后意识丧失，昏睡，有的四肢做游泳动作
猪酒糟中毒	长期或大量的饲喂酒糟	急性中毒时，初期体温升高，结膜潮红，狂躁不安，呼吸急促。出现腹痛、腹泻等胃肠炎症状。慢性中毒表现消化紊乱，视力减退甚至失明，皮疹和皮炎。最后体温降低，可由于呼吸中枢麻痹而死亡。剖检可见脑和脑膜充血，脑实质常有出血，胃内容物有酒糟和醋味，胃肠黏膜充血和出血

呼吸困难猪普通病的临床综合鉴别诊断见表 6-3。

表 6-3　呼吸困难猪普通病的临床综合鉴别诊断

病　名	主要病因	主要临床症状及典型病理变化
咽炎	原发性病因主要是机械性、温热性和化学性刺激，致细菌侵入扁桃体而引起。继发性咽炎常继发于口炎、食管炎、猪瘟、口蹄疫等疾病	病猪体温升高、精神沉郁、流涎、采食缓慢、咽下困难或无法吞咽，吞咽时头颈伸直，出现呕吐或干呕。鼻孔流出混有食物的脓性鼻液。咽部触诊敏感。病猪常伴发喉炎，表现呼吸困难、咳嗽、张口呼吸。视诊咽部、软腭、扁桃体充血及肿胀，甚至糜烂、坏死，有脓性或膜状覆盖物

（续）

病　名	主要病因	主要临床症状及典型病理变化
支气管肺炎	原发性病因为受寒感冒、饲养管理不良、应激、机体抵抗力降低、内源性或外源性细菌大量繁殖致发病。继发于猪肺疫、猪丹毒、猪副伤寒、支气管炎、肺丝虫病、蛔虫病、流感等疾病	病猪精神沉郁，食欲减退或废绝，体温升高 1.5～2℃，呈弛张热型，有时为间歇热。脉搏随体温变化，可多达 100 次/min。呼吸困难，且随病程的发展逐渐加剧，呼吸增数，可多达 100 次/min。结膜潮红或发绀。咳嗽，流少量鼻液。胸部听诊，病灶肺泡呼吸音减弱，可听到捻发音
纤维素性肺炎	传染性纤维素性肺炎一般多由局限于肺脏的传染病引起。非传染性纤维素性肺炎属于变态反应性疾病，同时具有过敏性炎症。非传染性纤维素性肺炎还可由受寒感冒、过劳、长途运输和吸入刺激性气体等因素诱发	病猪精神沉郁，食欲废绝，体温升高达 41～42℃，呈稽留热型。结膜充血、黄染。呼吸困难、频率增加，呈腹式呼吸。脉搏增数。典型病例病程分为充血期、红色肝变期、灰色肝变期和溶解期（消散期）。每个阶段 2～3d，病程 5～7d 为最高峰，7～8d 后高热渐退，全身症状迅速转好，渐有食欲，慢慢恢复健康
猪支气管炎	猪舍狭窄、低湿，猪群拥挤、气候剧变和饲养管理不良是引发本病的主要原因。机械、化学物质的刺激，以及感冒都可以导致发病	急性支气管炎初期有阵发性短促干咳、有痛感。后期转为湿性长咳，疼痛减轻，伴有呼吸困难症状，可视黏膜发绀，两侧鼻孔流出浆液性、黏液性或脓性分泌物。慢性支气管炎病猪精神沉郁、消瘦，常有剧烈的咳嗽，咳嗽持续时间长，流鼻液，症状时轻时重。肺部听诊早期呈湿啰音，后期出现干啰音
猪应激综合征	遗传因素、硒缺乏症、内分泌失调、蛋白质缺乏，环境应激，过劳、仔猪断奶，夏秋温度过高等	猪在应激时产生恶性高热（体温骤升至 42～45℃），心跳过速，全身颤抖，呼吸困难，黏膜发绀，皮肤潮红或呈现紫斑，肌肉痉挛以至僵硬，后肢强直、突然死亡、肉质变劣

腹泻猪普通病的临床综合鉴别诊断见表 6-4。

表 6-4　腹泻猪普通病的临床综合鉴别诊断

病　名	主要病因	主要临床症状及典型病理变化
营养性肝病	饲料中硒和维生素 E 含量不足	严重呼吸困难、黏膜发绀、躺卧不起，在强迫运动时可引起突然死亡。有的猪食欲不振，呕吐，腹泻，后肢虚弱。臀及腹部皮下水肿。有的出现黄疸和发育不良
猪马铃薯中毒	饲喂发芽、变绿及腐烂的马铃薯时，易引发中毒。马铃薯茎叶中含硝酸盐，处理不当或饲喂过多也可导致中毒	轻症呈胃肠炎症候，食欲不振，体温升高，呕吐、腹泻、腹痛。腹部皮下、头、颈和眼睑湿疹。怀孕母猪流产。重症初期兴奋不安，呕吐及疝痛症状。后肢软弱，四肢麻痹。呼吸微弱，气喘，可视黏膜发绀。心脏衰弱，瞳孔放大，痉挛。皮肤发绀，血液暗红且血凝不良。腹水增多，色黄、混浊、黏稠。胃肠黏膜充血、出血，甚至脱落。肝脏略肿大，呈局灶性坏死。肺水肿，喉头、气管和支气管内充满白色泡沫。心脏、肾脏充血、出血。伴有血样脑脊液

（续）

病　名	主要病因	主要临床症状及典型病理变化
维生素 A 缺乏症	富含维生素 A 饲料供应不足或长期缺乏；慢性胃肠疾病和肝脏疾病继发维生素 A 缺乏；泌乳、妊娠、生长高峰期及热性病和传染病时期，机体对维生素 A 需求增加	仔猪表现为皮肤粗糙，皮屑增多，咳嗽、下痢，生长发育迟缓，视力减弱，还可见有夜盲症。妊娠母猪出现流产和死胎或弱胎。公猪表现睾丸退化缩小，精液品质差
B 族维生素缺乏	饲料中 B 族维生素缺乏；继发性维生素 B_1 缺乏	临床表现母猪产仔数减少，仔猪病死率增加，常出现蹄关节肿大。缺乏烟酸则生长缓慢，厌食，被毛粗糙，腹泻。缺乏泛酸会出现典型的"鹅步"行走和"劈叉"。缺乏生物素则仔猪个体变小，仔猪初生重减轻

第三节　猪常见疫病的诊疗

一、猪 丹 毒

病原是红斑丹毒丝菌属丹毒丝菌，习惯称猪丹毒杆菌，是一种纤细的小杆菌，形直或稍弯，革兰氏染色阳性。

【诊断要点】本病多发生于夏秋炎热季节，一般呈散发或地方流行性。体温在 42℃ 以上，皮肤出现方形、菱形、圆形或不规则形的疹块，有"钻石疹"、"打火印"之称。全身淋巴结肿大，肾、脾肿大呈樱桃红色及肾脏出血，质地软（大红肾）。胃底及十二指肠黏膜红肿出血，呈大红布色。心瓣膜上有菜花样疣状赘生物（菜花心）。关节肿胀，关节囊增厚。

【防治】

（1）预防　制定严格的消毒制度。预防接种是防治该病最有效的办法。每年春秋或冬夏两季定期进行预防注射。仔猪免疫因可能受到母源抗体干扰，应于断奶后进行，以后每隔 6 个月免疫 1 次。发病后应早期确诊，隔离病猪，烧毁或深埋死猪。

（2）治疗　发病后应及时治疗，并加强护理，给予清洁饮水和易消化饲料。

肌内注射：可选择以下药物。

方一：①青霉素钠 2 万～4 万 U/kg，2～3 次/d，连用 3～5d。②猪丹毒抗血清（皮下注射）仔猪 5～10mL，架子猪 30～50mL，成年猪 50～70mL，24h 再注射 1 次。

方二：①链霉素 10～15mg/kg。②土霉素 5～10mg/kg 或泰乐菌素 5～10mg/kg。2 次/d，连用 3～5d。

方三：10％～20％磺胺二甲嘧啶钠针10～15mL/次，2次/d，连用3～5d。

方四：穿心莲针10～20mL/次，2～3次/d，连用2～3d。

方五：新克林美注射液0.2mL/kg，1次/d，连用2～3d。

方六：百病金方0.1mL/kg，2次/d或0.15mL/kg，1次/d，连用2～3d。

拌料：公英大败毒1 000g，拌500kg料，连喂4～5d。

二、仔猪副伤寒

病原为猪霍乱沙门氏菌和猪伤寒沙门氏菌，为革兰氏阴性杆菌，大小（1～3）×0.6μm。

【诊断要点】 主要发生于寒冷、气候多变及阴雨季节发生，呈地方流行或散发，流行缓慢，1～4月龄以内仔猪多发。急性体温41℃以上，慢性病例体温一般无变化。持续性下痢，粪臭。并发肺炎者有咳嗽、呼吸困难。病后期十分瘦弱，皮肤上有紫色斑。盲肠、结肠有圆形堤状溃疡和弥漫性坏死，肠管变厚无弹性。肠系膜淋巴结干酪样坏死，淋巴管索状肿。肝脏有灰黄色小坏死灶。急性病例肢体末端青紫色。

【防治】

（1）预防 搞好场内外环境卫生，定期消毒。1月龄以上的仔猪口服副伤寒菌苗。药物预防可在饲料中添加抗生素，如土霉素、金霉素和氟哌酸等。

（2）治疗

肌内注射：可选择以下药物。

方一：长峰6～8mg/kg，1次/d，连用3d。

方二：硫酸庆大霉素1.5mg/kg，2次/d，连用7d。

方三：通达0.1mL/kg，1～2次/d，连用2～3d。

方四：康农0.2mL/kg，2d1次，连用2次。

方五：百病金方0.1mL/kg，2次/d。或0.15mL/kg，1次/d，连用2～3d。

口服：可选择以下药物。

方一：磺胺二甲基嘧啶0.1g/kg，2次/d，连用7～10d。

方二：新霉素10～15mg/kg，2～3次/d，连用3～5d。

方三：康农20～30mg/kg，2次/d，连用3～5d。

以上根据条件任选一方，连用2次不奏效应考虑换药。

三、猪 肺 疫

病原多杀性巴氏杆菌为革兰氏阴性小杆菌，大小（0.5～1.5）μm×（0.25～0.4）μm。对血液和组织中的病原菌用美蓝或瑞氏染色镜检，见两极着色球杆菌，并有明显荚膜。

【诊断要点】秋末春初气候多变及多雨季节易发生，多发于中、小猪，成年猪患病少，多散发或继发。体温 41℃左右。急性病例咽喉部肿胀，呼吸困难，呈犬坐姿势，口鼻流出白色泡沫液体。皮肤上有红色出血点。剖检见咽喉部肿大，皮下周围组织胶样浸润。淋巴结肿大，切面出血。肺有不同肝变期，切面呈大理石状，或见纤维素性胸膜炎和心包炎。脾脏不大。

【防治】

（1）预防

①加强饲养管理，喂全价饲料，增加猪体抵抗力，去除不良的诱因。

②猪舍内每天清扫，定期消毒。

③疫苗免疫。种猪群春、秋各免疫 1 次。育肥猪 60 日龄免疫 1 次。

（2）治疗

肌内注射：可选择以下药物。

方一：氨苄青霉素 10～20mg/kg，或 10～15mg/kg，2 次/d。

方二：10%～20% 磺胺二甲氧嘧啶 10～30mL/次，2 次/d，连用 3～5d。

方三：通达 0.1mL/kg，1～2 次/d，连用 2～3d。

方四：康农 0.2mL/kg，2d 1 次，连用 2 次。

方五：硫酸庆大霉素 1.5mg/kg，3 次/d，连用 7d。

方六：盐酸土霉素 40mg/kg，2 次/d，连用 2～3d。

方七：长效土霉素 10～20mg/kg，2d 1 次，地塞米松 4～12mg/次，连用 2～3 次。

方八：冰蟾毒喘素 0.15mL/kg，1 次/d，连用 2～3d。

方九：炎毒咳喘王 0.2～0.4mL/kg，2 次/d，连用 2d。

方十：长峰 6～8mg/kg，1 次/d，连用 3d。

方十一：泰乐菌素注射液 5～13mg/kg，地塞米松 4～12mg/次，2 次/d，连用 7d。

口服：可选择以下药物。

方一：康农 20～30mg/kg，2 次/d，连喂 3～5d。

方二：呼毒圆蓝康 500g 拌料 300kg，连喂 3～5d。

方三：感冒混感咳星 1 000g 拌料 500kg，连喂 3～5d。

四、猪大肠杆菌病

大肠杆菌属为革兰氏阴性杆菌，无芽孢，有鞭毛，无荚膜，两端钝圆的短杆菌。

（一）仔猪黄痢

仔猪黄痢又称为早发性大肠杆菌病，是由一定血清型的大肠杆菌引起的初生仔猪急性、致死性传染病。

【诊断要点】出生后数小时至 5 日龄以内仔猪发病，3 日龄左右的仔猪最常见。表现为精神沉郁，排黄色、黏液样稀粪或水样粪，混有气泡，很少呕吐。肠壁变薄，松弛，充气，肠黏膜肿胀，充血或出血。胃黏膜红肿，胃内充满乳汁，切开见凝乳块。肠淋巴结充血肿大，切面多汁。心、肝、肾有变性，重者有出血点。

【防治】

（1）预防

①母猪产前 40d 和 15d 各注射大肠杆菌多价苗 1 次。

②新生仔猪通过吃初乳而获得保护。加强妊娠母猪和哺乳母猪的饲养管理。

③做好仔猪的饲养管理和环境卫生工作。

④预防性用药：用氟苯尼考粉或高利霉素预混剂全群拌料，再结合口服补液盐可有效预防。

（2）治疗

口服：可选择以下药物。

方一：磺胺嘧啶 0.2～0.8g、三甲氧苄氨嘧啶 40～160mg、活性炭 0.5g，混匀，分 2 次口服，2 次/d，连用 3d。

方二：硫酸庆大霉素 4～11mg/kg，2 次/d，连用 3d。

方三：硫酸新霉素 15～25mg/kg，拌料，2 次/d，连用 3d。

方四：仔猪保命液 2mL/次，2～3 次/d，连用 3d。

肌内注射：可选择以下药物。

方一：盐酸环丙沙星 2.5～10mg/kg，2 次/d，连用 3d。

方二：硫酸庆大霉素 4～7mg/kg，1 次/d，连用 3d。

方三：胆王·咖食因 0.3mL/kg，1 次/d，连用 3d。

方四：百病金方 0.1mL/kg，2 次/d，或 0.15mL/kg，1 次/d，连用 3d。

方五：立可停 0.1mL/kg，连用 3d。

（二）仔猪白痢

仔猪白痢又称为迟发性大肠杆菌病，以 10～30 日龄仔猪易感。

【诊断要点】一年四季均可发生，但以严冬、炎热季节较多，气候骤变、饲养管理不良可使发病率升高。病猪体温无明显变化，排出白色或灰白色粥状稀粪或黄白色稀粪。胃黏膜充血、出血、水肿，胃内常积有多余凝乳块。肠系膜淋巴结水肿。

【防治】同仔猪黄痢。

（三）猪水肿病

猪水肿病是由溶血性大肠杆菌引起的断奶仔猪的一种急性散发性传染病。

【诊断要点】多发生于断奶前后的仔猪，发病多是营养良好和体格健壮的仔猪，且与饲养方式改变等有关。病猪精神沉郁、食欲废绝，体温不高。眼睑、头部、下颌间出现水肿，严重者可引起全身水肿。行走无力，共济失调，转圈，抽搐，四肢呈游泳状划动，衰竭死亡。剖检见上下眼睑水肿、颜面、下额部、头顶部皮下呈灰白色胶样水肿。胃大弯、贲门水肿，切开浆膜和肌层，有胶冻状肿胀物。结肠系膜水肿，肠系膜淋巴结水肿，体腔有积液。

【防治】

（1）预防

①用大肠杆菌多价苗（含水肿毒株）免疫。

②仔猪断奶前后加强管理，限制高蛋白饲料的喂量。在断奶仔猪饲料中添加药物氟苯尼考或高利霉素预混剂。

③在 15～20 日龄时，补充 0.1% 亚硒酸钠，每头仔猪用 2mL。

（2）治疗

方一：肌内注射，①20% 安钠咖 1mL/次；②维生素 C 0.5g/次，2 次/d。静脉滴注，①0.9% 氯化钠 10mL/kg＋5% 碳酸氢钠 2mL/kg；②5% 葡萄糖 10mL/kg＋肌苷 5mg/kg＋维生素 B_6 5mg/kg；③5% 葡萄糖 10mL/kg＋50% 葡萄糖 1mL/kg＋硫酸卡那霉素 25mg/kg。1 次/d，连用 3～5d。

方二：肌内注射，①链霉素 0.5g/次；②维生素 B_{12} 100mg/次。1 次/d，连用 2d。

方三：肌内注射，①强力水肿消 0.05～0.1mL/kg；②通达 0.1mL/kg；③抗毒Ⅱ号 0.1mL/kg。1 次/d，连用 2～4d。

五、猪链球菌病

病原为猪链球菌、兽疫链球菌和类猪链球菌。菌体呈圆形或椭圆形，直径小于 1.2μm，呈链状或成双排列，革兰氏染色阳性。

【诊断要点】 败血型主要发生于哺乳仔猪，架子猪次之，成年猪更少。淋巴结化脓主要发生于架子猪，传播缓慢，发病率低。败血型病猪体温升高达 41℃以上，结膜潮红，流泪，呼吸困难，体表出现紫红色或红色斑块。脑膜炎型病猪出现神经症状，阵发性抽搐，头和四肢僵硬。有的猪转圈，倒地不起，四肢划动似游泳状。关节型病猪关节肿胀，疼痛，跛行，跪地。化脓性淋巴结炎型病猪颌下、颈部、腹股沟等处的淋巴结肿胀、化脓。剖检见败血症病猪全身器官充血、出血特别是肺充血、肿大、有大量出血点并有化脓性病灶。脑炎病猪的脑膜充血、出血，血管突起，有化脓性病灶。

【防治】

（1）预防

①断奶仔猪用疫苗进行预防接种。

②做好阉割、剪牙、断尾、断脐带、注射等消毒工作。

③注意搞好猪舍卫生，用高效消毒剂消毒。

（2）治疗

方一：肌内注射，①青霉素钠 3 万～4 万 U/kg；②地塞米松 4mg。2 次/d，连用 3～5d。

方二：肌内注射林可霉素 10～20mg/kg，2 次/d，连用 3～5d。

方三：口服磺胺嘧啶 70mg/kg＋碳酸氢钠 50mg/kg，2 次/d，连用 5d。

方四：肌内注射氟莱卡 0.1～0.2mL/kg，1 次/d，连用 3～5d。

方五：肌内注射长峰 6～8mg/kg，1 次/d，连用 3d。

方六：肌内注射 10％磺胺嘧啶钠 20～40mL/次，2 次/d，连用 3～5d，用于脑膜脑炎型。

淋巴结脓肿，可待脓肿成熟后，将脓肿及时切开，排除脓汁，用 0.1％高锰酸钾溶液或 3％双氧水冲洗，再涂以 5％碘酊。

六、李氏杆菌病

病原为单核细胞增多症李氏杆菌，是一种革兰氏阳性小杆菌，大小（0.5～2）μm×（0.4～0.5）μm，无荚膜。在血涂片中有单个分散的或两个菌排成 V 形或并列排列。

【诊断要点】仔猪和妊娠母猪较易感染，多呈散发，冬季和早春多发。败血症和脑膜脑炎混合型多发生于哺乳仔猪，突然发病，体温升高 41～42℃，不吮乳，粪干尿少，后期体温下降。多数表现兴奋，共济失调，肌肉震颤，无目的跑动或转圈，或后退，或以头抵地，有的头颈后仰呈观星姿势，严重者倒地，抽搐，口吐白沫，四肢乱划，给予刺激则惊叫。剖检可见脑和脑膜充血或水肿，脑脊液增多、混浊，脑干变软，有小化脓灶。

【防治】

（1）预防　不从病猪场引进种猪，驱除场内鼠类，定期进行消毒，可选用多价菌苗进行预防接种。

（2）治疗　肌内注射以下药物。

方一：20％磺胺嘧啶钠 5～10mL/次，2 次/d，连用 3d。

方二：硫酸庆大霉素 5mg/kg，2 次/d，连用 3d。

方三：氨苄青霉素 10～20mg/kg，2 次/d，连用 3d。

七、仔猪红痢

病原为 C 型产气荚膜梭菌，又称魏氏梭菌。是革兰氏阳性大杆菌，大小

（4～8）μm×（1～1.5）μm。菌体短粗，两端钝圆。有荚膜，可形成中心或偏端的椭圆形芽孢。

【诊断要点】主要发生于 3 日龄以内的新生仔猪。病猪体温不高，精神沉郁，食欲废绝，排出浅红或红褐色稀粪，粪便很臭，常混有坏死组织碎片及多量小气泡。剖检可见小肠特别是空肠呈紫红色，肠内容物呈红褐色并混杂小气泡，黏膜弥漫性出血，肠壁黏膜下层、肌层及肠系膜有灰色成串的小气泡，肠系膜淋巴结肿大或出血。胸腔、腹腔、心包积红、黄色液体。心外膜、肝、脾、肾可见出血点。

【防治】

（1）预防　做好产房、猪舍、环境、母猪乳头的消毒工作。怀孕母猪临产前注射 C 型魏氏梭菌疫苗，可控制本病发生。仔猪出生后注射抗猪红痢血清，3mL/kg，可获得充分保护。

（2）治疗

肌内注射：可选择以下药物。

方一：青霉素、链霉素各 2 万～4 万 U/kg，2 次/d，连用 3～5d。

方二：①氧氟沙星 0.5～1mL/次。②硫酸庆大霉素 2 万～4 万 U/次。③5％碳酸氢钠 2～5mL、5％葡萄糖盐水 10～20mL 混合腹腔注射。1 次/d，连用 3～5d。

口服：磺胺嘧啶 0.2～0.8g，三甲氧苄氨嘧啶 0.4～0.6g，活性炭 0.5～1g，混匀一次口服，2～3 次/d，连用 3～5d。

八、猪痢疾

病原为猪痢疾密螺旋体。革兰氏染色阴性，大小（6～8.5）μm×（0.32～0.38）μm，多为 4～6 个疏螺弯曲，两端尖锐，形如双翼状。

【诊断要点】无明显季节性，流行缓慢，一旦发病，可常年持续不断发生。患猪排水样或黏液样稀便，粪便呈棕色、红色或黑色，充满血液和黏液。剖检见大肠壁和大肠系膜淋巴结充血、水肿。病情若进一步发展，黏膜表面坏死，形成伪膜。肠腔内充满黏液和血液，呈酱色或巧克力色，混有大量黏液和坏死组织碎片。

【防治】

（1）预防

①本病尚无有效疫苗，严禁从发病猪场引种。

②应用高效消毒剂对圈舍及地面消毒。

（2）治疗　肌内注射以下药物。

方一：丁胺卡那 10～15mg/kg，2 次/d，连用 3d。

方二：0.5％痢菌净 0.5mL/kg，2 次/d，连用 2～3d。

方三：①青霉素、链霉素各 2 万～4 万 U/kg。②地塞米松 0.5mg/kg。2 次/d，连用 3～5d。

方四：泰乐菌素 10～20mg/kg，2 次/d，连用 3d。

方五：①新克林美 0.1～0.2mL/kg。②地塞米松 0.5mg/kg。2 次/d,连用 3～5d。

九、猪支原体肺炎

病原是猪肺炎支原体，大小 0.3～1μm 不等，无细胞壁，呈多形性，有球状、环状、杆状、点状和两极状等，革兰氏染色阴性。

【诊断要点】 又称猪气喘病，以哺乳仔猪和幼猪最易感，其次是妊娠后期及哺乳母猪，成年猪多为隐性感染。一般体温，精神和食欲正常，病程较长。以咳嗽和喘气为特征。剖检可见两侧肺的中间叶、尖叶、心叶和隔叶前缘出现红色或淡紫色，两侧对称的"虾肉"样病变。

【防治】

（1）预防

①严禁从有气喘病的猪场引进种猪。

②主要用药物预防猪群间传播。对猪群也可用喘气病弱毒冻干苗进行免疫接种，每头 5mL，胸腔注射。

（2）治疗

①肌内注射：可选择以下药物。

方一：硫酸卡那霉素 2 万～4 万 U/kg，1 次/d，连用 5d。

方二：泰乐菌素 10mg/kg，1 次/d，连用 3～5d。

方三：盐酸土霉素 30～40mg/kg，1 次/d，连用 5～7d。

方四：康农 0.2mL/kg，2d 1 次，连用 2 次。

方五：长效土霉素 10～20mg/kg，48h 1 次，连用 2～3 次。

方六：炎毒咳喘王 0.2～0.4mL/kg，2 次/d，连用 2d。

方七：冰蟾毒喘素 0.15mL/kg，1 次/d，连用 2～3d。

方八：百病金方 0.1mL/kg，2 次/d 或 0.15mL/kg，1 次/d，连用 3d。

方九：泰乐菌素 5～13mg/kg，地塞米松 4～12mg/次，2 次/d，连用 7d。

②口服：可选择以下药物。

方一：泰乐菌素 0.2g/L 水，连用 3～5d。

方二：康农 20～30mg/kg，2 次/d，连用 3～5d。

方三：呼毒圆蓝康 500g 拌料 300kg，连喂 3～5d。

方四：感冒混感咳星 1 000g 拌料 500kg，连喂 3～5d。

十、猪传染性胸膜肺炎

病原为胸膜肺炎放线杆菌，是革兰氏阴性、有荚膜的多形性球状短杆菌。

【诊断要点】冬春季节发病率较高，饲养环境突变、饲养密度过大、猪舍通风不良、气候骤变及长途运输等都可诱发本病。临床经过快，发热，厌食，沉郁，严重呼吸困难，张口呼吸，从口鼻排出血色泡沫状分泌物。口、鼻、皮肤呈暗紫色。剖检见肺弥漫性出血性炎症或坏死，特别是膈叶背侧。纤维素性胸膜炎，见粘连，胸腔内有血色积液，气管中有带血色气泡状分泌物。

【防治】

（1）预防　①采用自家分离菌株制备灭活疫苗免疫母猪和仔猪。②在饲料中添加药物（氟苯尼考、土霉素或氟哌酸）进行预防。

（2）治疗

①肌内注射：可选择以下药物。

方一：20%磺胺嘧啶钠注射液5～15mL/次，2次/d，连用2～3d。

方二：硫酸卡那霉素1万～2万U/kg，1次/d，连用3～5d。

方三：康农0.2mL/kg，2d 1次，连用2次。

方四：氟莱卡0.1～0.2mL/kg，1次/d，连用2d。

方五：炎毒咳喘王0.2～0.4mL/kg，2次/d，连用2d。

方六：冰蟾毒喘素0.15mL/kg，1次/d，连用2～3d。

方七：血清毒净0.1mL/kg，1次/d，连用2～3d。

方八：百病金方0.1mL/kg，2次/d。或0.15mL/kg，1次/d，连用2～3d。

方九：长峰6～8mg/kg，1次/d，连用3d。

方十：氟苯尼考20mg/kg，2d 1次。硫酸卡那霉素10～15mL/kg，2次/d，连用3d。连用3～4d。

②口服：可选择以下药物。

方一：康农20～30mg/kg，2次/d，连用3～5d。

方二：呼毒圆蓝康500g拌料300kg，连喂3～5d。

方三：感冒混感咳星1 000g拌料500kg，连喂3～5d。

十一、猪传染性萎缩性鼻炎

病原为支气管败血波氏杆菌和多杀性巴氏杆菌。波氏杆菌是一种细小、能运动的革兰氏阴性球杆菌，大小（0.5～1）μm×（0.2～0.3）μm，多呈两极着色。多杀性巴氏杆菌为革兰氏阴性球状杆菌，大小（0.5～1.5）μm×（0.25～0.4）μm。

【诊断要点】2～5月龄猪发病。病猪发生鼻炎，喷嚏，流浆液或脓性鼻液、鼻血。因鼻泪管炎症堵塞引起眼角内皮肤下有半月形黄黑色泪斑。鼻甲骨萎缩致鼻面部变形明显：短鼻、撅鼻、鼻背皮肤厚皱纹深。个别猪发生脑炎或肺炎。剖检见鼻甲骨萎缩，鼻腔常有大量脓性甚至干酪样渗出物。多并发猪地方性流行性肺炎。

【防治】

（1）预防

①坚持自繁自养，加强饲养管理，搞好环境卫生和消毒。

②用产毒素 D 多杀性巴氏杆菌和支气管败血波氏杆菌制成的油佐剂灭活二联苗免疫仔猪。

③可选用泰乐菌素和磺胺类药物拌料预防。

（2）治疗

拌料：可选择以下药物。

方一：磺胺二甲嘧啶每吨饲料 100g，连喂 4～5 周。

方二：泰乐菌素每吨饲料 100g，磺胺嘧啶每吨饲料 100g，连喂 4～5 周。

方三：土霉素每吨饲料 100g，连喂 4～5 周。

方四：呼毒圆蓝康每 300kg 饲料 500g，连喂 3～5d。

方五：感冒混感咳星每 500kg 饲料 1 000g，连喂 3～5d。

另口服磺胺六甲氧嘧啶 0.05～0.1g/kg，1 次/d，连喂 5d。

肌内注射：可选择以下药物。

方一：盐酸土霉素 50mg/kg，1 次/d，连用 3～5d。

方二：冰蟾毒喘素 0.15mL/kg，1 次/d，连用 2～3d。

外用：1%～2%硼酸水、0.1%高锰酸钾、链霉素或土霉素溶液滴鼻或冲洗。

十二、猪附红细胞体病

病原是立克次氏体目、无浆体科、血虫体属的猪附红细胞体。大小（0.5～2.6）μm×（0.3～1.3）μm，呈多形性，单独、成对或成链状附着于红细胞表面，革兰氏染色阴性。

【诊断要点】 多在温暖季节，尤其是吸血昆虫活动的夏秋季节感染，呈地方流行性。病猪对外界反应迟钝，体温升高达 40℃以上。耳廓、尾尖四肢末梢毛孔、毛囊有出血点。个别猪出现黄疸、排血尿、酱油样尿。母猪临产前发病率较高，乳房、阴户水肿可持续 1～3d，产后产奶量下降，缺乏母性。出现繁殖障碍，产胎率低，不发情，流产、产弱仔。贫血、血液稀薄，凝固不良。黄疸，全身肌肉色泽变淡，皮肤下脂肪黄染。血液压片检查，在油镜暗视野下可发现红细胞表面及血浆中有许多球形、椭圆形及杆状闪光的运动虫体。

【防治】

（1）预防 消灭蚊蝇及体表寄生虫。注射器、针头、断尾等手术器械严格消毒，减少机械传播。加强饲养管理，消除应激因素。

（2）治疗　肌内注射以下药物。

方一：血虫净 4～8mg/kg，1 次/d，连用 2d。

方二：盐酸土霉素 20～30mg/kg，1 次/d，连用 5d。

方三：咪唑苯脲 1～3mg/kg，1 次/d，连用 5d。

方四：弓可清 0.1～0.2mL/kg，1 次/d，连用 2～3d。

方五：高效附弓净 0.1～0.2mL/kg，1 次/d，连用 2～3d。

方六：氟莱卡 0.1～0.2mL/kg，1 次/d，连用 3～5d。

方七：血清毒净 0.1mL/kg，1 次/d，连用 5d。

十三、猪　　瘟

病原为黄病毒科、瘟病毒属的猪瘟病毒，为单股正链 RNA，病毒颗粒呈球形，直径 25～35nm。

【诊断要点】不分年龄、性别、品种，一年四季均可发病。发病率及病死率高，流行猛烈。体温 41℃ 左右，先便秘后腹泻，脓性结膜炎，皮肤红斑点指压不退色。公猪包皮囊积尿，小猪多有神经症状。剖检见实质器官多发性出血性败血症病变为主，肾脏有出血点或斑，尿道、膀胱、喉头均有出血点，脾脏边缘梗死。

【防治】

（1）预防　在 20 日龄左右用猪瘟脾淋弱毒疫苗首免，60 日龄二免。垂直感染引发哺乳仔猪猪瘟的猪场可在 1 日龄注射猪瘟脾淋弱毒疫苗。

（2）治疗

方一：肌内注射，①抗猪瘟血清 25mL/次。②硫酸庆大小诺霉素 2～4mg/kg。1 次/d，连用 2～3d。

方二：肌内注射，①猪白细胞干扰素，每瓶加注射用水 6mL 溶解，10 日龄以内乳猪 1.5mL/头，仔猪 3mL/头，育肥猪 6mL/头，1 次/d。②百病金方 0.1mL/kg，2 次/d；或 0.15mL/kg，1 次/d；或康农 0.2mL/kg，2d 1 次。连用 2～4d。

口服呼毒圆蓝康 500g 拌料 300kg；或康农 20～30mg/kg，2 次/d。连喂 5d。

方三：肌内注射，①抗毒Ⅱ号 0.1mL/kg。②泰能 0.1mL/kg。③冷冰冰 0.15mL/kg。1 次/d，连用 2～3d。

口服呼毒圆蓝康 500g 拌料 300kg，连喂 3～5d。

方四：肌内注射，①抗毒Ⅱ号 0.1mL/kg。②百病金方 0.15mL/kg。1 次/d，连用 3～5d。

口服炎痢清 500g 拌料 200kg，自由采食，连喂 5～7d。

方五：肌内注射，①芪普克林 0.1～0.2mL/kg。②百病金方 0.15mL/kg。1

次/d，连用 2～4d。

口服炎痢清 500g 拌料 200kg，连喂 5～7d。

方六：肌内注射，①芪普克林 0.1～0.2mL/kg。②泰能 0.1mL/kg。③冷冰冰 0.15mL/kg。1 次/d，连用 2～3d。

口服呼毒圆蓝康 500g 拌料 300kg，连用 3～5d。

猪瘟、猪丹毒、猪肺疫、仔猪副伤寒的鉴别诊断见表 6-5。

表 6-5　猪瘟、猪丹毒、猪肺疫、仔猪副伤寒的鉴别诊断

病名	病原	流行特点	主要症状	病理变化特征
猪瘟	猪瘟病毒	不分年龄、性别、品种，一年四季均可发生。发病率、病死率高，流行猛烈	体温 41℃ 左右，脓性结膜炎，皮肤红斑点指压不退色，先便秘后腹泻，公猪包皮囊积尿，小猪多有神经症状	实质器官以出血性败血症病变为主。肾脏、尿道、膀胱、喉头均有出血点，脾脏边缘梗死
猪丹毒	猪丹毒杆菌	地方性流行，主要发生于架子猪，发病急。多发生在初夏和晚秋季节	体温在 42℃ 以上，皮肤出现方形、菱形、圆形或不规则形的疹块，有"钻石疹"、"打火印"之称	全身淋巴结肿大，肾、脾肿大呈桃红色及肾脏出血，质地软。胃底及十二指肠黏膜红肿出血，呈大红色。心瓣膜上有菜花样疣状赘生物（菜花心）。关节肿胀，关节囊增厚
猪肺疫	多杀性巴氏杆菌	秋末春初气候多变及多雨季节易发生，多发于中、小猪。多呈散发或继发	体温 41℃ 左右，急性病例咽喉部肿胀，呼吸困难，呈犬坐姿势，口鼻流出白色泡沫液体。皮肤上有红色出血点	咽喉肿胀，皮下周围组织胶样浸润。淋巴结肿大，切面出血。肺有不同肝变期，切面呈大理石状。纤维素性胸膜炎和心包炎
仔猪副伤寒	猪霍乱与猪伤寒沙门氏菌	主要发生于冬季。1～4 月龄仔猪多发，尤其是断奶后不久的仔猪最易感	急性体温 41℃ 以上，慢性病例体温一般无变化，以持续性下痢为特征，粪臭。并发肺炎者见咳嗽、呼吸困难。病后期瘦弱，皮肤见紫色斑	盲肠、结肠有圆形堤状溃疡和弥漫性坏死，肠管变厚无弹性。肠系膜淋巴结干酪样坏死。肝脏有灰黄色小坏死灶。急性病例肢体末端青紫色

十四、猪圆环病毒病

病原为猪圆环病毒，是能在哺乳动物细胞内自主复制的最小的无囊膜、单链环状 DNA 病毒。

【诊断要点】背毛粗乱，喜挤堆，精神沉郁，食欲减退，呼吸急促，衰竭无力，皮肤苍白。患猪腹泻、消瘦，与猪瘟等易混淆。脾脏肿大，肾脏也肿大，呈

土黄色，并有散在红色坏死斑点。肺脏质地较硬似橡皮，肺表面呈灰色至褐色的斑驳状外观。腹股沟、肠系膜、支气管及纵隔等淋巴结明显增生肿胀，切面水肿呈均质白色。胃肠道有不同程度的炎症及溃疡，盲肠壁增厚，小肠黏膜充血出血。

【防治】

（1）预防

①购入种猪要严格检疫，隔离观察。

②严格实行全进全出制度。

③定期消毒，切断传播途径。

④药物预防，控制原发病及继发感染。

（2）治疗

方一：肌内注射，①猪白细胞干扰素，每瓶加注射用水 6mL 溶解，10 日龄以内乳猪 1.5mL/头，仔猪 3mL/头，育肥猪 6mL/头，1 次/d。②新克林美 0.15mL/kg，1 次/d，或康农 0.2mL/kg，2d 1 次。连用 3～5d。

口服。呼毒圆蓝康 500g 拌料 300kg，或康农 20～30mg/kg，2 次/d，连用 3～5d。

方二：肌内注射，①抗毒Ⅱ号 0.1mL/kg。②奥克舒每 50～100kg 体重 3g。1 次/d，连用 2～4d。

口服呼毒圆蓝康 500g 拌料 300kg，连用 3～5d；或康复宝 100g 拌料 50kg，连喂 3～5d。

可参考猪瘟的治疗处方。

十五、猪伪狂犬病

病原为疱疹病毒科的伪狂犬病毒。完整病毒颗粒为圆形，直径105～110nm。

【诊断要点】多发生于冬春季节。引起怀孕母猪流产，以产死胎为主。仔猪也可出现体温升高，呼吸困难，下痢和特征性的神经症状（昏睡、鸣叫、共济失调、痉挛等）。15 日龄以内仔猪感染本病，病死率可达 100％。肝脏有局灶性坏死区。木乃伊胎、死产重吸收。

【防治】

（1）预防　猪场严格灭鼠，搞好清洁卫生。引进种猪必须检疫，隔离观察。免疫预防：目前多用伪狂犬弱毒疫苗注射，阳性场每年成年猪免疫 3～4 次，每次 2 头份。初生仔猪 1～3 日龄 0.5 头份滴鼻，42 日龄加强 1 头份肌内注射。避免同一猪群用不同基因缺失疫苗。

（2）治疗　治疗意义不大，淘汰发病猪或检疫阳性猪。

十六、猪轮状病毒病

病原为呼肠孤病毒科、轮状病毒属的猪轮状病毒。病毒颗粒略呈圆形，直径65～75nm。有双层衣壳，其中央为核酸构成的核心，内衣壳有呈放射状排列的圆柱形壳粒组成，外衣壳为连接于壳粒末端的光滑薄膜状结构，使本病毒形成车轮状外观。

【诊断要点】多发生于8周龄以内的仔猪，主要发生在冬季，呈地方流行性。病初精神沉郁、食欲不振、不愿走动。有些仔猪吃奶后发生呕吐，继而腹泻，粪便呈黄色、灰色或黑色，多为水样或糊状。剖检可见胃弛缓、充满凝乳块和乳汁，肠壁变薄、呈半透明，其内容物呈液状。

【防治】

（1）预防　加强饲养管理，增强母猪和仔猪抗病能力。注意保温，加强光照，降低猪舍湿度。定期免疫接种。搞好猪舍的清洁卫生和消毒工作。

（2）治疗

方一：肌内注射，①硫酸庆大小诺霉素 1～2mg/kg。②地塞米松 2～4mg/次。1 次/d，连用 2～3d。

方二：口服葡萄糖 43.2g、氯化钠 9.2g、甘氨酸 6.6g、柠檬酸 0.52g、枸橼酸钾 0.13g、无水磷酸钾 4.35g、水 2 000mL，混匀后供猪自由饮用，防止脱水，提高机体抵抗力。

方三：肌内注射。1%黄芪多糖 0.1～0.2mL/kg，2 次/d，连用 3～5d。

可参考猪瘟的治疗处方。

十七、猪细小病毒病

病原为猪细小病毒。完整病毒粒子呈六角形或圆形，具有典型的二十面立体对称结构，直径 25～28nm。

【诊断要点】主要发生于初产母猪，一般呈地方流行性或散发。主要表现繁殖障碍：感染母猪，特别是初产母猪发生流产，产死胎和木乃伊胎，而母猪本身无临床症状。剖检见母猪有轻度子宫内膜炎，胎盘部分钙化。感染胎儿可见充血、水肿、出血，胸腹腔积液，脱水及坏死等病变。

【防治】

（1）预防　使用猪细小病毒氢氧化铝灭活苗对后备母猪于配种前一个月进行 2 次预防接种，最好每胎用灭活苗免疫一次或用弱毒疫苗进行免疫。保持自繁自养的原则，应从未发生过本病的猪场引进种猪。

（2）治疗　参考猪轮状病毒病的治疗处方。

十八、猪传染性胃肠炎

病原是冠状病毒科、冠状病毒属的传染性胃肠炎病毒。病毒粒子多呈圆形或椭圆形，直径 80～120nm。

【诊断要点】多流行于冬春寒冷季节，呈流行性发生。10 日龄以内的哺乳仔猪突然发病呕吐，排水样粪便，粪便呈黄绿色，内有未消化的凝乳块，有特有的腥臭味。病猪明显脱水，消瘦，背毛粗乱，发病后 1～3d 死亡。肥育猪、母猪呕吐，水样腹泻呈喷射状，泄泻物灰色或褐色，1 周左右康复。剖检：病死猪尸体脱水明显，胃内充满凝乳块，胃黏膜轻度充血。肠膨胀，肠壁变薄呈半透明状，肠内充满黄色带泡沫的液体。

【防治】

（1）预防 应坚持自繁自养的原则，应从未发生过本病的猪场引进种猪。母猪在分娩前 45d 及 15d 左右注射猪传染性胃肠炎与猪流行性腹泻二联灭活苗 4mL，哺乳仔猪通过吃母乳获得抗体。加强饲养管理，搞好猪舍的清洁卫生和消毒工作。

（2）治疗

方一：口服，①热能克 100g 兑水 100kg。②肠福 100g 拌料 100kg。自由饮用或采食，连用 5～7d。

方二：肌内注射，土霉素注射液 10～20mg/kg，2 次/d，连用 3～5d。

口服，磺胺脒 0.4～0.5g，小苏打 1～4g，次硝酸铋 1～5g，混合后（拌料）内服，连用 3～5d。

方三：肌内注射，①氨苄西林 15～20mg/kg。②硫酸庆大霉素 10～15mg/kg。2 次/d，连用 3～5d。

参照猪瘟和轮状病毒病的治疗处方。

十九、猪流行性腹泻

病原为冠状病毒科的猪流行性腹泻病毒。病毒粒子呈多形性，平均直径为 95～190nm。病毒颗粒的棒状突起长 18～23nm，突起末端呈球状，其间有较宽的间隙，从核心伸出呈放射状排列。

【诊断要点】各种年龄的猪都易感。本病冬季多发，夏季也可发生。病猪表现为呕吐、腹泻和脱水，粪稀如水，呈灰黄色或灰色。乳糜管中无脂肪，肠内有黄色液体和气体，小肠壁变薄，血管充血，个别黏膜出血。肠系膜淋巴结水肿，小肠绒毛变短或萎缩甚至消失。胃壁出血。胃内物：刚出生 1～2d 时为凝乳块，3～5d 时为绿色黏液。

【防治】

（1）预防　加强饲养管理，搞好舍内卫生。坚持自繁自养的原则。发现病猪应立即隔离，对病死猪进行焚烧、消毒、深埋。免疫预防。

（2）治疗　参见猪传染性胃肠炎的处方。

二十、猪水疱病

病原属小核糖核酸病毒科、猪肠道病毒属的猪水疱病病毒。病毒粒子近球形，直径 22～23nm，在细胞质内呈晶格排列。

【诊断要点】病猪体温升高，全身症状明显，主要是在蹄冠、蹄叉、蹄踵或副蹄出现水疱和溃烂。病猪跛行，喜卧。重者继发感染，蹄壳脱落。部分病猪在鼻端、口腔黏膜出现水疱和溃烂。部分母猪乳房上也出现水疱，多因疼痛不愿哺乳，致使仔猪饿死。多发生于夏秋季节。

【防治】

（1）预防　坚持自繁自养，不从疫区调入猪及其产品。搞好猪舍及环境的清洁卫生和消毒工作。在疫区和受威胁地区可用弱毒疫苗免疫接种。

（2）治疗　参考猪瘟治疗处方。

局部处理：0.1%高锰酸钾或新洁尔灭清洗患部，涂擦碘甘油、紫药水或鱼石脂。

二十一、猪消化道线虫病

猪消化道线虫主要有蛔虫（雄虫长 15～25cm，雌虫长 20～40cm）、猪类圆线虫（雌虫长 3.1～4.6mm）、毛尾线虫（雄虫长 20～25mm，雌虫长 39～53mm）、食道口线虫（雄虫长 8～9mm，雌虫长 8～11mm）、胃圆线虫（雄虫长 4～7mm，雌虫长 5～10mm）和胃线虫等。

【诊断要点】消化道线虫有很多种，寄生于消化道不同部位，引起消化紊乱、胃肠道发炎、腹泻、粪便带血、消瘦、结膜苍白、贫血、下颌水肿等症状。少数病例体温升高，可出现神经症状，如后躯无力或麻痹，极度衰竭死亡。

剖检可见消化道各部位有数量不等的相应线虫寄生。尸体消瘦，贫血，胸、腹腔内有淡黄色渗出液。内脏显著苍白，有时可见虫咬的痕迹和针尖大到粟米粒的小结节。

【防治】

（1）预防

①每年春、秋季各进行一次预防性驱虫。

②搞好环境卫生，处理好动物粪便，可进行堆积发酵处理。

③加强饲养管理，补充维生素和微量元素，提高猪只抵抗力。

（2）治疗 主要是采取药物驱虫，可选择如下处方。

方一：左旋咪唑 10mg/kg，口服。

方二：左旋咪唑 7.5mg/kg，皮下或肌内注射。

方三：丙硫苯咪唑（阿苯达唑）5～10mg/kg，口服。

方四：阿维菌素或伊维菌素 0.3mg/kg，口服或皮下注射；或驱虫金针 0.02～0.03mL/kg，皮下注射。

因药物对虫卵效果差，一般需连续给药 2 次，间隔 10～15d。

二十二、猪囊虫病

病原为猪带绦虫蚴猪囊尾蚴，即猪囊虫。

【诊断要点】 寄生部位以舌肌、咬肌、肩腰部肌肉、股内侧肌及心肌较为常见。一般无明显症状。严重感染的猪可能有营养不良、生长迟缓、贫血和水肿等症状，并常呈两肩显著外展，臀部不正常的肥胖，呈宽阔的哑铃状或狮状体形。检查舌、眼可发现囊虫。死后在肌肉中发现囊虫便可确诊。主要检验部位为咬肌、深腰肌和膈肌，其他可检部位为心肌、肩胛外侧肌和股内侧肌。

【防治】

（1）预防 加强肉品卫生检验，对有囊虫的病猪肉应严格按规定处理。

（2）治疗

方一：口服吡喹酮 50mg/kg，1 次/d，连用 3d，停 2d 为 1 个疗程。一般需治疗 2～3 个疗程。

方二：口服丙硫苯咪唑（阿苯达唑）20mg/kg，1 次/d，连用 7～10d，停药 5d 为 1 个疗程。一般需治疗 2～3 个疗程。

二十三、猪弓形虫病

病原为原生动物门、孢子虫纲、肉孢子虫科的龚地弓形虫。大小（4～7）µm×（2～4）µm，一端稍尖，一端钝圆。猫为终末宿主。

【诊断要点】 一年四季均发病，但以夏秋季多发。主要症状为呼吸困难，呈腹式或犬坐式呼吸，耳、腹下部皮肤红，间有小点出血。怀孕母猪主要表现为高热、废食，昏睡数天后流产，产死胎或弱仔。剖检见肺炎、肠溃疡，肝脏肿大，各器官有白色坏死灶。

【防治】

（1）预防 本病以预防为主，定期消毒。保持猪圈的环境卫生清洁，保证饮水、饲料不受猫粪直接或间接污染。加强猪群饲养管理，对母猪流产物严格进行消毒处理，防止污染环境。

（2）治疗

方一：肌内注射弓可清0.1mL/kg，1次/d，连用2～3d。

口服弓红链菌清1 000g拌料1 000kg，连喂5～7d。

方二：肌内注射高效附弓净0.1～0.2mL/kg，1次/d，连用2～3d。

口服弓红链菌清1 000g拌料1 000kg，连喂5～7d。

方三：口服磺胺嘧啶70mg/kg，2次/d，连用3～5d。

方四：口服或肌内注射磺胺间甲氧嘧啶钠50mg/kg，1次/d，连用2～3d。

方五：肌内注射，①抗毒Ⅱ号0.1mL/kg。②高效附弓净0.1～0.2mL/kg，或弓可清0.1mL/kg。1次/d，连用2～3d。

口服弓红链菌清1 000g拌料1 000kg，连喂5～7d。

第四节　猪常见普通病的诊疗

一、猪霉菌毒素中毒

【病因】霉菌毒素中毒是使用发霉变质的饲料喂猪而引起的中毒性疾病，临床上以出现神经症状为特征，各种猪均可发生，仔猪及妊娠母猪较敏感。

【诊断要点】

（1）中毒后病猪拒食和呕吐，急性者外阴和阴道炎症状，如阴户红肿，阴门外翻，阴道黏膜充血、水肿，分泌的黏液带血、量多，乳腺增大等发情表现。严重病例出血，阴道和子宫外翻，甚至直肠和阴道脱出。

（2）哺乳母猪少乳或无乳。妊娠母猪早产，流产，产死胎、畸形胎、木乃伊胎。亚急性中毒表现为母猪性周期延长，产仔减少，产弱仔，流产，死胎和不育，能够存活的公猪出现睾丸萎缩、乳腺增大等雌性化现象。

（3）剖检肾脏中度肿大，质地脆弱，轻压即破裂，切面结构模糊，实质极易刮下，切面全呈黑红色。肝脏中度肿大，切面呈土黄色，不见肝小叶结构，质脆，实质易刮下。胆囊中度肿大，胆汁浓稠，未见出血。脾呈黑红色，约肿大1倍，但质地正常，切面上脾小体可认。膀胱黏膜轻度充血，有绿豆大出血点。

【防治】

（1）预防

①严禁使用发霉变质的饲料喂猪。

②对轻微发霉的玉米，用1.5%的氢氧化钠和草木灰水浸泡处理，再用清水清洗多次，但要限量饲喂。

③选择有效的毒素吸附剂。

（2）治疗　猪发生霉菌毒素中毒后，应立即停喂发霉饲料，更换优质饲料，同时对症治疗。

方一：轻泻排毒。硫酸钠 30～50g，液体石蜡 50～100mL，加水 500～1 000 mL 灌服，以排出肠内毒素，保护肠黏膜。

方二：口服霉失霉克 1kg 拌料 1 000kg，严重时加倍。

方三：肌内注射，①复方甘草酸铵 0.2～0.5mL/kg。②肌苷 5～10mg/kg。③维生素 C 50～100mg/kg。④维生素 K_1 5～10mg/次。1 次/d，连用 5～7d。

二、母猪瘫痪

【病因】母猪在饲养管理粗放、饲料条件较差和气候寒冷的情况下极易发生瘫痪，一般发生在产前数天及产后 30d 左右。个别母猪在产后几天内就会出现腰部麻痹、瘸腿及瘫痪现象。繁殖母猪瘫痪的类型，大致有产后瘫痪、风湿性瘫痪、营养代谢障碍性瘫痪 3 种。

【诊断要点】精神沉郁，食欲减退甚至废绝。躺卧昏睡，后肢软弱无力，跛行或不能站立，交互踏步，步态跟跄，有时两后肢相互碰撞。重症者卧地不起，强迫起来又无力支撑。轻症者时起时卧，两前肢跪地或呈犬坐姿势。

（1）产后瘫痪　多在产后数小时或 2～5d 发生，体温略升高，精神沉郁，反射减弱，站立困难，行走摇晃，泌乳量减少或无乳。

（2）风湿性瘫痪　多见于从外地引进的优良品种母猪，患肢强拘，跛行，关节肿胀，轮廓不清，触之疼痛。体温升高，脉搏增数，卧地不起，肢端厥冷，尤以趾关节僵硬，着地不稳。

（3）营养代谢障碍性瘫痪　老年体弱经产母猪以及营养不良的高产母猪多发。主要症状为极度贫血，黏膜苍白，精神倦怠，四肢酸软，久卧不起。

【防治】

（1）预防

①加强饲养管理，尤其是加强妊娠后期的饲养管理，供给多样化、营养全面、蛋白质丰富、矿物质充足的饲料，并适当运动，不能惊吓及剧烈驱赶。

②注意日粮中的营养合理搭配。

③改善环境卫生。

（2）治疗　采用中西药结合，扶正祛邪，润补气血，舒经活络，渗湿祛风，消炎镇痛的综合疗法。

病例一：某猪场一母猪产仔 5d 卧地不起，扶起放手又倒下，喜卧，食欲尚好，其他症状不明显，诊断为产后瘫痪。

静脉滴注：5% 葡萄糖 500mL＋25% 葡萄糖酸钙 50mL，1 次/d，连用 5d。

口服：金蟾速补钙，灌服或兑水饮服，1mL/kg，连用 3d。

病例二：某农户一头产仔母猪，卧地不起，腰背紧硬，四肢浮肿，查看猪圈阴暗潮湿，诊断为产后风湿瘫痪。

肌内注射：①维生素 D_3 2 000 万 IU。②冷冰冰 0.15mL/kg。1 次/d，连用 5d。

口服中药：羌活 5g，玉活、当归、黄芪、伸筋草、牛膝、云苓、桑枝、续断、威灵仙、西党各 10g，瓜皮 15g，玄胡、甘草各 5g，煎水调稀饭喂服，每天 1 剂，连喂 5 剂。

病例三：某农户一头经产母猪产后卧地不起，检查该母猪年老体弱，黏膜苍白、极度贫血，眼球凹陷，精神怠倦，四肢发软，久卧不起。诊断为营养代谢障碍性瘫痪。

肌内注射：①维生素 C 1g。②维丁胶性钙 4mL。③维生素 B_1 100mg＋维生素 B_{12} 500μg。1 次/d，连用 5d。

口服：金蟾速补钙（灌服或兑水饮服）1mL/kg，连用 3～5d。

三、母猪无乳综合征

【病因】该病主要是母猪在怀孕期和哺乳期饲料不足或饲料营养不全所致，也继发于母猪严重的全身性疾病、热性传染病、乳房疾病、内分泌失调、乳腺发育不全等。

【诊断要点】乳房小且皮肤松弛，乳腺不发达，没有局部症状。挤不出奶，奶水稀薄如水，或乳量逐渐减少。仔猪吃奶次数增加但吃不饱，常追赶母猪吮乳甚至啮咬母猪乳头。严重时个别母猪出现全身症状。

【防治】

（1）预防　改善饲养管理，给予富含营养的饲料。乳腺发育不健全的要经常按摩乳房。

（2）治疗

方一：肌内注射垂体后叶素或催产素 20～30IU，1 次/d，连用 3d。同时热敷及按摩乳房。

方二：口服中药，王不留行 40g，通草、山甲、白术各 15g，白芍、当归、黄芪、党参各 20g，研末拌料喂服，连用 3～5d。

四、仔猪营养性贫血

【病因】圈养母猪，圈舍为水泥或石板地面，使仔猪不能从外界摄取铁。母猪饲养管理不合理，即母猪饲料中缺乏铁、铜等元素。仔猪饲养管理不善及环境影响而致仔猪发生腹泻、机能紊乱等，影响微量元素及营养成分的吸收。

【诊断要点】可视黏膜色淡，轻度黄染或苍白。病初病猪精神沉郁，吮乳停止，四肢无力或卧地不起，肌肉震颤，步态不稳，体驱摇摆，运动失调，颈下、胸腹下及后肢等处浮肿。剖检见病猪全身皮肤、黏膜苍白或轻度黄染。肌肉颜色变淡，特别是臀肌和心肌更明显。血液稀薄，胸腹腔积有浆液性及纤维蛋白性液体。头部和身体前 1/4 发生轻度或中度水肿。肝脏肿大，且脂肪变性，呈淡黄色。心脏扩张，松弛。肺水肿或发生炎性病变。肾实质变性。

【防治】

（1）预防　加强妊娠母猪和哺乳母猪的饲养管理，饲喂富含蛋白质、无机盐和维生素的日粮。增加哺乳仔猪外源性铁剂的供给。

（2）治疗　补充外源性铁剂，充实体内铁质储备。

方一：肌内注射右旋糖酐铁 100～150mg/次，7d 后再半量注射 1 次。

方二：深部肌内注射补血莱（右旋糖酐与铁的络合物），仔猪出生 2～3d 内，1mL/头。出生 15d，1～2mL/头。僵猪 3mL/头。中大猪 3～5mL/次。

方三：口服。硫酸亚铁 5g、酵母粉（食母生）10g 混匀，分成 10 包，每天 1 包，拌料内服。

方四：口服 0.25% 硫酸亚铁水溶液适量，灌服或自饮。

肌内注射维生素 B_{12} 注射液 2～4mL，1 次/d，连用 3～5d。

方五：口服。硫酸亚铁 2.5g，硫酸铜 1g，氧化铝 2.5g，加水 1 000mL，纱布过滤，每头猪每次半汤匙，拌料或混水喂给。

第七章 禽常见病的诊疗

第一节 禽的类症疾病

一、引起禽急性死亡的疾病

疫病：高致病性禽流感、新城疫、传染性法氏囊病、包涵体肝炎、禽脑脊髓炎、鸭瘟、鸭病毒性肝炎、鹅病毒性肠炎、传染性喉气管炎、禽霍乱（巴氏杆菌病）、沙门氏菌病（鸡白痢、鸡伤寒、鸡副伤寒）、绿脓杆菌病、克雷伯菌病、葡萄球菌病、肉毒梭菌毒素中毒、溃疡性肠炎、坏死性肠炎、坏疽性皮炎、弧菌性肝炎、曲霉菌病、鸡住白细胞虫病及鸡球虫病等。

普通病：鸡肌胃糜烂症、初产蛋鸡猝死综合征、肉仔鸡猝死症、家禽脂肪肝综合征、维生素 E-硒缺乏症、中暑、一氧化碳中毒、药物（庆大霉素、链霉素、喹乙醇等）中毒、有机磷中毒、有机氯中毒、有机氟中毒、高锰酸钾中毒、硝酸盐/亚硝酸盐中毒、氢氰酸中毒、毒鼠强中毒、磷化锌中毒、砷中毒及食盐中毒等。

二、引起禽呼吸困难的疾病

疫病：禽流感、新城疫、传染性法氏囊病、传染性支气管炎、传染性喉气管炎、鸡痘（黏膜型）、鸡肿头综合征、鹅病毒性肠炎、禽霍乱、大肠杆菌病、链球菌病、沙门氏菌病（鸡白痢、禽伤寒及副伤寒）、丹毒病、绿脓杆菌病、克雷伯菌病、肉毒梭菌毒素中毒、鸡支原体病、传染性鼻炎、鸭传染性窦炎、禽念珠菌病及曲霉菌病等。

普通病：感冒、软嗉病、硬嗉病、腹水综合征、维生素 A 缺乏症、中暑、有机磷中毒、氨气中毒、一氧化碳中毒、磺胺类药物中毒、马铃薯中毒、硝酸盐/亚硝酸盐中毒、氢氰酸中毒及棉子饼中毒等。

三、引起禽流鼻液或咳嗽的疾病

疫病：禽流感、新城疫、传染性支气管炎、传染性喉气管炎、鸡痘、鸭瘟、禽霍乱、大肠杆菌病、克雷伯菌病、鸭传染性窦炎、传染性鼻炎、鸡支原体病、曲霉菌病及肿头综合征等。

普通病：感冒、维生素 A 缺乏症、嗉囊炎、氨气中毒及霉菌毒素中毒等。

四、引起禽腹泻的疾病

疫病：禽流感、新城疫、传染性法氏囊病、传染性支气管炎、传染性喉气管炎、白血病（大肝病）、马立克氏病、鸭瘟、鸭病毒性肝炎、包涵体肝炎、病毒性肠炎（蓝冠病）、传染性腺胃炎、产蛋下降综合征、禽霍乱、链球菌病、大肠杆菌病、李氏杆菌病、沙门氏菌病（鸡白痢、禽伤寒、副伤寒）、弧菌性肝炎、绿脓杆菌病、葡萄球菌病、克雷伯菌病、弯曲杆菌病、绿脓杆菌病、禽结核、螺旋体病、衣原体病、坏死性肠炎、溃疡性肠炎、肉毒梭菌毒素中毒、曲霉菌病、禽念珠菌病、住白细胞虫病、组织滴虫病、禽茨口吸虫病、禽异刺线虫病、禽蛔虫病、禽绦虫病、禽毛滴虫病及球虫病等。

普通病：痛风症、中暑、鸡输卵管囊肿、腹水综合征、初产蛋鸡猝死症、食盐中毒、黄曲霉中毒、药物（喹乙醇、痢菌净、土霉素等）中毒、有机磷中毒、有机氯中毒及棉子饼中毒等。

五、引起禽消化器官形态结构异常的疾病

疫病：马立克氏病、新城疫、禽流感、传染性法氏囊病、传染性支气管炎、禽脑脊髓炎、白血病、产蛋下降综合征、包涵体肝炎、鸭瘟、病毒性肝炎、禽霍乱、大肠杆菌病、葡萄球菌病、鸡支原体病、沙门氏菌病（鸡白痢、鸡伤寒、副伤寒）、溃疡性肠炎、坏死性肠炎、弧菌性肝炎、鸡螺旋体病、禽结核病、念珠菌病、组织滴虫病、禽棘口吸虫病、禽前殖吸虫病、禽异刺线虫病、禽胃线虫病、禽毛滴虫病、禽绦虫病及球虫病等。

普通病：痛风症、肝硬化、脂肪肝出血综合征、食滞病、纤维瘤和黏液肉瘤病、卵黄滞留症、初产蛋鸡猝死症、肉仔鸡猝死症、肉鸡生长迟缓症、维生素 A 缺乏症、棉子饼中毒、磷化锌中毒、霉菌毒素中毒及药物（喹乙醇、磺胺药、马杜拉霉素、痢菌净、高锰酸钾等）中毒等。

六、引起禽神经异常的疾病

疫病：马立克氏病、鸡脑脊髓炎、高致病性禽流感、新城疫、鸭瘟、病毒性肝炎、李氏杆菌病、沙门氏菌病（鸡白痢、鸡伤寒、副伤寒）、大肠杆菌病、链球菌病、禽霍乱、肉毒梭菌毒素中毒、曲霉菌病、螺旋体病、衣原体病、禽绦虫病及球虫病（小肠型）等。

普通病：中暑、维生素（维生素 A、维生素 B_1、维生素 B_2、泛酸、维生素 D 及维生素 E 等）缺乏症、锰缺乏症、一氧化碳中毒、食盐中毒、药物（磺胺类药、链霉素、庆大霉素、痢菌净、喹乙醇等）中毒、毒鼠强中毒等。

七、引起禽运动器官异常的疾病

疫病：新城疫、马立克氏病、网状内皮增生症、传染性法氏囊病、鸡脑脊髓炎、鸡病毒性关节炎、鸭病毒性肝炎、鹅病毒性肠炎、包涵体肝炎、白血病、鸭瘟、沙门氏菌病（副伤寒）、传染性滑膜炎、大肠杆菌病、葡萄球菌病、链球菌病、弧菌性肝炎、禽结核、鸡支原体病、肉毒梭菌毒素中毒、坏疽性皮炎、坏死性肠炎、禽螺旋体病、住白细胞虫病、禽毛滴虫病、禽绦虫病及球虫病等。

普通病：创伤、笼养疲劳症、痛风症、滑腱症、脂肪肝综合征、腹水综合征、鸡输卵管囊肿、硬嗉病、软脚病、趾瘤病、中暑、维生素（维生素 A、维生素 B_1、维生素 B_2、泛酸、维生素 D 及维生素 E 等）缺乏症、锰缺乏症、锌缺乏症、胆碱缺乏症、黄曲霉菌素中毒、食盐中毒、药物中毒（如磺胺类药物、马杜拉霉素等）有机氯中毒及有机磷中毒等。

八、引起禽皮肤及肌肉异常的疾病

疫病：马立克氏病、禽流感、鸡痘、传染性法氏囊病、传染性支气管炎、传染性喉气管炎、传染性贫血、包涵体肝炎、病毒性肝炎、鸡肿头综合征、禽霍乱、沙门氏菌病、大肠杆菌病、葡萄球菌病、传染性滑膜炎、传染性鼻炎、禽结核病、坏死性皮炎、绿脓杆菌病、念珠菌病、鸡住白细胞虫病、组织滴虫病、球虫病、禽羽虱病及禽膝螨虫病等。

普通病：痛风症、肉鸡腹水症、禽输卵管囊肿、鸭光过敏综合征、硬嗉病、啄癖症、脚趾囊肿（趾瘤病）、维生素（维生素 A、维生素 B_1、泛酸及维生素 K 等）缺乏症、锌缺乏症、脑软化病（维生素 E 和硒缺乏症）食盐中毒、磺胺类药物中毒及喹乙醇中毒等。

九、引起母鸡产蛋量下降的疾病

引起母鸡产蛋量下降的鸡病包括由各种病因引起的，包括营养、管理、环境和疾病等，造成禽类产蛋量和品质下降的鸡病。

疫病：鸡新城疫、禽流感、传染性支气管炎、传染性喉气管炎、产蛋下降综合征、包涵体肝炎、脑脊髓炎、鸡痘、沙门氏菌病、大肠杆菌病、弯曲杆菌病、禽霍乱、传染性鼻炎、鸡支原体病、鸡传染性滑膜炎、弧菌性肝炎、禽曲霉菌病、鸡住白细胞虫病、禽蛔虫病、前殖吸虫病及禽羽虱病等。

普通病：应激症、鸡脂肪肝综合征、初产蛋鸡猝死症、禽输卵管囊肿、钙/磷缺乏症、食盐缺乏症、维生素（维生素 A、维生素 B_2、叶酸及维生素 D 等）缺乏症、锌缺乏症、药物（磺胺类、痢菌净、喹乙醇等）中毒及黄曲霉中毒等。

十、引起肉仔鸡死亡的疾病

肉仔鸡通常是指 6 周龄以内的雏鸡，一般分为两个阶段：1～3 周为育雏阶段，4～6 周为育肥阶段。

疫病：新城疫、禽流感、传染性法氏囊病、传染性支气管炎、传染性喉气管炎、传染性脑脊髓炎、传染性贫血、包涵体肝炎、病毒性肠炎、病毒性肝炎、鸡白痢、禽霍乱、绿脓杆菌、大肠杆菌病、葡萄球菌病、坏死性肠炎、曲霉菌病、组织滴虫病及球虫病等。

普通病：腹水综合征、仔鸡猝死综合征、硬嗉病、肉鸡生长迟缓症、维生素（维生素 B_2、维生素 D 及维生素 E 等）缺乏症、药物中毒、一氧化碳中毒及霉菌毒素中毒等。

十一、引起禽黏膜苍白、黄染或机体消瘦的疾病

疫病：马立克氏病、禽白血病（大肝病）、网状内皮增生症、鸡传染性贫血、包涵体肝炎、传染性腺胃炎、弧菌性肝炎、溃疡性肠炎、禽结核、坏疽性皮炎、曲霉菌病、螺旋体病、组织滴虫病、球虫病、绦虫病、蛔虫病、住白细胞虫病、嗜眼吸虫病、鸭对体吸虫病、禽棘口吸虫病、禽前殖吸虫病、禽异刺线虫病、禽胃线虫病、禽毛滴虫病及禽羽虱病等。

普通病：痛风症、鸡脂肪肝综合征、初产蛋鸡猝死症、肉仔鸡猝死症、肌胃糜烂症、鸡输卵管囊肿、维生素（维生素 A、维生素 B_2、叶酸及维生素 E 等）缺乏症、黄曲霉中毒、磺胺类药物中毒及高锰酸钾中毒等。

十二、引起禽眼睛异常的疾病

疫病：禽流感、鸡痘、马立克氏病、传染性喉气管炎、鸡传染性脑脊髓炎、鸡肿头综合征、鸭瘟、传染性鼻炎、鸭传染性窦炎、绿脓杆菌病、沙门氏菌病（鸡副伤寒）、大肠杆菌病、衣原体病、鸡支原体病、念珠菌病、曲霉菌病及嗜眼吸虫病等。

普通病：鸭光过敏综合征、维生素（A 及泛酸）缺乏症、磺胺类药物中毒及氨气中毒等。

十三、引起禽头部肿胀的疾病

疫病：禽流感、新城疫、禽脑脊髓炎、鸭瘟、鸭传染性窦炎、鸡肿头综合征、鸡霍乱、鸡传染性鼻炎、大肠杆菌病、绿脓杆菌病、链球菌病、鸡支原体病及嗜眼吸虫病等。

普通病：皮下气肿、创伤、血肿、昆虫叮咬及氨气中毒等。

第二节　鸡常见病的鉴别诊断要点

一、鸡常见疫病的类症鉴别诊断

鸡常见疫病的类症鉴别诊断见表7-1。

表7-1　鸡常见疫病的临床综合鉴别诊断

病　名	病　原	流行特点	主要症状	病理变化特征
高致病性禽流感	A型流感病毒（正黏病毒）	不同年龄、不同品种的鸡均易感。冬春季多发。	头颈部肿大，鸡冠、肉髯发绀出血，头面部水肿，张嘴呼吸，角膜混浊，结膜和脚鳞出血。急性型出现震颤、共济失调、偏头扭颈等神经症状	腺胃黏膜乳头出血并有脓性分泌物。喉气管充血、出血，喉头水肿。胰腺出血、变性、坏死，脾肿大、有坏死点，小肠出血严重
鸡新城疫	新城疫病毒（副黏病毒）	不同年龄、不同品种的鸡均易感。多发于秋冬季	精神高度沉郁，严重下痢，黄绿色粪便，头部水肿，冠髯发绀，嗉囊积液。急性型见共济失调、偏头扭颈等神经症状	腺胃乳头出血，肌胃出血，盲肠扁桃体、泄殖腔及小肠出血溃疡
鸡传染性喉气管炎	传染性喉气管炎病毒	20日龄以上鸡多发。一年四季均发病。成年鸡症状典型	喘气、咳嗽、流泪、结膜炎，流半透明鼻液。特征性症状为伸颈张嘴呼吸，发出"咯咯"叫声。体温升高，鸡冠发紫。后期眼睑肿胀，咳血痰。拉绿色稀便	口腔黏膜淤血并附多量灰白色泡沫状分泌物。喉头至气管黏膜水肿、出血，尤其是喉头点状出血。气管内有暗红色凝血块和黄色纤维素性渗出物
传染性支气管炎	传染性支气管炎病毒	6周龄以内鸡易感。冬春季多发。雏鸡病死率高，成年鸡病死率低	病鸡张嘴呼吸，咳嗽流涕，呼吸带啰音或喘鸣音，流泪，翼下垂。蛋鸡产蛋量下降，产畸形蛋。水样或白色石灰样稀便	气管黏膜内有水样至黏稠的黄白色渗出物，渗出物下表面有环状出血，黏膜肥厚。卵巢、卵泡充血出血。肾肿大退色，输尿管变粗，内有白色尿酸盐沉积

（续）

病　名	病　原	流行特点	主要症状	病理变化特征
禽痘	痘病毒	幼禽最易感，温暖潮湿季节多发。吸血昆虫为传播媒介	呼吸困难。黏膜型在口腔、鼻腔、眼睑及其周围出现肉色痘疹。皮肤型在少毛区或无毛区出现黄色痘疹	在口腔、咽喉、气管等处黏膜出现黄白色扁平小结节。随病情发展，小结节融合形成干酪样伪膜，造成鸡吞咽和呼吸困难，窒息死亡
传染性法氏囊病	法氏囊病毒	3～8周龄鸡易感，发病季节不明显	精神差，羽毛蓬乱。厌食，腹泻，拉白色石灰样稀便。呼吸困难。腿肌、胸肌出血	肝脏土黄色。肾肿大、苍白，有尿酸盐沉积。法氏囊肿大，质地变硬，出血
马立克氏病	马立克氏病毒	日龄越小越易感，潜伏期可达1～2个月，季节性不明显	神经型鸡头颈下垂、斜颈，鸡翅下垂，鸡腿瘫痪呈劈叉状。内脏型鸡精神不振，消瘦。眼型虹膜增生退色，瞳孔边缘不整。皮肤型鸡皮肤出现肿瘤结节	坐骨神经、翅神经等出现一侧或两侧肿大，呈黄白色水肿样变化。肾、肝、脾、心肌、腺胃出现白色肿瘤结节。腺胃出血溃疡
白血病	禽白血病病毒	各日龄均发病	消瘦，贫血，冠髯苍白并萎缩，逐渐衰竭，死亡。有的病鸡发生鳞状肿瘤。有的跖骨增生肿大，形成骨硬化性白血病	内脏（肝、脾、肾、法氏囊、卵巢、喉头、气管）出现肿瘤结节。肝肿大可呈弥漫型、颗粒型、结节型和混合型肿瘤。脾肿大
鸡传染性贫血	鸡传染性贫血病毒	鸡是本病的唯一宿主，各日龄鸡均发病	沉郁，消瘦，贫血，冠髯及可视黏膜苍白，衰竭，死亡	肌肉、内脏苍白。肝脏、心脏、肠道、腺胃、肌肉点状出血。免疫器官（法氏囊、胸腺、骨髓）萎缩
禽脑脊髓炎	禽脑脊髓炎病毒	1～3周雏鸡易感。经消化道传播	病初鸡表现步态异常，运动失调。明显期病雏出现犬坐姿态。最后出现神经症状，瘫痪，头颈震颤	脑水肿，脑膜下有透明液体。其他无明显变化
肿头综合征	肺病毒	各日龄鸡均可感染，四季均发病	体温升高，呼吸啰音，流泪、流涕，头部肿胀	鼻窦有较多分泌物
产蛋下降综合征	禽腺病毒	各日龄禽均发病，四季均发病	发病鸡群产蛋量突然下降，经3～8周逐渐恢复。有时产破蛋、薄皮蛋、无壳蛋等	输卵管黏膜水肿、苍白、肥厚，管腔内有白色渗出物或干酪样物

（续）

病　名	病　原	流行特点	主要症状	病理变化特征
传染性病毒性腺胃炎	腺胃炎病毒	多发于肉鸡	生长迟缓，苍白，消瘦。粪便中有未消化或消化不良的饲料	腺胃肿大，灰白黄斑驳状。指压从腺体中流出黏稠物。腺胃乳头不明显
包涵体肝炎	腺病毒	3～15周龄鸡多发	严重消瘦，贫血，黄疸	肝肿大，出血，脂肪变性
大肝大脾病	病原未定，多认为是病毒病	各日龄鸡易感	精神沉郁，贫血，产蛋下降	肝肿大，浆膜下有小出血点。脾肿大为正常2～3倍，浆膜面和切面有多处苍白灶。有时出现黄疸、肺水肿、出血或肠炎等病变
禽霍乱	多杀性巴氏杆菌	不同年龄，不同品种的鸡都易感。多发于春夏季	禽发生闪电式死亡。病程长的禽发生呼吸急促，鸡冠发紫，冠髯水肿，流涎、腹泻排黄绿色便	肝脏有灰白色坏死点。心包积液，心冠脂肪、心内外膜出血。肺出血、水肿。十二指肠弥漫性出血。慢性型关节肿大
鸡白痢	鸡白痢沙门氏菌	2～3周龄鸡易感。四季均发病。可水平和垂直传播	急性败血型病鸡高度沉郁，松毛畏冷，急性死亡。冠髯苍白，呼吸困难。拉白色稀便。垂腹	肝脏肿大，表面有雪花样坏死灶。心肌有灰白色肉芽肿，肺脏灰黄色结节，肾肿大苍白，卵黄性腹膜炎
鸡伤寒	鸡伤寒沙门氏菌	主要发生于成鸡，小鸡也易感，四季均发生。可水平和垂直传播	呼吸困难和气喘，眼脸、鼻窦肿胀。排水样粪便，肛门周围黏有白色粪便。雏鸡有关节炎和结膜炎。成鸡呈隐性经过	肝脏为特征性病理变化，肝肿大呈古铜色（暗黄绿色），表面有灰白色坏死灶。心包炎，心肌炎，关节炎，鼻窦炎，气囊炎和肠炎
禽副伤寒	多种能运动沙门氏菌	不同年龄鸡均易感，雏鸡发病最严重。四季均可发生。可水平和垂直传播	呼吸困难，气喘。冠髯苍白。肛门周围沾有粪便。成鸡精神委顿，拉绿色粪便。病鸡迅速死亡	肝脏有特征性病理变化，肝肿大呈古铜色（暗黄绿色），表面有点状或条纹状出血及灰白色坏死灶。心包炎，心肌炎，气囊炎及肠炎
鸡大肠杆菌病	大肠杆菌	各种日龄的鸡均易感，四季均可发生。常合并其他感染	有呼吸道症状。严重下痢，粪便稀薄呈黄绿色、恶臭。机体迅速脱水，爪干，衰竭死亡。有的鸡出现结膜炎、失明或扭颈、共济失调、关节肿大	雏鸡脐环吸收不良，卵黄发育不良。稍大的鸡出现纤维素性气囊炎、心包炎、肝周炎及腹膜炎

（续）

病　名	病　原	流行特点	主要症状	病理变化特征
鸡传染性鼻炎	副嗜血杆菌	仅鸡易感，中、成鸡发病严重，但病死率低。多发于秋冬季	特征性症状为流涕，流泪，颜面及肉垂浮肿。鼻液量大，浆液或黏液性。病程稍长气管黏液增多，呼吸时发出"咕噜噜"声音。排绿色粪便	鼻腔、眶下窦充满水样至白色黏稠、豆腐渣样渗出物。喉头支气管黏膜水肿，呈桃红色，附有黏液
鸡葡萄球菌病	金黄色葡萄球菌	30～65日龄的中雏多发，四季均可发生	急性型主要表现为皮肤炎。慢性经过者主要表现为关节炎	皮下有浆液性渗出液，有异味。胫跗关节肿胀，切开见浆液性或干酪样渗出物
链球菌病	非化脓性链球菌·	禽类都易感。通过呼吸道和接触传染	呼吸困难，冠髯苍白，昏睡，持续下痢，输卵管炎症，产卵停止	脾肿大、出血。肺充血出血。肝稍弱，有点状坏死灶。见腹膜炎和出血性肠炎
鸡绿脓杆菌病	绿脓杆菌	各日龄均发病。日龄越小发病率、病死率越高。四季均可发生	卧地不起，眼脸肿胀，皮下水肿（黄绿色胶冻样侵润）。腹部膨大，呼吸困难，拉白色水样粪便	皮下广泛水肿。肌肉水肿出血。肺呈大理石样。心内外膜炎，心冠脂肪出血。肝淤血、出血、变性。卵黄呈黄绿色水样
溃疡性肠炎	鹑梭菌	4～12周龄鸡易感。本病发生需一定的条件。易与其他疾病混发	鸡精神委顿，羽毛蓬松无光泽，厌食，腹泻	十二指肠点状出血，各肠段黏膜坏死、出血、溃疡，肠黏膜表面有黄色坏死性伪膜。肝脏有黄色斑点状变性坏死区。脾肿大、出血
坏死性肠炎	A型或C型产气荚膜梭菌	0.5～6月龄鸡易感。滥用抗生素及改变饲料为发病诱因	本病多呈急性经过，病鸡高度沉郁。病情严重者跛行或不能站立，饮水从口中流出，粪便暗红色或带血	小肠下1/3段有弥漫性黏膜坏死。小肠膨气，肠壁充血、菲薄易破。肠黏膜表面有黄色坏死性伪膜
坏死性皮炎	A型产气荚膜梭菌	17日龄至20周龄易感	易与葡萄球菌混发。表现为双翅、胸、腹、双腿变黑，皮下水肿	受害皮肤处肌肉淡或黑褐色，肌肉间有水肿液或气体
弧菌性肝炎	弯曲杆菌	经口感染。本病发生需严格的条件，与环境恶劣有关	病鸡精神委顿，冠髯萎缩，贫血，下痢，产蛋量下降。急性或慢性死亡	肝肿大色淡，质地变脆易碎，表面有灰白色或灰黄色雪花样坏死灶，或有出血点、斑
曲霉菌病	曲霉菌	不同年龄笼养鸡易发，幼禽多为急性型。春末夏初多发	咳嗽、流泪、流涕。幼禽出现急性死亡。个别鸡出现共济失调	肺表面和实质有灰黄色至灰白色粟粒样或珍珠样霉菌结节。气囊、胸腹腔浆膜有灰白色车轮状霉菌增生物

（续）

病　名	病　原	流行特点	主要症状	病理变化特征
禽支原体病	鸡毒支原体	各种日龄鸡均易感。可垂直传播。四季发生	病鸡长期咳嗽、气喘、呼吸有湿性啰音，流泪、流涕，眼睑肿胀	气囊壁混浊增厚，气囊及腹腔有灰白色奶油样渗出物。鼻窦腔有豆腐渣样分泌物，结膜发炎
禽支原体病（滑液囊型）	滑液囊型支原体	各日龄均发病。四季均发病	肉冠苍白、跛行，趾关节肿大	切开肿大部位有奶油样或干酪样渗出物流出
球虫病	艾美耳球虫	多发于2～18周龄雏鸡，春夏季多发	盲肠球虫病鸡排大量血便，反应迟钝呆立，冠髯苍白衰竭猝死。小肠球虫排水样或灰白色黏液样稀粪	盲肠球虫盲肠增大数倍，肠内充满血液。小肠球虫肠管增粗，小肠浆膜、黏膜有粟粒状出血点和坏死点
盲肠肝炎	组织滴虫	多发生于小鸡。四季均发病	腹泻，粪便恶臭糊状，呈淡黄色或暗绿色（俗称硫黄样粪便）。部分病鸡粪便带血或拉血。头皮呈紫蓝色或黑色，俗称"黑头病"	病鸡盲肠肿大，比正常大2～3倍，发硬，内有纤维素渗出物和粪便形成的肠芯。肝表面有大小不一、圆点状、中央凹陷、黄白或黄褐色呈梅花样分布的坏死点

二、鸡常见普通病的类症鉴别诊断

鸡常见普通病的类症鉴别诊断见表7-2。

表7-2　鸡常见普通病的临床综合鉴别诊断

病　名	主要病因	主要临床症状及典型病理变化
腹水综合征	缺氧、缺钙、通风不良、空气质量差、中毒等因素造成	呼吸困难，冠髯发绀，腹部膨胀下垂、有波动感，最后衰竭死亡。胸腹腔积聚大量胶冻样黄色渗出物。肺水肿。心腔积血，血不凝固，右心室肥大。肝肿大、硬化。肠系膜淤血，肠道黏膜广泛出血
仔鸡猝死综合征	与营养、遗传、环境、日粮、酸碱平衡有关	外表健康，发育良好的鸡突然死亡。病初大部分遭受惊吓应激，突然惊叫，跳跃，跌倒，死亡。剖检肺淤血水肿，右心房淤血、扩张，心包积液
皮下气肿病	外力造成体壁和体腔受损，气囊、肺或气管破损	可引起鸡整个前躯、颈部及头部皮下充满气体，膨大如气球状。针刺有气体泻出
中暑	禽舍闷热、拥挤，阳光暴晒头部	突然发病，体温急剧升高（41℃以上）。主要表现中枢神经紊乱，心衰猝死
痛风	长期吃高蛋白饲料、疾病或长期过量使用药物造成嘌呤代谢障碍	精神沉郁，厌食，拉白色稀粪或较干硬的石灰样粪便。消瘦，关节肿大，跛行，迅速脱水死亡。剖检见肾肿大苍白，输尿管充满尿酸盐。心内膜、肺、肝肠系膜、腹膜、气囊壁有尿酸盐沉积

（续）

病　名	主要病因	主要临床症状及典型病理变化
维生素 A 缺乏症	饲料中维生素 A 不足，饲料放置过久或存放不当造成维生素 A 失效，消化系统疾病影响维生素 A 吸收	幼雏发育迟缓消瘦，羽毛逆立，精神沉郁，流泪，运动失调，瘫痪。嘴、脚爪黄色退色，鸡冠皮肤干燥、坏死。鼻液黏稠，内有多量干酪样物。呼吸困难，结膜潮红，眼睑肿胀。剖检见口腔、鼻窦、咽喉、食管黏膜形成小脓包，继而形成伪膜。角膜混浊，形成灰白色坏死灶
维生素 B_1 缺乏症	饲料存放过久或不当造成维生素 B_1 失效或消化道疾病影响其吸收	鸡在 2 周内发病，两腿发软，无力，共济失调，扭颈，转圈，无目的乱跑，阵发性抽搐，痉挛，呈观星姿势。皮下水肿，心肌变性，神经干发炎
维生素 B_2 缺乏症	饲料中维生素 B_2 缺乏，或饲料存放过久或不当，或添加过量碱性添加剂造成维生素 B_2 失效	消化功能障碍，厌食，下痢，羽毛无光泽。爪向内卷曲，附关节着地负重而行。严重病例呈劈叉状。坐骨神经干水肿出血，胸肌、腿肌点状出血
维生素 E - 硒缺乏症	饲料中维生素 E、硒不足，或饲料存放过久或不当致维生素 E 失效，或消化系统疾病影响维生素 E 的吸收	幼禽脑软化症：两腿发软，无力，共济失调，扭颈，转圈，无目的乱跑，阵发性抽搐、痉挛，呈观星姿势 渗出性素质：下颌、翅膀下部、胸腹部皮下出血，水肿。水肿部皮肤暗蓝色，皮下有暗蓝色胶冻样浸润 鸡营养不良症：运动无力，软腿。心肌、胸肌、腿肌肌纤维变性，出现灰白色条纹
佝偻病	日粮中维生素 D 缺乏，或被破坏，或机体内其合成受阻	生长迟缓，腿无力，步态不稳。趾爪和嘴壳变软，易弯曲。胸腔变小。软喙，软腿，跛行，以跗关节着地，或双翅着地移动，瘫痪。病禽软骨膨大，肋骨与肋软骨膨大如珍珠。胸骨大腿骨弯曲成为 S 形。产蛋量下降或停产，产软壳蛋或无壳蛋
一氧化碳中毒	舍内通风不良，一氧化碳浓度增加	眼红流泪，羞明怕光，严重者张嘴呼吸。运动失调，死前痉挛。皮肤及肌肉呈樱桃红色。急性病死鸡血液呈鲜红色，肺呈樱桃红色
庆大霉素中毒	庆大霉素过量或静脉注射速度过快	精神沉郁，突发性昏厥，共济失调，抽搐，痉挛，全身瘫痪，猝死。剖检肾肿大、苍白、变性
链霉素中毒	链霉素过量或静脉注射速度过快	共济失调，站立不稳，抽搐，剧烈痉挛，全身瘫痪，猝死。剖检肺淤血水肿，舌尖发绀
磺胺类药物中毒	磺胺类药物使用剂量过大或使用时间过长	病初精神沉郁。随后兴奋、易惊，很快发展为频频震颤、痉挛。呼吸困难，张嘴喘气。严重下痢（呈白色糊状或水样便）。眼睑苍白出血，眼内流出带血分泌物。剖检可见肌肉出血，皮下有粉红色胶冻样浸润。心内外膜出血，心包积粉红色液体。肝呈黄褐色，质脆易碎。肾肿大苍白
喹乙醇中毒	喹乙醇使用剂量过大或使用时间过长	精神沉郁，呆立，拉稀便，流涎，痉挛死亡。剖检血液凝固不良，口腔、食管、腺胃黏膜出血糜烂，腺胃内容物为糨糊状。肠道黏膜出血，肠壁硬化。心冠脂肪、腿肌、胸肌出血。肝肾肿大

（续）

病　名	主要病因	主要临床症状及典型病理变化
食盐中毒	添加食盐过量	腹泻，厌食，发育迟缓。急性中毒烦渴急饮，嗉囊胀满倒流。急剧下痢，抽搐，痉挛，迅速死亡。尸僵不全，血凝不良，腺胃和肠道黏膜出血。皮下及脑水肿
氨气等有害气体中毒	环境中氨气等有害气体浓度超标	呼吸困难，咳嗽，羞明流泪，窒息死亡
黄曲霉毒素中毒	摄食含黄曲霉毒素的饲料	肝肿大、变性、硬化、增生和癌变。呼吸困难，咳嗽。黄疸

第三节　禽常见疫病的诊疗

一、禽霍乱

禽霍乱又名禽巴氏杆菌病、禽出血性败血症。病原为多杀性巴氏杆菌，为革兰氏阴性菌，以发热、腹泻、呼吸困难为特征，最急性病例突然死亡。

【诊断要点】本病对各种家禽，如鸡、鸭、鹅、火鸡等都有易感性，但鹅易感性较差，各种野禽也易感。产蛋鸡较幼龄鸡更为易感。16周龄以下的鸡一般具有较强的抵抗力。

（1）最急性型　病鸡无前驱症状，饮食正常，突然死亡。死鸡无特殊病变，有时只能看见心外膜有少许出血点。

（2）急性型　病鸡排出黄色、灰白色或绿色稀粪。体温升高到43～44℃，呼吸困难，口、鼻分泌物增加。鸡冠和肉髯青紫色，有的病鸡肉髯肿胀，有热痛感。产蛋鸡停止产蛋。最后衰竭，昏迷而死亡。死鸡腹膜、皮下组织及腹部脂肪常见小出血点。心包变厚，心包内积有多量不透明淡黄色液体，有的含纤维素絮状物。心外膜、心冠脂肪点状出血尤为明显。肺充血或出血。肝稍肿，质变脆，呈棕色或黄棕色。肝表面散布许多灰白色、针头大的坏死点。

（3）慢性型　以慢性肺炎、慢性呼吸道炎和慢性胃肠炎较多见。病鸡鼻孔有黏性分泌物流出，鼻窦肿大。喉头积有分泌物而影响呼吸。经常腹泻。消瘦，精神委顿，冠苍白。有些病鸡一侧或两侧肉髯显著肿大。

【防治】

（1）预防　加强饲养管理，严格执行鸡场兽医卫生防疫制度，以栋舍为单位采取全进全出的饲养制度。禽霍乱蜂胶灭活疫苗安全可靠，可在4℃下保存2年，易于注射，不影响产蛋，无毒副作用，可有效防制该病。

（2）治疗　喹乙醇对本病有很好的防治效果，按照每100kg饲料40g的量拌料即可。另外全群注射青霉素、链霉素的混合液效果很好，可以快控制死亡，减少发病。菌痢先锋、肠炎灵等药物也有较好的效果。

二、鸡大肠杆菌病

本病是由大肠埃希氏杆菌的某些致病性血清型引起的疾病总称。大肠埃希氏杆菌是中等大小杆菌，革兰氏染色阴性。本病临床表现多种多样，以引起败血症、心包炎、肝周炎、气囊炎、腹膜炎、输卵管炎、滑膜炎、大肠杆菌性肉芽肿、脐炎等病变为特征。

【诊断要点】急性败血症常引起幼雏或成鸡急性死亡，特征性病变是肝脏呈绿色和胸肌充血，肝脏边缘纯圆，外有纤维素性白色包膜。各器官呈败血症变化。也可见心包炎、肝周炎、气囊炎、腹膜炎、肠卡他性炎等病变。

【防治】

（1）预防　优化环境，加强消毒，加强种鸡管理，提高禽体免疫力和抗病力。应选择敏感药物在常发病日龄前 1～2d 进行预防性投药，或发病后作紧急治疗，可以明显减少发病和损失。

（2）治疗　根据经验或药敏试验结果选用敏感药物，进行治疗。用药时，药量要足，疗程要够，最好选二种协同作用的不同种类的药物联合使用。还要注意消除原发病或应激源。

三、禽沙门氏菌病

禽沙门氏菌病是指由沙门氏菌属中的任何一个或多个成员所引起禽类的急性或慢性疾病。鸡白痢病原为鸡白痢沙门氏菌。禽伤寒的病原是鸡伤寒沙门氏菌，引起青年鸡、成年鸡的一种急性或慢性传染病，以肝肿大、呈青铜色和下痢为特征。能运动的副伤寒沙门氏菌引起禽副伤寒。

【诊断要点】

（1）鸡白痢　发病雏鸡表现精神萎顿，绒毛松乱，两翼下垂，缩颈闭眼昏睡，不愿走动，挤堆。同时，腹泻，排稀薄如糨糊状粪便，肛门周围绒毛被粪便污染。常因呼吸困难及心力衰竭而死。有的眼盲，或肢关节肿胀，跛行。在心肌、肺、肝、盲肠、大肠及肌胃肌肉中有坏死灶或结节。胆囊肿大。输尿管充满尿酸盐而扩张。盲肠中有干酪样物堵塞肠腔，常有腹膜炎。成年鸡感染多为带菌鸡。

（2）禽伤寒　潜伏期为 4～5d。排黄绿色稀粪，体温上升 1～3℃，病鸡迅速死亡。病死率 10%～50% 或更高些。雏鸭发病时，其症状与鸡白痢相似。成年鸡，最急性者眼观病变轻微或不明显。急性者常见肝、脾、肾充血肿大。亚急性和慢性病例特征病变是肝肿大呈青铜色，肝和心肌有灰白色粟粒大坏死灶，卵子及腹腔病变与鸡白痢相同。

（3）禽副伤寒　经带菌卵感染或出壳雏禽在孵化器感染病菌，常呈败血症经过，常不显任何症状迅速死亡。年龄较大的幼禽表现水样下痢。雏鸭常见颤抖、喘息及眼睑浮肿等症状。常见猝死，故有"猝倒病"之称。成年禽一般不出现症状，有时出现水泄样下痢。肝、脾充血，有条纹状或针尖状出血和坏死灶。肺及肾出血，心包炎，常有出血性肠炎。成年鸡肝、脾、肾充血肿胀，有出血性或坏死性肠炎、心包炎及腹膜炎。产卵鸡的输卵管坏死、增生，卵巢坏死、化脓。

【防治】

（1）预防　雏鸡沙门氏菌的防治，通常在雏鸡开食之日起，在饲料或饮水中添加抗菌药物预防。挑选健康种鸡、种蛋、建立健康鸡群，坚持自繁自养，慎重地从外地引进种蛋。每年春秋两季对种鸡定期用血清凝集试验全面检疫及不定期抽查检疫。对40～60d以上的中雏也可进行检疫，淘汰阳性鸡及可疑鸡。

（2）治疗　一旦发病，确诊后立即全群给药，氟哌酸、恩诺沙星等药物可以用来治疗本病，先投服5d后间隔2～3d再投喂5d。同时加强饲养管理，消除不良因素对鸡群的影响，可以大大缩短病程，最大限度地减少损失。药敏试验可以帮助筛选敏感药物用于治疗。

四、鸡葡萄球菌病

鸡葡萄球菌病表现为急性败血症、化脓性关节炎、雏鸡脐炎、皮肤坏死和骨膜炎。病原为金黄色葡萄球菌，是革兰氏阳性球菌。

【诊断要点】本病发生与外伤有关，凡是能够造成鸡只皮肤、黏膜完整性遭到破坏的因素均可成为发病诱因。

（1）新生雏鸡脐炎　脐孔发炎肿大，腹部膨胀，与大肠杆菌所致脐炎相似。

（2）败血型　病鸡精神、食欲差，低头缩颈呆立。病后1～2d死亡。剖检见局部皮肤增厚、水肿。切开皮肤见皮下有数量不等的紫红色液体。胸腹肌出血、溶血形同红布。有的病鸡皮肤无明显变化，但皮下有灰黄色胶冻样水肿液。

（3）关节炎型　成年鸡和肉种鸡关节肿胀，有热痛感。病鸡站立困难，以胸骨着地，行走不便，跛行，喜卧。有的出现趾底肿胀，溃疡结痂。关节肿胀处皮下水肿，关节液增多，关节腔内有白色或黄色絮状物。

（4）葡萄球菌性眼炎　多继发于鸡痘，导致眼睑肿胀，有炎性分泌物，结膜充血、出血等。

【防治】

（1）预防　加强饲养管理，搞好鸡场兽医卫生防疫措施，尽可能防止外伤的发生，切实做好鸡痘的预防接种。国内研制的鸡葡萄球菌多价氢氧化铝灭活苗，经多年实践应用证明有效。

（2）治疗　金黄色葡萄球菌对药物极易产生抗药性，在治疗前应做药物敏感试验，选择有效药物全群给药。实践证明，庆大霉素、卡那霉素、恩诺沙星、新霉素等均有较好的治疗效果。

五、鸡支原体病

鸡支原体病又称慢性呼吸道病，由鸡败血支原体感染引起的慢性呼吸道传染病。特征症状为呼吸啰音、咳嗽、流清鼻液。

【诊断要点】本病主要感染鸡和火鸡，各种年龄的鸡和火鸡均易感，珠鸡、鸽、鸭、鹌鹑、松鸡、野鸡和孔雀也易感。鸡以 4～8 周龄最易感，火鸡多见于 5～16 周龄。纯种鸡较杂交鸡易感。成年鸡常为隐性感染。

病鸡病初流稀薄或黏稠鼻液，打喷嚏，鼻孔周围和颈部羽毛常被沾污。其后炎症蔓延到下呼吸道即出现咳嗽，呼吸困难，有气管啰音等症状。后期引起眼睑肿胀，眶下窦肿胀，发硬，可以侵害一侧眼睛，也可能两侧同时发生。

病病理变化主要是鼻腔、气管、支气管和气囊中有渗出物，气管黏膜增厚。胸部和腹部气囊轻度浑浊、水肿，表面有增生的结节病灶，外观呈念珠状。后期气囊膜增厚，囊腔中含有大量干酪样渗出物，有时可见一定程度的肺炎病变。

【防治】

（1）预防　健康鸡场要做好预防消毒工作，杜绝本病的传入，清除种蛋带有的鸡败血支原体。

（2）治疗　泰乐菌素、壮观霉素、林可霉素、四环素、红霉素对本病都有一定疗效。有些鸡败血支原体菌株对链霉素和红霉素具有抗药性。此外，本病的药物治疗效果与有无并发感染的关系很大，病鸡如果并发其他病毒病（如传染性喉气管炎），则疗效不明显。

六、鸡传染性鼻炎

鸡传染性鼻炎由副鸡嗜血杆菌引起的鸡的急性呼吸系统疾病，以流鼻涕、流泪、面部水肿为特征。

【诊断要点】本病发生于各种年龄的鸡，老龄鸡感染较为严重。本病发病率虽高，但病死率较低。

病鸡精神沉郁，结膜炎，眼睑肿胀，缩头，呆立。鼻孔先流出清液后转为浆液粘性分泌物。脸肿胀或显著水肿。或有下痢，体重减轻。呼吸困难，病鸡常摇头欲将呼吸道内的黏液排出，并有啰音。咽喉亦可积有分泌物的凝块。最后常窒息而死。

主要病变为鼻腔和窦黏膜呈急性卡他性炎。黏膜充血肿胀，表面覆有大量黏液，窦内有渗出物凝块，后为干酪样坏死物。常见卡他性结膜炎。脸部及肉髯皮下水肿。严重时可见气管黏膜炎症，偶有肺炎及气囊炎。

【防治】

（1）预防　加强饲养管理，改善鸡舍通风条件，做好鸡舍内外的兽医卫生消毒工作，以及病毒性呼吸道疾病的预防工作，提高鸡只抵抗力对防治本病有重要意义。鸡场内每栋鸡舍应做到全进全出，禁止不同日龄的鸡混养。清舍之后要彻底进行消毒，空舍一定时间后方可让新鸡群进入。

目前我国已研制出鸡传染性鼻炎油佐剂灭活苗，对本病流行严重地区的鸡群有较好的保护作用。

（2）治疗　磺胺类药物对副鸡嗜血杆菌高效，是治疗本病的首选药物。常用的有复方新诺明、磺胺嘧啶或磺胺六甲氧嘧啶等。给药时注意加等量的小苏打。如若鸡群食欲下降，经饲料给药困难时，可考虑肌注抗生素。一般可选用头孢噻呋、庆大霉素、链霉素或青霉素和链霉素合并应用等。

七、鸭传染性浆膜炎

鸭传染性浆膜炎是由鸭疫里默氏杆菌引起的一种接触性、急性或慢性传染病。临床特点为困倦，眼与鼻孔有分泌物，下痢粪便呈绿色，共济失调和抽搐。主要侵害1～8周龄的雏鸭。

【诊断要点】1～8周龄鸭对本病敏感，但多发于10～30日龄雏鸭。鸡、鹅等也可感染。耐过本病的鸭多转为僵鸭或残鸭。

最急型患鸭看不到症状突然死亡。急性病例主要临床表现为精神沉郁，少食，拒食，伏卧一角，腿软，不愿行走，运动失调，伏卧于地时头向上向后呈痉挛性点头运动。有的前仰后翻，翻倒后仰卧不易翻转。有的头颈弯曲呈90°左右转圈。眼和鼻孔流浆液性或粘性分泌物。濒死前出现神经症状，呈角弓反张，尾部摇摆，不久抽搐而死。慢性型多见于日龄较大的小鸭，病程一周以上。最主要的病理变化是心包膜、肝表面、气囊等浆膜上见纤维素性渗出物。

【防治】

（1）预防　加强饲养管理，注意育雏室的通风换气，干燥防寒，控制饲养密度，清洁卫生等。

免疫接种：鸭疫里默氏杆菌血清型较复杂，可试用本场分离的菌株制备灭活疫苗作免疫接种。常用免疫程序是：3～5日龄雏鸭首免，每只皮下注射0.25～0.5mL；9～10日龄雏鸭二免剂量加倍。

（2）治疗　多种抗生素及磺胺类药物对本病有效。如能通过药敏试验筛选药物，则更有把握。注意药物的交替使用。饮水或饲料中添加0.2%～0.25%的磺胺二甲嘧啶可预防本病。皮下注射林可霉素、庆大霉素、壮观霉素、氟苯尼考或

链霉素可有效控制本病。可按 0.1%～0.2% 比例拌料口服磺胺喹噁啉 3d，停药
2d 后再喂 3d。

八、新 城 疫

新城疫俗称假鸡瘟、亚洲鸡瘟，由鸡新城疫病毒引起，以呼吸困难、下痢、
神经症状、腺胃乳头出血为特征。

【诊断要点】多种禽类均为新城疫病毒的天然易感宿主，包括鸡、火鸡、雉
鸡、鸽、珍珠鸡等 200 多种。

暴发初期，突然出现急性死亡病例。病鸡眼半闭或全闭，呈昏睡状。冠和肉
髯紫蓝色或紫黑色，口角常有分泌物流出，呼吸困难，有啰音，张口伸颈，同时
发出怪叫声。下痢，粪便呈黄绿色，混有多量黏液。产蛋鸡产蛋量下降，蛋品质
下降。后期出现头颈后仰望天或扭颈歪头等神经症状。

剖检见口腔内充满黏液，嗉囊内充满硬结饲料或充满气体和液体。泄殖腔充
血、出血、坏死、糜烂，带有粪污。腺胃乳头出血，腺胃与食管交界处呈带状出
血，肌胃角质膜下出血，有时可见溃疡灶。十二指肠以至整个肠道黏膜充血、出
血。喉气管黏膜充血、出血。心冠沟脂肪出血。输卵管充血、水肿。其他组织器
官无特征性病变。非典型新城疫病例大多可见喉气管黏膜不同程度的充血、出
血。输卵管充血、水肿。

【防治】

（1）预防 新城疫是危害严重的禽病，必须严格按国家有关法规，对疫情进
行严格处理。免疫接种是预防新城疫的有效手段，免疫程序应根据鸡群的实际情
况确定，但要特别注意加强鸡群的免疫力。

（2）治疗 对于发病鸡群进行治疗可以减少损失，一般用高免蛋黄液（卵黄
抗体）被动免疫效果很好。有些药物如中药制剂对于非典型新城疫和早期新城疫
有一定的防治效果。对症治疗，加强营养，抗菌消炎也有利于提高疗效。

九、禽 流 感

禽流感（AI）是由 A 型流感病毒中的任何一型引起的一种感染综合征，详
见本书第十章—重大动物疫病的临床诊断与处置方法。

十、鸡传染性支气管炎

鸡传染性支气管炎病原为传染性支气管炎病毒，是鸡的一种急性、高度接触
性的呼吸道传染病，以咳嗽、喷嚏、雏鸡流鼻液、肾肿大、产蛋鸡产蛋量减少，

呼吸道黏膜呈浆液性、卡他性炎症为特征。

【诊断要点】本病仅发生于鸡，其他家禽均不感染。各年龄鸡均易感，但40日龄以内雏鸡最为严重，病死率也高。本病一年四季均能发生，但以冬春季多发。

（1）呼吸型 病鸡突然发病，出现呼吸道症状，并迅速波及全群。幼雏表现为伸颈、张口呼吸、咳嗽，有"咕噜"音，尤以夜间更明显。气管环出血，管腔中有黄色或黑黄色栓塞物。幼雏鼻腔、鼻窦黏膜充血，鼻腔中有黏稠分泌物，肺脏水肿或出血。蛋鸡产蛋减少。

（2）肾型 病初气管发出啰音，打喷嚏及咳嗽。病鸡喝水量增加，挤堆，厌食。排白色稀便，粪便中几乎全是尿酸盐。肾脏肿大，呈苍白色，肾小管充满尿酸盐结晶、扩张，外形呈白线网状，俗称"花斑肾"。

【防治】

（1）预防 加强饲养管理，降低饲养密度，避免鸡群拥挤，注意温度、湿度变化，避免过冷、过热。加强通风，防止有害气体刺激呼吸道。合理配比饲料，防止维生素，尤其是维生素A的缺乏。

适时接种疫苗。对呼吸型传染性支气管炎，首免可在7～10日龄用传染性支气管炎H120弱毒疫苗点眼或滴鼻；二免可于30日龄用传染性支气管炎H52弱毒疫苗点眼或滴鼻；开产前用传染性支气管炎灭活油乳疫苗肌内注射0.5mL/羽。对肾型传染性支气管炎，可于4～5日龄和20～30日龄用肾型传染性支气管炎弱毒苗进行免疫接种。

（2）治疗 本病目前尚无特异性治疗方法。饲料或饮水中添加抗生素可防止继发感染，可提高治愈率。对肾型传染性支气管炎，发病后应降低饲料中蛋白的含量，并注意补钾补钠，具有一定的疗效。

十一、鸡传染性喉气管炎

是由传染性喉气管炎病毒引起的一种急性呼吸道传染病，其特征为呼吸困难，咳嗽，咳出带有血液的渗出物，喉部和气管黏膜肿胀、出血并形成糜烂。

【诊断要点】在自然条件下，本病主要侵害鸡。虽然各年龄鸡均易感，但以成年鸡的症状最为特征。本病一年四季都能发生，但以冬春季节多见。

（1）喉气管型 由高度致病性病毒株引起，其特征是呼吸困难，抬头伸颈，并发出响亮的喘鸣声。后期咳嗽或摇头时，咳出血痰，血痰常附着于墙壁、水槽、食槽或鸡笼上。个别鸡嘴带血。在喉和气管有血凝块堵塞喉和气管，或在喉和气管内存有纤维素性干酪样物质。

（2）结膜型 由低致病性病毒株引起，其特征为眼结膜红肿，1～2d后流浆液性到脓性眼泪。最后导致眼盲，眶下窦肿胀。产蛋鸡产蛋率下降，畸形蛋增多。

【防治】

（1）预防　严格的隔离、消毒等防疫措施是防止本病流行的有效方法。在本病流行的地区可接种疫苗。

（2）治疗　发病鸡群可采取对症治疗的方法。此病如继发细菌感染，病死率会大大增加。大群鸡可用环丙沙星、强力霉素或泰乐菌素饮水。应用平喘药物可缓解症状，盐酸麻黄素每只鸡每日 10mg。中成药金牌克毒、金威及聚芪等对治疗喉气管炎效果也较好。

十二、鸡传染性法氏囊病

鸡传染性法氏囊病是由法氏囊病病毒（IBDV）引起的一种主要危害雏鸡的免疫抑制性传染病，以法氏囊肿胀、出血、坏死、胸肌、腿肌出血、腺胃、肌胃交界处条状出血为特征。

【诊断要点】IBDV 的自然宿主仅为雏鸡和火鸡。3～6 周龄的鸡最易感。本病全年均可发生。

病鸡腹泻，排出白色黏稠或水样稀便。颈和全身震颤，步态不稳，羽毛蓬松，精神委顿，卧地不动，体温升高。

剖检见病死鸡胸肌腿肌条纹状或斑块状出血。腺胃和肌胃交界处有出血点或出血斑。法氏囊肿大，外包裹有胶冻样透明渗出物，黏膜皱褶上有出血点或出血斑，内有炎性分泌物或黄色干酪样物。一些严重病例可见法氏囊严重出血，呈紫黑色如紫葡萄状。肾脏肿大，常见尿酸盐沉积，输尿管积多量尿酸盐而扩张。

【防治】

（1）预防　采用全进全出饲养体制。全价饲料。保证鸡舍换气良好，温度、湿度适宜，消除各种应激条件。对 60 日龄内的雏鸡最好实行隔离封闭饲养，杜绝传染来源。严格卫生管理，加强消毒措施。由于法氏囊病毒抵抗力很强，鸡舍一旦被污染，只有进行最彻底的消毒才可以清除。

搞好免疫接种。使用灭活苗对已接种活苗的鸡效果好，并使母源抗体保护雏鸡长达 4～5 周。疫苗接种途径有注射、滴鼻、点眼、饮水等多种免疫方法，可根据疫苗的种类、性质、鸡龄、饲养管理等情况具体选择。免疫程序应根据母源抗体、免疫后抗体水平监测结果制定。

（2）治疗　病雏早期用高免血清或卵黄抗体治疗可获得较好疗效。雏鸡 0.5～1mL/羽，大鸡 1～2mL/羽，皮下或肌内注射，必要时次日再注射一次。另外干扰素、"法贝灵"等药物也有一定疗效。治疗前提高鸡舍温度 2℃，减少饲料蛋白质（肾病变者）含量，加强营养物质供给并抗菌消炎等都可以提高疗效。

十三、产蛋下降综合征

鸡产蛋下降综合征是由腺病毒引起的一种病毒性传染病。其主要特征是产蛋量骤然下降、蛋壳异常、蛋体畸形、蛋质低劣。

【诊断要点】主要易感动物是鸡，其自然宿主是鸭或野鸭，26～35 周龄的所有品系的鸡都可感染，尤其是产褐壳蛋的肉用种鸡和种母鸡最易感，产白壳蛋的母鸡患病率较低。可水平传播、又可垂直传播。

产蛋率比正常下降 20%～30%，甚至达 50%。与此同时，产出软壳蛋、薄壳蛋、无壳蛋、小蛋，畸形蛋。蛋壳表面粗糙，颜色变浅、蛋白水样，蛋黄色淡。

剖检的特征性病变是输卵管各段黏膜发炎、水肿、萎缩。病鸡卵巢萎缩变小，或有出血，子宫黏膜发炎。肠道出现卡他性炎症。

【防治】

（1）预防　加强卫生管理，不要到疫区引种，要引种必须从无本病的鸡场引入，并需隔离观察一定时间。污染了的鸡场要严格执行兽医卫生措施。加强鸡群的饲养管理，喂给平衡的配合日粮，特别是保证必需氨基酸、维生素和微量元素的供给。

免疫接种是本病主要的防制措施。产蛋下降综合征病毒 127 株油佐剂灭活疫苗，经肌内或皮下接种 0.5mL，15d 后产生免疫力，抗体可维持 12～16 周。一般在开产前 4～10 周进行初次接种，产前 3～4 周进行第 2 次接种。

（2）治疗　无有效治疗方法。

十四、鸡马立克氏病

鸡马立克氏病是由疱疹病毒引起的一种淋巴组织增生性疾病，其特征是病鸡的外周神经、性腺、虹膜、各种脏器、肌肉和皮肤等部位的单核细胞浸润和形成肿瘤病灶。

【诊断要点】易感动物为鸡和火鸡，2～5 月龄鸡最易感。依症状和病变发生的主要部位，本病在临床上分为 4 种类型。

（1）神经型　主要侵害外周神经，侵害坐骨神经者最为常见。病鸡蹲伏于地面，呈一腿前伸、另一腿后伸的特征性劈叉姿态。受害神经增粗，呈黄白色或灰白色，横纹消失，呈水肿样外观。往往只侵害单侧神经，诊断时可与另一侧神经进行比较。

（2）内脏型　鸡精神委顿为主要特征，很多病鸡表现脱水、消瘦和昏迷。以卵巢受损最为常见，其次为肾、脾、肝、心、肺、胰、肠系膜、腺胃、肠道和肌肉等，会在这些组织中长出大小不等的灰白色、质地坚硬而致密的肿瘤结节。

（3）眼型　可出现于单眼或双眼，视力减退或消失。虹膜失去正常色素，呈同心环状或斑点状以至弥漫的灰白色。瞳孔边缘不整齐，严重的瞳孔只剩下一个针头大的小孔。

（4）皮肤型　此型一般缺乏明显的临诊症状，往往在宰后拔毛时发现羽毛囊增大，形成淡白色小结节或瘤状物。此种病变常见于大腿部、颈部及躯干背面生长粗大羽毛的部位。

【防治】

（1）预防　加强饲养管理和卫生管理，坚持自繁自养，执行全进全出的饲养制度，避免不同日龄鸡混养。

疫苗接种：疫苗接种是防制本病的关键。主要有火鸡疱疹病毒冻干苗（HVT）；二价苗（Ⅱ型和Ⅲ型组成），常见的双价疫苗为 HVT＋SB1 或 HVT＋HPRS－16 或 HVT＋Z4，以及血清Ⅰ型疫苗，如 CVI988 和 814。HVT 不能抵抗超强毒的感染，二价苗与血清Ⅰ型疫苗比 HVT 单苗的免疫效果好。

（2）治疗　目前本病尚无有效治疗方法，发病后须淘汰病鸡。

十五、禽曲霉菌病

曲霉菌病是曲霉菌属真菌引起多种禽类、哺乳动物和人的真菌病，主要侵害呼吸器官，特征是形成肉芽肿结节，在禽类以肺及气囊发生炎症和小结节为主，故又称曲霉菌性肺炎。

【诊断要点】多种禽类发病，以幼禽易感性最高，特别是 20 日龄以内的雏禽呈急性暴发群发经过，而成年家禽常常散发。

病禽呼吸困难、张口呼吸，呼吸时发出哨音。体温升高，口渴，消瘦，后期腹泻。禽群发病后如不及时采取措施，病死率可达 50％以上。有些雏鸡可发生曲霉菌性眼炎。

肺的病变最为常见，肺充血，切面上流出灰红色泡沫液。胸腹膜、气囊和肺上有一种从针头至小米般大小的坏死肉芽肿结节，有时可以相互融合成大的团块。结节呈灰白或淡黄色，柔软有弹性，内容物呈干酪样。

【防治】

（1）预防　不使用发霉的垫料和饲料是预防本病的关键措施。育雏室保持清洁、干燥，禁用发霉垫料，垫料要经常翻晒和更换，特别是阴雨季节，更需注意。育雏室每日温差不要过大，按雏禽日龄逐步降温。合理通风换气，减少育雏室空气中的霉菌孢子。经常清洗饲槽和饮水器具。污染的育雏室可用甲醛液熏蒸消毒和 0.3％过氧乙酸消毒后，再进雏饲养。

（2）治疗　本病目前尚无特效的治疗方法。用制霉菌素防治本病有一定效果，剂量为每100只雏鸡1次用50万IU，2次/d，连用2d。此外，也可用克霉唑（人工合成的广谱抗霉菌药），剂量为每100只雏鸡用1g，混合在饲料中喂给。饮水中添加硫酸铜（1：2 000倍稀释），连喂3～5d，也有一定效果。

十六、鸡病毒性关节炎

鸡病毒性关节炎（又称病毒性腱鞘炎）是一种由呼肠孤病毒引起的鸡的重要传染病。以关节炎、腱鞘炎、腓肠肌腱断裂为特征。

【诊断要点】本病仅见于鸡，主要发生于肉鸡和肉蛋兼用鸡。临床上多见于4～16周龄的鸡，尤其是4～6周龄鸡。本病一年四季均可发生，以冬季为多发，呈散发或地方性流行。

临床特征为趾曲肌腱和跖伸肌腱肿胀，在跗关节上部进行触诊或拔去羽毛观察均能发现。跗关节或肘关节腔中常有少量草黄色或带血色的渗出液。病鸡跛行，步样蹒跚。转为慢性时，腱鞘硬化和粘连，关节不能活动。

【防治】

（1）预防

①环境消毒：对于肉用鸡，建议采用全进全出，消毒后空舍一段时间。消毒剂中0.5％有机碘及碱性消毒液如草木灰、氢氧化钠较为有效。

②杜绝经蛋传播：不要从发病鸡场购进种蛋，同时严格饲养幼鸡，因为1～20日龄雏鸡是最易感的。

③免疫预防：主要用于肉鸡，在开产前2～3周注射油乳剂灭活苗。雏鸡在2周龄接种弱毒疫苗即可。

（2）治疗　目前尚无有效的治疗方法，对症治疗，剔出病鸡，集中饲养，症状严重者应淘汰。

十七、鹅副黏病毒病

鹅副黏病毒病是由副黏病毒引起的一种鹅病毒性急性传染病，以拉灰白色稀便、肠道黏膜溃疡或痂块为特征。

【诊断要点】各种品种、不同年龄的鹅都能发病。一年四季都能发生，但以冬、春季多发。病鹅群日龄越小，发病率和病死率越高。

病初病鹅精神沉郁，食欲减少，饮水增加，缩颈闭眼，两腿无力，常蹲伏于鹅舍角落。初期排白色稀便，中期为红色，后期为绿色或黑色。部分病鹅呼吸困难，口中蓄有黏液。有些病鹅出现转圈、角弓反张或瘫痪等神经症状。

剖检病鹅肝脏肿大，质地变脆，腺胃乳头和肌胃有明显的出血点或斑。空肠、回肠部分有圆形的溃疡、坏死和结痂。

【防治】

(1) 预防　鹅舍及用具每天清洁、消毒。保持鹅舍干燥卫生和良好的通风采光。发现病鹅应立即隔离，病死鹅焚烧深埋。鹅群紧急预防接种鹅副黏病毒油苗1mL/只。

(2) 治疗　肌内注射，鹅副黏病毒抗体 2mL/kg。投服抗菌药物控制继发感染。用多维饮水 3～5d，以增强鹅机体抵抗力。

十八、鸭　瘟

鸭瘟又名鸭病毒性肠炎，是由鸭瘟病毒引起的一种急性败血性传染病。特征症状为体温升高、头颈肿大、两腿麻痹、下痢。

【诊断要点】本病主要发生于鸭，对不同年龄、性别和品种的鸭都有易感性，本病一年四季均可发生，但以春、秋季多发。

病鸭病初体温升高达 43℃ 以上，高热稽留。病鸭的特征性症状为流泪和眼睑水肿，头和颈部发生不同程度的肿胀，触之有波动感，俗称"大头瘟"。病鸭精神委顿，翅膀下垂，两脚麻痹无力，伏坐地上。不愿下水，驱赶入水后也很快挣扎回岸。泻痢，排出绿色或灰白色稀粪，肛门周围的羽毛被沾污或结块。消化道黏膜出血和形成伪膜或溃疡，实质器官出血、坏死。泄殖腔黏膜病变与食管相似，有出血斑点和不易剥离的伪膜与溃疡。食管膨大部分与腺胃交界处有一条灰黄色坏死带或出血带。肌胃角质膜下层充血和出血。

【防治】

(1) 预防　避免从疫区引进鸭，如必须引进，一定要经过严格检疫，并经隔离饲养 2 周以上，证明健康后才能合群饲养。还要禁止在鸭瘟流行区域和野水禽出没区域放牧。平时对禽场和工具进行定期消毒。在受威胁区内，所有鸭、鹅应注射鸭瘟弱毒疫苗。产蛋鸭宜安排在停产期或开产前 1 个月注射。肉鸭一般在 20 日龄以上注射 1 次即可。发生鸭瘟时应立即采取隔离和消毒措施，对鸭群进行紧急预防接种，必要时剂量加倍。病鸭扑杀，停止放牧，防止病毒传播。

(2) 治疗　可在病初肌内注射鸭高免血清 0.5mL/只。也肌内注射聚肌胞 1mg/只，3d1 次，连用 2～3 次，疗效良好。

十九、鸭病毒性肝炎

鸭病毒性肝炎是雏鸭的一种传播迅速和高度致死的传染病。肝脏的病变特征是肿大和有出血斑点。

【诊断要点】3 周龄以下雏鸭易感，鸡和鹅不易感。病愈康复鸭的粪便中能够连续排毒 1～2 个月。

雏鸭均为突然发病，开始时病鸭表现精神萎靡，不能随群走动，眼睛半闭，打瞌睡。随后病鸭不安定，出现神经症状，运动失调，身体倒向一侧，两脚发生痉挛，死前头向后倒，呈角弓反张姿态。通常在出现神经症状后几小时内死亡。

本病的主要病理变化是肝脏肿大，质地柔软，呈淡红色或外观显斑驳状，表面有出血点或出血斑。脾脏有时肿大，外观也呈斑驳状。多数病鸭的肾脏充血和肿胀。胆囊扩张。胰肿大。

【防治】

（1）预防　在流行鸭病毒性肝炎地区，可以用活疫苗免疫产蛋母鸭。此外，亦可用弱毒苗直接免疫刚孵出的雏鸭。3 周龄以内的雏鸭群必须严格隔离饲养。

（2）治疗　康复病鸭的血清和高免血清中都可以用来治疗病鸭或作为被动免疫之用，效果很好。当雏鸭群刚发病时，立即肌内或皮下注射康复鸭血清或高免血清 0.5mL/只，能够控制感染和降低病死率。

二十、禽传染性脑脊髓炎

禽传染性脑脊髓炎俗称流行性震颤，是一种主要侵害雏鸡的病毒性传染病，以共济失调和头颈震颤为主要特征。

【诊断要点】自然感染见于鸡、雉、火鸡、鹌鹑、珍珠鸡等，鸡对本病最易感。产蛋鸡感染后，一般无明显临床症状，只表现一过性的产蛋量下降。此病主要见于 3 周龄以内的雏鸡，病雏最初表现迟钝，继而出现共济失调，之后出现肌肉震颤。在腿、翼，尤其是头颈部可见明显的阵发性震颤，频率较高。在病鸡受惊如给水、加料、倒提时更为明显。部分存活鸡可见一侧或两侧眼晶状体混浊或浅蓝色退色，眼球增大及失明。病鸡唯一可见的肉眼病理变化是腺胃肌层有细小的灰白区，个别雏鸡可发现小脑水肿。

【防治】

（1）预防　加强消毒与隔离，防止从疫区引进种蛋与种鸡。用灭活油乳疫苗免疫预防。此疫苗安全性好，可用于 18～20 周龄种鸡开产前接种。

（2）治疗　本病尚无有效的治疗方法，应将发病鸡群扑杀并作无害化处理。

二十一、禽　　痘

禽痘是痘病毒引起的家禽和鸟类的一种高度接触性传染病。特征是在无毛或少毛的皮肤上有痘疹，或在口腔、咽喉部黏膜上形成白色结节。

【诊断要点】本病主要发生于鸡和火鸡，鸽有时也可发生，各种年龄、性别和品种的鸡都能感染，但以雏鸡和中雏最易感，病鸡脱落和破散的痘痂，是散布病毒的主要形式。

在身体无毛或毛稀少的部分，特别是在鸡冠、肉髯、眼睑和喙角，产生一种灰白色的小结节，渐次成为带红色的小丘疹，很快增大如绿豆大、呈黄色或灰黄色、凹凸不平的干硬结节。有时和邻近的痘疹互相融合，形成干燥、粗糙呈棕褐色的大的疣状结节，突出皮肤表面。在口腔、咽喉、眼及气管黏膜出现痘斑，并继而形成一层黄白色干酪样的伪膜，覆盖在黏膜上面。这层伪膜很像人的"白喉"，故称"白喉型鸡痘"或"鸡白喉"。

【防治】

（1）预防　除了加强鸡群的卫生、管理等一般性预防措施之外，可靠的办法是接种疫苗。临床最常用的是鸡痘鹌鹑化弱毒疫苗。用消毒过的鸡痘疫苗接种针，在鸡翅内侧无血管处皮下刺种 1～2 针。刺种部位微现红肿、水疱及结痂，2～3 周痂块脱落时免疫有效，免疫保护期 5 个月。

（2）治疗　目前尚无特效治疗药物，主要采用对症疗法，以减轻病鸡的症状和防止继发感染。发生鸡痘后不论日龄的大小，挑出发病明显的鸡只作抗菌消炎治疗，剩余的紧急接种鸡痘疫苗，可以达到控制鸡痘的目的。

二十二、小 鹅 瘟

小鹅瘟是由鹅细小病毒引起雏鹅和番鸭的一种急性或亚急性的败血型传染病，以小肠渗出性炎，小肠中段、后段形成腊肠状栓子为特征。

【诊断要点】本病主要侵害 4～20 日龄的雏鹅，以传播快、发病率高、病死率高、严重下痢、渗出性肠炎、肠道内形成腊样栓子为特征。该病是危害养鹅业的主要病毒性传染病。

（1）最急性型　雏鹅表现精神沉郁后数小时内即出现衰弱、倒地、两腿滑动并迅速死亡。死亡雏鹅喙端、爪尖发绀。剖检病变不明显，表现为急性卡他性炎症。胆囊肿大、胆汁稀薄。其他脏器无明显病变。

（2）急性型　常发生于 1～2 周龄内的雏鹅，渴欲增强，严重下痢，排灰白色或青绿色稀粪，粪中带有纤维碎片或未消化的饲料。两腿麻痹或抽搐。肠道有特征性病理变化，小肠的中、后段显著膨大，呈淡灰白色，形如香肠样，触之硬实。

（3）亚急性型　多发生于 2 周龄以上的雏鹅，以精神沉郁、腹泻和消瘦为主要症状。

【防治】

（1）预防　除遵循一般性预防措施外，本病的预防主要在两方面：一是孵坊中一切用具和种蛋彻底消毒，刚出壳的雏鹅不要与新引进的种蛋和成年鹅接触，以免感染。二是做好雏鹅的预防，对未免疫种鹅所产蛋孵出的雏鹅，于出壳后 1 日龄注射小鹅瘟弱毒疫苗，且隔离饲养到 7 日龄。免疫种鹅所产蛋孵出雏鹅一般于 7～

10 日龄注射小鹅瘟高免血清或高免蛋黄，每只皮下或肌内注射0.5～1mL。

（2）治疗 雏鹅群一旦发生本病，应迅速将病雏鹅挑出淘汰且对整群鹅尽早注射小鹅瘟高免血清或高免蛋黄，每羽 1～1.5mL，必要时隔 2～3d 后需再注射 1 次。治愈率一般为 50％～80％不等。

二十三、鸡球虫病

鸡球虫病是鸡常见且危害十分严重的寄生虫病，雏鸡的发病率和病死率均较高，以消瘦、贫血、血痢、生长发育受阻为特征。

【诊断要点】各品种的鸡均有易感性。病鸡精神沉郁，羽毛蓬松，鸡冠和可视黏膜苍白，逐渐消瘦。病鸡常排红色胡萝卜样粪便，若感染柔嫩艾美耳球虫，开始时粪便为咖啡色，以后变为血粪，不及时采取措施，病死率可达50％以上。多种球虫混合感染，粪便中带血液，并含有大量脱落的肠黏膜。

盲肠球虫病时，两支盲肠显著肿大，可为正常的 3～5 倍，肠腔中充满凝固或新鲜的暗红色血液。盲肠上皮变厚，有严重的糜烂。小肠球虫病时肠壁扩张、增厚，有严重的坏死。黏膜上有许多小出血点。肠管中有凝固的血液或胡萝卜色胶冻状的内容物。

【防治】

（1）预防

加强饲养管理：补充足够的维生素 K 和给予 3～7 倍推荐量的维生素 A 可加速鸡患球虫病后的康复。保持鸡舍干燥、通风和鸡场卫生。定期清除粪便，堆放，发酵以杀灭卵囊。

免疫预防：应用鸡胚传代致弱的虫株或早熟选育的致弱虫株给鸡免疫接种，可对球虫病产生较好的预防效果。

药物防治：迄今为止，国内外对鸡球虫病的防制主要是依靠药物。药物有化学合成和抗生素两大类，达 40 余种。现今广泛使用的有 20 种，如氨丙啉、磺胺喹噁啉、磺胺氯吡嗪、地克株利、妥曲株利等药物经常被用来防治球虫病。

（2）治疗 发病后，选用以下药物进行治疗。

氯苯胍：混饲预防，每千克饲料 30～33mg，连用 1～2 个月。治疗加倍，连用 3～7d，后改预防给药。

氯羟吡啶：混饲预防，每千克饲料 125～150mg。治疗量加倍。育雏期可连续给药。

氨丙啉：混饲或饮水。预防，每千克饲料 100～125mg，连用 2～4 周。治疗，每千克饲料 250mg，连用 1～2 周，然后减半，连用 2～4 周。应用本药期间，应控制维生素 B_1 含量不超过每千克饲料 10mg 为宜，以免降低药效。

盐霉素：混饲预防，每千克饲料 60～70mg。

马杜拉霉素：混饲预防，每千克饲料 5～6mg。

常山酮：混饲预防，每千克饲料 3mg，连用至蛋鸡上笼。治疗：每千克饲料 6mg，连用 1 周后改用预防量。

尼卡巴嗪：混饲预防，每千克饲料 100～125mg，育雏期可连用。

磺胺喹噁啉：预防混饲，每千克饲料 0.2g；饮水，每千克水 0.1g。治疗，每千克饲料 1g 或每千克水 0.5g，连用 3d，停药 2d，再用 3d。16 周龄以上鸡限用。与氨丙啉合用有增效作用。

磺胺氯吡嗪：混饲，每千克饲料 1g。饮水，每千克水 0.4g，连用 3d。

二十四、组织滴虫病

组织滴虫病又名盲肠肝炎或黑头病，是鸡和火鸡的一种原虫病，由火鸡组织滴虫引起，以肝的坏死和盲肠溃疡为特征。

【诊断要点】组织滴虫病最易发生于 2～15 周龄的雏鸡和育成鸡，特别是雏火鸡易感性最强，病情严重，病死率最高。

潜伏期一般为 15～20d。患禽头皮呈紫蓝色或黑色，故又叫黑头病。随病情发展，患鸡精神沉郁，单个呆立一隅，双翼下垂，眼闭，缩头，高跷步态。粪便带血或血便，或为淡黄色或淡绿色。

剖检变化常限于盲肠和肝脏。盲肠的一侧或两侧发炎、坏死，肠壁增厚或形成溃疡，有时盲肠穿孔、引起腹膜炎，盲肠表面覆盖有黄色或黄灰色渗物，并有特殊恶臭。有时盲肠腔被黄灰绿色干酪样物充塞。肝出现颜色各异、不整或圆形稍有凹陷的溃疡灶，通常呈黄灰色，或淡绿色。

【防治】

(1) 预防　由于组织滴虫病以鸡异刺线虫为传播媒介，所以驱除蛔虫可降低该病的传播感染。因此，在进鸡前，必须清除禽舍杂物并冲洗干净，然后严格消毒。同时，成禽应定期驱虫。火鸡饲养场内，禁止同时养鸡，以防止寄生在鸡体内的组织滴虫感染火鸡。

成年禽和幼禽单独饲养。

(2) 治疗　鸡组织滴虫病可应用甲硝唑。治疗，每千克饲料 500mg，连用 5d；预防，每千克饲料 200mg，休药期为 5d。

第四节　鸡常见普通病的诊疗

一、肉仔鸡腹水综合征

腹水症通常发生于肉用仔鸡，特点是腹腔积有淡黄色液体或胶冻样固体物质，并伴右心肥大。病因是环境通风不良，氧含量相对不足，或鸡只患呼吸系统疾病，致氧气摄入障碍。

【诊断要点】病鸡行动缓慢，精神不振，腹部膨胀，两腿叉开，直立行走似企鹅状，呼吸困难，冠和肉垂呈紫红色。

病鸡腹腔内有纤维蛋白凝块，积大量液体，液体清亮，呈黄褐色或棕红色。心包积液，心脏增大，右心明显扩张，心肌松弛。肝淤血，边缘钝厚变圆，表面有一层胶冻样物质，可形成肝包膜水泡囊肿。

【防治】

(1) 预防 强饲养管理，保证鸡舍良好的通风。长途运输的雏鸡禁止暴饮。限饲，减缓肉鸡早期生长速度。10～15日龄起，晚间关灯，1周后可自由采食。每吨饲料中添加维生素C 500g、维生素E 150g，有较好的预防效果。控制大肠杆菌病、慢性呼吸道病和传染性支气管炎等呼吸系统疾病。避免药物中毒。

(2) 治疗 治疗呼吸系统疾病，加强圈舍通风换气，投服维生素类的药物，有一定疗效。

二、鸡异食癖

异食癖是由于代谢机能紊乱，味觉异常和饲养管理不当等引起的一种复杂的多种疾病的综合征。

【诊断要点】家禽啄食癖临诊上常见的有以下几种类型。

(1) 啄羽癖 以鸡、鸭多发。鸡自食或互相啄食羽毛，背部羽毛稀疏残缺。

(2) 啄肛癖 多发生在产蛋母鸡和母鸭。有的鸡、鸭于腹泻、脱肛或交配后发生。

(3) 啄蛋癖 多见于鸡产蛋旺盛的春季。多因饲料中钙和蛋白质不足引起。

(4) 啄趾癖 大多是幼鸡互相啄食脚趾，引起出血和跛行症状。

【防治】

(1) 预防 改善饲养管理，消除各种不良因素或应激刺激，如防止拥挤。注意圈舍通风，室温控制。防止强光长时间照射，产蛋箱避开暴光处。合理安排饲喂时间，肉鸡和种禽在饲喂时要防止饥饿，限饲日也要少量给饲，防止过饥。防止笼具等设备引起外伤。检查日粮配方是否达到了全价营养。

(2) 治疗 雏鸡去喙法，必要时可重复。有啄癖的鸡、鸭和被啄伤的病禽，要及时尽快挑出，隔离饲养和治疗。

三、禽 痛 风

禽痛风是由于蛋白质代谢障碍或肾脏受损导致尿酸盐在体内蓄积的营养代谢

障碍性疾病，以消瘦、衰弱、运动障碍等为特征。

【诊断要点】禽冠苍白，不自主地排出白色黏液状稀粪，含有多量尿酸盐。母鸡产蛋量降低，甚至完全停产。临床上以内脏型痛风为主，而关节型痛风较少发生。

心包膜、胸膜、腹膜、肝、脾、胃、肠系膜等器官表面覆盖一层白色的尿酸盐沉积物。肾脏肿大、色苍白，表面及实质中有雪花状花纹。输尿管有尿酸盐结石。病禽发育不良、消瘦、脱水。关节周围出现软性肿胀，切开肿胀处，有米汤状、膏样的白色物流出。在关节周围的软组织中可见白垩色尿酸盐沉积。

【防治】

（1）预防　预防传染病，平时按要求饲喂，不使用发霉变质的饲料等均可有效预防该病。

（2）治疗　采用全玉米替代法。不论任何原因，任何日龄、任何品种的发病鸡群都立即停止饲喂原来的全价饲料，改喂如下配方的玉米粉。1 000kg 玉米粉加入：浓缩鱼肝油 250g×4 包，复合维生素 B250g×4 包，葡萄糖粉 20kg，碳酸氢钠 0.2kg，微量元素 0.2kg，多种维生素 0.5kg，氯化钠 1.5kg，混匀连续饲喂 3～7d。有其他病症的采取相应治疗方案，或投喂相应治疗药物，不影响本病的治疗。

四、笼养蛋鸡疲劳症

笼养母鸡产蛋疲劳症是笼养母鸡的一种营养代谢病。日粮中钙、磷比例不当或维生素 D 缺乏是主要原因。

【诊断要点】病鸡产软壳蛋和薄壳蛋，产蛋量明显降低。两腿发软，站立困难。瘫痪，衰竭死亡。剖检见肛门外翻，淤血。腿骨、翼骨和胸骨变形。在胸骨和椎骨结合部位肋骨向内弯曲。许多鸡卵巢退化，尸体脱水。

【防治】

（1）预防　注意饲料中钙、磷的供给及比例，及维生素 D 的供给。

（2）治疗　及时发现病鸡，挑出单独饲养，减少损失。全群鸡饲料中合理添加钙、磷及维生素 D。如饮用金蟾速补钙每千克水 2～4mL，连用 3～5d。

五、氨气中毒

氨气中毒是由禽舍内氨气浓度过大所引起的，以呼吸困难和眼病为特征。禽舍长期通风不畅，卫生条件差为主要原因。

【诊断要点】病鸡眼结膜潮红、充血。重者可引起角膜溃疡或失明。头青紫色，步态蹒跚，口流唾液泡沫。呼吸道分泌物增多，咳嗽，喷嚏。抽搐或麻痹。

病死鸡尸体发软、不易僵化。结膜充血、水肿。喉头水肿，气管充血，并有灰白色黏稠分泌物。肺淤血或水肿。心肌松软，心包积液。腺胃黏膜糜烂，肌胃角质膜易剥脱。脾稍肿。肾灰白变性。肝肿大变脆，胆囊充盈。有淡黄色或红色腹水。

【防治】

（1）预防　保持禽舍干燥，及时清除粪便和杂物，加强通风换气，定期消毒。另外，在禽舍内撒布磷肥（按每平方米 0.5kg，每周 1 次），使磷与氨形成磷酸铵盐，既可提高肥效，又能防止氨气中毒。

（2）治疗　发现中毒，立即转舍，加强通风。给病禽饮用 1∶3 000 的硫酸铜水。对有呼吸困难、咳嗽等症状者，立即应用抗生素类药物治疗，防止继发感染。

六、鸡药物中毒

磺胺类药物中毒

磺胺类药物是治疗鸡细菌疾病和球虫病的常用药物，用药量过大或连续用药时间过长，都能引起严重急性中毒。1 月龄以下的雏鸡对磺胺类药物极敏感，按推荐的剂量和疗程用药也常引起中毒。

【诊断要点】精神沉郁，生长缓慢，黄疸，粪便呈酱油色，也有的呈灰白色。蛋鸡产蛋量下降，产薄壳或软壳蛋。剖检可见皮肤、肌肉及内脏广泛出血，肾肿大呈土黄色。

【防治】

（1）预防　1 月龄以下雏鸡及产蛋鸡应避免使用此类药物。应严格控制剂量，防止超量。连续用药时间不得超过 5d。使用时尽量选择用量较小、毒性低的复方磺胺药。用药期间务必供给充足的饮水并同服等量的碳酸氢钠（小苏打）。

（2）治疗　发现中毒立即停药。供给充足的含 1‰～2‰ 的碳酸氢钠水，并同时拌料多种维生素。另外，每千克料加维生素 C 0.2g、维生素 K 5mg，连续数日，至症状基本消失为止。

第八章　马属动物和骆驼常见病的诊疗

第一节　马属动物常见疫病的诊疗

一、马　鼻　疽

病原为假单胞菌属的鼻疽杆菌。菌体长 $2\sim5\mu m$、宽 $0.3\sim0.8\mu m$，两端钝圆，不能运动，不产生芽孢和荚膜。

【诊断要点】马鼻疽以驴、骡最易感，感染后常取急性经过，但感染率比马低，马多呈慢性经过。临床上，鼻疽分为急性或慢性两种。不常发病地区的马、骡、驴的鼻疽多为急性经过，常发病地区马的鼻疽主要为慢性型。

马鼻疽根据病菌侵害的部位不同，又分肺鼻疽、鼻腔鼻疽和皮肤鼻疽。

(1) 急性鼻疽　体温升高可达 $41℃$，呈弛张热型。呼吸迫促，颌下淋巴结肿痛（常为一侧性），表面凹凸不平，可视黏膜潮红。

①肺鼻疽：表现干咳，流鼻液，呼吸增数呈腹式呼吸。病重时叩诊肺部有浊音，听诊有湿啰音和支气管呼吸音。

②鼻腔鼻疽：表现鼻黏膜红肿，并出现粟粒大黄色小结节，边缘红晕，随后中心坏死，破溃形成溃疡。流灰黄脓性或带血鼻液。重者可致鼻中隔和鼻甲黏膜坏死脱落，甚至鼻中隔穿孔。

③皮肤鼻疽：多发生在后肢、胸、头、颈及阴囊部皮肤。患部热性肿痛，继而形成结节，软化破溃后形成溃疡，排灰黄色或混有血液的脓液。病灶附近淋巴呈索状肿胀，沿索状肿有串珠样结节，结节破溃又形成新的溃疡。由于病灶扩大蔓延、淋巴管肿胀和皮下组织增生，使皮肤高度肥厚，后肢变粗变大，俗称"象皮腿"。

(2) 慢性鼻疽　感染马多呈此种病型。有的不表现临床症状,可持续数月至数年。本病应与流行性淋巴管炎、马腺疫等相区别（表8-2）。

【防治】

(1) 预防

①加强饲养管理，增强体质。

②严格检疫，防止本病的侵入。

③疫区每年进行 $1\sim2$ 次临床检查和鼻疽菌素检疫。病马或检疫阳性马应予扑杀，并采取扑灭疫情的综合防治措施。

(2) 治疗　不治疗，对病马或检疫阳性马应予扑杀销毁。

二、破 伤 风

破伤风又称强直症，俗称锁口风。病原为破伤风梭菌，为厌氧菌。

【诊断要点】 马最易感，无年龄和品种差异。钉伤、鞍伤或去势消毒不严，以及新生驹断脐不消毒或消毒不严，特别是小而深的伤口，极易感染此病。

病初肌肉强直，从头部逐渐发展到其他部位。病马两耳发直，鼻孔开张，颈部和四肢僵直，步态不稳，全身动作困难。高抬头或受惊时，瞬膜外露明显。随后咀嚼、吞咽困难，牙关紧闭，头颈伸直，四肢开张，关节不易弯曲。皮肤、背腰板硬，尾翘，形如"木马"。响声、强光、触摸等刺激都能使病畜痉挛加重。呼吸浅快，黏膜缺氧发绀，脉细快，偶尔全身出汗。后期体温可达40℃以上。

【防治】

（1）预防

①预防本病的关键是加强管理、防止外伤，一旦发生外伤要及时正确处理。

②预防注射：破伤风类毒素1mL/匹。第1次注射后间隔4～6周进行第2次注射，然后每年注射1次。

（2）治疗 首先要加强护理，这是治疗破伤风的关键。病畜应放在安静、较暗的厩舍内，避免外界任何不良刺激。其次，发病初期，尽早使用破伤风抗毒素进行治疗。

病例一： 骟马，4岁，体重400kg，开口困难，牙关紧闭，两耳竖立，眼半闭，瞬膜外露，瞳孔散大，鼻孔开张。

肌内注射：①破伤风抗毒素30万IU，以后每隔3～5d注射5万～10万IU。②盐酸氯丙嗪600～1 000mg。③重症特症60mL。

以上②和③1次/d，连用3～5d。

病例二： 小母马，2岁，体重250kg，开口困难，尾根抬起。四肢强直如木马，关节屈曲困难，运步障碍。

肌内注射：①破伤风抗毒素30万IU，以后每隔3～5d注射5万～10万IU。②青霉素G钠320万U＋硫酸链霉素200万～300万U，2次/d，连用3～5d。

静脉滴注：①25%硫酸镁注射液100mL。②5%葡萄糖生理盐水3 000～5 000mL＋5%碳酸氢钠500～1 000mL。

局部处理：创口用0.1%高锰酸钾或3%双氧水清洗，晾干后涂抹龙胆紫或碘甘油，1次/d，连用3～5d。

三、马 腺 疫

病原为马腺疫链球菌。菌体呈球形或椭圆形，革兰氏染色阳性，在病灶中呈长链，在培养物和鼻液中为短链。

【诊断要点】以马最易感，骡和驴次之。4月龄至4岁的马发病，尤以1～2岁马最易感。临床上分3型。

（1）一过型　主要表现为鼻、咽黏膜发炎，流鼻液。颌下淋巴结轻度肿胀，体温轻度升高。如加强饲养管理，可自愈。

（2）典型型　病初精神沉郁，食欲减少，体温升至39～41℃。结膜潮红、黄染，呼吸、脉搏增数，心跳加快。继而发生鼻黏膜炎症，并流大量脓性鼻液。咳嗽，咽部敏感，下咽困难，有时食物和饮水从鼻腔逆流而出。颌下淋巴脓肿破溃，流出大量脓汁，此时体温下降，炎性肿胀亦渐消退，病马逐渐痊愈。病程为2～3周。

（3）恶性型　马腺疫链球菌由颌下淋巴蔓延或转移，发生体内各部位淋巴结转移性脓肿、各器官转移性脓肿及肺炎等。

鉴别诊断

鼻疽：鼻腔有鼻疽结节和溃疡或放射状瘢痕，鼻疽菌素试验呈阳性反应。

单纯性鼻炎：无颌下化脓性淋巴结炎。

【防治】

（1）预防

①加强饲养管理，增强体质。

②在流行季节，对未发病马驹用磺胺药预防。

③有条件的可接种当地分离菌株制成的多价灭活苗。

（2）治疗

病例一：小红马，8月龄，体重200kg，体温39.5℃，关节肿胀，跛行。

肌内注射：①抗腺疫血清50～150mL，2d1次，连用2次。②高效附弓净20mL，重症首次加倍，2次/d，连用3～5d。

病例二：公马，3岁，体重350kg，咳嗽，下颌淋巴结肿胀。

肌内注射：①抗腺疫血清100～200mL，2d1次，连用2次。②青霉素G钠800万U，2次，连用3～5d。③硫酸庆大霉素60万U，2次/d，连用3～5d。

局部处理：肿胀部涂抹鱼石脂软膏或10%～20%松节油软膏，待脓肿成熟时，及时切开引流，外科处理。

四、马传染性胸膜肺炎

马传染性胸膜肺炎又名马胸疫，是马属动物的急性传染病，病原为马传染性胸膜肺炎病毒。

【诊断要点】主要发生于4～10岁的壮龄马，1岁以下幼驹极少发生。重型马的易感性较强，病情也较严重。根据临床表现，可分为典型和非典型（一过型）胸疫，其中一过型较为多见。

（1）典型胸疫　本型较少见，呈现纤维素性肺炎或胸膜炎症状。病马精神沉郁，食欲废退、呼吸困难，次数增多，呈腹式呼吸。脉搏增加。结膜潮红水肿。全身战栗，运步强拘。腹前、腹下及四肢下部出现不同程度的浮肿。病初流水样鼻液，偶见痛咳，听诊肺泡音增强，有湿性啰音。中后期流红黄色或铁锈色鼻液，听诊肺泡音减弱或消失。到后期又可听见湿性啰音及捻发音。炎症波及胸膜时，听诊有明显的胸膜摩擦音。肠音减弱，粪球干小，并附有黏液。后期肠音增强，腹泻，粪便恶臭，甚至并发肠炎。

（2）非典型（一过型）胸疫　本型较多见。病马突然发病，体温达 39～41℃。全身症状与典型胸疫初期同，但较轻微。呼吸道及消化道只出现轻微炎症，咳嗽，流少量水样鼻液，肺泡音增强，有的出现啰音。一些病例仅表现短时体温升高，而无其他临床症状。及时治疗，2～3d 后很快恢复。

【防治】

（1）预防

①加强马匹的饲养管理，严格执行卫生防疫措施。

②当马群中发生本病时，应立即隔离患马及疑似患马。

③污染的马厩、运动场及用具等要彻底消毒。对发病马群，只有在最后 1 个病例痊愈 6 周后并经彻底消毒，才可视为无病马群。

④在本病流行期间，对新购进的马匹，必须经 2 个月以上的隔离检疫方能与健康马混群。

（2）治疗

病例一：母马，7 岁，300kg。精神沉郁，食欲废退，咳嗽，听诊有明显的胸膜摩擦音。

静脉滴注：①5％葡萄糖 500mL＋新胂凡纳明 4g，每 3～5d 1 次，共注射 2～3 次。②青霉素 G 钠 400 万 U＋链霉素 300 万 U，2 次/d。连用 3～5d。

口服：硫酸钠 300g＋大黄末 50g＋碳酸氢钠 50g，混合后一次灌服，1 次/d，连用 3～5d。

病例二：煽马，5 岁，300kg。咳嗽，流水样鼻液，听诊啰音。

静脉滴注：①5％葡萄糖生理盐水 500mL＋盐酸环内沙星 1 000mg。②5％葡萄糖 1 000mL＋10％磺胺嘧啶钠 200mL。1 次/d，连用 3～5d。

五、马肉毒梭菌毒素中毒症

病原为肉毒梭菌，属厌氧菌，其毒素可致运动神经麻痹为特征的中毒病。

【诊断要点】主要由于摄入含肉毒梭菌毒素的饲料引起。在发病前 1～10d 吃过潮湿或高蛋白饲料（特别是保存不当的青贮饲料、贮存在塑料袋中的干饲料、紫花苜蓿、草料、腐烂动物污染的干草等）。临床症状为进行性发展，肢体麻痹一般由后向前延伸，早期四肢强拘，进而瘫痪。病马反射机能下降，肌肉张力降低，出现明显运动神经机能障碍。因咬肌麻痹，吃食慢或从嘴角掉食物。吞咽障碍，饮水困难。下颌下垂，流涎，视觉障碍，瞳孔散大。严重者呼吸困难，心功能紊乱。该病病死率高。病马体温不高，神志清醒。

【防治】

（1）预防

①禁止饲喂腐烂霉变饲料。

②保障日粮中食盐、钙、磷的供应，防止发生异嗜癖。

（2）治疗

病例一：病马，2岁，体重200kg。运步僵持，吃食慢，进食过程中嘴角掉食物。

尽早使用肉毒梭菌抗毒素200mL，静脉或肌内注射。

静脉滴注：①5%葡萄糖注射液500mL＋复方甘草酸铵16mL。②0.9%氯化钠注射液500mL＋青霉素G钠300万U＋地塞米松磷酸钠5mg。③5%葡萄糖500mL＋肌苷200mg＋维生素 B_6 100mg＋维生素C 500mg＋三磷酸腺苷40mg。1次/d，连用5~7d。

病例二：病马，7岁，体重350kg。体温不高，咬肌麻痹，流涎，咀嚼吞咽困难，两耳下垂，视觉障碍，瞳孔散大。

尽早使用肉毒梭菌抗毒素500mL，静脉或肌内注射。

静脉滴注：①5%葡萄糖500mL＋阿米卡星3g。②5%葡萄糖盐水3 000mL＋5%碳酸氢钠注射液500~1 000mL。1次/d，连用5~7d。

同时，灌服0.05%高锰酸钾3 000mL或2%碳酸氢钠2 000mL，1次/d，连用3d。

六、马恶性水肿

马恶性水肿是由梭菌引起的马急性创伤性传染病，以局部气肿和全身毒血症为主要特征。

【诊断要点】本病由外伤感染引起，初期减食，体温升高，伤口周围发生炎性水肿，迅速扩散。初期局部坚实灼热、疼痛，后无热无痛，手压柔软，有轻度捻发音。切开肿胀部，皮下和肌肉有大量淡黄色或红褐色液体浸润并流出，味腥臭。如因分娩感染，多于产后2~5d内自阴道排出不洁、红褐色恶臭液体，会阴水肿，并迅速蔓延至腹下。因去势感染的，阴囊和腹下会发生弥漫性气性炎性水肿，疝痛。

【防治】

（1）预防　及时处理外伤，包括分娩和去势等，严格消毒是预防本病的重要措施。

（2）治疗

病例一：小马，1岁半，200kg。因去势感染导致阴囊水肿。

静脉滴注：5％葡萄糖250mL＋青霉素G钠400万U＋地塞米松5mg。2次/d，连用3～5d。

病例二：母马，体重300kg。因分娩感染，会阴水肿，并迅速蔓延至腹下、股部，运动障碍。

静脉滴注：①10％葡萄糖1 000mL＋肌苷300mg＋维生素C 3g。②0.9％氯化钠500mL＋青霉素G钠640万U。

肌内注射：①地塞米松5mg。②10％苯甲酸钠咖啡因30mL。

以上用药1次/d，连用3～5d。

局部处理：0.1％高锰酸钾溶液或3％双氧水，患处扩创后冲洗。

七、马传染性贫血

病原为马传染性贫血病毒。

【诊断要点】在世界范围内广泛分布，主要通过吸血昆虫叮咬而传播。

（1）急性型　多见于新疫区流行初期的病马。体温突然升高到40℃以上，稽留8～15d不等，而后下降至常温，不久又升至40℃以上，稽留不降，直到死亡。病程一般不超过30d，最短3～5d。发热初期，可视黏膜潮红，随病程发展为苍白、黄染。舌底面、口腔、鼻腔、阴道黏膜及眼结膜常见大小不一的鲜红色至暗红色出血点（斑）。心搏亢进、节律不齐，心音混浊或分裂，出现缩期杂音。病马呈渐进性消瘦。病的中、后期可见尾力减退，后躯无力，摇晃，急转弯困难。有的病马胸、腹下、四肢下端（特别是后肢）或乳房等处出现无热无痛的浮肿。少数病马腹泻。

（2）亚急性型　特征为反复发作的间歇热，一般发热39℃以上持续3～5d退热至常温。经3～15d的间歇期又复发。病程1～2个月。

（3）慢性型　常见于老疫区。特征为不规则发热，一般为中、微热。病程可达数月及数年。临诊症状及血液变化发热期明显，无热期减轻或消失，但心机能和使役能力降低，长期贫血、黄疸、消瘦。

鉴别诊断：应注意与马梨形虫病、马伊氏锥虫病、马钩端螺旋体病、营养性贫血等相鉴别（表8-1）。

另外，也应该注意与下列各病相区别（表8-1）。

表8-1　贫血或黄疸马病的鉴别诊断

病　名	病　原	流行病学	临床症状	病理形态学
马传染性贫血	马传染贫血病毒	夏秋两季发生较多。新疫区多呈急性经过，老疫区主要取亚急性和慢性经过	急性型高热稽留。亚急性型间歇发病，临床症状不明显。慢性型呈反复发作的暂短微热，临床症状轻微，温差倒转现象明显，黄疸症状较轻	急性型呈败血症变化。亚急性型败血症、贫血和增生变化均较明显。慢性型呈贫血和增生变化。主要表现为网状内皮细胞的活化和增生。慢性型脾内含铁血黄素减少或消失
马梨形虫病	马驽巴贝斯虫或巴贝斯虫	马驽巴贝斯病通常发生于3～5月份。马巴贝斯病发生于6～7月份	马驽巴贝斯病高热稽留，食欲差，黄疸明显，病势急。马巴贝斯病急性型症状与之相似，但亚急性型发展较慢，症状轻	黄疸、出血明显。肝、脾显著肿大。肾软。膀胱蓄积黏稠混浊尿液。网状内皮细胞和脾髓淋巴细胞增生不明显。脾内含铁血黄素不完全消失
马伊氏锥虫病	马锥虫	多发于南方各省	急性型呈稽留热或弛张热，慢性型呈间歇热。后期后躯无力，运步困难，可见神经症状	浮肿、黄疸、贫血明显，皮下组织胶样浸润。急性型脾肿大。肝肿大、淤血，有散在脂变。心肌、骨骼肌常有白细胞浸润。常无网状内皮细胞增生
马钩端螺旋体病	钩端螺旋体	多发生于南方各省。流行于6～10月份，洪水泛滥后常见暴发	马、骡多不出现明显临床症状。少数病马见发热、贫血、黄疸、出血及肾炎等症状。病后期可见周期性眼炎	黄疸、贫血明显。肾肿大。肝肿，呈土黄色。脾不大。肾小管上皮细胞变性、坏死，间质有白细胞浸润。肝常无网状内皮细胞增生
马胸疫	马传染性胸膜肺炎病毒	春、冬两季较多，放牧时少见。多呈散发，流行期可延续数月	典型病例有明显的肺炎或胸膜肺炎变化。在病的中、后期，病马流多量红、黄色或铁锈色鼻液	呈纤维素性胸膜肺炎和心包炎变化。肺的心膈叶尖部常有肝变。肺泡内有大量纤维素和炎性细胞。肝常无网状内皮细胞增生。窦内中性粒细胞稍增多
营养性贫血	无病原体	多发生于幼驹，无流行性	体温不高。血液中无吞铁细胞	贫血及浮肿明显。体腔中常有数量不等水肿液。实质脏器变性或萎缩。肝、脾无网状内皮细胞增生

　　马鼻疽：活动性鼻疽也有体温升高、血沉加快和白细胞增多等现象，极易与传贫混淆。但开放的肺鼻疽有颌下淋巴结肿大及鼻液，皮肤鼻疽有喷火口状溃疡。鼻疽菌素点眼呈阳性反应。

　　过劳症：慢性过劳症主要是由于饲养管理不良和过度劳累所致。多发生于老龄或牙齿有病的马，掉膘比较缓慢。体温升高，但有时比正常还低下，且无出血性素质的变化。

【防治】

（1）预防

①做好检疫工作，不从疫区引进马、骡、驴。

②在疫区可应用马传贫弱毒疫苗进行定期预防接种。

③消灭蚊、蝇等吸血昆虫，防止刺蛰骚扰马体。

④加强外科器械，特别是注射针头的消毒，不得混用。

（2）治疗　不治疗，必须按《中华人民共和国动物防疫法》和农业部颁发的《马传染性贫血病防制试行办法》的规定，采取严格控制、扑灭措施。

八、马 流 感

病原为 A 型流感病毒。

【诊断要点】本病传播迅速，发病率高。2～3 岁年轻马匹最易感。典型病例先发热，体温上升到 39.5℃ 以上，稽留 1～2d 或 4～5d，然后降至常温。病初 2～3d 内经常干咳，随后变为湿咳，持续 2～3 周。先为水样鼻液，后变黏稠。所有病马发热时都呈现全身症状：呼吸、脉搏频数，食欲降低，精神委顿。眼结膜充血浮肿，大量流泪。发热期常表现肌肉震颤，肩部肌肉最明显。

鉴别诊断

马传染性支气管炎：最初稍显精神委顿，出现结膜炎及鼻卡他。体温稍升高，鼻黏膜潮红，流少量浆液性鼻液，频发干而粗的阵发性咳嗽。随后咳嗽逐渐减少，多于 2～3 周内恢复正常。口腔黏膜变淡，肺部听诊呼吸音加重，重症马有啰音。如果发病期间继续使役，则易并发支气管肺炎，甚至死亡。

马鼻肺炎：病马表现呼吸道卡他、流鼻液及结膜充血水肿。有的继发肺炎、咽炎、肠炎、屈腱炎及腱鞘炎。无继发感染者，1～2 周可痊愈。

鼻腔肺炎型马鼻肺炎：幼龄马多发，体温升至 39.5～41℃，流多量浆液乃至黏脓性鼻液，眼结膜充血、水肿，下颌淋巴结肿大。无继发感染，1 周后可痊愈。

流产型马鼻肺炎：怀孕最后 3 个月的母马易感，导致流产或产下出生后很快死亡的虚弱胎儿。

【防治】

（1）预防

①免疫预防。注射马流感双价（马 A1 型和 A2 型）佐剂苗，第 1 年注射 2 次，间隔 3 个月，以后每年注射 1 次。

②加强饲养管理和生物安全措施，防止一切应激因素的刺激。

③发生疫情时，严格封锁，直至最后病例康复 4 周后。对病畜停止使疫和比赛，加强环境消毒和护理。

（2）治疗 本病尚无特效药，一般用解热镇痛等对症疗法以减轻症状和使用抗生素或磺胺类药物控制继发感染。

病例一：青马，2岁，体重200kg。干咳，流水样鼻涕。

肌内注射：①联磺经典0.1mL/kg，重症首次加倍。②青霉素G钠300万U。2次/d，连用3～5d。

病例二：大红马，3岁，体重350kg。体温偏高，食欲降低，眼结膜充血水肿，大量流泪。

肌内注射：①速可宁35mL。②冷冰冰35mL。③重症特症30mL。1次/d，连用3～5d。

九、马接触传染性子宫炎

病原为马生殖道泰勒氏杆菌，通常引起母马暂时性不孕。

【诊断要点】本病主要流行于马的繁殖季节。病马由于子宫颈炎、阴道炎和子宫内膜炎，从阴道排出大量黏性至脓性的渗出物，一般可延续13～18d。发情期缩短，屡配不孕。孕马感染后，可因严重的炎症导致流产。病马全身症状不显，多数可自愈，但有的母马在渗出物停止后仍可长期排菌。公马感染后无临床症状，也不产生抗体。

【防治】

（1）预防

①发现患病母马、隐性感染公马和母马应及时隔离。

②在最后一个病例痊愈6周后，经彻底消毒后方可视为无病马群。

③在本病流行期间，对新购进马匹必须经过2个月以上的隔离检疫方能与健畜混群。

④人工授精是控制本病的重要手段，授精时将精液、稀释液和抗生素混合，对所用器械及配种人员的手要彻底消毒。

⑤母马除局部治疗外，还要结合全身治疗。公马以局部治疗为主。

（2）治疗

病例：母马，6岁，体重350kg，屡配不孕。

肌内注射：①氨苄青霉素5g＋地塞米松5mg。②硫酸庆大霉素50万IU。2次/d，连用3～5d。

局部处理：用2%洗必泰或0.1%高锰酸钾溶液清洗生殖道。

十、马鼻肺炎

病原为马疱疹病毒，分为马疱疹病毒Ⅰ型和马疱疹病毒Ⅳ型。

【诊断要点】马疱疹病毒Ⅰ型又称胎儿亚型，主要引起流产。马疱疹病毒Ⅳ型主要引起呼吸道症状。

（1）流产和新生幼驹疾病　马疱疹病毒Ⅰ型是一种重要的流产病原，导致间歇性流产暴发。怀孕最后 3 个月的母马易感，导致流产或产下出生后很快死亡的虚弱胎儿。妊娠马的感染常不被察觉，有时出现腿部肿胀，食欲减退，突然发生不明原因流产，无胎衣滞留现象。流产后病马很快恢复正常，不影响以后的配种受孕。

（2）呼吸道疾病　马疱疹病毒Ⅳ型是全世界引起马匹急性呼吸道疾病的主要原因。2 岁内的马匹最易感。病驹体温升高到 $39.5\sim41℃$，流多量浆液或黏脓性鼻液，眼结膜充血，病程相对较短暂。有时可发展为急性支气管肺炎。断奶或母源抗体效价减低的年龄稍大的马驹，临床症状可能会更严重。

（3）神经系统疾病　马疱疹病毒Ⅰ型会引起马的神经系统疾病，病马感染后症状表现不一，或出现轻度运动失调，或呈现严重的神经症状，表现为四肢和腰部僵硬、麻痹以致瘫痪不能起立，尾巴麻痹和膀胱失禁，会阴部痛觉减退或消失。

【防治】

（1）预防

①严格执行动物卫生防疫措施，加强妊娠马的饲养管理，不使其与流产马、胎儿和患驹接触。

②严格遵守牧场、厩舍管理规定，尽量减少环境应激因素。

③幼驹在 6 月龄时应及时断奶和母马分群饲养，并防止与其他马群接触，以免感染发病。

④及时隔离流产马，并对其污染的环境和流产后的排泄物及胎儿等进行严格的消毒处理。

⑤在本病常发地区，应定期接种疫苗。

（2）治疗

病例一：小马，1 岁，200kg。体温升高，流浆液性鼻液。

肌内注射：青霉素 G 钠 300 万 U＋硫酸链霉素 200 万 IU，或林可霉素 4g＋庆大霉素 30 万 IU。2 次/d，连用 3～5d。

静脉滴注：5％葡萄糖生理盐水 1 000mL＋维生素 C5g，1 次/d，连用3～5d。

病例二：母马，5 岁，300kg。妊娠后期流产。

肌内注射：黄芪多糖 20mL，1 次/d，连用 3～5d。

静脉滴注：①5％葡萄糖生理盐水 500mL＋10％磺胺嘧啶钠 60～80mL。②5％葡萄糖 500mL＋5％碳酸氢钠 200mL。1 次/d，连用3～5d。

局部处理：用 2％洗必泰或 0.1％高锰酸钾溶液清洗生殖道。

十一、溃疡性淋巴管炎

病原为假结核棒状杆菌。

【诊断要点】本病多呈散发，病程缓慢，一般呈良性经过。在热带，感染驴多呈恶性经过。一般不直接传染，多通过皮肤伤口感染。病马皮下淋巴管肿胀，似手指状，柔软有疼感，沿肿胀淋巴管产生很多小结节、脓胀和溃疡，但不侵害周围淋巴结。病变部淋巴结不变硬，不化脓。病初在一侧后肢或两肢呈弥漫性肿胀，患肢疼痛，跛行。随后在跗关节周围和系部出现界限明显、细小、棕黑色、疼痛的小结节，破溃后形成圆形或不规则溃疡。溃疡边缘不整似虫蚀状，在隆突底部呈灰白色或黄色，排出带血脓汁，并有肉芽组织增生。治愈后，形成结节状疤痕。病程较长，常可持续数月到数年。严重病例，病变可蔓延到躯干、颈部、前肢及头部，或转移到肺脏和肾脏等形成脓肿，使病情恶化甚至死亡。

本病应与马鼻疽、流行性淋巴管炎、马腺疫相鉴别（表8-2）。

表8-2 马腺疫、马鼻疽、流行性淋巴管炎及溃疡性淋巴管炎的鉴别诊断

病名	病原	易感动物	临床症状			病程
			皮肤溃疡	鼻液	颌下淋巴结肿胀	
马腺疫	链球菌马亚种	1～2岁幼马最易感	皮肤上无溃疡	病初流浆液性或黏液性鼻液，后为脓性。鼻腔无结节、溃疡及瘢痕	呈急性肿胀，有弹性、灼热和疼痛，易化脓。脓汁排出后很快愈合	多为急性，常取良性经过
马鼻疽	鼻疽杆菌	各种年龄马属动物均易感	皮肤溃疡边缘不整，呈火山口状，分泌物黏稠，多发生于后肢，不易愈合	鼻腔鼻疽流鼻液，特有的结节及溃疡（愈合后呈冰花状）	无固定肿胀，无热，不易化脓	多为慢性，新疫区或驴、骡患本病时多呈急性
流行性淋巴管炎	流行性淋巴管炎囊球菌	各种年龄马属动物均易感	边缘较平坦，溃疡面鲜红色，常有肉芽增生，分泌物比鼻疽更黏稠。多发生于前肢及颜面部，较易愈合	无鼻液，有时见少量黏液、脓性鼻液	通常不肿胀。如肿大，多能移动。可化脓，排脓后逐渐愈合	多为慢性，若不及时治疗，常取恶性经过
溃疡性淋巴管炎	主要是绵羊假结核杆菌	马属动物均易感，但极少发生	边缘不隆突，溃底为灰白或灰黄色。分泌物不黏稠。多见于后肢跗关节下方，易愈合且不侵害周围淋巴结	无鼻液	不肿胀	多为慢性，通常能治愈

【防治】

（1）预防

①加强饲养管理，搞好厩舍卫生，防止外伤。

②发生外伤时应及时处理。

（2）治疗

病例：大青马，3 岁，350kg。外伤感染，后肢肿胀，跗关节周围有结节溃疡。

肌内注射：①青霉素 G 钠 640 万 U＋地塞米松 5mg。②硫酸庆大霉素 60 万 U。2 次/d，连用 3～5d。

局部处理：0.1％高锰酸钾溶液或 3％双氧水，反复清洗结节溃疡处后涂抹 3％碘酊，1 次/d。

十二、马胃蝇蛆病

病原成虫为马胃蝇，我国常见有 4 种：红尾胃蝇、鼻胃蝇、兽胃蝇和肠胃蝇，形态基本相似，似蜜蜂，体长 9～16mm。

【诊断要点】 本病发生于干热的夏季，成虫产卵时，骚扰马匹休息和采食。幼虫寄生初期，引起病马口、舌和咽部水肿、炎症甚至溃疡，表现咀嚼、吞咽困难，咳嗽，流涎。幼虫移行至胃及十二指肠时引起慢性或出血性胃肠炎。幼虫吸血及虫体毒素导致营养障碍，表现食欲减退、贫血、消瘦甚至衰竭等。

剖检可见喉头、食管水肿，有马胃蝇幼虫附着。胃内、幽门、十二指肠有大量的马胃蝇蛆堆积，幽门、十二指肠黏膜充血，发炎，肠壁变薄。叮咬部位呈火山口状，肠系膜淋巴结肿胀。

【防治】

（1）预防

①搞好环境卫生，定期清扫粪便。

②在马胃蝇产卵季节，应经常刷拭畜体，并用 1％～2％敌百虫溶液喷洒或涂擦。

（2）治疗 伊维菌素 0.2mg/kg，皮下注射。马属动物敏感，慎用。

第 1 次驱虫 7～14d 后，应重复给药 1 次。

十三、马消化道线虫病

马消化道线虫主要指寄生在马消化道的蛔科、尖尾科、旋尾科、圆形科、盅口科等 5 个科的线虫。其中副蛔虫属、蛲形属、圆形属的线虫形体较大；蝇柔属、三齿属、喷口属和食道属的线虫次之；盅口属、杯环双冠属、盆口属及辐首属线虫虫体小，常称为"毛线虫"。

【诊断要点】幼驹比成年马易感性强，危害大。

线虫寄生于消化道不同部位，引起消化机能障碍，食欲减退，发育迟缓，消瘦，贫血。严重时引起肠炎、消瘦、贫血和浮肿。马副蛔虫感染严重时，可引起肠穿孔而死亡。普通圆线虫的幼虫移行期可引起血栓性疝痛。无齿圆线虫幼虫则引起腹膜炎，急性毒血症，黄疸和体温升高等。马胃线虫能在马匹的胃腺部形成肿瘤，严重时肿瘤化脓，引起胃破裂、腹膜炎。剖检可在消化道发现相应线虫。用寄生虫诊断盒行粪便虫卵检查，结果为阳性。

【防治】

（1）预防

①定期驱虫。每年 1～2 次，驱虫后 3～5d 内不要放牧，以便将排出的虫体和虫卵集中消毒处理。

②加强饲养管理，补充各种矿物质和微量元素，提高抵抗力。

③粪便及时清理并进行生物热处理，消灭厩舍内的蝇类。

④定期消毒用具，饮水最好用自来水或井水。

（2）治疗

方一：丙硫咪唑 10～20mg/kg，口服。

方二：赛苯咪唑 50mg/kg，口服。

方三：左旋咪唑 5mg/kg，皮下或肌内注射。

方四：伊维菌素 0.2mg/kg，皮下注射。

第 1 次驱虫 10～14d 后，应重复给药 1 次。

十四、马伊氏锥虫病

病原为伊氏锥虫，体长 18～34μm，宽 1～2μm，呈卷曲的柳叶状。前端尖锐，后端稍钝，虫体中央有一个椭圆形细胞核，后端有呈小点状的动基体。

【诊断要点】马伊氏锥虫病又称为苏拉病，以间歇热、贫血、浮肿和神经症状为临床特征。病原寄生于马血浆中。病马常呈急性经过，病死率很高，自愈者极少。体温升高到 40℃ 以上，稽留数天，然后经短时间歇，再度发热。发热时病马呼吸急促，脉搏增数，尿量减少，尿色深黄而黏稠，精神不振，食欲减退。间歇期，症状缓解，但经反复多次发热后，病马食欲废绝，显著消瘦，高度贫血，眼结膜初充血，后黄染，最后苍白。在结膜、瞬膜上可见米粒至黄豆大的出血斑，常见浆液性到脓性眼分泌物。体表水肿为本病常见症状之一，多在发病后 6～7d 时见腋下、胸前水肿。

随着病情加重，神经症状逐渐显现，或沉郁、嗜睡，或作阵发性回旋运动，或呈兴奋症状。最终发展为后躯瘫痪或麻痹而死亡。

在体温升高时进行血液检查较易检出虫体。剖检可见尸体消瘦，血液稀薄、凝固不良。

【防治】

（1）预防

①加强饲养管理，尽量消灭虻、厩蝇等传播媒介。

②在流行季节用药物预防。喹嘧胺的药效持续期最长，注射一次可持续 3～5 个月；萘磺苯酰脲的药效持续期为 1.5～2 个月。

（2）治疗

方一：贝尼尔 3.5～4mg/kg，配成 5％水溶液，肌内注射。

方二：硫酸甲基安锥赛 3mg/kg，配成 10％溶液，肌内注射。

方三：纳加诺（拜耳 205）7～10mg/kg，配成 10％溶液，静脉滴注。

方四：新胂凡纳明 10～20mg/kg，每匹患马的总剂量（极量）不得超过 6g，用注射用水配成 5％溶液，静脉滴注。

方五：黄色素 3～4mg/kg（极量 2g），配成 0.5％～1％的溶液，静脉滴注。

第二节　马属动物普通疾病的诊疗

一、腹　痛　症

腹痛病是马属动物的多发病和常见病。临床上较常见的有急性胃扩张、肠便秘、肠臌气和肠变位。

（一）急性胃扩张

急性胃扩张又称大肚结，发病急，常因诊治不及时或继发症导致死亡。按病因分为原发性胃扩张和继发性胃扩张；按内容物性状分为食滞性胃扩张、气胀性胃扩张和液胀性胃扩张（积液性胃扩张）。

【病因】

（1）原发性胃扩张主要是由于采食过量难消化和容易膨胀的饲料，或采食易发酵的嫩干草、蔫青草、堆积发热变黄青草或发霉草料，或偷食大量精料或饱食后突然喝大量冰水而发病。

（2）继发性胃扩张主要继发于小肠阻塞、小肠变位等疾病。当大肠阻塞或大肠臌气压迫小肠使小肠闭塞不通时，亦可引起发病。

【诊断要点】

（1）腹痛　病初呈中度间歇性腹痛，但很快（3～4h 后）转为持续性剧烈腹痛。病马频频起卧、翻滚，快步急走或前冲，有的呈犬坐姿势。

（2）全身症状　结膜潮红或暗红，脉搏增数，腹围不大而呼吸急促，局部出汗甚至全身出汗。

（3）消化系统症状 病马饮食欲废绝，口腔黏滑，肠音消失。在髋结节水平线上听到流水音或金属音。重症病马一旦呕吐，标志病情严重，预后不良。

（4）胃管检查 胃管插入感到食管松弛，阻力较小。进入胃内后，可排出大量酸臭气体和少量粥样食糜，导胃减压后，腹痛立即减轻或消失，呼吸也恢复平静。

（5）直肠检查 在左肾前下方可摸到膨大的胃盲囊，随呼吸前后移动，触之紧张而有弹性（气胀性胃扩张）或有黏硬感（食滞性胃扩张）。

【防治】

（1）预防

①饲养有规律，饱食后不应立即使役。

②定时定量，饥饿状态下避免暴饮暴食。

③避免粗纤维饲料过多。

（2）治疗

病例一：病马体重 200kg。腹围不大而呼吸急促，全身出汗。在髋结节水平线上听到流水音或金属音。

水合氯醛 15～25g＋95％酒精 30～50mL＋福尔马林 10～20mL＋温水 500mL。先导胃、洗胃，然后取各药加入 1％淀粉混合后一次灌服。

静脉滴注：10％氯化钠注射液 300mL＋0.5％普鲁卡因 200mL＋10％安钠咖注射液 20mL，1 次/d。

病例二：病马体重 250kg。食欲废绝，频频起卧、翻滚，呈犬坐姿势。

①胃管导胃减压。②乳酸 15～20mL＋95％酒精 30～50mL＋石蜡油 1 000mL，加适量常水混合后，一次灌服。

病例三：病马体重 180kg。食欲废绝，腹围不大而呼吸急促。

石蜡油 1 000mL＋松节油 15mL＋福尔马林 15mL＋鱼石脂 20g＋水合氯醛 15g。混合后一次灌服。

（二）肠便秘

肠便秘，又称肠阻塞、肠梗阻、便秘疝、结症等，是由于肠管运动机能和分泌机能紊乱，粪便停滞，而使某段肠管发生完全或不完全阻塞的一种急性腹痛病。临床上以结肠阻塞最常见，其次是盲肠阻塞，小结肠阻塞不常发生，小肠阻塞很少见。

【病因】

（1）不易消化的食物，如沙土、一些很干的饲料、长的植物茎以及食物中的塑料绳或塑料袋。

（2）牙齿疾患，导致食物不能嚼碎。

（3）运输过程中的应激反应。

（4）寄生虫。

（5）突然改变饲养管理，特别是运动和饮食。

（6）胃肠溃疡、肠道粘连或腹部肿瘤。

（7）滥用降低胃肠动力的药物，如阿托品、654-2等。

【诊断要点】

（1）结肠阻塞　结肠阻塞最常见，多发生于大结肠，其中骨盆弯曲部和右背侧结肠最易发生阻塞。轻微到中度的腹痛症状，包括卷唇、做撒尿状、翻滚、频频回望腹侧、心跳轻微加快。排粪变少、变干且变硬，表面被覆黏液。精神沉郁，食欲减退或费绝。黏膜粉红，呼吸数和体温正常或略增。机体脱水。易继发肠臌气，严重者可致肠破裂。肠音弱或无。直肠检查发现直肠内粪便少或无。小结肠阻塞通常可在腹后部探查到小的结粪。左结肠一般易在右背侧处阻塞，但不易探查到，但易发生肠臌气。

（2）盲肠阻塞　不同程度的腹痛，排粪减少，精神沉郁，体温正常，一般无脱水症状。肠音弱，一般在腹部右侧易听到。直肠触诊能摸到硬结物。

（3）回肠阻塞　回肠阻塞较大结肠阻塞少见，一般常发生在有严重寄生虫感染的青年马和有腹部肿瘤的老年马。绦虫能导致这种情况的发生，一般是由于绦虫引起肠套叠梗阻。临床上一般表现为严重腹痛，心动过速，体温正常或略高，排便减少，食欲减退，腹部扩张，脉搏不规则，强度减弱，结膜发绀，严重的虚脱死亡。直肠检查触及肠臌气和近端小肠的环状液体、盲肠底部硬的结粪及直肠内少量或没有粪便。

【防治】

（1）预防

①加强饲养管理，按时定量饲喂，防止过饥、过食。当饲喂干草干料时，可添加适量食盐。

②合理搭配，防止饲料品种单一。限喂粗硬或不易消化的饲料。

③合理使役，防止过劳。

④及时治疗慢性消化系统疾病。

（2）治疗

病例：棕色马，12岁，体重300kg。食用豆草出现腹痛症状，便秘。

方一：①液体石蜡500～1 000mL＋松节油30～50mL＋复合酚溶液10～20mL＋常水500～1 000mL。混匀后一次灌服（小肠便秘用药前应先导胃）。②氟尼辛葡甲胺1mg/kg，肌内或静脉注射。

方二：人工盐300～400g＋常水5 000～6 000mL，灌服。

方三：硫酸钠300～500g＋大黄末60～80g＋常水5 000～6 000mL，溶解后灌服。

方四：静脉滴注，5%葡萄糖氯化钠3 000mL＋10%安钠咖20mL＋5%碳酸氢钠2 000mL。

（三）肠臌气

肠臌气又名肠膨胀、叫胀肚或气结等。以病程短急、腹围急剧膨胀、剧烈而持续腹痛为特征，分原发性和继发性肠臌气。

【病因】主要是由于采食了大量易发酵的幼嫩青草、嫩苜蓿、豆类精料等，或采食冰冻、发霉腐败的草料引起。尤其是饥饿后采食过急，咀嚼不充分，或由舍饲突然改为放牧，更易发生肠膨气。

【诊断要点】

（1）原发性肠臌气　多在采食后2～4h发生。初期呈现间歇性腹痛，但迅速转为剧烈的持续性腹痛。病畜时起时卧，滚转，腹围很快膨大，腹壁紧张，肷部展平或稍隆起，并以右肷部隆起较明显。腹部叩诊呈鼓音。可视黏膜高度充血或发绀，呼吸极困难，呈胸式呼吸。病初口腔湿润，肠音高亢并带金属音，排粪频数，每次排出少量稀软粪便，并有气体排出。随着病情发展，口腔变干燥，肠音减弱或消失，排粪、排尿停止。

（2）继发性肠臌气　先有原发病症状，通常经过4～6h后才出现腹围增大、呼吸困难等肠臌气症状。若解除原发病，肠膨胀症状则迅速消失；若原发病不愈，即使穿肠放气，也会在短时间内复发。在急性肠臌气过程中，因肠管极度胀满，在滚转或突然摔倒时，可因腹内压急剧增高而发生肠破裂或膈破裂。

【防治】

（1）预防　参照急性胃扩张。

（2）治疗

病例：公马，5岁，体重300kg。采食后，腹围迅速膨大，叩诊呈鼓音。

方一：①人工盐200～300g＋鱼石脂20～30g＋常水3 000～5 000mL，混匀后一次灌服。②30%安乃近20～30mL，肌内注射。

方二：水合氯醛15～25g＋樟脑粉4～6g＋酒精40～60mL＋乳酸10～20mL＋松节油10～20mL＋常水500～1 000mL。混匀后，一次灌服。

（四）肠变位

肠变位又称变位疝、机械性肠阻塞。临床上以病程短急，病势重危，腹痛剧烈为特征。发病率不高，但病死率却很高。常见的有肠缠结、肠嵌闭、肠套叠和肠扭转。

【病因】

（1）原发性肠变位　主要是饲养失宜，胃肠机能紊乱致使肠管原来的相对位置发生改变。体位突然而剧烈的改变，如肠痛时的起卧滚转，都可使肠管的位置发生改变。另外，由于腹腔天然孔穴和病理裂口的存在，在跳跃、奔跑、难产、交配等腹内压急剧增大的条件下，小肠或结肠有时可被挤入某孔穴而发生嵌闭。

（2）继发性肠变位　多发生于其他腹痛病和腹腔手术过程中。肠系膜和网膜的病理性孔洞、腹股沟环过宽等，均可诱发本病。

【诊断要点】病马急起急卧，左右滚转，前冲后撞。肠腔完全闭塞的肠变位，腹痛剧烈而持续，吆喝鞭笞多无济于事，即使应用大剂量的镇痛剂，也很难控制。后期虽有腹痛，但反应迟钝，欲卧而不敢卧，卧下后不敢滚转，常拱背呆立，不愿行走。若强迫行走则小心谨慎地细步移动。食欲废绝，口腔干燥，肠音减弱或消失，排粪停止。

小肠变位继发胃扩张时，多有嗳气，有的鼻孔流出或喷出带草渣的液体。大肠变位继发肠臌气时，则腹围增大，呼吸迫促。继发腹膜炎时，则腹肌收缩，腹壁紧张，触之疼痛。继发肠麻痹时，腹痛减轻。腹腔穿刺，为血样穿刺液，直肠检查可触及变位的肠段。

【防治】

（1）预防

①加强饲养管理，不喂冰冻饲料；合理使役，定期驱虫，防止胃肠功能紊乱。

②及时治疗其他腹痛病，并防止剧烈滚转造成肠变位。

（2）治疗 肠变位的根本治疗措施是尽早实施手术，整复肠管。

（五）肠痉挛

肠痉挛，又名痉挛疝、卡他性肠痛，中兽医称为冷痛、伤水起卧等，是由于肠管平滑肌痉挛性收缩而致发的一种腹痛病。临床上以间歇性腹痛及肠音高朗、粪便稀软酸臭并混有黏液为特征。

【病因】受寒冷刺激（寒夜露宿、出汗后被雨浇淋、风雪侵袭、暴饮大量冷水或采食霜草或冰冻饲料、气温骤变等）或化学性刺激（如采食霉烂酸败饲料以及在消化不良病程中胃肠内的异常分解产物等）而致病。

【诊断要点】病初呈现明显的间歇性腹痛。在发作时，病马呈现中度或剧烈腹痛，表现顾腹、刨地、蹴踢，甚至时起时卧倒地滚转，持续 5～15min。在间歇期，病畜似健康无病，甚至能采食、饮水。但经过 10～30min 间歇期后，腹痛又反复发作。肠音高朗，如雷鸣、连绵不断，往往数步之外可听到肠音。由于肠内充满气体或肠壁过于紧张，邻近的液状肠内容物移动冲击该部肠壁时，可出现金属性肠音。

腹痛初期，常作排粪姿势，每次排出量很少，粪块表面常附有黏液或排出半液状粪便。口腔湿润，耳鼻发凉，有时由鼻孔流出清水珠。体温、脉搏、呼吸等全身症状在腹痛间歇期变化不大。有的病畜若治疗不及时，可继发肠便秘或肠变位。继发肠便秘或肠变位时，肠音减弱或消失，腹痛加剧，全身症状迅速恶化。

鉴别诊断

子宫痉挛：呈间歇性腹痛，多发生于妊娠末期，腹肋部可见胎动，而肠音及排粪不见明显异常。

膀胱括约肌痉挛：腹痛剧烈，频频作排尿姿势，但无尿液排出，导尿管不能插入膀胱，直肠检查感知膀胱充满，按压膀胱不能引起排尿。

【防治】

（1）预防

①加强饲养管理，防止饲喂冰冻、霉败饲料及寒冷刺激等。

②合理使役。

（2）治疗

病例： 病马 3 岁，300kg。腹痛，持续 5～10min 后正常，间歇 20min 左右后又开始发作。

方一：①30％安乃近注射液 20～40mL，皮下或肌内注射。②硫酸钠 200～300g＋常水 3 000～5 000mL，溶解后一次灌服。

方二：青皮 15g、陈皮 15g、官桂 15g、小茴香 15g、白芷 15g、细辛 6g、当归 15g、元胡 12g、厚朴 20g、茯苓 15g。共研为末，开水冲调，侯温与白酒 60mL 一次灌服。

方三：针灸三江、姜牙、分水、耳尖、尾尖等穴位，针法为血针。

马属动物几种主要腹痛病的鉴别诊断见表 8-3。

表 8-3　马属动物几种主要腹痛病的鉴别诊断

检查项目	急性胃扩张	肠臌气	肠便秘		肠痉挛	肠变位
			小肠	大肠		
眼结膜	程度不同充血	充血、发绀	充血带黄色	充血	正常或呈白色	充血或发绀
腹痛表现	食后 1～4h 发病，剧烈痛；初期为间歇性，后期为持续性	食后数小时发病，持续剧烈的腹痛，间歇期短	食后数小时发作，腹痛剧烈	发生缓慢，腹痛较轻并有间隙	突然发作，腹痛剧烈，反复发作，间隙期安静如常	病初为间歇性，轻微腹痛，随后为持续性剧烈腹痛
腹围	第 14～17 肋中部突隆	急剧膨大，叩诊呈鼓音	无异常	正常或稍膨大	无异常	正常或稍膨大
肠音	减弱或消失	初期增强有金属音，而后期变弱或消失	微弱	减弱或停止	肠音如雷鸣不断，有金属音	肠音减弱或消失
胃管检查	有大量气体或酸臭食糜	无异常	正常或有气体排出	无异常	无异常	无异常
直肠检查	可摸到脾脏和随呼吸前后移动的胃	手不易伸入，肠管有气体	可摸到腊肠状阻塞物	可摸到排球或拳头大小粪块	一般正常	肠管位置异常，有局限性臌气
腹腔穿刺检查	无明显异常	无明显异常	无异常	无异常	无异常	有多量粉红色或暗红色渗出液

二、消化不良

消化不良又称为胃肠卡他或卡他性胃肠炎，是胃肠黏膜表层发生的炎症。临床上以食欲和口腔变化明显，肠音和粪便异常为特征。

【病因】

（1）饲料品质不良、突然改变、变质或饮喂失宜。

（2）牙齿咬合不正、骨软症或寄生虫病。

【诊断要点】病马食欲减退，食量减少，甚至绝食。口腔干燥，口色青白，舌体皱缩，舌面覆盖多量舌苔，口腔恶臭。肠音增强，粪便稀软，内混杂消化不全的纤维素或谷粒。全身症状不明显，体温、脉搏、呼吸变化不大。有的病马可见轻微腹痛，刨地喜卧，表现不安。

【防治】

（1）预防

①加强饲养管理，保证草料和饮水清洁。

②合理使役，适当运动。

③定期驱虫，及时治疗原发病。

（2）治疗

病例一：病马，3岁，体重250kg。食欲减退，粪便稀软，杂有消化不全的纤维素和谷粒。

方一：①人工盐300～500g＋常水4 000～6 000mL，溶解后，一次灌服。②鱼石脂15～20g＋酒精50～60mL＋常水300～500mL，搅匀后一次灌服。

方二：龙胆酊50～60mL＋稀盐酸20～30mL＋姜酊60～80mL＋常水500mL，混合后一次灌服，1～2次/d。

方三：胃蛋白酶或胰蛋白酶2～5g，内服，1～2次/d。

方四：健胃散80～100g，加水适量内服，1～2次/d。

以上处方可配合使用，连用3～5d。

病例二：病马，12岁，体重350kg。食欲减退、消瘦，检查口腔发现牙齿咬合不齐，左后白齿严重倾斜出牙床。

考虑到马的年龄比较大及拔牙操作的技术难度问题，应加强平时的饲养，尽量将饲草切短或切碎，以便于不用过多咀嚼吞咽。

三、跛　　行

对于运动马来说，"跛行"是一种常见的肢蹄病。

【病因】

（1）四肢疼痛性疾病，如外科损伤，关节、肌腱、腱鞘及骨的急性炎症。

（2）由于慢性炎症形成关节粘连、骨瘤、腱及韧带痉挛等可引起四肢机械性障碍。

（3）由于神经麻痹和肌肉萎缩，四肢肌肉功能障碍。

（4）由于某些传染病、寄生虫病、产科病和内科病等引起四肢的机能障碍，如骨软症、风湿病、坏死杆菌病、布鲁氏菌病、流行性乙型脑炎及睾丸炎等，都可引起跛行。

【诊断要点】

（1）全身检查

①站立检查：让病畜安静自然站立在平坦地面上，从病畜前后、左右对四肢的局部，负重状态及站立姿势进行全面有比较的观察。重点是肢蹄各部有无外伤、肿胀、变形和肌肉萎缩等变化。四肢是否平均负重，有无频繁交换负重。肢体姿势的变化与负重状态，一般疼痛性患肢经常伸向前方、后方、内方或外方，多用蹄尖、蹄侧或蹄踵着地，表现系部直立，系关节不敢下沉，严重者多不能负重而提举悬垂。

②运动检查：轻度跛行病畜站立时往往缺乏显著变化，必须通过运动检查，发现异常状态，借以确定患肢和患部。检查应在平坦宽广的硬地面上进行，有步骤地从侧面、前面、后面比较观察病畜在运动中表现的异常现象。

（2）检查程序 不论是前肢还是后肢跛行，检查都应从蹄部开始向肢的上部进行。在进行任何深入检查之前，所有跛行病例，都要首先检查蹄，排除其发病的可能性。

①蹄的检查。

蹄的外部检查：主要应注意蹄形有无变化，蹄铁形状，磨灭状态及钉节位置，蹄壁有无裂缝缺损及赘生。其次再检查蹄底各部有无刺伤物和刺伤孔等。

蹄温的检查：用手背接触蹄壁，比较其温度高低。当蹄内有急性炎症时，则蹄温显著增高。

蹄的痛觉检查：先用检蹄钳敲打蹄壁、钉节和钉头，再钳压蹄匣各部。如发现肢体上部肌肉有收缩反应或抽动患肢，或拒绝敲打和钳压等疼痛性反应，则说明蹄内有炎性病变。

②肢体各部的触压检查：使病畜自然站立，由冠关节开始逐步向上触摸压迫各关节、关节侧韧带、黏液囊、屈腱，腱鞘、骨骼及肢体上部肌肉等部位，注意有无肿胀、增温、疼痛、变形、波动、肥厚、萎缩及骨赘等变化。

③被动运动检查：人为对关节、腱及肌肉等进行屈曲、伸展、内转、外转及旋转运动，观察活动范围和疼痛反应，以及有无异常音响等变化，进而发现患病的部位。

【防治】跛行作为临床上的一种症状表现，原因复杂。根据以上跛行诊断的方法和要点，初步确定跛行的性质和部位，积极治疗原发病的同时，对单纯性的四肢跛行，以对症治疗为主。

病例一：黑色母马，4 岁，250kg。不慎跌入路边深坑，强行驱赶，发现左前肢跛行。临床检查：左前肢冠关节明显肿胀，肿胀部温热，触压时患马敏感疼痛、躲闪，跛行程度随运动增加而加剧。诊断为左前肢冠关节损伤。

①5％碘酊 20mL＋10％樟脑酒精 80mL，混合后患部涂抹。②复方醋酸铅散：醋酸铅 100g、明矾 50g、樟脑 20g、薄荷脑 10g、白陶土 820g。研为细末，醋调敷患部。③当归 30g、红花 25g、骨碎补 25g、地龙 25g、大黄 25g、血竭 25g、乳香 20g、没药 20g、土鳖 20g、自然铜（醋淬）20g、制南星 15g、甘草 15g 共为末，黄酒 200mL 为引，开水冲调内服，每日一剂，连用 3d，间隔 2d，再连用 3d。

病例二：枣红公马，6 岁，300kg。半个月前装蹄，然后出现右后肢跛行。蹄冠温热，按压蹄底疼痛，且有渗出物，用蹄刀挖开蹄底可见蹄钉刺伤部位。诊断为蹄底损伤。

方一：①用 0.1％升汞液或 1％高锰酸钾液清洗蹄部。②青霉素 G 钠 80 万～160 万 U＋1％普鲁卡因溶液 10～20mL，趾部封闭。

方二：①0.1％雷佛奴耳溶液 500mL，切开排脓后冲洗。②复方磺胺甲基异噁唑 25mg/kg，肌内注射，2 次/d，连用 5d，首次量加倍。③10％碘酊200mL＋松馏油 100mL，先用碘酊创内涂布，然后用松馏油、棉花创内填塞。

病例三：青马，八岁，300kg。近期使疫频繁，补充了很多谷物。病马不愿运动，后肢伸至腹下，两前肢向前伸出很远，似"木马"姿势。临床检查：前肢蹄冠带增温，用检蹄钳检查疼痛剧烈，在籽骨的远端侧面触诊掌动脉可发现动脉搏动明显。诊断为蹄叶炎。

方一：青霉素 G 钠 40 万～80 万 U＋1％普鲁卡因 30～60mL。指神经封闭，每侧 15～30mL，隔日 1 次，连续 3～4 次。

说明：蹄冠冷敷，2 次/d，每次 1～2h。2d 后改用温敷。

方二：盐酸苯海拉明 0.5～1g，一次内服，1～2 次/d。

方三：①0.5％氢化可的松注射液 80～100mL，肌内注射，1 次/d，连用4～5d。②10％水杨酸钠注射液 100～200mL，静脉滴注，1 次/d，连用3～5d。

方四：肌内注射。①青霉素 G 钠 320 万 U＋地塞米松 10mg。②马来酸氯苯那敏（扑尔敏）60mg。1～2 次/d，连用 3～5d。

四、上呼吸道感染

上呼吸道感染是由各种原因引起的上呼吸道黏膜的炎症，临床上以突然体温升高、咳嗽、流鼻涕和羞明流泪为特征。在早春、晚秋气候剧变时多发。

（一）鼻炎

鼻炎又称鼻卡他，主要是指鼻腔黏膜表层的炎症，以鼻腔黏膜充血、肿胀、分泌鼻液为临床特征。

【病因】

（1）原发性鼻炎　主要由于寒冷刺激，或吸入刺激性气体、异物直接刺激鼻黏膜以及粗暴地经鼻投药或鼻腔检查引起。

（2）继发鼻炎　常继发于鼻疽、腺疫、血斑病、咽喉炎、鼻旁窦疾病或鼻腔寄生虫等。

【诊断要点】急性鼻炎，病初鼻黏膜潮红、肿胀，敏感性增高，常打喷嚏或摇头擦鼻，呼吸时发鼻塞音。一侧或两侧鼻孔流浆液性鼻液，后期变为脓性鼻液并逐渐减少变干。慢性鼻炎，鼻液黏稠，时多时少。鼻黏膜有时糜烂或溃疡。

鉴别诊断

鼻腔鼻疽：多为一侧黏液脓性鼻液，常混有血丝。鼻黏膜上可见特征性结节、溃疡或瘢痕。颌下淋巴结肿胀硬固，鼻疽菌素试验阳性。

马腺疫：多发生于幼驹，体温升高，颌下淋巴结呈化脓性炎症。

鼻旁窦炎：大多为一侧性鼻液，混有血液，带有骨臭味，鼻液量时多时少。

【防治】

（1）预防

①加强饲养管理，改善环境卫生，防止感冒。

②避免吸入刺激性气体或异物。

（2）治疗

病例一：病马体重 250kg。打喷嚏和流多量鼻液，体温 39.5℃。

①2%～3%硼酸溶液或 0.1%鞣酸溶液冲洗鼻腔，1～2 次/d。②鼻塞严重的，可用去甲肾上腺素滴鼻液（内含 0.2%去甲肾上腺素、3%洁霉素、0.05%倍他米松）滴鼻，每日数次。连用 3～5d。

病例二：病马体重 300kg。精神沉郁，食欲差、体温高，流脓性鼻液。

肌内注射：①青霉素 300 万 U＋地塞米松 5mg。②硫酸庆大霉素 40 万 U。2 次/d，连用 3～5d。

（二）喉炎

喉炎系指喉黏膜炎症，以剧烈咳嗽，喉部敏感为特征。

【病因】

（1）原发性喉炎　主要由各种物理、化学因素对喉部的直接刺激引起，如吸入刺激性的烟尘、氨气、石灰等。

（2）继发性喉炎　可继发于感冒、咽炎、气管炎及支气管炎，及部分传染病，如腺疫、流行性感冒、鼻疽等。

【诊断要点】剧烈疼痛性咳嗽为本病主要症状，咳嗽的特点是病初呈短而干的痛咳，继而为湿而长的咳嗽。喉部肿胀，头颈伸展，呈吸气性呼吸困难。触压喉部，病马抗拒并发生连续痛咳。颈下淋巴结肿胀。喉部听诊，有明显的喉狭窄音和啰音。轻症病例全身症状不明显。重症病例精神沉郁，体温升高，脉搏增数，结膜发绀，严重的吸气性呼吸困难，甚至造成窒息死亡。

【防治】

（1）预防　加强饲养管理，注意饲料调制和厩舍卫生，防止受寒感冒，及时治疗原发病。

（2）治疗

病例：病马体重 200kg。剧烈疼痛性咳嗽，触压喉部敏感。

①喉部涂擦松节油或 10％樟脑酒精。

②青霉素钠 160 万 U＋0.25％普鲁卡因溶液 30mL，喉头周围封闭注射。

③肌内注射速可宁 30mL，1 次/d，连用 3d。

（三）咽炎

咽炎是由不良刺激或其他疾病引起的咽部黏膜及其深层组织的炎症。以吞咽障碍，大量流涎，饮水及饲料从鼻孔中逆出为特征。

【病因】

（1）原发性咽炎　主要由机械性刺激（如粗硬饲草或粗暴擦入胃管）、温热性刺激和化学刺激（刺激性气体）引起，或受寒感冒时，咽部条件致病菌大量繁殖而致病。

（2）继发性咽炎　常继发于口炎、喉炎、食管炎、血斑病、腺疫、流行性感冒等。

【诊断要点】病马头颈伸展，不愿运动。咽部肿胀、增温，咽部触诊敏感、抗拒，伸颈摇头，伴发咳嗽。吞咽时，摇头不安，前蹄刨地，甚至呻吟，常将食团吐出。口腔内往往蓄积多量黏稠的唾液，呈牵丝状流出，或于开口时大量流出。吞咽障碍和流涎是本病的主要症状。

全身症状一般不明显，但因采食减少，特别是继发性咽炎，病马往往体温升高，脉搏、呼吸增数，颌下淋巴结肿大。常因炎症蔓延到咽部而呼吸困难，频发咳嗽。

【防治】

（1）预防　参照喉炎的预防。

（2）治疗

病例：病马体重 300kg。体温 38.5℃，头颈伸展，咽部触诊敏感，伴发咳嗽，吞咽障碍。

肌内注射：①高效附弓净 30mL。②百病金方 30mL。③呼吸困难者加用地塞米松 10mg。1 次/d，连用 3～5d。

局部用药：30％鱼石脂软膏涂擦咽部，2～4 次/d。

(四) 感冒

感冒指由于寒冷刺激所引起的上呼吸道黏膜的炎症，临床上以体温升高、咳嗽、流鼻涕和羞明流泪为特征。常在早春、晚秋气候剧变时多发。

【病因】冬季马厩防寒不良，突然遭受寒流袭击，寒夜露宿，久卧湿地，由温暖地区突然转至寒冷地区，或大汗后遭雨淋或贼风吹袭等。

【诊断要点】突然发病，精神沉郁，低头耷耳，眼半闭，食欲减退或废绝。频发咳嗽，呼吸加快，水样鼻液，肺泡呼吸音加强。眼结膜潮红，羞明流泪。脉搏增数，心音增强，体温升高至中热或高热。皮温不整，耳尖及鼻端发凉。如能及时治疗，很快痊愈，否则易继发支气管炎或支气管肺炎。

【防治】

(1) 预防

①建立合理的饲养管理和使役制度，防止马匹受寒。

②气候骤变时，应及时采取防寒措施，特别应防止汗后雨淋和冷风侵袭。

(2) 治疗

病例：病马250kg。咳嗽、流鼻液、发热。肌内注射以下药物，单方或二方联用。

方一：30%安乃近注射液10～30mL，1～2次/d。

方二：青霉素钾320万U，2次/d，连用2～3d。

方三：奥克舒2支，2次/d，连用2～3d。

方四：联磺经典25mL，1次/d，连用2～3d。

五、疝

疝又称赫尔尼亚，是常见的外科病。临床上较常见的有腹壁疝、脐疝和阴囊疝。

(一) 外伤性腹壁疝

外伤性腹壁疝的主要特点是腹壁受伤后局部出现一个局限性扁平、柔软的肿胀（形状、大小不同），触诊时有疼痛，常为可复性，多可摸到疝轮。

【病因】主要由于强大的钝性暴力所引起，如牛抵、蹴踢、冲撞、跌倒等。有的母马妊娠后期或分娩时，因腹内压增大、腹直肌断裂等，也可发生本病。

【诊断要点】受伤部位出现局限性肿胀，触诊疼痛，按压可缩入腹腔内。用手指可触摸到疝轮。病马的表现可由轻度不安、前肢刨地到时卧时起、急剧翻滚，有的甚至因未及时抢救继发肠坏死而死亡。

【治疗】可采用保守疗法与手术疗法。

(1) 保守疗法　适用于疝轮小及初发的外伤性腹壁疝。先整复疝内容物，在疝轮部位压上适量的脱脂棉。随即将压迫绷带对正患部，将长边两侧的3条固定带经背上及腹下交叉缠好，紧紧压实，同时将向前的两条固定带拴在颈部，以防止其前后移动。经常检查压迫绷带，使其保持在正确的位置上。经过 15d，如愈合，即可解除压迫绷带。

（2）手术疗法　大多数疝需采用疝修补手术，手术操作见第二章第五节。

（二）脐疝

脐疝多见于幼驹，腹腔内脏通过脐孔脱出至皮下而形成。疝内容物可能是镰状韧带、网膜或小肠。

【病因】多见于先天性脐部发育缺陷，脐孔闭合不全，也可能由于出生后脐孔张力太大，脐带留得太短，或脐带感染所致。

【诊断要点】脐部出现大小不等的圆形隆起，触摸柔软、无痛、无热，压迫可感觉到疝孔，挤压疝囊或动物背卧位时，疝内容物可还纳腹腔，挣扎或食后隆起增大，此为可复性脐病。少数病例疝内容物发生粘连或嵌闭，触诊囊壁紧张，压迫或改变体位不能还纳疝内容物。若嵌闭的疝内容物是肠管，则表现急腹症症状：腹痛不安，饮食废绝，呕吐，发热，严重者可致休克。

【治疗】本病最好的治疗方法是手术整复。具体手术操作见第二章第五节。

（三）腹股沟阴囊疝

当肠管或网膜的一部分通过腹股沟内口（内环）脱入鞘膜管内时，称为腹股沟疝（鞘膜管疝）；如脱出的脏器下垂进入总鞘膜腔内，称为阴囊疝（鞘膜腔疝）。本病常见于幼驹，成年公马亦可发生。

【病因】分为先天性及后天性。一般先天性者，多因腹股沟轮大于正常而引起，常常呈阴囊疝，以一侧性多见。后天性者，多因腹内压过高，使腹股沟内环扩大而发生，如后肢过度向后外方滑走、向后外蹴踢、跳跃及种公马交配时。

【诊断要点】确诊本病主要靠直肠检查，此时不仅可以发现内腹股沟轮变大，并可触摸到脱出的肠管。在可复性疝，牵拉肠管时，缺乏疼痛，而且能将脱出的肠管自由地由腹股沟管内引出来。若为嵌闭性，在牵拉肠管时，则马匹疼痛不安。

【治疗】可复性腹股沟阴囊疝，尤其是先天性的，有可能随着年龄的增长其腹股沟环逐渐缩小而达到自愈。嵌闭性疝具有剧烈腹痛等全身症状，应立即进行手术治疗（根治疗法）。

第三节　骆驼常见病的诊疗

一、骆驼传染性口疮

病原为骆驼传染性口疮病毒，属痘病毒。

【诊断要点】本病一年四季均发生，但冬末春初较多发。主要危害幼驼，发病率可达 95%。病驼上下唇及周围出现豌豆大的丘疹，进而演化为水疱和脓包。病变可融成片，流出黄色脓液，形成痂皮。痂皮逐渐加厚形成一层突出于表皮的黑褐色龟裂痂板。痂板下为鲜红色乳头样肉芽增生。痂皮脱落后即可自愈，不留疤痕。严重的病驼可见下颌水肿，张口困难，炎症向后蔓延，常引起咽喉炎，多因窒息而死。病程长达 1.5～2 个月左右。病后期骆驼因采食困难常常消瘦，幼驼更为明显。

鉴别诊断：本病应与驼痘和口蹄疫相区别。

驼痘：主要为 2～3 岁的骆驼发病，通常在 7～9 月份发病。病驼开始在唇、鼻孔和眼睑部发生水肿，之后出现皮疹。皮疹一般出现在头部，而后出现于其他少毛部位。最后，皮疹下的结节形成脓疱。脓疱破裂后形成棕色痂皮。痂皮经几周脱落后自愈，留下圆形无毛疤痕。

口蹄疫：病驼主要表现精神沉郁，食欲减退，体温 39.5～40℃。口腔黏膜潮红，敏感，在软腭、舌面及齿龈上出现蚕豆到胡桃大小的水疱。水疱破裂后流涎，形成溃疡，口腔恶臭。水疱破裂后体温随即下降。

【防治】

（1）预防

①目前本病无有效疫苗。加强日常饲养管理，改善环境卫生是预防本病发生的关键。

②本病主要经创伤感染，应保护黏膜、皮肤防止发生损伤。

③当唇部皮肤有损伤时，应尽量拣出饲料和垫草中的芒刺。

④及时隔离发病驼，定期消毒圈舍、工具、垫草及环境。

（2）治疗

局部用药：用 0.1%～0.2% 高锰酸钾溶液冲洗创面，然后涂以 3% 龙胆紫、碘甘油、土霉素软膏或红霉素软膏，2 次/d。

全身用药：肌内注射，青霉素 G 钠 400 万 U＋链霉素 500 万 U，2 次/d，连用 5d。

二、骆驼脓肿

病原为伪结核棒状杆菌。

【诊断要点】 骆驼脓肿又称骆驼伪结核棒状杆菌病，蒙古族称其为"哈斯"，是一种慢性传染病。幼龄骆驼发病率高，病死率高。

病初体温正常或升高到 40～41℃，精神沉郁，食欲减退，病程长，可分为如下类型。

（1）体表型　体表或肌肉深层组织中出现大小不一的脓疱，直径可达 25cm，在颈、肩、胸壁、四肢、蹄等处皮下、肌肉或淋巴结多见。脓疱破溃后即可自愈。

（2）内脏型　久病极度消瘦的骆驼，常衰竭死亡。剖检可见内脏布满大小不一、数目不等的脓疱，尤以肺脏多见，可达 30～70 个。切开脓疱流出白色无味牙膏状脓汁。

鉴别诊断：本病应与恶性水肿和骆驼放线菌病相鉴别。

恶性水肿：多与闭合性创伤有关，病初患部水肿，热痛，后变为冷而无痛的气肿，按压时有捻发音。切开肿胀部位会流出红黄色酸臭液体，带有气泡。

骆驼放线菌病：颌骨下有一界限明显、不可移动的硬肿隆起，骨体增大，显著变形。

【防治】

（1）预防

①加强饲养管理，及时处理外伤。

②尽早发现病驼，隔离治疗。

（2）治疗　静脉滴注，5％葡糖糖盐水 500mL＋新砷凡纳明 3～5g，1 次/d，连用 3～5d。

体表脓肿应进行外科处理，局部剪毛并经碘酊消毒后，切开排脓，用 0.5％的高锰酸钾溶液或 3％双氧水冲洗，涂以碘酊，装纱布条引流。

三、骆驼传染性咳嗽

病原为骆驼肺炎链球菌。

【诊断要点】病驼咳嗽，清晨起立及牵引时咳嗽加剧，呼吸加快。体温 41.5～42℃，口渴，食欲减退，反刍停止。颈部淋巴结、肩胛前淋巴结及腹股沟淋巴结肿大。后肢跛行。驼毛蓬乱，容易疲劳，迅速消瘦。病程为 1～2 个月。剖检病变主要以消瘦，淋巴结炎，胸、腹腔积液，胃肠道黏膜卡他性炎为主要特征。

鉴别诊断：本病应与驼支气管肺炎相区别。

驼支气管肺炎：病驼精神沉郁、咳嗽，特别是早晚严重。初为短而痛的干咳，随后变为长而无痛的湿咳，并有分泌物咳出。后期体温升高，呼吸浅表，流灰白色鼻液，反刍减少。

【防治】

（1）预防

①加强饲养管理，及时发现病情。

②病驼群要固定草场、水井及隔离饲养。

（2）治疗　应用抗生素、磺胺类药物，行深部肌内或气管内注射，可防止继发感染，缩短病程。

方一：肌内注射重症特症或弗莱卡 0.1mL/kg，2d 1 次，连用 2～3 次。

方二：肌内注射青霉素钠 800 万 U＋安痛定 20mL，2 次/d，连用 5d。

方三：肌内注射新克林美 0.1～0.2mL/kg，2 次/d，连用 5d。

四、骆驼传染性结膜炎

病原为结膜炎立克次氏体。

【诊断要点】主要表现为结膜充血，上眼睑微肿，眼结膜上可见紫色小烂斑。结膜囊内有大量清亮或混浊分泌物。流泪、羞明，严重者完全不能睁眼，盲目乱走，不能采食。角膜检查正常。触片姬姆萨染色镜检可见结膜炎立克氏体。

【防治】

（1）预防

①将病驼隔离到安静、阴暗处治疗。

②做好环境消毒和消灭蚊蝇工作。

（2）治疗

①土霉素碱粉 0.05g，拨开上下眼睑，用药匙挑取药粉填入结膜囊内。

②选用红霉素、金霉素或四环素眼膏点眼。

五、羔驼腹泻

腹泻是羔驼的常发疾病，多发于春季产羔后期，发病率和病死率均很高。

【病因】羔驼受寒冷侵袭，饥饱不均，误食污物，母畜乳房炎等均可诱发本病。

【诊断要点】主要表现为腹泻，体温正常，开始排粪如清水，色黄。由于脱水，病驼精神沉郁，卧地不起，严重时不食不饮。

鉴别诊断：应与羔驼痢疾和骆驼沙门氏菌病相区别。

羔驼痢疾：病初体温升高到 40℃ 左右，病驼食欲减退或消失，几小时后发生腹泻，排出粥样粪便，色黄，可带血或泡沫，然后变为淡白色，有恶臭味。病后期排便呈喷射状，失禁，里急后重。

骆驼沙门氏菌病：本病的典型症状为腹泻，浅表淋巴结肿大，发热，可视黏膜充血，心率加快。分急性、亚急性和慢性。急性型特征是先发生黑绿色的恶臭水泻，1 周后出现全身症状，表现为发热、体温高达 40℃。

【防治】

（1）预防

①加强饲养管理，搞好羔驼的卫生。

②改善饲养，补充各种矿物质和各种微量元素。

（2）治疗

①口服：石蜡油200mL＋人工盐50g＋水500mL，一次灌服。

②静脉滴注：5％糖盐水500mL＋四环素150万U，1次/d，连用3d。

六、骆驼喉蝇蛆病

骆驼喉蝇蛆病是由骆驼喉蝇的幼虫感染引起的一种寄生虫病。

【诊断要点】该病感染率比较高，10月份为高发期。骆驼喉蝇蛆主要寄生在驼鼻腔的鼻甲、咽喉和额窦等部。蝇蛆在整个寄生期间均有致病作用。当少量寄生时，骆驼鼻腔黏膜无显著损伤，患驼一般不表现明显症状，但可能流浆液性或黏液性鼻液，没有血液。严重感染时，鼻咽部、鼻窦及额窦黏膜水肿，偶尔出血，引起慢性鼻炎和咽喉炎。流黏液脓性鼻液，摇头打喷嚏，食欲不振，消瘦。纤维素性分泌物较少见，但黏膜上存在深褐色或黑色结节。有的见溃疡。

【防治】

（1）预防

①加强饲养管理，防止使役过重。

②4～9月份应将骆驼放牧于远离受喉蝇侵袭之处。

（2）治疗

①3％来苏儿溶液，冲洗鼻腔。

②硝羟碘苄腈注射液10mg/kg，一次皮下注射。

七、骆驼疥螨病

病原为骆驼疥螨。

【诊断要点】本病多发于秋冬季节，各种年龄的骆驼均可患病，但1～5岁的骆驼最易感。本病以皮肤肿胀和发红开始，形成结节，继而小水疱破裂，流出渗出物，干燥后结痂。患部脱毛，皮肤粗糙，增厚，失去弹性，瘙痒。病驼啃咬患部或用蹄搔痒。通常始发于皮肤薄的部位（颈部、头部、腹部、体侧），后扩散至全身。病情严重时，关节、颈部和垂肉皮肤出现皱褶、龟裂和脓疮，可能出血。此时剧痒，病驼骚动不安，逐渐消瘦。可并发各种感染（化脓、淋巴管炎、脓肿），发生褥疮，甚至死亡。刮取患部皮屑镜检见螨虫。

鉴别诊断：本病应与驼秃毛癣相区别。

驼秃毛癣：由皮肤真菌引起的皮炎，脱毛和局部无毛，毛囊周围发炎，无硬痂皮，不化脓。刮取患部皮屑镜检见菌丝和孢子。

【防治】

（1）预防

①加强饲养管理，定期消毒和环境杀虫。

②当发生疥螨病时，要进行逐一检查，隔离病驼。

（2）治疗

方一：0.01%螨净水溶液，适量喷洗。

方二：皮下注射驱虫金针（1%阿维菌素）0.02mL/kg。

方三：皮下注射20%碘硝酚注射液0.05mL/kg。

第九章 伴侣与经济动物常见病的诊疗

第一节 犬、猫、貂常见疫病的诊疗

一、犬 瘟 热

犬瘟热是由犬瘟热病毒引起的主要发生于犬的一种急性、热性、高度接触性传染病，以双相热型、急性鼻（支气管、肺、胃、肠）卡他性炎和神经症状为特征。

【诊断要点】犬科、鼬科、浣熊科动物易感。四季均发病，但以春秋季节变换时发病较多。幼龄动物发病率和病死率都很高，而老龄动物较少发病。患犬初期表现体温呈双相热，第二次体温升高时尿赤黄，双眼有黏性或脓性分泌物，精神差，厌食。接着病犬鼻腔流浆液或脓性鼻汁，咳嗽，呼吸加快，肺部听诊有啰音（易被误诊为感冒或肺炎）。后期病毒感染神经系统，患犬不自主地吠叫、四肢抽搐、头部震颤以及癫痫症状，终因麻痹而死亡。神经症状不可逆，即使病愈，也会留下后遗症。

临床应用犬瘟热病毒抗原快速检测试剂盒（胶体金技术），检测犬瘟热病毒，方便快捷，准确率高。

【防治】

（1）预防 定期预防接种是防治本病的根本方法。可用三联苗（犬瘟热、犬传染性肝炎和犬细小病毒病）、五联苗（犬瘟热、犬传染性肝炎、犬细小病毒病、犬副流感和狂犬病）。

（2）治疗 增强免疫，控制炎症和对症治疗。

①增强免疫、抗病毒：高免血清、CDV 单克隆抗体、犬干扰素、犬多价球蛋白、炎琥宁等。

②广谱抗生素：头孢菌素类、喹诺酮类、氨基糖苷类等。

③抗炎：糖皮质激素类，如地塞米松。

④解热镇痛：安乃近、柴胡、清开灵或尼美舒利等。

⑤补充营养：维生素 C、B 族维生素、肌苷和辅酶 A 等。

⑥镇静解痉：抗癫灵、卡马西平、安宫牛黄丸等。

⑦止咳化痰：双黄连、氨茶碱等。

病例一：发病犬体重 5kg，5 月龄，肺炎型。

静脉滴注：10％葡萄糖 50mL＋维生素 C 100mg＋肌苷 40mg。1 次/d，连用5d。

皮下注射：①犬瘟单抗 5～10mL。②干扰素 500 万 U。③黄芪多糖 5mg。1次/d，连用 5～10d。

病例二： 发病犬体重 5kg，混合型，反复高热，下腹部皮肤化脓性丘疹，角膜混浊，溃疡。

静脉滴注：①10％葡萄糖 100mL＋维生素 C 100mg＋肌苷 40mg。②5％葡萄糖 50mL＋硫酸阿米卡星 50mg。1 次/d，连用 5d。

皮下注射：①犬瘟单抗 5～10mL。②维生素 B_{12} 0.2mg。1 次/d，连用7～10d。

口服：尼美舒利 5～10mg，体温高于 39.5℃时用。

皮肤处理：脓疱破溃可涂擦 3％碘酊或抗菌药膏。角膜混浊时用复方新霉素眼药水等点眼。

病例三： 发病犬体重 6kg，出现神经症状，吠叫，前肢抽搐。

静脉滴注：①5％葡萄糖 60mL＋头孢他啶 500mg＋地塞米松 2.5mg。②5％葡萄糖 60mL＋维生素 C 200mg＋肌苷 50mg。③5％葡萄糖 60mL＋炎琥宁20mg。④5％葡萄糖 50mL＋头孢他啶 500mg。1 次/d，连用 5d。

皮下注射：①犬瘟单抗 5～10mL。②抗犬瘟球蛋白，一次 2 支。③百病金方 0.6mL。④维生素 B_1 15mg＋维生素 B_{12} 200μg。1 次/d，连用 7～10d。

口服：①安宫牛黄丸，1/8 粒，1 次/d。②卡马西平 30mg，2 次/d。③尼美舒利 5～10mg，体温高于 39.5℃时用。

二、犬细小病毒病

犬细小病毒病是由犬细小病毒引起的犬的急性致死性传染病，危害很大。其临床特征是呕吐、出血性肠炎、严重脱水、心肌炎和白细胞显著减少。

【诊断要点】 各种年龄犬都能感染，幼犬最敏感，病死率较高。不同年龄的犬感染后表现症状不同，4～6 周龄幼犬，常因非化脓性心肌炎死亡。成年犬呕吐、腹泻，粪便先呈灰黄色液状，后为水样带血，有浓烈的腥臭味。体温可达40℃，身体虚弱，后因严重脱水，呼吸困难，心力衰竭而死亡。剖检可见空肠、回肠、十二指肠黏膜明显充血水肿，肠黏膜坏死脱落，有黏液或血性液体，外观呈暗红色。

临床应用细小病毒抗原快速检测试剂盒（胶体金技术），方便快捷，准确率高。

【防治】

（1）预防　主要是免疫接种，可选用二联弱毒苗（犬瘟热、犬细小病毒病），三联弱毒苗（犬细小病毒病、犬瘟热、传染性肝炎），五联弱毒苗（犬细小病毒病、犬瘟热、传染性肝炎、狂犬病、犬副流感）。于45～60日龄首免，间隔2～3周再加强免疫1次，以后每6个月免疫1次。母犬可在产前3～4周免疫接种。

（2）治疗　增强免疫，合理输液，抗继发感染，兼顾对症。

①增强免疫：高免血清、CPV单克隆抗体、犬干扰素等。

②营养补液：5％葡萄糖、10％葡萄糖、维生素C、碳酸氢钠和氯化钾等。

③抗菌消炎：头孢菌素类、青霉素类、氨基糖苷类。

④止泻：鞣酸蛋白、药用炭等。

⑤止血：维生素K_3、酚磺乙胺、安络血等。

⑥止吐：爱茂尔、维生素B_6、654-2（慎用）、阿托品（慎用）等。

⑦加强护理，早期注意禁食。

病例一：发病成犬体重5kg，8月龄，食欲不振，未见粪便，精神一般。

皮下注射：①犬二联高免血清5～10mL或细小病毒单克隆抗体5～10mL。②多价免疫球蛋白1支。③维生素C 100mg。④硫酸庆大霉素20mg。1次/d，连用5～7d。

病例二：发病幼犬体重5kg，3月龄，呕吐频繁，拉鲜红血便。

静脉滴注：①5％葡萄糖50mL＋庆大霉素20mg。②5％葡萄糖50mL＋肌苷50mg＋维生素B_6 50mg＋辅酶A 20U。③5％葡萄糖50mL＋止血敏50mg。1次/d，连用5～7d。

皮下注射：①维生素K_3 2mg。②CPV单克隆抗体5～10mL。③干扰素500万U。1次/d，连用3～7d。

口服：饮欲恢复，可饮用口服补液盐；食欲恢复，添加思密达、益生菌等。少食多餐，饲喂易消化食物，逐渐恢复到正常饮食。

病例三：发病幼犬体重2kg，2月龄，反复呕吐，心律不齐，腹泻，灰白色黏稠粪便（心肌炎型）。

静脉滴注：①5％葡萄糖30mL＋维生素C 100mg＋肌苷10mg＋三磷酸腺苷5mg。②5％葡萄糖20mL＋硫酸庆大霉素8mg。1次/d，连用3～5d。

皮下注射：①犬细小单抗2.5～5mL。②干扰素200万U。③犬多价免疫球蛋白1支。④爱茂尔0.2mL，根据呕吐情况使用。⑤维生素K_3 2mg。1次/d，连用3～5d。

三、犬传染性肝炎

犬传染性肝炎是由犬腺病毒Ⅰ型引起的一种急性败血性传染病。特征为马鞍形高热、出血性素质、消化紊乱、肝脏受损、角膜混浊（蓝眼病）。

【诊断要点】多见于1岁以内幼犬，刚断奶幼犬发病率和病死率高，成年犬较少发病且多为隐性感染。冬季多发。

（1）急性死亡型　幼犬突然出现呕吐、腹泻和腹痛症状，24h 内死亡。易误诊为中毒。

（2）重症非致死型　病初精神沉郁，食欲不振，渴欲增高。体温升高 40℃ 以上，持续数天。然后呼吸加快，步态不稳，拱背。剑突部或肝区疼痛，呻吟。小便呈深黄色或红茶色。有时呕吐和腹泻，粪便间或带血。黏膜出现不同程度黄染，明显贫血，血凝时间延长，白细胞减少。恢复期约 20％的康复犬一眼或双眼出现角膜混浊（眼色素层炎）。

（3）轻症型　一般无特定临床症状，轻度或中度食欲不振，精神沉郁，流泪和浆性鼻液，体温升高。有的病犬狂躁不安，持续 2～3d。

（4）隐性型　无症状，仅在血清中可测出特异性抗体。

【防治】

（1）预防

①发病犬应立即隔离饲养和护理，消毒污染的环境和用具等。

②严格兽医卫生防疫措施，定期进行免疫接种。

（2）治疗　本病无特效疗法，一般采取中西结合、增强免疫、保肝利胆、对症治疗。

①增强免疫：高免血清、犬干扰素、犬多价球蛋白等。

②补液：葡萄糖、乳酸林格氏液、氯化钾、氨基酸、维生素 C、三磷酸腺苷、辅酶 A、肌苷等。

③抗菌消炎：青霉素类、头孢菌素类、氨基糖苷类等。

④止血：维生素 K_3、酚磺乙胺、安络血等。

⑤止吐：维生素 B_6、爱茂尔、654 - 2、阿托品等。

⑥保肝利胆：复方甘草酸铵、葡醛内酯、水飞蓟素、茵栀黄注射液等。

病例一：发病母犬体重 5kg，4 月龄，体温 40℃，食欲不振，大量喝水，小便黄，拉稀便。

静脉滴注：①5％葡萄糖 50mL＋氨苄青霉素 150mg＋地塞米松 2mg。②10％葡萄糖 50mL＋维生素 C 500mg。③10％葡萄糖 50mL＋维生素 B_6 50mg。④10％葡萄糖 50mL＋三磷酸腺苷 5mg＋辅酶 A 20U。1～2 次/d，连用 5d。

皮下注射：①犬五联血清 5～10mL。②干扰素 500 万 U。③百病金方（盐酸沙拉沙星）5mg。1 次/d，连用 5d。

口服：康源多维膏（含维生素 A、维生素 D 和维生素 E）。

眼部用药：角膜混浊时用新霉素等眼药水点眼。

病例二：发病幼犬体重 4kg，拱背，呕吐，拉水样粪便，贫血。

静脉滴注：①10％葡萄糖 40mL＋复方甘草酸铵 1mL。②10％葡萄糖 40mL＋三磷酸腺苷 5mg＋辅酶 A 20U＋肌苷 20mg＋维生素 B_6 50mg。③10％葡

萄糖 40mL＋维生素 C 250mg。1 次/d，连用 7d。

皮下注射：①犬五联血清 5～10mL。②多价球蛋白 1 支/d。③维生素 K$_1$ 2mg。④维生素 B$_{12}$ 25μg。1 次/d，连用 7d。

口服：葡醛内酯 25mg，水飞蓟素 8mg，2 次/d，连用 10d。

病例三：发病幼犬体重 5kg，便血，黄疸，凝血不良。

静脉滴注：①5％葡萄糖 50mL＋氨苄青霉素 150mg。②10％葡萄糖 40mL＋维生素 C 250mg。③10％葡萄糖 50mL＋维生素 B$_6$ 20mg＋三磷酸腺苷 5mg＋辅酶 A 20U。④5％葡萄糖 50mL＋复方甘草酸铵 2mL。⑤10％葡萄糖 100mL＋茵栀黄 5mL。1 次/d，连用 5～7d。

皮下注射：①犬五联血清 5～10mL。②干扰素 500 万 U。③维生素 K$_1$ 2mg。1 次/d，连用 5d。

口服：葡醛内酯 25mg，水飞蓟素 8mg。2 次/d，连用 10d。

四、貂阿留申病

水貂阿留申病是由阿留申病毒引起水貂的一种慢性、消耗性、超敏感性和自身免疫损伤性疾病，特征为终身持续性病毒血症、淋巴细胞增生、γ-球蛋白异常增加、肾小球肾炎、血管炎和肝炎。

【诊断要点】各种水貂均可感染，但以阿留申基因型貂最易感。本病多发生于秋冬季节。蚊子可传播此病。急性病例往往看不到明显症状而突然死亡；慢性经过时，病貂食欲减退，渴欲明显增加，消瘦，口腔黏膜及齿龈出血或有小溃疡。粪便呈煤焦油状。病貂被毛粗乱，失去光泽，眼球凹陷无神，精神沉郁，嗜睡，步态不稳，表现出贫血和衰竭症状。神经系统受侵害时，伴有抽搐，痉挛，共济失调，后肢麻痹或不全麻痹。后期出现拒食，狂饮，最后往往因尿毒症死亡。患病的公兽，性欲下降，或交配无能、死精、少精或产生畸形精子。母貂不孕，或流产及胎儿中途被吸收。产出的仔貂，软弱无力，成活率低。剖检见口腔黏膜出血性溃疡。胃肠黏膜出血点。淋巴结肿胀多汁，呈淡灰色。肝脏肿大，呈红肉桂色或土黄色，有灰白色散在坏死灶。肾肿大 2～3 倍，呈灰色或淡黄色，表面有出血点或灰白色坏死点。脾肿大，呈暗红色，慢性经过时脾脏萎缩。

【预防】

(1) 目前本病尚无适用的疫苗，也无良好的治疗方法。貂场要加强饲养管理和兽医卫生措施，不引进感染貂入场，严格检疫。检出阳性貂，严格淘汰，并用 1％福尔马林或 1％～2％氢氧化钠溶液彻底消毒，逐步建立无病场。

(2) 貂场发生阿留申病时，应检疫和淘汰阳性貂。

(3) 对污染貂群，每年 11 月选留种时和 2 月配种前进行 2 次检疫。淘汰阳性貂。

五、猫泛白细胞减少症

猫泛白细胞减少症又称猫瘟热、猫传染性肠炎，是由猫细小病毒引起的猫及猫科动物的一种急性、高度接触性传染病。其特征是突发双相高热、呕吐、腹泻、脱水、白细胞显著减少和出血性肠炎。

【诊断要点】猫和其他猫科动物（如虎、豹、猞猁、野猫、山猫、豹猫等）及非猫科动物如貂、浣熊等易感。本病在冬春两季多发，随年龄增长发病率降低。

（1）最急性型病猫常无临床症状而突发死亡，常误诊为中毒。

（2）急性型病猫出现精神和食欲不振，体温呈典型双相热。表现高度沉郁，极度衰弱，卧地不起。听诊肺音粗厉，心跳快而弱或亢进。病猫顽固性呕吐和严重腹泻，排带血水样便，严重脱水，体重迅速下降。妊娠猫有时流产。有的病猫眼、鼻流出脓性分泌物。年龄较大的猫症状轻微。剖检见小肠黏膜增厚、水肿，有时肠黏膜上附有伪膜，回肠有明显的出血性肠炎病变。肠系膜淋巴结肿胀、出血、坏死。长骨红髓呈脂样和胶冻样。

【防治】

（1）预防

①灭活疫苗免疫接种是预防猫泛白细胞减少症最有效的方法。

②平时应搞好猫舍清洁卫生，对新进的猫必须免疫接种并隔离观察14d，方可混群饲养。未免疫猫群一旦发病应立即隔离。

③病死猫进行无害化处理。污染的饲料、饮水、用具和环境用1‰福尔马林彻底消毒。

（2）治疗　早期病猫可用抗血清以及对症、支持疗法和使用抗生素防治并发症等综合措施进行抢救。

病例一：发病母猫体重3kg，高热，呕吐，腹泻，心跳快而弱。

静脉滴注：①5%葡萄糖30mL＋复方甘草酸铵1mL。②5%葡萄糖30mL＋肌苷20mg＋维生素$B_6$20mg。③5%葡萄糖30mL＋硫酸庆大霉素12mg。1次/d，连用5d。

皮下注射：①猫瘟单抗5mL。②干扰素300万U。③黄芪多糖5mg。④酚磺乙胺30mg。1次/d，连用5d。

口服：呕吐止住后，可口服少量补液盐、思密达和益生菌等。

病例二：发病母猫体重3kg，频繁呕吐，便血，可视黏膜苍白。

静脉滴注：①5%葡萄糖30mL＋复方甘草酸铵1mL。②5%葡萄糖30mL＋肌苷20mg＋维生素$B_6$20mg＋维生素C50mg。③5%葡萄糖30mL＋阿米卡星30mg。1次/d，连用5~10d。

皮下注射：①猫瘟单抗 5mL。②维生素 K_3 1.5mg。③酚磺乙胺 30mg。④爱茂尔 0.2mL。1 次/d，连用 5～10d。

口服：呕吐停止后，可口服思密达、益生菌等，少食多餐，饲喂易消化食物。

六、疥螨病及蠕形螨病

（一）疥螨病

犬猫疥螨病，俗称"癞皮病"，是由疥螨所致的伴有剧痒、脱毛和皮炎的体外寄生虫病。病原分别是犬疥螨和猫疥螨。

【诊断要点】本病主要发生于头部（鼻梁、眼眶、耳廓的基底部），有时也可能起始于前胸、腹下、腋窝、大腿内侧和尾根，然后蔓延至全身。病初皮肤上出现红斑，接着发生小结节，特别是在皮肤较薄之处，还可见到小水疱甚至脓疱。此外，有大量麸皮状脱屑，或结痂性湿疹，进而皮肤增厚，被毛脱落，表面覆有痂皮，除掉痂皮时皮肤湿润呈鲜红色，往往伴有出血。增厚的皮肤特别是面部、颈部和胸部常形成皱褶。发病动物因螨虫的强烈刺激或所致的过敏，表现为脱毛或剧烈瘙痒，导致衰弱，甚至死亡。

鉴别诊断：钱癣（秃毛癣，真菌感染）及皮虱一般不使皮肤增厚。蠕形螨无瘙痒或很轻微，多数形成脓包、湿疹。

【防治】

（1）预防

①隔离患犬，防止相互感染。注意环境卫生，保持犬舍清洁干燥，对于犬舍、犬床、垫物等要定期清理和消毒。

②春夏温暖季节疥螨病例增多，将宠物置于阴凉、干燥、通风处饲养。保持身体清洁，洗澡要用宠物香波。

③避免宠物到草地、灌木、垃圾堆等地活动，可预防性使用宠物除虫项圈、滴剂、喷剂、洗剂或片剂。

（2）治疗

①剪去病犬患部体毛，用肥皂水或 0.1%新洁尔灭溶液进行清洗，除去污物及一部分易脱落痂皮。

②皮下注射以下药物。

方一：伊维菌素 0.2～0.3mg/kg，每次间隔 7～10d，连用 3～5 次。柯利、喜乐蒂犬及其杂交品种超敏感，慎用。

方二：通灭（多拉菌素）0.2mg/kg，每周 1 次，直至痊愈。禁同用伊维菌素。

方三：赛拉菌素 6～12mg/kg，每隔 14～21d 1 次，连用 3 次。此法方便、安全，可用于柯利犬和喜乐蒂犬。

③药浴疗法，可选用如下药物。

方一：双甲脒（250mg/kg），7～14d 1 次，连续 2～3 次。

方二：螨净（二嗪农）加水以 1∶2 000 倍稀释，浸浴 10～15min，1 次/周。

④喷洒和涂抹药物。

方一：伊维菌素或阿维菌素类药物喷剂，10～15d 1 次。

方二：溴氰菊酯 50mg/kg，10d 喷洒 1 次。

方三：螨净 750mg/kg，7～10d 1 次。

方四：5％敌百虫水溶液（现配现用，孕犬禁用，以防流产）。

⑤若出现继发感染，可选用抗生素，如头孢菌素类、林可胺类、喹诺酮类或氨基糖苷类等。

⑥环境：对于接触动物应该同时预防性除虫治疗。

（二）蠕形螨病

犬蠕形螨病是由犬蠕形螨引起的犬皮肤寄生虫病。它寄生于犬的皮脂腺和毛囊内。本病又称毛囊虫病或脂螨病。

【诊断要点】该虫主要感染犬的毛囊，健康犬也可能带虫。该虫完成一个生活周期需 20～35d。该虫偶尔寄生于猫，引起的皮肤损伤与犬相似。

（1）鳞屑型 主要是在眼睑及其周围、额部、嘴唇、颈下部、肘部、趾间等处发生脱毛、秃斑，界限明显，并伴有皮肤轻度潮红和麸皮状屑皮。皮肤粗糙和龟裂，有的可见有小结节。皮肤可变成灰白色，患部不痒。

（2）脓疱型 首先多在股内侧下腹部见有红色小丘疹。几天后变为小的脓肿，重者可见有腹下股内侧大面积红白相间的小突起，并散发特有的臭味。病犬不安，并有痒感。大量蠕形螨寄生时，可导致全身皮肤感染，被毛脱落，脓疱破溃后形成溃疡，并可继发细菌感染，出现全身症状，重者可导致死亡。

【防治】同犬疥癣病。此外还应做如下处理。

（1）全身性感染的病例需要局部或全身抗感染用药。全身严重瘙痒时可注射地塞米松或口服醋酸泼尼松、扑尔敏，可连用 3d。

（2）局部使用杀虫抗菌软膏、擦剂或喷剂，如用含伊维菌素的浴液涂布患犬皮肤。

（3）对于脓疱严重的可外科切开排脓，用 3％过氧化氢液清洗后涂擦 2％碘酊或硫软膏，每天换药 1 次。

（4）可长期饲喂皇家皮肤病处方粮，注意补充维生素、微量元素和美毛素等。

七、真菌性皮肤病

皮肤癣病是由嗜毛发真菌引起的毛干和角质层的感染。经常发生于犬、猫，尤其是幼年的犬猫、免疫功能低下的动物及长毛猫。

【诊断要点】犬癣病70％病例是由犬小孢子菌感染引起的，其次是石膏样小孢子菌和须发癣菌。猫的癣病95％以上由犬小孢子菌引起。患部断毛、掉毛或出现圆形脱毛区，皮屑较多。也有不脱毛，无皮屑而患部有丘疹、脓疱或脱毛区皮肤隆起、发红、结节化。患犬面部、耳朵、四肢、趾爪和躯干等部位易被感染。须发癣菌感染时，患部多在鼻部，位置对称。慢性感染犬猫，患处皮肤表面伴有鳞屑或呈红斑状隆起，有的结痂，痂皮下因细菌继发感染而化脓。痂下皮肤呈蜂巢状，有许多的渗出孔。

【防治】

（1）预防　隔离患病犬。由于犬的用具和铺垫物等能传播癣病，所以，应作消毒处理。注意病犬和人的相互传染。

（2）治疗　治疗真菌感染在局部用药的同时还应进行全身给药。患真菌的犬不能全身剪毛。局部用药时将患部及周围剪毛，洗去皮屑、痂皮等污物，外用抗真菌药物冲洗或浸润，直至复诊真菌培养结果为阴性。药物浸润前使用含洗必泰、酮康唑或咪康唑的香波为动物洗浴可有助于治疗。以下为治疗方法。

方一：①外用2％酮康唑软膏，一天1次。②皮下注射抗真菌1号0.1～0.15mL/kg，5～7d 1次。③口服复合维生素B，1～2片/d。④抗真菌香波药浴，每周1～2次。

方二：①外用特比萘酚喷雾剂或洗液，1次/d。②皮下注射抗真菌1号0.1～0.15mL/kg，5～7d 1次。

方三：①外用1％～2％咪康唑软膏或喷雾剂，1次/d。②口服酮康唑5～10mg/kg，2次/d。

方四：①口服特比萘芬片10mg/kg，或伊曲康唑5mg/kg，或灰黄霉素10～20mg/kg，1次/d。②抗真菌香波药浴，每周1～2次。③口服复合维生素B 1～2片，2次/d。

以上抗真菌药物治疗一般需持续6～8周方能治愈。

第二节　犬猫常见普通病的诊疗

一、上呼吸道感染

上呼吸道感染是指鼻腔至喉部之间炎症的总称，90％左右由病毒引起，包括感冒、鼻炎和喉炎，临床上以体温升高、咳嗽、流鼻涕和羞明流泪为特征。

【病因】机体抵抗力下降时（如受寒、劳累、淋雨等），已存在的或外界侵入的病毒和细菌迅速生长繁殖而导致感染。

【诊断要点】急性发病，早期有咽部不适、咽痛，继而出现打喷嚏、流鼻涕、咳嗽，伴有发热、声音嘶哑、食欲下降，鼻腔和咽喉明显水肿，淋巴结肿大，有压痛感。

鉴别诊断

感冒：初期流清水样或黏液样鼻涕，后期流脓鼻涕。发热，流泪、呼吸加快、食欲减退、咳嗽，但咽喉部不敏感，听诊时肺泡呼吸音强，心音增强。

鼻炎：始终为清水样鼻涕，时多时少，也可见血丝。打喷嚏，摇头，蹭鼻子，鼻腔有痒感。吸气性困难，可出现张口呼吸，阵发性喘气，体温正常。

喉炎：表现频繁剧烈咳嗽，不流鼻涕，但呼吸困难，咽喉部敏感，诱咳强阳性，体温升高，可视黏膜发绀。

【防治】

（1）预防　加强饲养管理，提高抗病能力，特别要加强保暖防寒工作，防止冷空气和其他致病因素的刺激。多饮清水，给予柔软易消化有营养的食物。

（2）治疗

①感冒。

方一：皮下注射氨苄西林钠 30mg/kg，炎琥宁 5～10mg/kg。2 次/d，连用 3～5d。

方二：皮下注射长峰 0.1mL/kg。口服感康 0.5～1mL/kg。2 次/d，连用 3～5d。

方三：皮下注射速可宁 0.1mL/kg。口服感冒灵 0.1 片/kg。2 次/d，连用 3～5d。

②鼻炎。

方一：皮下注射头孢唑啉钠 30～50mg/kg＋地塞米松 0.1～0.2mg/kg，2 次/d，连用 3～5d。

方二：皮下注射氨苄西林钠 20～30mg/kg＋地塞米松 0.1～0.2mg/kg，2 次/d，连用 3～5d。

方三：庆大霉素 4 万～8 万 U＋利多卡因 20～40mg＋地塞米松 2～4mg＋灭菌用水 20mL 混合后滴鼻，2～5 滴/次，每 4h 1 次，连用 5～7d。

方四：2%～3% 硼酸溶液或 0.1% 高锰酸钾溶液冲洗鼻腔，红霉素软膏适量涂抹鼻内。1～2 次/d，连用 5～7d。

方五：洗鼻，庆大霉素 8 万 U＋糜蛋白酶 4 000U＋地塞米松 2.5mg＋生理盐水 7.5mL，动物仰卧保定，每侧鼻孔注入 2～5mL 充分浸洗。1 次/d，连用 2～4d。

③喉炎。

方一：皮下注射青霉素 2 万～4 万 U/kg，阿米卡星 10mg/kg。口服氯化铵 0.2～1g/次。2～3 次/d，连用 5～7d。

方二：皮下注射林可霉素 10～20mg/kg。口服枇杷止咳露 5～10mL/次。

2～3 次/d，连用 5～7d。

方三：皮下注射头孢他啶 50～60mg/kg，硫酸庆大霉素 4mg/kg。口服复方甘草片 1～2 片/次。2～3 次/d，连用 5～7d。

方四：皮下注射泰能 0.1mL/kg。口服感康 0.5～1mL/kg。2 次/d，连用 3～5d。

方五：喉部封闭注射 2％普鲁卡因 2mL＋氨苄西林 0.5g＋地塞米松 5mg＋灭菌用水 2mL。1 次/d，依病情定用药疗程。

按临床实际情况和需要，可将上述处方进行必要的组合。

二、心 肌 炎

心肌炎是指由各种原因引起的心肌肌层的局限性或弥漫性炎性病变。临床表现通常与受损心肌的范围大小有关。常见临床表现为心动亢进，心律失常，脉搏浅快，体温升高，气喘，精神差等。

【病因】过度运动，细菌或病毒感染，妊娠，营养不良，高热寒冷，缺氧等均可诱发心肌炎。

【诊断要点】发热、乏力、气急、心律失常、脉搏浅快等症状。

（1）先天性心肌炎　突然发病，急性死亡，无病史，体温无变化，心音弱而快、无杂音。

（2）中毒性心肌炎　有严重感染病史和药物中毒史，高热、心功能不全，心律失常。

（3）风湿性心肌炎　有反复呼吸道感染史，高热，有二尖瓣收缩期和舒张期杂音。

【防治】

（1）预防　加强饲养管理，提高机体抗病能力。若发病后应注意休息，给予营养丰富的食物，注意静养，以利于心脏恢复。

（2）治疗　减少心脏负担，改进心肌营养，抗感染及对症治疗

方一：输氧，流量 4～6L/min，10～15min/次，3～5 次/d。

方二：静脉滴注 5％葡萄糖 30～50mL/kg＋生脉 0.1mL/kg。

方三：肌内注射肌苷 5～10mg/kg，2 次/d。

方四：肌内注射头孢他啶 50～100mg/kg，2～3 次/d。

方五：静脉滴注 5％葡萄糖 30～50mL/kg＋三磷酸腺苷 10～20mg/次＋辅酶A 25～50U/次＋维生素 C 25～100mg/kg。口服复合维生素 B 1～2 片，维生素 E 5～10mg/kg。2 次/d，连用 3～5d（用于改善心肌代谢，清除自由基）。

方六：口服心得安 0.15～1mg/kg，3 次/d（用于心律失常）。

方七：口服洋地黄 0.006～0.012mg/kg，2 次/d（用于心功能不全）。

方八：肌内注射呋塞米（速尿）2～4mg/kg，2 次/d（用于水肿）。

按临床实际情况和需要，可将上述处方进行必要的组合。

三、肝　　炎

肝炎为肝脏急性或慢性炎症，以肝细胞变性、坏死，肝组织炎性病变及肝功能障碍为特征的肝脏疾病。

【病因】中毒、感染、营养缺乏、循环障碍或受到侵袭惊吓等。

【诊断要点】

（1）急性肝炎　黄疸，食欲减退，触诊肝区疼痛，肝浊音扩大，脉搏增数。

（2）慢性肝炎　可视黏膜苍白，食欲缺乏，肝脾肿大，继发肝硬化，腹水，可能心力衰竭。

【防治】

（1）预防　加强饲养管理，防止霉败饲料、有毒植物以及化学毒物的中毒。加强防疫卫生，预防疫病。

（2）治疗　去除病因，保肝利胆，对症治疗，加强护理。

方一：静脉滴注 10％葡萄糖 30～50mL/kg＋肌苷 5～10mg/kg＋三磷酸腺苷 2mg/kg＋辅酶 A 25～50U/次，1 次/d，连用 5～7d。

方二：口服葡醛内酯（肝泰乐）50～200mg/次，3 次/d，连服 5～7d。

方三：静脉滴注 5％葡萄糖 30～50mL/kg＋复方甘草酸 1～2mL/次。口服恩妥尼（S-腺苷甲硫氨酸）1 片/5kg。1 次/d，连用 5～10d。

方四：静脉滴注 10％葡萄糖 30～50mL/kg＋茵栀黄 0.2mL/kg，1 次/d，连用 5～7d。

方五：静脉滴注 10％葡萄糖 10～20mL/kg＋维生素 C 50～100mg/kg，1 次/d，连 5～7d。

方六：静脉滴注 5％葡萄糖 30～50mL/kg＋头孢他啶 50～100mg/kg＋地塞米松 0.5～1mg/kg，1 次/d，连 5～7d。

方七：静脉滴注 10％3AA（支链氨基酸）5～10mL/kg＋50％葡萄糖 1mL/kg，1 次/d，连 5～7d。

方八：皮下注射阿米卡星 5～15mg/kg，2 次/d，连 5～7d。

按临床实际情况和需要，可将上述处方进行必要的组合。

同时注意补充各种维生素和微量元素。如康源多维营养膏。

四、胆管感染

胆管感染是指胆囊和胆管的急、慢性感染，严重的会出现中毒性或感染性休克，常并发胆石症。

【病因】多为胆汁滞留，细菌感染和代谢障碍所致。

【诊断要点】病犬行动拘谨、跛行，腹痛、腹壁紧张，呕吐，阵发性腹绞痛发作及明显的右上腹压痛，肌肉紧张，食后症状加剧。

血液常规：白细胞和中性粒细胞升高。

鉴别诊断及血清生化检查

病毒性肝炎：又称蓝眼病，临床上以表现黄疸、角膜混浊发蓝为特征。血清生化检查时 ALT、AST、ALP、TBI 升高。

胰腺炎：临床以剧烈呕吐、腹痛为特征。X 线检查可见胰区弥散性阴影，生化检查时 AMY 升高。

肠梗阻：顽固性呕吐，排便较少或只排肠黏膜或带血的黏液。腹部触诊可触及坚实而有弹性的香肠样物，X 线检查可见圆筒状软组织阴影，约为 2 倍肠管粗细。

胆管感染：GGT 升高为特征性变化。

【防治】

（1）预防 注意饮食搭配，禁喂高脂肪食物。及时治疗胆结石、肝脏寄生虫等疾病。

（2）治疗 抗菌消炎，解痉镇痛，支持疗法，利胆排石。

方一：皮下注射氨苄西林钠 20～30mg/kg＋地塞米松 0.25～1mg/kg，百病金方 0.1mL/kg，阿托品 0.02～0.04mg/kg。1 次/d，连用 5～7d。

方二：皮下注射头孢曲松 50～80mg/kg＋地米 0.25～1mg/kg，阿米卡星 10mg/kg，维生素 K_3 0.5～1mg/kg。1 次/d，连用 5～7d。

方三：皮下注射头孢他啶 50～100mg/kg＋地塞米松 0.25～1mg/kg，山莨菪碱 0.1～0.2mg/kg。

方四：皮下注射新克林美 0.2mL/kg，庆大霉素 4mg/kg，维生素 K_3 0.5～1mg/kg。1 次/d，连 5～7d。

方五：静脉滴注 25％硫酸镁 0.1mL/kg＋0.9％盐水 5～10mL/kg，1 次/d，连用 2～3d。

方六：口服去氧胆酸 10～15mg/kg，2 次/d，连用 3～5d。

按临床实际情况和需要，可将上述处方进行必要的组合。

五、子宫蓄脓

犬子宫蓄脓指犬子宫腔内有大量的脓液积聚，并伴有子宫内膜异常增生和细菌感染及脓毒败血症。根据子宫颈的开放与否可分为闭合型和开放型。

【病因】内分泌因素、微生物感染和机械性损伤等。

【诊断要点】初期全身症状不明显，发病 15～30d 后表现精神沉郁、不食、多饮多尿，有时呕吐。一般体温正常，但发生脓毒败血症时体温升高。阴门分泌物多，有臭味，阴门周围、尾部和后肢附关节附近的被毛易被分泌物污染，患犬频舔阴门。子宫颈关闭的可见腹部明显膨大，触诊敏感。阴道分泌物涂片检查，可见大量或成堆的中性粒细胞或脓球和细菌。X 线检查，可见从腹中部到腹下部有旋转样香肠样均质影像。

鉴别诊断

糖尿病：多饮多尿，但腹围不增大，不呕吐，并表现多食，血糖明显升高。

妊娠：妊娠中后期听诊有胎儿心音，触诊可摸到膨大的子宫角。妊娠后期动物明显发胖。

【防治】

(1) 预防　施行绝育手术。对于种用动物，可通过让其适时怀孕来预防子宫蓄脓的发生。

(2) 治疗　根据病情，可采取药物疗法和手术疗法。

方一：皮下注射前列腺素 0.25～1mg/kg，1 次/d，连用 3d。

方二：皮下注射麦角新碱 250mg/kg，1 次/d，连用 3d。

方三：子宫灌注庆大霉素生理盐水，每毫升含庆大霉素 1mg，甲硝唑 2～4mg。1 次/d，连用 3d。

方四：子宫内灌注油剂普鲁卡因青霉素 0.5～5mL/次，一次即可。

方五：子宫内灌注宫净宝 0.5～5mL/次，隔天一次，连用 3～5 次。

方六：皮下注射宫乳炎清 0.2mL/kg，1 次/d，连用 5～7d。

方七：肌内注射右旋糖酐铁（补血源）0.1～1mL/次，1 次/d，连用 3～5d（贫血病例用）。

方八：静脉滴注 5% 葡萄糖 30～50mL/kg＋三磷酸腺苷 10～20mg/次＋辅酶 A 25～50U/次＋肌苷 25～50mg/次，1 次/d，连用 5～7d。

方九：静脉滴注 5% 氨基酸（18AA）5～10mL/kg＋50% 葡萄糖 1mL/kg，1 次/d，连 5～7d。

按临床实际情况和需要，可将上述处方进行必要的组合。

保守治疗无效时，可行卵巢、子宫摘除术。

六、产后低钙血症（产褥热）

产后低钙血症又称"产后风"或"产后抽搐"，是母犬分娩后由于血钙浓度降低而发生的一种严重代谢性疾病。特征为突然发生肌肉强直痉挛、意识障碍、呼吸困难、体温升高。多发于小型犬。

【病因】分娩前大量血钙进入初乳，机体动员骨骼中的储备钙能力降低。日粮中钙磷比例失调等。

【诊断要点】多发于产后 15d 左右，一般没有任何征兆，突然发病，兴奋不安，步态强拘，站立不稳，嚎叫，全身肌肉强直。抽搐，口吐白沫，呼吸困难，可视黏膜发绀。体温升高 40℃，个别可达 42℃。大多数强直性抽搐没有间歇，如不及时抢救治疗或误诊，可在数小时内死亡。

鉴别诊断

神经型犬瘟热：患犬不自主吠叫、四肢抽搐、头部震颤及癫痫发作。可用犬瘟热胶体金试纸快速检测确诊。

中毒：有明显的呕吐、腹泻症状，一般体温不高，甚至会出现低温现象。

【防治】

（1）预防　母犬加强营养，给予全价日粮，并另外添加钙制剂和维生素 D。若产仔较多时，应另外给幼犬添加奶粉。

（2）治疗　补钙，镇静，抗痉挛，对症支持疗法。

方一：缓慢静滴 5%葡萄糖 30mL/kg＋10%葡萄糖酸钙 1～3mL/kg。1 次/d，连用 3～5d。

方二：肌内注射维丁胶性钙 0.5～2mL/次，隔天一次，连用 3～5 次。

方三：口服康源牛乳钙胶每次 5～10cm（约 1g/cm），康源多维 5～10cm/次。2 次/d，连用 7～10d。

方四：静脉滴注 0.9%氯化钠 5～10mL/kg＋25%硫酸镁 0.1～0.2mL/kg，1 次/d，连 3d。

方五：肌内注射维生素 D_3 0.5 万～1 万 IU/次，1 次/d，连 3～5d。

方六：口服液力钙 1～3 粒/次，1 次/d，连用 7～10d。

方七：静脉滴注 5%葡萄糖 30～50mg/kg＋维生素 C 25～50mg/次，1 次/d，连用 3～5d。

方八：口服金蟾速补钙，1mL/kg，2 次/d，连用 3～4 周。

按临床实际情况和需要，可将上述处方进行必要的组合。

第三节　兔常见病的诊疗

一、兔病毒性出血症（兔瘟）

本病是由兔病毒性出血症病毒引起的兔的一种急性、高度接触性传染病，以呼吸系统出血、肝坏死、实质脏器水肿、淤血及出血性变化为主要特征。

【诊断要点】毛用兔较肉用兔易感性高，3 月龄以上的青年兔和成年兔易感性高，一年四季均可发生，以春秋两季更易流行。病兔食欲减退，饮水增多，精神萎靡，不愿走动，皮毛无光泽，迅速消瘦，死前有短时间的兴奋，挣扎冲撞，啃咬笼架，而后两前肢伏地，两后肢支起，全身震颤，四肢做划船状运动，惨叫而死。剖检病变以全身器官淤血、出血、水肿为特征。肺脏有点状出血。肝脏肿大，色黄，质脆，切面粗糙。胃内有大量食物，黏膜脱落，胃肠浆膜下有出血点或斑。膀胱积尿。肾、脾均肿大，呈紫黑色。

【防治】

（1）预防

①定期注射兔瘟疫苗是预防本病发生的最有效措施（20 日龄首免，2 月龄加强免疫 1 次，以后每 6 个月免疫 1 次）。

②搞好环境卫生和定期消毒。

③严禁购入带病兔，禁止从疫区购兔。

④病死兔要深埋或焚烧，不得食用或乱扔，以免散毒。

（2）治疗

①药物治疗效果不佳。

②高免血清治疗。成年兔 3～6mL，仔兔或青年兔 2～3mL。

二、兔巴氏杆菌病

本病由多杀性巴氏杆菌引起，临床表现为败血型、肺炎、传染性鼻炎、中耳炎、化脓性眼结膜炎、子宫积脓、睾丸和其他部位形成脓肿等。

【诊断要点】 多发于春秋两季，常呈散发或地方流行性。

（1）鼻炎型　是常见的一种病型，以流浆液性、黏液性、脓性鼻液、打喷嚏、咳嗽为主要临诊特征。

（2）地方流行性肺炎型　病初精神沉郁，食欲不振，常继发败血症而迅速死亡。剖检病变为肺充血、出血、实变、膨胀不全、脓肿和出现灰白色小结节。

（3）败血型　病兔表现精神委顿，呼吸急促，体温 40℃以上，鼻腔有分泌物，有时腹泻。临死前体温下降，四肢抽搐，常在 1～3d 死亡。有的无明显症状而突然死亡。剖检变化主要表现为全身性组织脏器出血、充血或坏死。

（4）中耳炎型　又称斜颈病。当炎症向内耳扩散时，表现斜颈。感染脑膜或脑部后，表现运动失调、阵发性抽搐，病死率较高。

（5）生殖器官感染型　部分母兔不孕并伴有浆液性、黏液性或脓性分泌物从阴道内流出。公兔一侧或两侧睾丸肿大，质地坚硬，并伴有脓肿。

（6）结膜炎型　结膜发炎，眼睑肿胀，有分泌物排出。转为慢性型后，红肿消退，但流泪不止。

（7）脓肿型　当皮肤或内脏出现脓肿后，也可引发脓毒败血症而死亡。

【防治】

（1）预防

①抓好饲养管理和卫生防疫工作。

②定期检疫，及时隔离病兔治疗，严格淘汰病兔。

③兔场要与养鸡场、养猪场分开，减少和杜绝传播机会。

④兔群每年用兔巴氏杆菌灭活苗，或兔巴氏杆菌和波氏杆菌二联灭活苗，或兔瘟和巴氏杆菌二联灭活苗预防接种，发生疫情时也可进行紧急预防注射。

（2）治疗

方一：肌内注射高热蓝链灭 0.1mL/kg，1 次/d，连用 3～5d。

方二：肌内注射、静脉注射或内服磺胺嘧啶，首次量 0.14g/kg，维持量 0.07g/kg，2 次/d，连用 4d。同时配合等量碳酸氢钠口服。

方三：肌内注射链霉素 2 万～4 万 U/kg，2 次/d，连用 5d。

方四：肌内注射通达（恩诺沙星）0.1～0.2mL/kg，1～2 次/d，连用 3d。

方五：皮下注射抗巴氏杆菌高免单价或多价血清 4～6mL/kg，1 次/d，连用 3d。同时配合通达或庆大霉素等注射治疗。

方六：肌内注射抗血清 3～6mL，1 次/d，连用 3d。青霉素 2 万～4 万 U/kg。链霉素 20～30mg/kg。2 次/d，连用 3～5d。

三、兔波氏杆菌病

兔波氏杆菌病又称兔支气管败血波氏杆菌病，是一种常见、多发的传染病，以鼻炎和化脓性支气管炎为主要临床特征。病原为波氏杆菌，革兰氏染色阴性小杆菌，大小（0.2～0.3）μm×（0.5～1）μm。

【诊断要点】各种年龄的兔均易感然，但仔幼兔较成年兔发病率和病死率高。

（1）鼻炎型 病兔打喷嚏，流浆液性鼻液，鼻腔内有大量浆液或黏液，黏膜充血。

（2）支气管肺炎型 病兔鼻炎长期不愈，鼻腔流黏液性或脓性分泌物，呼吸迫促，继而发展到呼吸困难。食欲废绝，呈渐进性消瘦。病死兔支气管充血并充满黏液或脓液，肺部和肝脏散布有灰白色、大小不一的化脓灶。

【防治】

（1）预防

①接种支气管败血波氏杆菌苗或巴、波二联苗，可有效控制本病的发生和流行。

②及时隔离病兔，并淘汰病重兔。

③坚持自繁自养，严格检疫引进的种兔。

④被污染的笼舍、场地、用具、车船等可用 2%～4% 的氢氧化钠（别名：苛性钠、火碱）、3%～5% 来苏儿（煤酚皂液、甲酚皂液）或草木灰消毒。

⑤每吨饲料中添加 100g 金霉素，可减少本病发病。

（2）治疗

方一：肌内注射高热蓝链灭 0.1mL/kg，1～2 次/d，连用 3～5d。

方二：肌内注射卡那霉素 10～15mg/kg，2 次/d，连用 3d。

方三：肌内注射庆大霉素 4mg/kg，2 次/d，连用 3～5d。

方四：肌内注射奥克舒 0.1mL/kg，1 次/d，连用 3～5d。

四、兔密螺旋体病

兔密螺旋体病又名兔梅毒，是由兔梅毒密螺旋体引起的一种仅发生于成年兔和野兔的慢性、接触传染性、生殖器官性传染病。临床以外生殖器官、肛门和颜面等部位的皮肤和黏膜发生炎症、水肿、结节和溃疡为特征。

【诊断要点】本病多发生于成年兔和有生殖能力的兔。病初兔外生殖器官和肛门周围发红肿胀，继而形成结节和溃疡。公兔包皮、阴囊、阴茎水肿，龟头肿大，包皮上有灰白色的结节或溃疡。母兔阴户、阴唇红肿，有分泌物流出，表面散布有粟粒大小的结节，破溃流出渗出物，形成棕色结痂，周围组织水肿，痂皮下形成溃疡，发痒。病兔啃咬患部或用爪抓，使颜面、鼻孔、眼睑、耳朵等部位继发细菌感染，并向周围蔓延。

【防治】

（1）预防

①坚持自繁自养，严防引入病兔。购入新兔时，应隔离检疫，无病者方可入群饲养。

②定期检查公、母兔的外生殖器官，病健隔离，病重者淘汰。

③用 1%～2% 的烧碱溶液或 3% 的来苏儿溶液，消毒兔舍、兔笼、用具及周围环境，彻底清除污物，消灭病原，切断传播途径。

（2）治疗

方一：肌内注射青霉素 4 万 U/kg＋地塞米松 1mg/kg，2 次/d，连用 5～7d。

方二：肌内注射头孢噻呋 5mg/kg，2 次/d，连用 5d。

方三：新胂凡钠明（914）40～60mg/kg，以注射用水配成 5% 溶液耳静脉注射，7d 后可重复 1 次。肌内注射，青霉素钠 4 万 U/kg，2 次/d，连用 5d。

方四：肌内注射新克林美 0.2mL/kg，地塞米松 0.5～1mg/kg，2 次/d，连用 5d。

在全身治疗的同时，要配合局部疗法，可用 0.4% 的甲醛或石炭酸溶液、0.1% 高锰酸钾溶液、2% 的硼酸溶液清洗患部后，涂擦碘甘油，或用青霉素软膏。1 次/d，连续数天。

五、兔魏氏梭菌病

兔魏氏梭菌病又称"梭菌性肠毒血症"，是由 A 型魏氏梭菌引起的急性、致死性传染病。特征是剧烈腹泻，粪呈水样或胶冻样、腥臭、带血，死亡快。

【诊断要点】 本病除哺乳仔兔外，各种年龄的兔均易感染。以 1～3 月龄幼兔最易感，老年兔很少发病。本病以冬春两季发病率最高。饲养管理不良及各种应激因素均可诱发此病。发病兔以死亡迅速，剧烈腹泻，排出大量水样、黑褐色、胶冻状带血的腥臭粪便，盲肠浆膜出血和胃黏膜出血、溃疡为主要临床特征。病死兔肝脏略微肿大、质脆，呈土黄色。胆囊肿胀，充盈。脾脏肿大，呈深褐色。膀胱积有多少不一茶色尿液。心外膜血管怒张，呈树枝状。肺充血、淤血。病料抹片镜检可发现单个或双链存在大杆菌，菌端较平。

【防治】

（1）预防

①加强饲养管理，改善环境卫生。使用低能量饲料，保持足够的粗纤维成分，防止饲喂过多谷物饲料和含蛋白质过多的精料，营养要平衡，禁喂霉变饲料。

②兔群定期注射魏氏梭菌性肠炎灭活苗或魏氏梭菌性肠炎类毒素苗，每兔颈部皮下注射 1mL，免疫期 4～7 个月。

③严格隔离病兔，淘汰病重兔，进行无害化处理。

④被污染的兔舍、兔笼和用具，以及周围环境可选用季铵盐类消毒药或 3% 的烧碱水彻底消毒。

⑤可适量添加"抗菌先锋"或口服喹乙醇（5mg/kg），2 次/d，连用 4d，可有效预防本病。

（2）治疗

方一：肌内注射抗魏氏梭菌毒素血清 6～10mL，1 次/d，连用 3d。

方二：肌内注射青霉素钠 2 万～4 万 U/kg＋地塞米松 0.5～1mg/kg，2 次/d，连用 3d。

方三：肌内注射通达（恩诺沙星、抗菌炎子）0.1～0.2mL/kg，1～2 次/d，连用 3d。

方四：肌内注射抗魏氏梭菌血清 6～10mL，1 次/d，青霉素钠 20 万～40 万U，2 次/d，连用 3d。

六、兔球虫病

兔球虫病是危害比较严重的寄生虫病。临床上以急性死亡、下痢、消瘦、尿淋漓和黄疸等特征。

【诊断要点】各种品种的兔均有易感性，断奶后至 12 周龄的幼兔最为易感，病死率高。成年兔发病轻微。根据球虫的寄生部位可分为肠型、肝型和混合型 3 种。

（1）肠型　以 20～60 日龄兔最易感。多呈急性经过，发病时，病兔突然倒地，颈背及两后肢肌肉强直性痉挛，头向后仰，两后肢伸直划动，发出尖叫声，迅速死亡。病死兔肠腔内充满气体，肠黏膜潮红、水肿，并散布大小不等的出血斑点，呈急性、卡他性、出血性肠炎病变。其中盲肠黏膜常散布数量不等、黄白色、含有虫体的细小的硬性结节，有时散布数量不等、大小不一的化脓灶和坏死灶。

（2）肝型　常发生于 30～90 日龄的幼兔。病兔肝脏肿大，触诊有明显痛感。口腔黏膜及眼结膜苍白，有时有轻度黄疸。病兔后期往往出现顽固性腹泻，痉挛甚至麻痹，后因极度衰竭而死亡。病死兔肝肿大，表面与实质内有白色或淡黄色的有稍微突起的脓样结节性病灶，切开结节病灶，为脓样或干酪样物质。

（3）混合型　为混合型感染，多种病变同时存在。

取病死兔肝脏结节或肠黏膜刮取物做压片，镜检可见大量椭圆形、双层膜外壳的球虫卵囊。

【防治】

（1）预防

①兔舍应经常保持干燥、通风和清洁。

②幼兔和成年兔分笼饲养，发现病兔应立即隔离治疗。

③在流行季节内，可对断奶后仔兔应用杀球灵、莫能霉素等药物进行预防和治疗。

④合理饲料配方，注意补充维生素和微量元素。

⑤严格消毒制度，物品及环境定期消毒。

⑥坚持自繁自养的原则，引入新兔须隔离饲养 20～30d，确认无病时，方可入群饲养。

（2）治疗

方一：磺胺喹噁啉、二甲氧苄啶预混剂每千克饲料 1g，维生素 K_3 每千克饲料 2mg。混饲，连用 5d。

方二：复方磺胺氯吡嗪预混料每千克饲料 2g，维生素 K_3 每千克饲料 2mg，混饲，连用 5d。

方三：通扬球精 50mL 兑 250kg 水，集中饮水，连用 3～5d。

方四：氯苯胍每千克饲料 300mg 拌料，连喂 7d，1 周后改用每千克饲料 150mg 拌料。

方五：莫能霉素每千克饲料 50mg 拌料，连喂 7d。

方六：磺胺二甲基嘧啶（SM2）、三甲氧苄胺嘧啶啶（TMP）按 5∶1 混合，每千克饲料拌入 2g，3～5d 为 1 个疗程。停 1 周后，再用 1 个疗程。

第十章 重大动物疫病的临床诊断与处置方法

一、高致病性禽流感

禽流感又称"真性鸡瘟"或"欧洲鸡瘟",是由 A 型禽流行性感冒病毒引起的一种鸟类(家禽和野鸟)传染病。根据禽流感致病性的不同,可以将禽流感分为高致病性禽流感、低致病性禽流感和无致病性禽流感。其中高致病性禽流感是由 H5 和 H7 亚毒株(以 H5N1 和 H7N7 为代表)引起的疾病。临床表现为突然暴发,常无明显症状而突然死亡。

【诊断要点】本病一年四季均可发生,但冬春多发。潜伏期变化很大,可由几小时到几天,最长可达 21d。

鸡、鸭、鹅和鹌鹑等家养禽类以及水禽、野鸟、海鸟等均可感染,野生鸟类、迁徙水禽和一些哺乳动物为主要传播源。

急性者往往看不到任何症状就很快死亡。多数病例常出现呼吸道症状。流泪、鸡冠出血或发绀。头部和脸部水肿,肉髯发绀水肿。脚鳞出血。剖检可见腺胃黏液增多,腺胃乳头出血、腺胃和肌胃之间交界处黏膜带状出血。

【防治】

(1)预防

①加强对禽类、种蛋及禽加工产品的检疫,加强屠宰、流通领域的检疫。饲养场实行全进全出饲养方式,加强饲养管理,提高环境控制水平,严格执行清洁和消毒程序。

②引入的种禽必须隔离饲养 21d 以上,检测合格后方可混群饲养。

③实行强制免疫制度,按农业部制定的免疫方案中规定的程序执行。

疫苗种类:禽流感(H5N1Re-5＋H9N2Re-2 株)灭活疫苗、重组禽流感(H5N1 亚型,Re-5 株)灭活疫苗或禽流感-新城疫重组二联活疫苗(rl-H5)。

方法:生产蛋鸡和肉种鸡:在 7～10 日龄首次免疫;首免 2 周后加强免疫;120 日龄左右再加强免疫;以后间隔 5 个月加强免疫 1 次,接种剂量均为 0.5mL。8 周龄出栏肉鸡在 7～10 日龄首免,首免 2 周后加强免疫。70～100 日龄出栏肉鸡 7～10 日龄首次免疫;首免 2 周后加强免疫。接种剂量均为 0.5mL。火鸡、鸭和鹅在 7～8 日龄首次免疫,接种剂量为 0.5mL,首免 2 周后加强免疫,接种剂量为 0.5mL;5 周龄时再加强免疫,接种剂量 1mL;以后间隔 5 个月加强免疫 1 次，接种剂量 1mL。

④定期对免疫禽群进行免疫抗体水平监测，抗体合格率应达到 70% 以上。

（2）治疗　目前对高致病性禽流感尚无可靠的特异性治疗方法，国家规定对患病家禽和同群禽类一律实施扑杀处理，不进行治疗。

【处置方法】临床兽医技术人员发现出现群体发病或死亡的，在初诊为重大动物疫病后应立即完成如下工作。

（1）立即向所在地的县（市）动物防疫监督机构报告，并采取临时隔离等控制措施，防止动物疫情扩散。

（2）参加当地人民政府或者有关部门组织的预防、控制和扑灭工作，不得拒绝和阻碍。

（3）不得瞒报、谎报、迟报、漏报动物疫情，不得授意他人瞒报、谎报、迟报动物疫情，不得阻碍他人报告动物疫情。

二、口　蹄　疫

口蹄疫俗名也称"口疮"、"蹄癀"，是由口蹄疫病毒所致的急性、热性、高度接触性传染病，主要侵害偶蹄兽，以发热、口腔黏膜及蹄部和乳房皮肤发生水疱和溃烂为特征。

【诊断要点】口蹄疫能侵害多种动物，以偶蹄类为主。口蹄疫是流行最猛、传播最快的一种疫病。流行有季节性，为秋开始、冬加重、春减轻、夏平息。通常动物发病表现为"牛是指示器，猪为放大器，羊为贮存器"。成年动物病死率低，幼畜常突然死亡且病死率高，仔猪常成窝死亡。口蹄疫发生后，经 2～3d，即可波及全群。如防制不严，常常会造成大流行。

口蹄疫潜伏期平均 2～4d，最短 1～2d，最长可达 2～3 周。发病牛呆立流涎，猪卧地不起，羊跛行。病畜主要症状为口腔黏膜和唇部、舌面、齿龈、鼻镜、蹄踵、蹄叉、乳房皮肤等部位发生水疱和烂斑。发病后期，水疱破溃、结痂，严重者蹄壳脱落，恢复期可见瘢痕、新生蹄甲。传播速度快，发病率高。剖检有时可见咽喉、气管、支气管和前胃黏膜发生圆形烂斑和溃疡，上盖有黑棕色痂块。心肌切面有灰白色或淡黄色斑点或条纹，形似老虎身上的斑纹，俗称"虎斑心"。心脏松软，似煮过的肉，此为特征性病变。但在猪不一定能见到。

必要时送样到国家参考实验室进行确诊。

【防治】

（1）预防

①国内跨省调运牲畜时，应当先到调入地省级动物防疫监督机构办理检疫审批手续，起运前 2 周，进行 1 次口蹄疫强化免疫，到达后须隔离饲养 14d 以上，检验合格后方可进场饲养。

②对牲畜口蹄疫切实抓好免疫工作，定期对易感动物进行免疫注射疫苗。

疫苗种类

牛、羊、骆驼和鹿：口蹄疫 O 型-亚洲 I 型二价灭活疫苗和口蹄疫 A 型灭活疫苗。

猪：口蹄疫 O 型灭活疫苗。

规模化养殖家畜

猪、羊：28～35 日龄仔猪或羔羊初免，免疫剂量分别是成年猪、羊的一半；间隔 1 个月进行 1 次强化免疫；以后每隔 6 个月免疫 1 次。

牛：90 日龄犊牛初免，免疫剂量是成年牛的一半。间隔 1 个月进行 1 次强化免疫。以后每隔 4～6 个月免疫 1 次。

散养家畜：春、秋两季对所有易感家畜进行一次集中免疫，每月定期补免。有条件的地方可参照规模化养殖家畜的免疫程序进行免疫。

紧急免疫：发生疫情时，要对疫区、受威胁区域的全部易感动物进行一次强化免疫。边境地区受到境外疫情威胁时，要对距边境线 30 公里的所有县的全部易感动物进行一次强化免疫。

③加强疫情监测和流行病学调查，为防控工作提供科学依据。

④加强流通环节的监督检查。偶蹄动物及产品凭检疫合格证（章）和动物标识运输、销售。

（2）治疗　尚无特效药物治疗，国家规定对病畜和同群畜进行扑杀处理。无害化处理技术程序如下：无害化处理可以选择深埋、焚烧、堆积发酵等方式。

①深埋：掩埋地应选择远离学校、公共场所、居民住宅区、动物饲养和屠宰场所、村庄、饮用水源地、河流等。避开公开视线。坑的深度应保证被掩埋物上层距地表 1.5m 以上。坑的位置和类型应有利于防洪。掩埋前，要对需掩埋的动物尸体、产品、饲料、污染物等实施焚烧处理。掩埋坑底铺 2cm 厚生石灰。焚烧后的动物尸体、产品、饲料、污染物等表面，以及掩埋后的地表环境应使用有效消毒药品喷洒消毒。用土掩埋后，应于周围持平。填土不要太实，以免尸腐产气造成气泡冒出和液体渗漏。掩埋后应设立明显标志。

②发酵：饲料、粪便可在指定地点堆积，密封发酵，表面应进行消毒。

【处置方法】参考高致病性禽流感。

三、高致病性猪蓝耳病

猪繁殖与呼吸综合征又称蓝耳病，是由猪繁殖与呼吸综合征病毒引起的猪的一种高度接触性传染病。不同年龄、品种和性别的猪均易感，但以妊娠母猪和 1 月龄以内的仔猪最易感。临床表现以母猪流产、死胎、弱仔、木乃伊胎以及仔猪呼吸困难、败血症、高病死率等为特征。

【诊断要点】体温明显升高，可达 41℃ 以上。眼结膜炎、眼睑水肿。出现咳嗽、气喘等呼吸道症状。部分猪表现后躯无力、不能站立或共济失调等神经症状。仔猪发病率可达 100％，病死率可达 50％ 以上，母猪流产率可达 30％ 以上。对种母猪危害比较明显，主要表现高热、不同程度的呼吸困难，不孕或孕后早产、皮肤发绀、耳朵发蓝，由此而称为蓝耳病。病理变化可见脾脏边缘或表面梗死灶，显微镜下见出血性梗死。肾脏呈土黄色，表面可见针尖至小米粒大出血点斑。

符合高致病性猪蓝耳病病毒分离鉴定阳性和高致病性猪蓝耳病病毒反转录聚合酶链式反应（RT‑PCR）检测阳性的病例，可确诊。

【防治】

（1）预防

①跨省调运种猪时，检疫合格方可调运。到达后须隔离饲养 14d 以上，检疫合格后方可混群饲养。

②加强对猪群的饲养管理和卫生消毒管理。

③国家对所有猪进行高致病性猪蓝耳病强制免疫。

疫苗种类：高致病性猪蓝耳病活疫苗、高致病性猪蓝耳病灭活疫苗。

规模养猪场免疫

商品猪：使用活疫苗于断奶前后初免，4 个月后加强免疫 1 次。或者使用灭活疫苗于断奶后初免，可根据实际情况在初免后 1 个月加强免疫 1 次。

种母猪：使用活疫苗或灭活疫苗免疫。70 日龄前免疫程序同商品猪，以后每次配种前加强免疫 1 次。

种公猪：使用灭活疫苗免疫。70 日龄前免疫程序同商品猪，以后每隔 4～6 个月加强免疫 1 次。

散养猪免疫：春、秋两季对所有猪进行一次集中免疫，每月定期补免。有条件的地方可参照规模养猪场的免疫程序进行免疫。

紧急免疫：发生疫情时，对疫区、受威胁区域的所有健康猪使用活疫苗进行 1 次强化免疫。最近 1 个月内已免疫的猪可以不进行强化免疫。

（2）治疗　该病没有特异性治疗方法。一旦发病，不治疗，国家规定对病畜和同群畜进行扑杀处理。

【处置方法】参考高致病性禽流感。

四、小反刍兽疫

小反刍兽疫又名"羊瘟"，是由小反刍兽疫病毒引起的一种急性病毒性传染病，主要感染小反刍动物，以发热、口炎、腹泻、肺炎为临床特征。

【诊断要点】山羊和绵羊是本病唯一的自然宿主，山羊比绵羊更易感，发病率和病死率均较高，且临床症状也更为严重。鹿、野山羊、长角大羚羊、东方盘羊、瞪羚羊、驼可感染发病。

该病潜伏期一般为 4～6d，可达 21d。羊突然发热，第 2～3d 体温高达 40～42℃。发热持续 3d 左右，死亡多集中在发热后期。病初有水样鼻液，此后变成大量的黏脓性卡他样鼻液，阻塞鼻孔造成呼吸困难。鼻内黏膜坏死。眼分泌物遮住眼睑，出现结膜炎。发热症状出现后，病羊口腔内膜轻度充血，继而糜烂。初期多在下齿龈周围出现小面积坏死，严重病例迅速扩展到齿垫、硬腭、颊和颊乳头以及舌，坏死组织脱落形成不规则的浅糜烂斑。多数病羊严重腹泻或下痢，造成迅速脱水和体重下降。怀孕母羊可发生流产。易感羊群发病率通常达 60% 以上，病死率可达 50% 以上。最急性病例发热后突然死亡，无其他症状。盲肠、结肠近端和直肠出现特征性条状充血、出血，呈斑马纹状。

【防治】

（1）预防

①加强饲养管理，加强种羊调运检疫管理。

②羊群应避免与野羊群接触。

③各饲养场、屠宰厂（场）、交易市场、动物防疫监督检查站等要建立并实施严格的卫生消毒制度。

④必要时，经国家兽医行政管理部门批准，可以采取免疫措施。

疫苗种类：小反刍兽疫活疫苗。

与有疫情国家相邻的边境县，定期对羊群进行强制免疫，建立免疫带。

发生过疫情的地区及受威胁地区，应定期对风险羊群进行免疫接种。

免疫程序：对新疆的边境县（市）和与西藏阿里地区接壤县（市）的羊进行小反刍兽疫强制免疫。新生羔羊 1 月龄以后免疫 1 次，或对超过 3 年免疫保护期的羊进行免疫。

紧急免疫：对疫区和受威胁地区所有健康羊进行 1 次强化免疫。最近 1 个月内已免疫的羊可以不进行强化免疫。

（2）治疗　本病不治疗，对病羊和同群羊进行扑杀处理。

【处置方法】参考高致病性禽流感。

附　录

附录一　一、二、三类动物疫病病种名录

一类动物疫病（17种）

口蹄疫、猪水疱病、猪瘟、非洲猪瘟、高致病性猪蓝耳病、非洲马瘟、牛瘟、牛传染性胸膜肺炎、牛海绵状脑病、痒病、蓝舌病、小反刍兽疫、绵羊痘和山羊痘、高致病性禽流感、新城疫、鲤春病毒血症、白斑综合征。

二类动物疫病（77种）

多种动物共患病（9种）：狂犬病、布鲁氏菌病、炭疽、伪狂犬病、魏氏梭菌病、副结核病、弓形虫病、棘球蚴病、钩端螺旋体病。

牛病（8种）：牛结核病、牛传染性鼻气管炎、牛恶性卡他热、牛白血病、牛出血性败血病、牛梨形虫病（牛焦虫病）、牛锥虫病、日本血吸虫病。

绵羊和山羊病（2种）：山羊关节炎脑炎、梅迪-维斯纳病。

猪病（12种）：猪繁殖与呼吸综合征（经典猪蓝耳病）、猪乙型脑炎、猪细小病毒病、猪丹毒、猪肺疫、猪链球菌病、猪传染性萎缩性鼻炎、猪支原体肺炎、旋毛虫病、猪囊尾蚴病、猪圆环病毒病、副猪嗜血杆菌病。

马病（5种）：马传染性贫血、马流行性淋巴管炎、马鼻疽、马巴贝斯虫病、伊氏锥虫病。

禽病（18种）：鸡传染性喉气管炎、鸡传染性支气管炎、传染性法氏囊病、马立克氏病、产蛋下降综合征、禽白血病、禽痘、鸭瘟、鸭病毒性肝炎、鸭浆膜炎、小鹅瘟、禽霍乱、鸡白痢、禽伤寒、鸡败血支原体感染、鸡球虫病、低致病性禽流感、禽网状内皮组织增殖症。

兔病（4种）：兔病毒性出血病、兔黏液瘤病、野兔热、兔球虫病。

其他：蜜蜂病（2种），鱼类病（11种），甲壳类病（6种）。

三类动物疫病（63种）

多种动物共患病（8种）：大肠杆菌病、李氏杆菌病、类鼻疽、放线菌病、肝片吸虫病、丝虫病、附红细胞体病、Q热。

牛病（5种）：牛流行热、牛病毒性腹泻/黏膜病、牛生殖器官弯曲杆菌病、毛滴虫病、牛皮蝇蛆病。

绵羊和山羊病（6种）：肺腺瘤病、传染性脓疱、羊肠毒血症、干酪性淋巴结炎、绵羊疥癣、绵羊地方性流产。

马病（5 种）：马流行性感冒、马腺疫、马鼻腔肺炎、溃疡性淋巴管炎、马媾疫。

猪病（4 种）：猪传染性胃肠炎、猪流行性感冒、猪副伤寒、猪密螺旋体痢疾。

禽病（4 种）：鸡病毒性关节炎、禽传染性脑脊髓炎、传染性鼻炎、禽结核病。

犬猫等动物病（7 种）：水貂阿留申病、水貂病毒性肠炎、犬瘟热、犬细小病毒病、犬传染性肝炎、猫泛白细胞减少症、利什曼病。

其他：蚕、蜂病（7 种），鱼类病（7 种），甲壳类病（2 种），贝类病（6 种），两栖与爬行类病（2 种）。

附录二　动物疾病诊断类症定义

急性死亡：急性死亡是指无明显临床症状即突然死亡，或指发病症状出现到死亡不超过 1d 时间。

呼吸困难：呼吸困难是指呼吸功能紊乱的一个重要症状。患病动物表现为呼吸费力、张口喘气、腹式呼吸和黏膜发绀，严重时出现鼻翼扇动、紫绀、犬坐呼吸，辅助呼吸肌参与呼吸活动，并可有呼吸频率、深度与节律的异常。

呼吸困难可分为：

（1）吸气性呼吸困难　系由喉、气管、大支气管的炎症水肿、肿瘤或异物等引起狭窄或梗阻所致。其特点是吸气显著困难。

（2）呼气性呼吸困难　系由肺组织弹性减弱及小支气管痉挛狭窄所致。其特点为呼气费力、延长而缓慢，常伴有喘鸣音。

（3）混合性呼吸困难　由于广泛性肺部病变使呼吸面积减少，影响换气功能而产生。患畜的吸气与呼气均感费力，呼吸频率也增加。

流鼻液或咳嗽：流鼻液系由于鼻腔受到致病原侵袭时，出于对自身的保护，鼻黏膜局部的毛细血管会扩张、充血、水肿和渗出，分泌大量组织液（鼻液）以清除致病原。按性质，鼻液可分为浆液性、黏液性、脓性、血性和腐败性。

咳嗽是喉部或气管的黏膜受到刺激时迅速吸气，随即强烈地呼气，声带振动发声。咳嗽是一种保护性反射动作。呼吸道内的病理性分泌物和从外界进入呼吸道内的异物，可借咳嗽反射的动作排出体外。但如为频繁的刺激性咳嗽影响家畜采食和休息并造成应激时，则会失去其保护性意义。

无痰或痰量甚少的咳嗽，称为干性咳嗽。咳嗽伴有痰液的称为湿性咳嗽。

腹泻：腹泻是一种常见症状，指排便次数明显超过正常的频率，粪质稀薄，水分增加，每日排便量超过平时的正常量，或含未消化饲料、黏液、脓血、脱落的黏膜。腹泻常伴有腹痛、肛门不适、失禁等症状。

消化系统器官形态或结构异常：是指唇（禽类是喙）、口腔、舌、食管、胃、肠或肝胆等消化器官及其黏膜、实质发生形态或结构的异常改变，如糜烂、溃疡、疱疹、水疱、脓疱、肿胀、体积增大、阻塞、炎症、出血、化脓、肿瘤、硬化、钙化或变性等。

神经系统异常：神经异常是指脑、脊髓及神经结构和功能异常，造成机体表现过度敏感、兴奋、狂躁或沉郁，临床表现为反应迟钝、衰弱、昏迷，肌肉震颤、抽搐、痉挛、强直或无力、麻痹、瘫痪，瘙痒，头颈歪斜、转圈运动、眼球震颤、左右瞳孔大小不一、斜视、视力丧失、盲目游荡、瞎撞，听力丧失、不停呼唤，吞咽困难、口唇歪斜、牙关紧闭或口吐白沫，卧地不起、四肢划动等症状。

运动器官异常：运动器官异常是指动物四肢骨骼、关节、肌肉和蹄的结构（如骨折、炎症、关节肿胀等）或形态发生异常，造成动物运动机能障碍，包括姿势异常和运动障碍（如跛行或行起困难等症状）。

皮肤、被毛异常：有些疾病会影响或损害动物的被毛和皮肤，引起脱毛、毛色变淡，皮肤和黏膜出现丘疹、水疱、脓疱、溃疡、化脓、坏死、肿瘤结节、瘙痒等病变或症状。

流产：流产又称小产，是指母畜在妊娠期间发生胎病，使胚胎或胎儿与母体的正常生理关系被破坏，致使妊娠过程中断；或意外损伤，致使未足月的胎儿娩出产道的一种病症。流产发生在妊娠初期，多表现为胚胎死亡后被吸收。发生在中后期，则表现为排出死亡或活力很弱的胎儿；或胎儿在子宫内死亡后没有排出，形成干尸化胎儿、胎儿浸润和气肿胎等。有时未见胎儿流出，只见阴门流血、胎儿欲堕、胎动不安，又称先兆性流产。若反复出现流产，则称为习惯性流产或滑胎。

死胎或新生仔畜死亡：死胎是指妊娠母畜娩出足月或不足月的死亡胎儿。新生仔畜是指出生 7 日内的犊牛、羔羊、仔猪、马驹及犬猫仔。

黏膜苍白、黄染或机体消瘦：一般由原发性、继发性或并发其他疾病的与造血系统有关的，或者是引起红细胞损伤、丢失（如出血）的致病因素所引起，临床表现为贫血、黄疸和营养不良。

泌尿系统异常：是指肾脏、输尿管、膀胱结构和功能异常以及尿液性质变化。由病原微生物感染，某些毒物中毒，机体变态反应以及机械性刺激所引起。临床表现为尿液异常（血尿或蛋白尿）或排尿异常（尿急、尿频、尿痛、尿淋漓或尿闭）。

眼睛异常：是指眼睛周围、眼结膜、角膜、眼球及眼神经结构和功能异常。临床表现为羞明流泪，异常眼屎，结膜发红，角膜混浊，眼干燥等症状。

局部肿胀：是指各种病因导致局部肌内、皮肤或黏膜等组织由于发炎、淤血或充血而局部体积增大。临床表现病变部位出现肿胀，与周围组织有明显界限。

常见部位是颈浅淋巴结、腹壁、阴囊、乳房及其他部位。

皮肤发红：是由于皮肤充血、淤血、出血等引起。

附录三　常用计量单位及换算

1. 重量单位　1吨＝1 000千克；1千克＝1 000克；1克＝1 000毫克；1毫克＝1 000微克；1微克＝1 000纳克（毫微克）；1纳克＝1 000皮克

英文缩写：1t＝1 000kg；1kg＝1 000g；1g＝1 000mg；1mg＝1 000μg；1μg＝1 000ng；1ng＝1 000pg

2. 长度单位　1千米＝1 000米；1米＝1 000毫米；1毫米＝1 000微米；1微米＝1 000纳米（毫微米）；1纳米＝1 000皮米

英文缩写：1km＝1 000m；1m＝1 000mm；1mm＝1 000μm；1μm＝1 000nm；1nm＝1 000pm

3. 时间单位　1年＝365.24天；1天＝24小时；1小时＝60分钟；1分钟＝60秒；1秒＝1 000毫秒；1毫秒＝1 000微秒

英文缩写：1y＝365.24d；1d＝24h；1h＝60min；1min＝60s；1s＝1000ms；1ms＝1000μs

附录四　常用抗生素和维生素的理论效价表

药物名称	理论效价（U/mg）	药物名称	理论效价（U/mg）
链霉素碱	1 000	四环素碱	1 082
链霉素硫酸盐	798	青霉素钠	1 670
新霉素	1 000	青霉素钾	1 598
庆大霉素	1 000	普鲁卡因青霉素	1 009
阿米卡星	1 000	苄星青霉素	1 211
巴龙霉素	1 000	红霉素碱	1 000
卡那霉素	1 000	红霉素碱（含二分子结晶水）	935
土霉素碱	1 000	红霉素乳糖酸碱	672
土霉素碱（含二分子结晶水）	927	多黏菌素B	10 000
土霉素盐酸盐	927	制霉菌素	3 700
金霉素盐酸盐	1 000	维生素A	3 333.3
四环素盐酸盐	1 000	维生素D_2	40 000
多西环素盐酸盐	1 000	维生素E	1

说明：①表中各抗生素的理论效价系折算的标准，各抗生素的盐类的理论效价是根据标准计算出来的；②单位为U。

附录五　各种动物正常体温表

动物种类	变动范围（℃）	动物种类	变动范围（℃）
马	37.5～38.5	骆驼	36.0～38.5
骡	38.0～39.0	鹿	38.0～39.0
黄牛、乳牛	37.5～39.5	猪	38.0～39.5
水牛	36.5～38.5	兔	38.5～39.5
羊	38.0～40.0	犬	37.5～39.0
猫	38.0～39.5	禽类	38.5～39.5

附录六　常用医用缩写

兽医在临床实践中常用拉丁缩写下医嘱和书写处方来表达临床用药的一些含义，既可提高临床兽医的病历和处方的书写速度，提高工作效率，又能减少产生歧义的可能，是值得广大基层临床兽医重视和推广的。临床兽医常用符号与缩写见附表6-1。

附表6-1　临床兽医常用符号与缩写

长度单位		临床医嘱常用符号及缩写	
千米	km	静脉推注	iv
米	m	静脉滴注	iv gtt
厘米	cm	肌内注射	im
毫米	mm	皮下注射	sc/ih
微米	μm	皮内注射	id
纳米（毫微米）	nm	口服（灌服）	po
重量单位		单位	U
吨	t	立即（只1次）	st
千克	kg	1次/d	qd
克	g	2次/d	bid
毫克	mg	3次/d	tid
微克	μg	4次/d	qid
纳克（毫微克）	ng	每4h 1次	q4h
容量单位		每6h 1次	q6h
升	L	1次/d，连用3d	qd×3d
毫升	mL	3次/d，连用3～5d	tid×（3～5）d
微升	μL	8h 1次，连用5d	q8h×5d
时间单位		隔日1次	qod
年	y	3d 1次	q3d
月	mon	每周两次	biw
日	d	葡萄糖水	GS
小时	h	生理盐水	NS
分钟	min	葡萄糖盐水	GNS
秒	s	皮试	AST

说明：①静脉滴注，2次/d，连用5d，可写成：iv gtt bid×5d；
　　　②肌内注射，3次/d，连用3～5d，可写成：im tid×（3～5）d；
　　　③口服，1次/d，连用7d，可写成：po qd×7d。

参 考 文 献

艾地云.2006.实用牛病诊疗新技术［M］.北京：中国农业出版社.

蔡宝祥.2001.家畜传染病学（第四版）［M］.中国农业出版社.

陈健红，张济培.2001.禽病诊断彩色图谱［M］.北京：中国农业出版社.

程安春.2000.鸡病诊治大全［M］.北京：中国农业出版社.

邓修玲，龙虎，闭兴明等.2000.动物药物手册［M］.北京：中国农业出版社.

丁壮等.2006.马病防治手册［M］.金盾出版社.

董彝.2001.实用牛马病临床类症鉴别［M］.中国农业出版社.

杜向党，李新生.2010.猪病类症鉴别诊断彩色图谱［M］.北京：中国农业出版社.

甘孟侯，高齐瑜，李文刚，郑世刚.2010.猪病诊治彩色图说（第二版）［M］.北京：中国农
　业出版社.

高迎春.2009.动物百病良方［M］.山东科技出版社.

高作信.2001.兽医学［M］.北京：中国农业出版社.

耿永鑫.2002.兔病防治大全［M］.北京：中国农业出版社.

韩刚.2008.养牛与牛病防治［M］.北京：金盾出版社.

胡功政，张许科，齐胜利等.2002.家禽用药指南［M］.北京：中国农业出版社.

胡延春.2010.犬猫疾病类症鉴别诊疗彩色图谱［M］.北京：中国农业出版社.

胡元亮.2005.兽医处方手册（第二版）［M］.中国农业大学出版社.

晋爱兰.2005.兔病防治指南［M］.北京：中国农业出版社.

雷宇平，田文霞，史民康等.2007.兽医临床操作技巧［M］.北京：中国农业出版社.

李广.2007.门诊兽医手册［M］.北京：中国农业出版社.

李贵兴.2009.家畜疾病诊疗手册［M］.上海：上海科学技术出版社.

梁宏德，臧为民.2008.兔病防治［M］.郑州：中原农民出版社.

廖党金.2004.猪病看图防治［M］.成都：四川科学技术出版社.

刘洪云，李春华.2009.猪病防治技术手册［M］.上海：上海科学技术出版社.

刘治西，吴延功，刁有祥，伍富饶.2008.畜禽常见病临床诊疗纠误［M］.济南：山东科学
　技术出版社.

牛捍卫，沈忠主编.2006.实用羊病诊疗新技术［M］.北京：中国农业出版社.

朴范泽主编.2009.兽医全攻略牛病［M］.北京：中国农业出版社.

曲祖乙，李冰.2010.猪病防治技术［M］.北京：中国农业出版社.

芮荣.2011.猪病诊疗与处方手册（第二版）［M］.北京：化学工业出版社.

孙卫东，刘家国.2008.经济动物疾病诊疗与处方手册［M］.化学工业出版社.

王涛，王卫东.禽病诊断彩色图谱与防治［M］.中国文艺出版社（全国农业科技推广图
　书）.

王小龙.2009.畜禽营养代谢与中毒病［M］.北京：中国农业出版社.

王志武.2008.羊病类症鉴别于防治［M］.太原：山西科学技术出版社.

王仲兵，岳文斌，姚继光等.2009.现代牛场兽医手册［M］.北京：中国农业出版社.

王子轼.2006.兔场兽医［M］.北京：中国农业出版社.

席克奇，孙宝莹，兴长健等.2008.猪疑难病鉴别诊断与防治［M］.北京：科技文献出版社.

向华，宜华.2008.牛病防治手册［M］.北京：金盾出版社.

肖定汉主编.2002.奶牛疾病防治［M］.北京：金盾出版社.

谢三星.2009.兽医全攻略兔病［M］.北京：中国农业出版社.

徐汉坤，吴德华.2004.犬病快速诊断手册［M］.福州：福建科学技术出版社.

宣长和，马春全，汤广志，宋长绪，黄毓茂.2011.猪病类症鉴别诊断与防治彩色图谱［M］.北京：中国农业科技出版社.

宣长和，王亚军，邵世义等.2005.猪病诊断彩色图谱与防治［M］.北京：中国农业科学技术出版社.

张秀美.2007.新编兽药实用手册［M］.山东科学技术出版社.

赵兴绪，张勇.2002.骆驼养殖与利用［M］.北京：金盾出版社.

赵兴绪.2007.奶牛乳房炎防治［M］.北京：金盾出版社.

赵兴绪.2009.畜禽疾病诊断指南［M］.北京：中国农业大学出版社.

赵远良，岳城，丑武江.2008.犬病鉴别诊断与防治［M］.北京：金盾出版社.

郑继方，杨志强.2010.奶牛常见病综合防治技术［M］.北京：金盾出版社.

周新民.2004.兽医操作技巧大全［M］.北京：中国农业出版社.

朱维正.2002.高效养鹅与鹅病防治［M］.北京：金盾出版社.

邹尧坤.2008.幼犬饲养与疾病防治［M］.北京：中国农业出版社.

B.W.卡尔尼克［美］主编.高福，刘文军主译.1991.禽病学［M］.北京：北京农业出版社.

B.W.卡尔尼克［美］主编.1999.禽病学［M］.北京：中国农业出版社.

Reuben J. Rose 等主编.汤小朋，齐长明主译.2008.马兽医手册（第二版）［M］.中国农业出版社.

图书在版编目（CIP）数据

乡村兽医临床技术培训教材/行庆华主编；中国动
物疫病预防控制中心，新疆维吾尔自治区兽医局组编 . ——
北京：中国农业出版社，2012.5
　　ISBN 978 - 7 - 109 - 16803 - 9

　　Ⅰ . ①乡…　Ⅱ . ①行…②中…③新…　Ⅲ . ①兽医学
－技术培训－教材　Ⅳ . ①S85

中国版本图书馆 CIP 数据核字（2012）第 099141 号

中国农业出版社出版
（北京市朝阳区农展馆北路 2 号）
（邮政编码 100125）
责任编辑　黄向阳　周锦玉

北京中科印刷有限公司印刷　新华书店北京发行所发行
2012 年 7 月第 1 版　2012 年 7 月北京第 1 次印刷

开本：700mm×1000mm 1/16　印张：22.75
字数：435 千字
定价：38.00 元
（凡本版图书出现印刷、装订错误，请向出版社发行部调换）